住房和城乡建设部村镇建设司课题

新时期村镇规划建设管理理论、实践与立法研究

李兵弟　主编

中国建筑工业出版社

图书在版编目(CIP)数据

新时期村镇规划建设管理理论、实践与立法研究/李兵弟主编. —北京：中国建筑工业出版社，2010
住房和城乡建设部村镇建设司课题
ISBN 978-7-112-11973-8

Ⅰ.新… Ⅱ.李… Ⅲ.①乡村规划—管理—研究—中国②乡村规划—立法—研究—中国 Ⅳ.TU982.29 D922.297

中国版本图书馆CIP数据核字（2010）第054013号

住房和城乡建设部村镇建设司课题
新时期村镇规划建设管理理论、实践与立法研究
李兵弟 主编

*

中国建筑工业出版社出版、发行（北京西郊百万庄）
各地新华书店、建筑书店经销
北京华艺制版公司制版
北京凌奇印刷有限责任公司印刷

*

开本：880×1230毫米 1/32 印张：17¼ 字数：496千字
2010年7月第一版 2010年7月第一次印刷
定价：**49.00**元
ISBN 978-7-112-11973-8
（19234）

本书是住房和城乡建设部村镇建设司课题之一。本书全面系统地梳理、研究新时期村镇建设的前瞻性和基础性问题，包括村镇建设体制机制、部门法律关系、村镇规划编制、乡村建设管理、农村房屋管理、村容镇貌整治、公共设施建设等方面的理论和实践。全书共九章，内容包括：村镇建设基础法律问题及法律理论研究、村镇建设与所涉部门法关系研究、我国县以下村镇规划建设管理体制研究、我国乡村治理结构的完善与社会主义新农村建设、农村集体建设用地分类与规划标准研究、集体建设用地流转与规划管理对策、乡村建设规划许可制度研究、村镇规划建设管理的基层实践与制度创新、新时期住房和城乡建设部村镇建设管理职能的发展等。

本书适用于村镇规划建设管理和研究部门的管理人员、研究人员、规划师、基层乡镇领导，也可供大专院校相关专业的师生参考。

*　　*　　*

责任编辑：姚荣华　胡明安

责任设计：姜小莲

责任校对：陈晶晶

课题参与人员名单

课题总牵头人：李兵弟、赵晖

课题一：“村镇建设基础法律问题及法律理论研究”，承担单位中国人民大学，主持人王轶，参与研究人员关淑芳、董文军、王充、王雷、余守登

课题二：“村镇建设与所涉部门法关系研究”，承担单位中国政法大学，主持人王涌，参与研究人员刘智慧、王军、慕凤丽、阎荣涛、余宁、高尉泷、谭津龙、马巍、赵振士、刘济源、吴琼、石鑫、孙晓雯、黄万婷、姜楠、唐磬

课题三：“我国县以下村镇规划建设管理体制研究”和“我国乡村治理结构的完善与社会主义新农村建设”，承担单位国务院发展研究中心，主持人谢扬，参与研究人员郭建军、崔传义、徐小青、崔晓黎、崔鹏、张富良、赵树凯

课题四：“农村集体建设用地分类与规划标准研究”，承担单位中国城市规划设计研究院，主持人蔡立力，参与研究人员高捷、曹璐、顾建波、张昊

课题五：“集体建设用地流转与规划管理对策”，承担单位江苏省住房和城乡建设厅，主持人张泉，参与研究人员王晖、梅耀林、闾海、段威

课题六：“乡村建设规划许可制度研究”，承担单位辽宁省住房和城乡建设厅，主持人解宇，参与研究人员唐万杰、胡成泽、姚宏涛、莫凤珍、葛文昊、彭小列、李蕾

课题七：“村镇规划编制与实施研究（以湖南省为例）”，承担单位湖南省住房和城乡建设厅，主持人黄立，参与研究人员田高平、张成智、曾鹏、汤品森

课题八：“村镇建设设计与施工管理研究（以湖北省为例），”承担单位湖北省住房和城乡建设厅，主持人李斌，参与研究人员邱实、叶

兵、安建华、裴新桃、董文斌、敖鹰

课题九：“村镇公共设施管理研究（以吉林省为例）”承担单位吉林省住房和城乡建设厅，主持人刁向明，参与研究人员闫朝阳、赵伟、庞伟、李永发、杨青山、蒋晓春。

课题十：“村镇房屋与房屋产权产籍管理研究（以浙江省为例）”，承担单位浙江省住房和城乡建设厅，主持人江胜利、赵秋立，参与研究人员虞晓芬、陈多长、高辉、金细簪、陈志勇、骆小民、梅丽华、殷慧雯、许海良、陈建强；

课题十一：“村容镇貌与环境卫生管理研究（以广东等为例）”承担单位广东省住房和城乡建设厅，主持人黄祖璜、黄维德，参与研究人员卢丹梅、宋劲松、苏智云、王潇文、林莉、闻雪浩

课题十二：“新时期住房和城乡建设部村镇建设管理职能的发展”，承担单位中国建筑设计研究院小城镇发展研究中心，主持人赵旭，参与研究人员方明、赵辉、高宜程、杜白操、任世英、冯新刚、邵爱云、单彦名、陈玲、熊燕、冯卫平、赵勇、张忠国

本书编纂整理人员：顾宇新、卫琳、吴雨冰

前　言

《村庄和集镇规划建设管理条例》本书（以下简称《条例》）自1993年11月施行以来，填补了我国村镇规划建设管理的立法空白，对推进科学编制和实施村镇规划、提高村镇建设设计和施工水平、加强和完善村镇质量安全监管、持续改善村镇人居环境等发挥了重要作用。步入新世纪后，随着城镇化和农村经济社会的快速发展，对统筹城乡，解决农村社会的重大民生问题，深化改革农村规划建设管理体制，缩小城乡人居环境、居住条件、公共服务等方面的差距，促进城乡经济社会一体化发展等方面提出了新的要求，《条例》在实施过程中遇到一些新情况和新问题，亟须在总结实践经验的基础上加以修订。

为了交流村镇规划建设管理领域的科学研究成果与基层实践经验，繁荣学术思想，共同探讨村镇规划、建设和管理中所遇到的重大理论和实践问题，推动《条例》的修订，住房和城乡建设部村镇建设司组织国内科研单位和管理部门分别牵头，全面系统地梳理、研究新时期村镇建设的前瞻性和基础性问题，包括村镇建设体制机制、部门法律关系、村镇规划编制、乡村建设管理、农村房屋管理、村容镇貌整治、公共设施建设等方面的理论和实践。在我国，村镇建设理论研究还比较薄弱，我们希望从理论和实践两个方面拓展这一学科领域，探索符合国情的村镇建设管理制度，以期更好地为统筹城乡、全面构建城乡建设一体化新格局服务，为社会主义新农村建设和广大农民群众服务。

住房和城乡建设部村镇建设司在各单位提交研究成果的基础上，充分尊重课题研究意见，仅按照研究成果的逻辑关系汇总成册。须要说明的是，虽然这些研究成果围绕一个主题切块进行研究，但部分内容还有交差重叠之处，对此，我们汇总时稍加删减修改。一些不同的观点和重叠的内容我们予以保留，目的是让不同的思想火花在同一问题上产生碰撞，推动学术观点交流，促进对问题的深入思考。在此，谨向各课题的承担单位、课题主持人和为课题研究成果作出努力和贡献的所有同志致以衷心的感谢！

诚请各位读者提出宝贵意见和建议。

住房和城乡建设部村镇建设司

2010 年 5 月

目　　录

第一章 村镇建设基础法律问题及法律理论研究

第一节 《条例》修订的时代背景

当前修订《村庄和集镇规划建设管理条例》（以下简称《条例》）的重要时代背景是我国正在实施社会主义新农村建设。2005 年 10 月，党的十六届五中全会对社会主义新农村建设提出了“生产发展、生活宽裕、乡风文明、村容整洁、管理民主”的 20 字方针，这是新农村建设的奋斗目标和必由之路。凡事预则立，不预则废。新农村建设中首先必须认识到规划建设的极端重要性。可以说，“新农村建设，规划先行”。

社会主义新农村建设和农村改革发展面临的新形势要求《条例》在修改中着重做好如下几点：

第一，2008 年 10 月 12 日党的十七届三中全会在《推进农村改革发展若干重大问题的决定》（以下简称《决定》）中指出要加快推进社会主义新农村建设，大力推动城乡统筹发展，要构建城乡经济社会一体化的体制机制。同时我们应该看到当前城乡二元结构矛盾仍然很突出，城乡发展很不平衡，农业基础设施薄弱，农村公共事业发展滞后，公共服务水平低。长期以来我国经济社会发展以城市为中心，据统计“1978～2004 年间，农业基本建设投资占全国基本建设投资的比重平均只有 13.8%”①。“当前，最突出的矛盾是农村公共品供给相当不足，城市对农村的统筹和支持力度明显不够。”② 接下来我们的工作要着力于城乡经济社会一体化发展，统筹城乡发展就必须统筹城乡基础设施建设和公

---

① 徐明亮：《农村基础设施建设融资制度创新研究》，载《经济丛刊》2008 年第 4 期。

② 李兵弟：《改善农村人居环境是社会主义新农村建设的一项长期工作任务》，载《中国建设报》2007 年 3 月 2 日。

共服务，“要创新管理体制和运行机制，加大资源整合力度，着重改变农村基础设施滞后和公共服务不足的状况，逐步实现基本公共服务均等化。”同时，针对当前城乡基础设施共享性差的现状，我们要“加大农村基础设施投入力度，特别要增加对农村饮水、电力、道路、通信、垃圾处理设施等方面的建设投入，实现城乡共建、城乡联网、城乡共用。推进城乡环境综合治理。”①

国家在城乡规划建设的投入上要一体对待。要大力加强对农村基础设施建设的投入和农村公益事业的投入，② 只有通过逐步加大中央财政和地方财政对农村基础设施的投入力度，才能逐渐改变长期以来以城市发展为主、农村发展为辅的思路，最终实现城乡一体对待。鉴于当前农村基础设施建设十分薄弱，应该在资金投入上适度倾斜，以实现工业支持农业、城市反哺农村的政策。农村基础设施和公益事业属于农村公共品的范畴，公共品的非竞争性（nonrivalry）和非排他性(nonexcludability)③决定了村民自己投资明显动力不足，因为很难期望所有个体会持久、主动地做对整体有利的事情，除非这件事对个体有利。而当个体发现他可以通过搭便车的方式分享他人投资的好处时，他便会等待别人的投资，而不是自己去做。另外，农村集体经济组织的财力状况在农村税费改革之后更加恶化，乡镇和村可支配财政收入大幅度减少，村级债务现象十分严峻④，农村集体经济组织和乡镇财政在相关项目的投入上也是心有余而力不足。税费改革之后乡镇财政紧缺现象严重，因为乡镇政府提供公共物品的资金传统上来源于农民缴纳的税费⑤。这种背景下，我们认为应该借鉴《陕西省农村村庄规划建设条例》的做法，明确规定县级以上人民政府作为村镇公共物品规划建设资金的主要来源渠道：“县级以上人民政府应当设立村镇规划建设

---

① 魏礼群：《建立促进城乡经济社会发展一体化制度——学习贯彻党的十七届三中全会精神》，载《求是》2008 年第 20 期。

② 胡锦涛：《大幅度增加对农村基础设施投入——在中共中央政治局第十一次集体学习时强调坚定不移地走中国特色农业现代化道路》，新华每日电讯第 1 版，2009 年 1 月 25 日。

③ Samuelson，Nordhaus：Economics，Seventeenth Edition，McGraw－Hill Company2001，P37.

④ 段芳宇　经淼：《村级债务不能再拖了》，载《华商晨报》2005 年 3 月 7 日。

⑤ 彭伟：《强化农村公共品供给中乡镇政府作用研究》，华中科技大学 2006 年硕士学位论文，第 26～28 页。

专项资金，将村镇基础设施和公共设施建筑补助经费、规划编制经费、规划管理人员培训费纳入本级财政预算。”①

在基础设施建设和公益事业发展上除了加大政府投入力度，使得财政支持常规化、法制化之外，还应该探索有益的途径，“鼓励社会各界共同参与新农村建设，吸引更多的银行资金、企业资金和其他社会资金投入农村基础设施建设，建立多元化的新农村建设投入机制。”②

第二，加快发展农村清洁能源，继续增加农村沼气建设投入，支持有条件的地区开展养殖场大中型沼气建设；因地制宜，结合农村实际情况积极发展秸秆气化和太阳能、风能等清洁能源，加快绿色能源示范建设及推广，推进人畜粪便、农作物秸秆、生活垃圾和污水的综合治理和转化利用。有条件的地区加快农村水能资源开发规划和管理，逐步扩大水电代燃料工程实施范围，加快对农村贫困地区水电开发的投入和信贷支持。③“中国村镇能源建设的指导方针是：因地制宜，多能互补，综合利用，讲求效益。”④ 这一点在本条例的修订中也应该加以贯彻体现。在村镇能源问题上现行可供参考的法律法规有：《中华人民共和国家节约能源法》、《清洁发展机制项目运行管理办法》、《中华人民共和国清洁生产促进法》、《中华人民共和国农业法》等等。要借本条例修改的机会，明确规定“县级人民政府和乡（镇）人民政府应该制订规划，提供技术指导和资金补助，在村镇住宅建设改造中推进农村能源建设，扩大电网供电人口覆盖率，推广沼气、秸秆利用、小水电、风能、太阳能等可再生能源技术，形成清洁、经济的农村能源体系。”⑤

可再生能源的应用是对环境的积极保护，与此相关的一个问题是通

---

① 《陕西省农村村庄规划建设条例》. 第六条。

② 国家发展和改革委员会《关于加强农村基础设施建设，扎实推进社会主义新农村建设的意见》. 发改农经〔2006〕2325 号。

③ 参见中共中央、国务院《关于积极发展现代农业扎实推进社会主义新农村建设的若干意见》，中发〔2007〕1 号，第二（三）部分。

④ 胡绍兰.《村镇建设管理》. 中国建材工业出版社. 2008 年 6 月第 1 版，第 73 页。

⑤ 《中共中央关于推进农村改革发展若干重大问题的决定》. 第五（五）。

过建筑节能减排减少对环境的积极污染。新农村建设须要有建筑节能助力，建筑节能不仅仅是城市建筑的事情，绝不能抛开广大农村。“编制城乡规划应当充分考虑能源、资源的综合利用和节约，对城镇布局、功能区设置、建筑特征，基础设施配置的影响进行研究论证。”① 民用设施建设中应当“鼓励民用节能的科学研究和技术开发，推广应用节能型的建筑、结构、材料、用能设备和附属设施及相应的施工工艺、应用技术和管理技术，促进可再生能源的开发利用。”② 但是在建筑节能减排问题上，城市和农村必须适当区别对待，“应该关注那些在城市不太可能推广的建筑制品和技术，例如户用太阳灶、沼气池、风能发电设备以及秸秆气化技术等等。”③ 而《民用建筑节能管理规定》第八条并没有在这个问题上区分城乡合理差别对待，本条例的修订中应该对此有所回应。

所以综合这两方面，本条例的修订过程中要结合相关法律法规，突出强调可再生能源应用和建筑节能减排的要求，促进农村适居环保的实现和村容整洁目标的达成。

第三，当前我国村镇发展水平与城市发展水平仍然存在较大的差距。农村规划不能简单套用城市规划的一般模式，农村规划必须体现其特征性。新农村规划建设不能是城市规划的简单复制和延伸，要根据形形色色农民居住点的特征，充分反映乡村的自然环境，把自然村、行政村的规划同基础设施建设统筹安排。尤其是在处理排污、农田保护、绿化带与开放空间规划、规划乡村住宅区与道路、在现代化的农村继承传统农村的设计要素等方面要区别对待，同时要考虑大量的自然要素。这些都是农村规划建设和城市规划建设存在的区别④。我们强调城乡之间的差别和统筹发展并举，农村要现代化，但是不能城市化。城乡应有所

---

① 《民用建筑节能管理规定》第 5 条。

② 《民用建筑节能管理规定》第 7 条。

③ 廉杨　蒋欢：《建筑节能助力社会主义新农村建设》，载《农业机械化与电气化》2007 年第 4 期。

④ 俞祥　何宇彬：《新农村建设中的规划思路与探索》，载《广西城镇建设》2008 年第 5 期。

区别，应该互相配合、和谐发展。在新农村建设规划中，要将农村优美自然的田园风光、舒畅和谐的生态环境和丰富多样的传统文化作为区域人民的共同财产与城市居民共享①。而通过互联互通式的基础设施建设和制度创新，将城市的经济活力和现代文明扩展到农村与农民共享。这样才能既保持农村地方特色、传统特色乃至民族特色，又能实现农村现代化，达到城乡统筹发展的目标。

对村镇规划建设中的历史文化遗产，民族地方特色等进行保护时要注意做到：(1) 制定村镇规划和进行村镇建设过程中应当注意保护历史文化遗产，保持地方特色、民族特色和传统风貌。(2) 村庄集镇规划建设不得违反《历史文化名城名镇名村保护条例》等法律法规就历史文化遗产保护方面所作的规定。(3) 在历史文化名镇名村进行基础设施和公共服务设施的扩建，进行历史建筑以外的建筑物、构筑物或者其他设施的拆除时，应当根据《历史文化名城名镇名村保护条例》第二十八条的规定分别征得同级文物主管部门的意见或者征得其批准。(4) 在历史文化名镇名村保护范围内从事建设活动，应当符合保护规划的要求，不得损害历史文化遗产的真实性和完整性，不得对其传统格局和历史风貌构成破坏性影响（《历史文化名城名镇名村保护条例》第二十三条)。

第四，村镇建设规划中必须注意通过民主决策的方式进行，充分体现农民主体地位。社会主义新农村建设中的村镇规划和建设的目的就是实现好、维护好和发展好广大农民的利益。农民是规划建设的受益人，也就自然应该是规划决策的主要参与者、制定者和建设的主要实行者②。具体措施有如下几点：

(1) 乡镇规划、村庄规划应当从农村实际出发，尊重村民意愿，体现地方特色和农村特色。

(2) 乡镇人民政府组织编制乡规划、村庄规划，报上一级人民政府审批。村庄规划在报送审批前，应当经村民会议或者村民代表会议讨论

---

① 郭炳南：《新理念规划新农村建设》，载《城乡建设》2008 年第 4 期。

② 李保生：《新农村建设中农民主体作用的研究》，中国农业科学院 2007 年硕士论文，第 8～9 页。

通过。对该事项的表决应该认为属于村民委员会组织法第19条所列举的必须提请表决的事项，鉴于该问题的重要性，本条例的修订过程中及对村民委员会组织法的修订中都应当加以明文化。

（3）村民委员会负责组织村庄建设规划的具体实施。村庄集体建设用地须事先经集体经济组织同意。

通过这些措施能够使村镇规划建设过程中关系到村民切身利益的事项经过村民委员会民主决策、充分表决，是发挥基层民主的重要内容。

第五，村庄集镇规划建设和城市规划建设存在很大的区别。《城乡规划法》虽然扩大了其调整范围，一改以往区分城市规划和村镇规划的二元对立做法，之前城市规划和村镇规划分别由《城市规划法》、《建制镇规划建设管理办法》和《条例》三部法律法规和规范性文件零散规定。城乡统筹发展与城乡经济社会一体化背景下，首先要统筹城乡规划和建设。但是新农村建设并不是将村庄全部变成城市。乡村、城镇规划建设仍然存在一些不容忽视的区别。

（1）对两者规划编制的范围要求不同。城镇规划包括总体规划和详细规划，详细规划又分为控制性详细规划和修建性详细规划；而乡村只须要编制一般的规划即可。

（2）对两者编制的强制性要求不同。城镇均应当编制相应的规划，而只是县级人民政府规划区域内的乡村须要编制乡村规划，规划区域之外的乡村规划只是鼓励和指导，但并不强求。这也就带来一个问题：在城乡规划区外的建设行为是否应该纳入本条例的调整？这个问题将在第二部分“框架性研究”中展开。

（3）两种规划的编制主体不同。城镇总体规划和详细规划一般由同级政府或者其规划主管部门编制；乡村规划则由乡镇人民政府组织编制。

乡村规划编制中特别强调编制的科学性和民主性的结合，强调政府引导和村集体经济组织主导的协调配合，注意充分发挥农民的主动性和积极性。

（4）另外，乡村规划建设更要注意因地制宜，根据乡村所处的不同自然环境，因势利导，挖掘整合利用现有一切资源条件，规划建设做到服务于乡村生产和生活；城镇规划和建设中要注意小城镇规划建设在工业化、现代化及沟通城市和乡村中的纽带作用①。

第六，住房制度方面，应该遵循城乡统筹的要求。目前只有城市住房制度立法，缺少农村住房制度的立法。从农房住房建设中的农村工匠资格认证管理方面，到农房登记确权制度方面，再到农村困难群众住房问题的解决等方面，都应该加大关注和支持的力度，不能再放任自流。

总之，在城乡统筹和社会主义新农村建设的背景下，应该通过本条例的修改回应农村公共品的供给、农村人居环境的改善（村容整洁）、村镇规划与村民自治的关系、城乡规划建设的区别等问题。

第二节 《条例》调整范围

一、现行《条例》调整范围及其问题

1993 年 11 月 1 日起施行的《条例》第 2 条第 1 款前段规定：“制定和实施村庄、集镇规划，在村庄、集镇规划区内进行居民住宅、乡（镇）村企业、乡（镇）村公共设施和公益事业等的建设，必须遵守本条例。”可见《条例》的调整对象是村庄和集镇；调整事项是村庄和集镇规划的制定与实施，涉及村镇规划区内的居民住宅、村镇企业、村镇公共设施和公益事业等的建设活动。一般来讲，作为这些建设活动根基的正是《物权法》第 151 条所提到的“集体所有的土地作为建设用地”。调整对象从事本条例规定的调整事项时，就构成本条例的调整范围。

更进一步地，何为村庄？何为集镇？对于调整对象须要进一步具体化。《条例》第 3 条第 1，2 款分别规定：“本条例所称村庄，是指农村村民居住和从事各种生产的聚居点。”“本条例所称集镇，是指乡、民族乡人民政府所在地和经县级人民政府确认由集市发展而成的作为农村一

① 中共中央、国务院《关于促进小城镇健康发展的若干意见》，中发〔2000〕11 号。

定区域经济、文化和生活服务中心的非建制镇。”可见，《条例》将所有的村庄和部分的集镇作为其调整对象。存留的问题就是，通过反对解释，集镇中的其他类型如城关镇、建制镇不属于《条例》的调整对象，不受《条例》约束。

以解释论的视角，单从《条例》来看，该结论运用法解释学的妥当方法，属于妥当的解释结论。但是这种拘囿，现在看来是否仍然具有正当性？横向来看，2008 年 1 月 1 日起施行的《城乡规划法》第 2 条第 2 款就将该法调整的城乡规划作了最广义的界定，包括了城乡体系、城市、镇、乡、村庄规划，可见该法做的是城乡一体化调整。《条例》是否还有必要区分镇的不同类型，将建制镇等排除在调整对象之外？更广泛意义上，城乡一体化的背景下，对建制镇是否还有必要做单独的规划建设管理？这些问题都须要在修改《条例》时一并做出回答。

二、镇的类型化及其界定

现行《宪法》第 30 条第 1 款规定：“中华人民共和国的行政区域划分如下：……（二）县、自治县分为乡、民族乡、镇。”《宪法》以根本法的形式确定镇为中国的基层行政区域单位。“镇”是行政区域划分中的一个政治法律概念。“镇”本身又有多个具体的类型。

建制镇又称“设镇”，是指国家根据一定的标准，经有关地方国家行政机关批准设置的一种基层行政区域单位，不含城关镇。根据现行《宪法》第 107 条第 3 款，省、直辖市的人民政府决定乡、民族乡、镇的建制和区域划分。而通常之所以将镇称为建制镇，是为了区别于地理概念上的集镇。

集镇是介于乡村和城镇之间的过渡性居民点，一般是指建制市镇之外的地方最基层商业中心，既无行政上的含义，又无明确的人口标准。在中国，市、县以下的多数县辖区、乡镇行政中心，具有一定的商业服务和文教卫生等公共设施，并有相应的腹地支持，习惯上称为集镇。

建制镇和集镇既有交叉又有区别。从我国的现实情况看，很多集镇都上升为建制镇的设置，而绝大多数的镇都以一个集镇为中心。建制镇和集镇的区别大致有：第一，建制镇是人为设置的基层行政区域单位，是一个行政管理上的和法律上的概念；而集镇是社会经济发展到一定阶段的产物，遵循不以人的意志为转移的客观经济社会规律，是社会、经济、地理概念。第二，从产生时间看，集镇比建制镇历史悠久，集镇古代就有；而建制镇在中国直到20世纪初才开始形成。第三，集镇是相对而言的，没有明确的界线，农村居民点向集镇的演化是一个渐变的过程，集镇具有边界模糊性，本身没有确切的范围，随着经济社会规律的发展，某一乡村作为集镇可能会有一个产生存在发展和消亡的过程；而镇的建制和区域划分都由省、直辖市的人民政府决定，作为基层行政区域单位，建制镇与其他的建制镇、乡、民族乡有着明确的行政区域边界和管理范围。第四，相对而言集镇是一个个的点，集镇与集镇之间为农村所隔，如果两个以上的集镇扩展相连，实际上就形成了一个新的集镇；而现实中的建制镇既可以是一个点，也可以是一个个点连成的面，但是相接壤的两个建制镇并不构成一个新的建制镇。总之，从我国目前村镇建设实践来看，建制镇所在地一般会有一个本镇的集镇中心，建制镇所在地一般同为本地的政治、经济、文化中心，一个建制镇内部可能会有多个乡村设置集镇。有的地方可能自发形成了集镇，但没有达到建制镇的设镇标准，没有被批准为建制镇的，只能称为集镇，又属于广义上非建制镇的一种。

建制镇以外的非建制镇一般包括集镇、乡、城关镇等，它们一般没有达到设镇的标准，但仍然承担一定的经济的、行政的等沟通城乡的功能，区别于狭义上的农村，所以单独归类到非建制镇中。根据前引《宪法》第107条第3款，乡和镇一样，也是省、直辖市的人民政府决定的最低一级行政区域建制和划分。根据民政部1984年上报并由国务院批转各地试行的《关于调整建制镇标准的报告》和民政部2003年公布的《设镇标准》（征求意见稿），乡与镇在行政区划上同属一级，但乡的规模比较小，乡的各项指标达到设镇标准后经过有关审批程序，可以成为镇。在减少乡镇政府行政开支，减轻乡镇政府财政负担和农民负担，转变乡镇政府职能，提高乡镇政府效率的背景下，撤销并镇加快步伐。可见乡与镇也有一个对立统一又转化吸收的过程。在城市化进程中，乡总量将进一步减少，市镇制度日渐取代农村型的县乡制而成为主要的基层行政区划建制成为一种基本趋势。

城关镇是县城或县级市政府所在地，如果将城关镇在数量计算上归入建制镇中，则前者占后者的比例约为10%。城关镇作为县城所在地，一般都是经济较为发达的地方，当一个县城越来越发展，达到地级市的标准后，县城上升为市，县城所在的城关镇往往会上升改称为“市中区”。城关镇是“城关”这一地名加“镇”这一行政区划组成的，其有“镇”之名，无“镇”之实，城关镇更应归类为城市的范畴。

三、城关镇不宜纳入《条例》的调整范围

城关镇与普通的建制镇不同，城关镇和城市区别不大，可以直接沿用城市管理模式，没有必要纳入《条例》的调整范围。

《城乡规划法》之前的部门规章对城关镇就是放进城市规划调整的范围，不适用建制镇规划管理的规章。2006年4月1日起施行的《城市规划编制办法》第45条就规定：“县人民政府所在地镇的城市规划编制，参照本办法执行。”1995年7月1日起施行的《建制镇规划建设管理办法》第3条第1款规定：“本办法所称建制镇，是指国家按行政建制设立的镇，不含县城关镇”。可见，在建设部的这两份规章中，长期以来的做法就是将城关镇的规划建设管理归入到城市规划中调整，建制镇的规划建设管理不涉及对城关镇的调整。在行政法规层面，国务院通过的《条例》第3条第2款又明显地将集镇界定为非建制镇，也排除了对城关镇的调整。地方政府在小城镇建设规划中也往往将城关镇定位到城市乃至中等城市的方向发展，如武汉市对城关镇基础设施建设和人均住宅建设方面的指导性要求就明确规定“城关镇按中等城市标准建设”。

从城关镇的经济社会地位与功能来看，城关镇虽然在行政级别上还属于“镇”，但是它们中有些镇的经济实力和社会事业已经大大超过了西部地区的县，有的甚至超过了西部地区的地级市。对城关镇理应使其与建制镇、乡、集镇区别对待。城关镇发挥的往往是一个县域内政治、

经济、文化中心的功能，其对内发挥着全县四个文明建设中的示范、导向、辐射作用，犹如一列火车的火车头；对外体现着全县经济社会等整体综合形象，是一个“窗口”、一面“镜子”。

不管是从对城关镇立法调整的沿革来看，还是从城关镇本身作为县域经济社会发展“中心”地位来看，城关镇的规划建设管理都宜放入《城乡规划法》中进行统一调整。城关镇与集镇、建制镇不属于同一类型，不能同样对待处理。

四、建制镇纳入《条例》调整的必要性

建制镇已成为镇的重要类型，根据住房和城乡建设部《2007年城市、县城和村镇建设统计公报》公布的数据，截至2007年末，全国共有建制镇19249个、乡15120个。早在2001年的国家“十五”计划纲要中就指出：“小城镇要把发展重点放到县城和部分基础条件好、发展潜力大的建制镇，使之尽快完善功能，集聚人口，发挥农村地域性经济、文化中心的作用。”而在“着重发展小城镇”战略中，建制镇作为小城镇队伍中的“正规军”，目前应逐渐从以数量增长为主的粗放型发展方式向以规模扩大和质量提高为主要特征的集约型发展方式转化，以使得规模较大的建制镇数量和人口所占比重适当上升，规模较小的建制镇的数量和人口所占比重相应下降，建制镇的规模等级结构得以优化升级。

建制镇设置的目的也与城关镇的城市定位不同，建制镇旨在适应农村经济和社会发展的须要，促进乡镇企业的适当集中建设、农村富余劳动力向非农产业转移，加快农村城镇化进程。根据人口数量和经济社会发展指标，城镇可以细分为特大城市、大城市、中等城市、小城市和建制镇。建制镇是沟通城市和乡村的桥梁，建制镇对于打破城乡二元分割，推进城乡一体化进程具有重要的引领作用，处于十分重要的纽带地位。中国特色城镇化道路就是大中小城市和小城镇协调发展的道路，我们既要发展大城市，又要鼓励中小城市和小城镇的发展。从统筹城乡发展的角度来看，通过城镇特别是建制镇来带动农村，通过农村繁荣来进一步促进城镇发展，就有利于形成城乡互动格局和良性循环机制。

当前建制镇普遍存在规模小、数量多、布局不合理、地位不明确、功能不完善、基础设施和公益事业重复建设而利用率不高等突出问题。这些突出问题的存在对于以建制镇为纽带统筹城乡发展、建设社会主义新农村和推动城乡经济社会一体化新格局的形成，具有十分不利的阻碍作用，亟须从法律、行政法规层面规范建制镇的规划建设，而且法律的调整手段必须同时兼顾建制镇对乡村的拉动作用，对它们不做原则上进一步的区别对待，而是采取一体调整统一对待的调整措施就颇为必要。

将建制镇规划建设纳入《条例》的调整范围，还有如下理由：

一方面，从建制镇的产生历史来看，建制镇建立的目的在于"适应农村经济和社会发展的须要，为促进乡镇企业的适当集中建设、农村富余劳动力向非农产业转移，加快农村城市化进程服务。"在统筹城乡发展，建设社会主义新农村的过程中，建制镇是否必须单独列出来，进行单独的调控和管理，存有疑问。从城乡建设一体化的角度出发，对于建制镇我们不应再单独列出，而且从《城乡规划法》的规定来看，建制镇并没有被单独列举出来，而且将建制镇排除在"镇"的范围之外，没有必要。

另一方面，从乡、镇在我国行政管理体制中的地位来讲，作为基层政权组织，其发挥着联系城市和农村的纽带作用，对于传达和执行上级人民政府的政策、方针、决策发挥着十分重要的作用，其在我国的行政管理实践中没有十分大的区别。因此，乡、镇在村镇规划建设的过程中应当得到同等的对待。

综上，现行《条例》第3条将建制镇的规划建设排除在调整范围之外，是特定历史时期对建制镇行政管理性单向定位的结果；在现今城乡一体化建设新格局的背景下，建制镇的功能有了进一步的扩充，应该与时俱进，借助对本条例的修改，通过法律调控手段，进一步发挥建制镇服务统筹城乡发展、缩减城乡差距、提高农村居民生活水平的作用。

五、建制镇纳入《条例》调整范围的可行性

建制镇纳入《条例》调整既具有宏观经济社会政策上的必要性，又

具有法律技术上的可能性。

首先，《城乡规划法》颁布实施之前，城市规划工作和乡村规划工作的基本法律依据是《城市规划法》和《条例》这“一法一条例”的规定，并配合建设部相关系列部门规章。《城乡规划法》颁布实施后，“《条例》以及有关城乡规划的部门规章、地方性法规和地方政府规章须要根据《城乡规划法》的规定及时进行修订、完善，以保持城乡规划法制的统一。”《城乡规划法》的立法经验和总体指导思想，对《条例》的修改有很大的借鉴指导作用，使得本条例的修改不是在“无底棋盘”上进行。

其次，建设部《城镇体系规划编制审批办法》、《建制镇规划建设管理办法》等部门规章，特别是《建制镇规划建设管理办法》对建制镇的规划建设考虑已经较为详细，建制镇规划建设纳入《条例》调整范围时就有了很多的立法经验，可以在前述《城乡规划法》总体指导下进行系统整合修改。

再次，从我国现有的地方规定来看，有的地方已经将建制镇纳入到村镇规划建设的管理范围之内，这样的规定可以直接将对村镇的规划统一起来，将规划分为乡镇一级的规划、村庄规划，同时也有利于逐步实现城乡经济一体化的目标。这就为修改《条例》提供了地方上最现实直接的借鉴经验。

最后，经分析在我国城镇化趋势中，乡会逐渐减少，建制镇会逐渐增多并发挥越来越重要的作用。如果将《条例》的调整对象仍然限定到乡、集镇、村的层次，也只会使得其调整面相应的越来越窄，不符合现实须要和《条例》的长久存续适用。须要注意并再次强调的是，正如前面论证的那样《条例》没有必要将城关镇包含在村镇规划建设的范围之内，理由在于城关镇作为县级人民政府的所在地，其和镇规划、乡规划和村庄规划在公共卫生设施、土地的利用、在整体规划和控制性规划等方面都存在不同之处，因此不宜将城关镇纳入为《条例》的适用对象。

综上，笔者认为，修订后《条例》的适用对象是：镇规划、乡规划、村庄规划，也就是建制镇的规划也应当按照《条例》的规定来进行规划建设管理。因此修改后的《条例》的适用对象包括村庄、集镇、建制镇（不包括县级人民政府所在地的建制镇，即城关镇）：（1）村庄是指农村村民居住和从事各种生产的聚居点。（2）集镇是指乡、民族乡人民政府所在地和经县级人民政府确认由集市发展而成的作为农村一定区域经济、文化和生活服务中心的非建制镇。（3）建制镇是指国家按行政建制设立的镇。调整对象是一法或条例的根本性、前提性问题，不可不察；经济社会发展提出的要求使得我们不能继续拘囿于旧法或条例的束缚，须要与时俱进。建制镇纳入调整对象后，《条例》的名称也应相应修改为“村镇规划建设管理条例”。

第三节　农村住房制度研究

党的十七大提出统筹城乡发展，实施科学发展观，建立健全覆盖城乡的新型社会救助体系和住房保障体系的要求。农村农民住房问题是农村居民生活中的大事，安居才能乐业，才能实现农村社会的和谐稳定发展。因此，建立健全农村住房制度对于提高农村居民的生活水平和统筹城乡发展具有十分重要的意义。

为了认真贯彻落实党的十七大关于加快推进以改善民生为重点的社会建设的精神，共享改革发展成果，促进社会和谐，全国各地建立了关于农村困难群众住房问题的社会保障或者救助制度，有力地促进了农村住房制度的发展。下面将结合有关统计数据和各地的具体做法对相关问题进行探讨。

一、城乡住房消费差距

根据《中国统计年鉴—2008》公布的2007年的有关数据，城镇居民人均可支配收入为13786元，平均每人居住的消费性支出为982.28元，食品、交通通信、教育文化娱乐服务、衣着的支出分别为3628.03元、1357.41元、1329.16元、1042.00元；平均每人消费性支出构成中居住占到9.83%，食品、交通通信、教育文化娱乐服务、衣着支出在平均每人消费性支出构成中分别占 36.29%、13.58%、13.29%、10.42%。

农村居民人均纯收入为 4140 元，在农村居民家庭平均每人生活消费支出构成中，居住消费占生活消费总支出的 17.80%，仅次于食品在生活消费总支出所占的 43.08%；农村居民的居住消费在生活消费现金支出中所占的比例为 19.52%，仅次于食品在生活消费现金支出中所占的 34.97%①。

从上述数据来看，城镇居民平均每人居住的消费性支出所占的比例分别低于食品、交通通信、教育文化娱乐服务、衣着，居住在城镇居民的消费性支出排在第五位，说明城镇居民的生活水平已经达到了比较高的水平，居住问题在整个消费性支出中所占的比例比较低。而从农村的数据来看，农村居民居住消费在生活消费支出的比例为 17.8%，排在第二位，仅次于食品在生活消费总支出的比例。居住消费所占的比例高于交通通信、文教娱乐用品及服务等在生活消费总支出中的比例，说明从农村的统计来看，农村居民的生活水平和城市相比，仍然有很大差距。

从整体上来看，我国城镇居民和农村居民在收入水平上的差距比较大，城镇居民人均可支配收入（13786 元）要远远高于农村居民人均纯收入（4140 元）。城乡消费水平的差别较大，城镇居民的消费水平是农村居民的 3.6 倍②。同时居住消费在城镇居民和农村居民中的比例有较大差别，农村居民居住消费比例（19.52%）要高于城镇居民居住的消费比例（9.83%）。由于农村居民的收入水平要大大低于城镇居民，但同时农村居民的居住消费比例却高于城镇居民；另外，从城乡居民家庭人均收入及恩格尔系数③来看，城镇居民家庭恩格尔系数（36.3%）要低于农村居民家庭恩格尔系数（43.1%）④，使得农村居民的收入支出除食品和居住外，剩余的可支出的收入大大减少，这也使得农村居民对

①② 数据来源：《中国统计年鉴－2008》，中国统计出版社 2008 年光盘版。

③ 恩格尔系数指食物支出金额在消费性总支出金额中所占的比例。计算公式为：恩格尔系数 =（食品支出总额/消费性总支出金额）×100%。

④ 数据来源：《中国统计年鉴－2008》，中国统计出版社 2008 年光盘版。

于交通通信、文教娱乐用品等的须求减弱。

农村居民的生活水平较城镇居民相比，有较大差距，除了收入水平上的差距之外，还与居住消费在城市和农村居民所占的比重不同有关，农村居民除了生活必须品的消费外，能够进行消费如衣着、交通通信、文教娱乐用品及服务、医疗保健、医疗保健、家庭设备用品及服务、其他商品及服务等有限，居住支出过高影响了农村居民对于其他生活消费的须求。根据有关学者的分析，消费须求对经济增长具有重要的作用，不仅可以推动经济增长，而且消费须求对经济增长起着稳定器的作用。但是我国农村居民消费对经济增长的作用却并未体现在同样的增长速度。由于在20世纪80年代中期以后，我国经济体制改革由农村转移到了城市，农民承受了过多的负担，从而使城乡之间的差距逐渐加大，同时由于传统文化、消费环境、农业本身的风险性以及由于农村长期被排除在社会保障体系之外，使得农民的消费失去了对经济的决定作用①。因此，在当前的经济形势下，扩大国内的经济须求成为促进我国经济发展的新的增长点。而扩大国内须求的一个有效途径就是开辟农村的消费市场，农村市场的开辟能够为我国经济的发展带来新的动力。而目前我国农村居民的总体消费水平较低，市场有效须求不足，这一方面与农村的收入水平不高有关，同时也与农村居民消费支出的结构不合理有关②。

因此，从有利于我国经济发展的视角出发，从有利于统筹城乡经济发展的视角出发，农村居民消费中居住消费支出过高都不利于我国经济的发展。

二、政府在农村住房投入中的必要性

如前所述，居住消费在农村居民收入中占有较大的比重，这不利于农村居民对衣着、交通通信、文教娱乐等服务方面的须求，也不利于我

---

① 韩丽娜：《经济转轨期中国农村居民消费行为分析》，载中国期刊网中国优秀博士论文数据库，第132页。

② 虞志锋：《关于农村消费市场的几点思考》，载《中共浙江省委党校学报》1999年第5期。

国农村经济的发展。从现实情况来看，我国农村居民在建造房屋过程中如何筹集资金同样也是一个十分重要的问题，这不仅关系到农村居民的收入分配问题，同时也涉及我国农村经济生活中一些重大的问题。从实际情况来看，我国农村村民的建房资金主要来自以下几个方面：一是农村村民独立解决。即农村村民通过自己多年的积蓄和出门打工的积累，积攒到一定规模的资金进行房屋的建设和翻新。二是通过向亲戚朋友借款来建造房屋。在农村，盖房子是一件大事，除了少部分的农民能够通过自己多年的辛勤劳动和努力工作赚得足够的建房款外，大部分的农民在建造房屋时须要通过向亲朋好友借款来进行房屋的建造。三是贷款。在农村，有些村民基于各方面因素的考虑，为了更早地进行房屋的建造，甚至通过贷款的方式建造房屋，在建造完之后再通过自己辛苦的劳作来还贷。

我国农村大部分居民房屋的建造都是通过上述的方式进行资金的筹集。但同时应当注意到，对于部分低收入家庭和经济困难家庭来说，其筹集资金的困难程度要远远高于一般家庭。在我国农村社会中，仍然存在部分困难家庭无力进行房屋的建造或者对危房进行改造。如我国农村低保户中的无房户或者极度危房户、因自然灾害造成房屋倒塌等无自救能力的受灾群众以及其他地方人民政府认定的其他困难家庭。一方面其无力仅通过土地收入获得足够的建房资金，另一方面其也无法通过正常的融资渠道来进行房屋的建造。对于农村经济困难家庭来讲，首先须要满足在食品方面的须求，其比例要占到生活消费总支出的50%以上，投入到居住消费的比例也仅为15.89%，低于农村居民生活消费的平均水平（19.52%），其无法通过有效的渠道进行房屋建造资金的筹集。

因此，从统筹城乡发展、建设社会主义新农村的须要出发，须要政府对农村住房建设进行投入，尤其是应当加大对农村困难群众、危险房屋改造的资金投入。按照《中共中央关于推进农村改革发展若干重大问题的决定》的有关指示精神，加快农村危房改造，加强农村防灾减灾能力建设。从我国目前各地的实际情况来看，已经纷纷出台了具体的针对农村困难群众的住房问题的救助意见，通过省级政府和市、县政府的资金投入，从资助对象、资助规模、资助程序、房屋改造的具体建议等方面对农村困难群众的住房建设进行具体的规定。这些地方经验须要通过认真总结从而达到在全国范围的推广应用。

三、保障农村住房建设的安全

（一）农房建设质量安全存在的问题

由于历史原因，我国形成了城乡二元的经济发展模式，国家集中主要力量进行城市的现代化建设，但同时也导致了我国农村经济的落后，到目前为止我国农村落后的面貌仍然没有改观。城市和农村实行不同的经济发展制度，同时对于城市和农村的管理模式也不尽相同。尤其是从城市和农村的住房来看，我国的城市住房和农村住房相差很大。在城市，已经形成了比较成熟的房地产市场制度，对于城市房屋的建设都有完善的监督管理机构，对于城市房屋建设来说，施工单位资质、房屋建设用途、施工人员素质、房屋的施工设计、防震减灾、通风采光等都受到相关部门的监督管理，通过一系列有效的手段来保证城市房屋的质量安全。

但是对于农村的房屋建设来讲，尚未形成有效的监督管理制度，农村房屋建设还存在着随意性的特点，特别是当遇到地震、飓风、雨雪、山洪、泥石流等各种自然灾害时，往往是农房更容易倒塌，造成严重的人员伤亡和财产损失。这些问题主要表现在以下几个方面：

1. 地基处理不规范，在结构上缺少有效的抗震措施，很多地方农村房屋建设只是夯实一下地基表层就开始基础施工，导致建筑物抗震性不强，留下严重的安全隐患。

2. 农村住宅施工质量让人担忧。农宅工程一般没有施工图纸，从事农宅施工的人员也没有相应的资质，是临时组建的“工匠”，技术水平低。同时农村住宅也没有任何节能措施，在门窗设计等方面缺乏从节能角度考虑，不符合节能的要求。

3. 质量意识淡薄。由于受技术、资金的制约，对农房地基的地质构造、水文地质条件、地基承载力等都缺乏了解，缺乏地质勘探资料，再加上农民建房大多数都图便宜、图方便，导致建筑物选址的盲目性和基础确定的不科学性①。

4. 建筑材料选用不符合规范要求。由于受资金因素的制约，住宅建设中的主要材料，水泥、钢材等大多数材料是从个体经营者手中买来的，在产品的检验检测等方面一般都没有严格执行国家规定的标准，虽然价格便宜，但质量大部分都没有办法保证，一旦在建房中使用，就在住宅建设中埋下隐患。

5. 结构布局不合理。由于诸多原因，农村居民在建房时大部分都没有使用正规部门设计的施工图纸，住房建多大、建多高，什么样的选型等方面没有充分考虑抗震构造措施；村镇建筑质量管理机构不健全，懂技术的管理人员和工匠少，有的地方至今还没有相应的村镇管理机构，更没有村镇助理人员；个体施工队伍及工匠的素质低，在乡、镇、村中农村建筑市场管理秩序混乱；乡、镇、村缺少必要的提高村镇建筑工程质量的优惠政策和措施，缺乏专门为农村建筑提供服务的机构，无法保证工程质量②。

（二）提高农房建设质量的建议

村镇住宅建设直接关系到广大农民群众的生命财产安全和根本利益，村镇住宅建设质量应该引起应有的重视，我们建议通过以下几个方面来提高农村住宅建设质量，让农村居民住上“放心房”：

1. 完善村镇建设方面的法律、法规体系，加大宣传、贯彻力度

首先必须制定和完善村镇建设规范性文件。须要依据中央有关会议精神和指示完善村镇规划建设规范性文件，结合《城乡规划法》等法律法规制定出符合农村实际的村镇总规划、村镇具体规划，努力做到村村有规划，依规划建设，加强农村集镇和中心村建设。其次是加强对农宅建设的宣传引导。加大宣传教育力度，努力提高农民的质量意识和对

---

① 《农村住宅质量的问题与对策》，http：//www. zbzzfdc. gov. cn/showxx2. asp? ID = 8955，2009 年 3 月 20 日访问。

② 阿迪力·麦麦提：《浅谈农村住宅质量存在的问题及提高农村住宅质量的方法》，http：//www. jzaq. com/news/sggljs/0741810425305589G9KDF3K0A5JD7G. html，2009 年 3 月 20 日访问。

《建筑法》等法规的了解，同时各级政府和各级建设行政主管部门要大力普及一些基本建筑常识和质量意识，自觉提高当地个体施工队和工匠的技术水平①。

2. 培训农村农房建设乡土管理人才

要使农村农房建设的质量得到提高，必须培养大量的乡土建设管理人才，这是做好农村农房建设的关键，使他们在房建规划、工程地质、建筑材料、建筑结构、建筑施工等方面学习一些基本的专业知识。

3. 加强农村建筑市场的管理，改变无证设计、无证施工的状况，要加强对农宅建设的指导、监督和管理

做好村镇建筑工匠的培训工作，加强对违规行为的管理，对施工人员通过培训来增强其质量意识，从而提高施工质量。同时对村镇建筑从业人员的资格进行考核，可考虑实行灵活多变的形式对村镇建筑从业人员进行培训管理。同时在农村住房建设中，政府部门不仅要抓规划、管用地、批建设工程，还要对其提供有效的技术指导与服务。通过推行农宅通用设计图集，来提高住宅的安全性和整体性。同时可以考虑在进行农村住房建设时，实行合同制度，以约束双方当事人的民事行为。

4. 建立健全村镇管理机构

目前我国的村镇建设管理机构并不健全，因此各地可以考虑设立村镇规划建设管理机构以对农村住房建设进行管理。各地可根据本地实际，尽快建立健全村镇管理机构和补齐村镇助理人员，使村镇建设管理工作落到实处，以便组织人员，对村镇建设范围内的各项村镇建设工作进行有效管理。

5. 大力整顿和规范农村建筑市场

一是对农村存在的个体施工建筑队伍，进行统一的管理和考核；同时对农村个体工匠和个体施工队伍进行强制的培训，通过对从事农村住宅建设的人员的全面培训，来提高他们的法制观念和技术水平。二是各

① 《农村住宅质量的问题与对策》，http：//www. zbzzfdc. gov. cn/showxx2. asp？ID = 8955，2009 年 3 月 20 日访问。

级建设行政主管部门，特别是乡镇级村镇规划建设管理机构，要对进入施工现场的建筑材料、构配件加强监督检查，特别是直接关系到农民住宅质量的钢材、水泥、红砖等材料，凡不能满足技术标准要求的，一律不得进入施工现场，防止伪劣建筑材料进入施工工地。三是完善市场约束机制，对那些使用假冒伪劣建筑材料的经营商，可采取经济和法律手段，追究其相应的责任。

四、城乡统筹的农村住房保障制度

由于历史原因，我国只存在城市住房制度，而不存在农村住房制度，农村居民的住房建设基本上处于一种“自发”的状态，既缺乏政府的有力支持，又缺乏相关配套制度的建设。从目前来看，城镇居民的住房福利措施主要包括以下几个方面：

第一，住房公积金制度。住房公积金制度是社会受益面最大的住房保障制度，几乎所有的工薪阶层都可以通过这个制度受益。

第二，针对低收入群体的半市场化保障举措。政府通过减免土地出让金或提供土地补贴、减免税费等方式建设经济适用房、廉租房来保障低收入群体的住房须求，通过间接的方式为低收入群体的购房和租房提供福利。

第三，对于社会上少数既无力购买也无力租住房屋的绝对贫困群体，政府就通过贴租的方式，直接为他们提供免费住房福利。①

可以看出，通过以上住房福利措施的实施，广大城镇居民和职工基本能够在住房保障制度的“呵护”下，根据不同的情况实现“居者有其屋”。但是，对于生活于农村地区的广大农民，他们的住房有福利、有保障吗？

其一，从住房公积金制度看，农民不是“工薪阶层”，无“单位”可言，因此，不可能有人为他们提供“住房公积金”，他们没有可能享受城镇职工那种由单位施与的“住房福利”。

---

① 周沛：《农村居住集中化过程中农民住房保障与福利研究》，载《社会科学研究》2007年第4期。

其二，政府不可能为农民提供经济适用房和廉租房，因为在二元经济、社会结构下，政府只对城镇职工采取经济适用房和廉租房政策，况且千百年来，农民的住房方式是自己建造，自己居住的，期望由政府帮助从市场上买房、租房，对于农民来说无疑是天方夜谭。

其三，一般来说，除非农村的“五保户”，农民不可能无偿或无条件地得到哪怕是十分简陋的住房。至于农村实行的农民建房的“宅基地”政策，乃是千百年来农民建房、住房的传统使然，实在不能认为是一种“福利”。由是观之，无论从哪个方面看，农民并不拥有住房上的福利和保障①。

农民的传统住房观念和习惯就是自己建造房屋自己住，他们长期被排斥在住房福利之外，似乎已经适应了这种制度安排，即使在工业化、城镇化与现代化程度很高的今天，绝大多数农民也没有要求政府或集体给自己提供住房福利以解决住房的奢望。这既是农村住房的现实，也是农村住房保障的缺憾。城乡二元的经济结构造成了我国城市住房制度和农村住房制度的巨大差别。从统筹城乡经济发展，建设社会主义新农村的角度出发，政府应当建立健全对农村的住房建设管理制度，具体到对农村困难群众的救助，就是须要加大对保障性住房工程的支持力度。

我国是一个发展中国家，人口众多，正处在城镇化快速发展时期，解决城镇居民和农村居民的住房问题，将是一项长期而艰巨的任务。在当前特殊的背景下，加快保障性住房建设，不仅有利于进一步改善民生，也有利于增加投资、扩大居民消费，对拉动内须、促进经济平稳较快增长意义重大。按照温家宝总理在2009年的《政府工作报告》中所明确提出的，加快落实和完善促进保障性住房建设的政策措施，争取用三年时间，解决750万户城市低收入住房困难家庭和240万户林区、垦区、煤矿棚户区居民的住房困难问题，扩大农村危房改造试点范围，着

---

① 周沛：《农村居住集中化过程中农民住房保障与福利研究》，载《社会科学研究》2007年第4期。

力完善住房保障体系，着力健全体制机制，加快解决低收入家庭的住房困难问题①。

五、农村危房改造中几个具体问题

（一）资助对象的认定

要想解决农村危房改造和困难群众等的住房问题，首先应当明确资助的对象，即对农村困难群众住房问题的认定。由于各地的经济发展水平不一，因此对于农村住房困难群众的认定存在不同的标准。

一般来说，对于资助对象的认定，须要根据其收入水平和居住状况两方面来进行认定。按照各地的规定，可以将须要资助的农村住房困难户分为以下几类：（1）农村低保户中的无房户或者极度危房户。（2）因灾倒房户。即因自然灾害造成房屋倒塌、或严重损坏不能居住或急须搬迁，且无自救能力的受灾群众。（3）不宜实行集中供养的农村五保户。（4）县级以上人民政府规定的其他困难家庭②。对于农村危房的认定，须要根据《农村危险房屋鉴定标准》并结合各地的具体标准来认定。

（二）政府资金的投入

农村困难群众住房问题的解决，一方面须要政府部门的大力资助，另一方面也须要困难群众自我筹集资金。从各地的规定来看，政府资金的投入可以分为省、市、县三级政府资金投入。

资金的发放从各地的实际情况来看，一般通过专款专户的方式进行，即完成对农村困难群众的认定之后，建立专门账户，封闭管理。各级财政补贴资金根据建设进度分批发放补助资金③。

（三）资助程序

从各地的具体情况来看，可以分为以下几个阶段：

---

① 住建部：《中央进一步加大对保障性工程支持力度》，http://finance.sina.com.cn/g/20090311/09235959927.shtml，2009年3月20日访问。

② 《浙江省关于实施农村困难群众住房救助工作意见的通知》（浙政办发〔2006〕92号）。

③ 《山西省人民政府关于解决农村困难群众住房问题的意见》（晋政发〔2008〕25号）的有关规定。

1. 申请。符合危旧房维修改造条件的家庭，由户主向所在村委会提出书面申请，填写申请表，并提供户籍、低保金领取证（农村五保供养证）、危旧房照片等证明材料。

2. 评议。村委会接到困难家庭的申请后，召开会议进行评议，并予以公示；经评议认为符合资助条件，且公示无异议的，上报乡（镇）政府。对不符合救助条件或公示有异议的，应及时向申请人说明情况和理由。

3. 审核。乡（镇）政府接到村委会的申报材料后，组织人员上门核查。经审核，认为符合条件的，报县民政局；不符合条件的，将材料退回所在的村委会，并说明原因。审查结果在村务公开栏进行公示。

4. 审批。县民政局接到乡（镇）上报的材料后，进行实地复核，对符合救助条件的，根据住房危旧程度，核定资助方式及标准，汇总上报市民政局审批，审批结果反馈给村委会张榜公布。

5. 验收。新建、重建改造住房项目竣工后，由县民政局牵头，市民政局及相关部门参与，对所有项目进行全面检查验收，并填写验收合格报告书。

6. 挂牌。新建、重建改造住房经验收合格后，县级民政、财政部门与资助对象办理交接和入住手续，并在新建、重建住房的显著位置悬挂“资助援建”标识牌①。

（四）解决方式

1. 新建住房。对没有住房或现住房已不能居住的，利用本村现有住房也无法解决的，可采取新建的方式解决。

2. 改建住房。对原住房已成危房但还有一定利用价值的，可采取对原住房进行改建的方式解决。

3. 修缮住房。对原住房已经严重破损，但修缮后还能使用的，可采取修缮原住房的方式解决。

4. 置换住房。对于没有住房的，除采取新建住房外，还可在本村

---

① 《江西省民政厅、江西省财政厅关于农村困难群众住房救助的实施方案》（赣民字〔2008〕179号）。

置换解决。即在原住户自愿前提下，收购现有依法批准建设的空置住房进行维修后，安排没有住房的困难群众居住①。

六、解决农村住房困难的几个建议

建立健全农村住房制度，除了上述的一些基本问题之外，还应当建立健全对农村危房改造和困难群众住房问题的解决。而解决好农村的住房问题，关键在于加大资金投入。如何实现政府财政投入的常规化和法制化，成为保证农村住房问题得到根本解决的关键。从以上各地的实践出发，可以从以下几个方面考虑：

（一）将农村困难群众住房保障问题纳入《条例》的调整范围。可以考虑在《条例》中对农村困难群众住房保障制度进行总体规定，将农村困难群众住房问题的解决纳入村镇具体规划的范围之内，同时引导各地政府在具体实施《条例》对农村危旧房屋进行改造时，制定详尽合理的实施办法。

（二）将农村困难群众住房保障金纳入到各地财政预算。政府每年的财政预算中应当单列对农村困难群众住房保障的份额。实行对农村困难群众住房问题的动态跟踪，政府的财政预算应当根据每年的农村危旧房的数量确定相应的比例。

（三）充分发挥村镇在解决农村困难群众住房保障问题上的作用。村镇将在对农村住房困难群众的标准制定、认定和审核上发挥着重要作用，因此，应当充分发挥村镇在解决农村困难群众住房保障问题上的作用。

（四）发挥村镇规划建设管理机构的规划建设管理作用。对于农村困难群众的住房问题的解决，按照群众自筹、政府补助的原则进行建设。同时，基层村镇规划建设管理部门可以对资助标准作进一步的细化，即对受资助家庭的建筑面积、建筑材料、户型等可以提供建议。同时须要在县级以上人民政府的指导下对农村困难群众住房的款项进行专

---

① 《山西省人民政府关于解决农村困难群众住房问题的意见》（晋政发〔2008〕25 号）的有关规定。

门的管理和审计。

第四节　农村公共设施建设与维护制度研究

不断改善农村人居环境质量是社会主义新农村建设的基本要求。虽然目前农村人居环境局部有所改善，但整体落后的状况尚未根本扭转，我国农村人居环境仍然普遍较差，与城市相比仍然十分落后，差距越拉越大，解决城乡基本公共服务均等化的任务十分艰巨。其中既有投入不足的原因，也有农村公共设施建设及运行维护机制缺失的问题。农村公共设施属于公共产品或准公共产品，不能由市场提供或不能完全由市场提供。长期以来，财政的公共设施投资主要面向城市，农村公共设施的投入被长期忽视，村庄内部的公共设施基本上靠村集体组织和农民投工投劳自行解决。由于政府引导与支持、投入严重不足，对村庄内部的集体性公共设施财政很少涉足，政府承担的农村公共基础设施供给主体责任严重缺失，直接面向社区的县乡政府事权财权不匹配，基层政府普遍财力拮据，难以履行公共设施供给与服务的基本职能，进一步导致社会资金不愿介入，结果只能由经济力量严重不足的农民和村集体自己负担，致使村庄公共设施建设及运行维护难以为继，农村人居环境落后面貌长期难以改变。下文将结合农村公共设施的几个问题进行探讨。

一、农村公共设施的界定

农村公共设施是为农村经济、社会、文化发展及农民生活提供公共服务的各种要素的总和。农村公共设施一般具有非营利性的特征。非营利性农村公共基础设施大多是具有明显非竞争性和非排他性的纯公共品或区域性准公共品。农村公共设施本身的特征，决定了政府财政（尤其是县乡基层财政）在提供此类农村公共产品的过程中扮演着不可替代的角色。

二、农村公共设施的建设

农村公共基础设施是建设社会主义新农村的重要内容，是实现“生产发展、生活宽裕、乡村文明、村容整洁、管理民主”的一个基本保证。农村公共基础设施包括乡村交通、农村通信、农村自来水设施、农田水利设施、农村电力供应、农村基础教育设施、农村医疗卫生基础设施、农村文化娱乐设施等基本内容。在新农村建设中加快农村公共基础设施的建设，须要注意以下问题。

（一）增加政府投入，整合投资渠道。农村公共基础设施具有广泛的外部效应，属于公共产品和准公共产品范畴，许多是农民须要解决但自身又无法解决的事情。当前要确立以政府无偿提供农村公共基础设施建设的基本思路，财政支出应由重点支持城市向重点支持农村转变，形成稳定的资金投入机制，逐步扩大公共财政在农村的覆盖面。同时须要积极发动社会力量，通过聚集社会力量来进行农村公共设施建设。政府资金投入的方式主要可以分为以下几种：

1. 土地出让金

伴随着经济的发展和城镇的扩大，以公共利益之名，但事实上是出于商业目的的土地征收仍会在一段时期内继续存在。事实上，“以地生财”已成为目前许多地方政府增加财力的重要途径。土地出让金不能专项用于城市基础设施建设，相反，应当将其专门用于或至少大部分用于非营利性农村公共基础设施建设。理由在于这些被征用的土地原本属于乡村，应当将其运用在乡村公共设施的建设上。而且城市可资利用的资源较为丰富，经营城市的理念渐入人心，可以通过多种途径为城市基础设施的建设寻找资金来源，城市完全没有必要挤占地方土地出让金这一本该属于乡村的资金。同时如果这些土地出让金用于乡村公共基础设施建设，将大大提升这些地方的土地价值，地方政府能从将来的土地出让中收益更多，从而形成良性循环。

2. 政府债券

（1）国债

从农村与城镇对基础设施须求的迫切性、可依靠的筹资渠道及投资可带来的外部性和边际社会效益来看，农村无疑对基础设施的须求更为迫切。农村基础设施的外部性与农村基础设施投资的边际社会效益与城镇相比同样较为明显，甚至有过之而无不及。然而，相比城镇而言，农村发展基础设施尤其是非营利性基础设施可资利用的资源、可依靠的筹资渠道则大大匮乏。而且从平等国民待遇来说，8亿农民也理应在国债安排中得到更大的份额。鉴于我国积极财政政策的逐渐淡化和退出，在国债规模不可能大幅扩大，甚至将逐年减少的情况下，建议进一步增加国债用于农村特别是农村公共基础设施建设的比重。

（2）地方政府债券

地方政府债券（主要是省、自治区、直辖市一级）以地方政府的财政收入作为还本付息的保证，其安全性仅次于国债。对我国是否应该发行地方国债为地方公用事业或基础设施建设筹措资金，虽然各方还有诸多争议，但是我国公用事业和基础设施供给与须求的强烈反差，使我们不得不考虑金融创新为公用事业和基础设施建设筹措资金。《预算法》只是规定“除法律和国务院另有规定外，地方政府不得发行地方政府债券”；《担保法》也只是规定“国家机关不得为保证人”，但地方财政是否属于国家机关还是可以讨论的。我们可以考虑通过发行地方政府债券的方式来加大对农村公共基础设施建设的投入。

3. 政府转移支付

（1）垂直转移支付

提供社会共同的生产条件和生活条件，提供社会发展条件是各级政府的职责之一。一方面，随着农村税费改革的进一步推进，在配合县乡机构改革和精简的同时，加大对县乡财政的转移支付力度，以维持县乡两级政府的正常运行；另一方面，加大中央和省级财政预算内支农力度，特别是切实担负建设农村公共基础设施的重任，对这一部分转移支付，宜采取专款的形式，并加强监督，严禁和杜绝被截留和挪作他用。

（2）水平转移支付

除上下级政府的垂直转移支付外，发展农村基础设施建设还可考虑政府间的转移支付。我国财政转移支付主要指上下级的转移支付，平级政府间的转移支付极少。其实，沿海发达地区的经济发展很大程度上得益于广大中西部地区的支撑。理由在于：其一，沿海地区在发展中吸引了大量中西部地区的优质资源，比如人才、资金等，使本已落后的中西部地区由于优质资源的流失而更加贫困；其二，沿海地区经济的对外依存度虽高，但同样有赖于中西部地区包括农村的广阔市场，这在沿海地区外向度达到一定程度、迫切须要开拓国内市场，特别是中西部农村市场的今天尤为明显。因而，发展政府间的转移支付，由发达省份适度支援欠发达省份，尤其是支援这些地区的农村公共基础设施建设，是十分合理和有力的，同时这也正是中央“统筹区域发展”、“统筹城乡”发展精神的具体体现。此外，在一省内部，各地市之间收入与支出也很不均衡，同样也有必要进行适当的转移支付。在进行平级政府转移支付时，要根据我国实际，制定详细的收入水平与支出须求衡量体系，制定合理的差额拨付比例。

4. 政府补贴

（1）中央政府补贴

政府补贴，特别是中央政府补贴是国家支农，尤其是支持农村公共基础设施建设的重要手段。

（2）地方政府补贴

结合中央补贴，地方政府尤其是省级政府应安排相应的地方政府补贴。由于中央政府补贴多属区域性较为明显的地区准公共品，相关受补贴地区是主要的受益主体，因而地方的相应补贴不仅必要，甚至要起关键性作用。事实上，从我国以往的实际运作经验来看，地方政府补贴，尤其是地方政府扶贫资金在一些农村小型基础设施建设方面发挥着至关重要的作用。

5. 引导政策性银行或其他金融机构投入

结合农村和农业发展现状及农村公共基础设施投资的特性，可从以下几方面入手：首先，从整合农村金融体系的大局出发，根据《国务院关于农村金融体制改革决定》确定的指导思想，对现有农村政策金融、商业金融、农村信用社重新进行功能定位和调整，建立起合理有效的运行机制，强化农村金融体系的整体功能，形成支持农业和农村经济发展的合力。其次，在此基础上，针对农户组织或地方政府为发展农村公共基础设施而进行抵押贷款或联合担保贷款，由中央或省级政府提供贴息，如没有抵押和担保，则由中央或省级政府提供贴息和担保。当然对两者都要进行项目审核，而对后者的审核应该更为严格。此外，还要对其用途进行跟踪调查和监督。其三，对有些项目，在有一定比例中央政府和地方政府补贴的情况下，可以鼓励或要求农户组织和基层政府以低息或正常利息进行贷款，政府则对相关金融机构提供利差补贴、担保，甚至适当的呆坏账补偿。最后，结合农村土地流转制度的改革，针对农村逐渐向规模经营转变的趋势，由政策性银行对照农户的经营规模，对农户为发展节水灌溉、人畜饮水、农村道路、农村沼气、农村水电、草场围栏等农村“六小”工程或防涝排涝、小型水利等非营利性基础设施所须贷款提供不同等级的优惠利率。这样既可满足农户为发展服务于农业生产的非营利性农村基础设施的贷款须要，又有利于引导农户规模经营。

（二）应用PPP模式，激活民间投资。PPP融资是私人企业参与公共基础设施建设项目的一种新兴的融资方式。PPP是Public－Private Partnership的简写，即公私合伙制，是指政府或有关公共部门与私人企业基于某个投资项目而形成的相互合作的一种项目融资方式。在农村公共基础设施建设中引进和应用PPP模式，积极吸引民间资本参与公共基础设施建设，并将其按市场化模式运作，有效减轻政府财政支出的压力，以提高公共基础设施投资与运营的效率。

（三）改革决策程序，实现“乡政民治”。改革现行的农村公共基础设施供给决策程序，建立由内部须求决定公共产品供给的机制。一是提高农民文化素质和农村组织化程度，加强农村教育发展，提高农民整体素质，鼓励和支持新型农村合作组织的发展，让农民成为拥有更多“话语权”的相对强势力量。二是使村委会、乡镇人代会成为农村公共基础设施建设的代言人。通过村民委员会制度和乡镇人民代表大会制度，由全体农民或农民代表对本社区的公共基础建设项目进行投票表决，实现农村公共基础建设决策程序由“自上而下”向“自下而上”

的转变，真正实现“乡政民治”①。

三、农村公共设施的管理维护

从一定意义上来讲，农村公共基础设施的管理维护比建设更重要。一要明确政府的管护责任。在公共基础设施规划阶段就要考虑运营管护经费问题，将其纳入项目总投资或明确管护经费来源，健全建立管护经费保障机制。二要探索建立多种形式的管护体制。对于纯属公益性的公共基础设施项目，由当地政府承担管护责任和管护费用；一些准公益性项目可以引进市场方式，推行公私合作合营模式和民营模式；对于小型公共基础设施，则鼓励采取承包、租赁、拍卖、转让等形式，明确管护责任。三要鼓励扶持农村专业合作社组织参与管护。积极发挥农民群众在农村公共基础设施建设中的主体作用，鼓励扶持农村专业合作社负责工程维护管理、费用收取，以及工程更新改造等工作。

农村公共设施具有公共性的特点，但是由于具有非营利性的特征，如何对农村公共设施进行管理维护，避免出现“只建设不管理、重建设轻管理”的情况，成为农村公共设施建成后一个重要问题。可以从以下三个方面考虑：

1. 由有关机构进行管理

由于村镇规划建设管理机构负责村镇规划的实施监督，在农村公共设施建设以后，由村镇规划建设管理机构进行整体和全面的监督管理。村民委员会是村民自我管理、自我教育、自我服务的基层群众性自治组织，村委会也可以对农村公共设施进行管理和维护。村民委员会对属于村民集体所有的公共基础设施有必要进行监督管理。

2. 专门对农村基础设施的维护管理作出规定

在修订的《条例》中可以考虑针对农村公共设施做出专门的维护管理的规定，在人为破坏农村公共基础设施时，应当承担相应的责任。

3. 设置专门的农村公共基础设施维护基金

① 吴朝阳：《非盈利性农村公共基础设施筹资方式分析》，载《当代财经》2004 年第9 期。

在《条例》中可以规定各级人民政府在进行财政预算时，针对农村公共基础设施设置专门的维护基金，用于对农村公共基础设施的维护。

第五节　村民自治制度研究

关于乡镇人民政府与村民委员会的关系，《村民委员会组织法》规定："乡、民族乡、镇的人民政府对村民委员会的工作给予指导、支持和帮助，但是不得干预依法属于村民自治范围内的事项。村民委员会协助乡、民族乡、镇的人民政府开展工作"。根据这一条款的精神，乡镇人民政府与村民委员会的关系是指导与协助的关系。它们既不是领导与服从的关系，也不是领导和指导双重并举的关系；同样，也不是单纯的指导关系，而是指导与协助的关系。但是《村民委员会组织法》只规定了乡镇政府对村民委员会的工作给予指导、支持和帮助，但并没有细化规定应在哪些方面给予指导、支持和帮助，以及如何指导、支持和帮助。同样，也只规定了村委会协助乡镇政府开展工作，而并没有规定在哪些方面协助，以及如何协助的问题。这就给乡镇政府和村民自治组织在正确处理这一关系时，提供了宽广的实践空间，提供了许多可供思考和总结的实践经验。

正确处理好村民自治和乡镇人民政府之间的关系，须要提高认识，转变观念。村民自治既不意味着村民完全自治，政府指导也不意味着政府代办包办。乡镇政府转变职能，改进方法，依法履行乡镇政府职责，是正确处理乡政管理与村民自治关系的关键。依据《村民委员会组织法》，乡镇政府在处理同村民自治的关系上概括表现为指导、帮助和服务等方面。

一、乡政管理与村民自治关系

（一）指导

对村民委员会的工作给予指导，这是乡镇政府的法定行政职责。

1．指导村委会认真开展自治活动。自我管理、自我教育、自我服务是村民自治的内容和目的，而民主选举、民主决策、民主管理、民主监督则是实现这个目的的途径，也是实现村民自治的具体方式，乡镇政府必须给予指导，尤其是在民主选举过程中乡镇政府要给予具体的指导和监督。

2. 指导村民委员会办好公共事务和公益事业。村民委员会虽然是村民自治组织，但也肩负着法律法规、党和国家方针政策赋予的“政务”以及涉及本村经济社会发展的公共事务和公益事业。如：征兵工作、计划生育工作、科技推广示范工作、新农村建设工作以及农村公共基础设施建设工作等。这些工作中，乡镇政府必须通过宣讲党的路线方针政策，动员广大村民自觉参与各项事务，贯彻落实基本国策，以实现党和国家的主张。

（二）帮助

在实施联产承包责任制和村民自治后，乡镇政府既不能利用行政管理权对农民发号施令，或者利用行政手段下达生产计划，但是乡镇政府的工作对象和服务对象仍然是广大农村和农民，农业生产发展、农民增收、乡风文明、改变农村落后面貌仍然是乡镇政府首要的、基本的、主要的工作任务。乡镇政府可以在以下方面给予帮助：

1. 经济信息服务。相对于长期封闭在土地上的农民而言，乡镇政府的工作范围、活动空间要宽广得多，相对获得各种经济信息的渠道也宽广得多。他们不仅可以频繁同各种媒体接触，而且可以及时了解党的方针政策，上级指示和决定，社会活动和社交范围的宽泛也是他们获得众多信息的重要渠道。及时、准确、大量收集涉农信息，并组织有关业内人员结合本地农村及村民实际，对这些信息进行整理、筛选、研究，及时提供给农民参考，这是乡镇政府改变行政方法、服务于农的首要任务，也是密切乡镇政府与村民自治关系的具体方式。

2. 公益事业服务。按照社会主义新农村要求，组织兴办公益事业，是村民委员会的职责。兴办公益事业，须要技术支持、资金支持、政策支持等。而这些支持在很大程度上须要乡镇政府去沟通、去协助、去争取，所以乡镇政府的帮助支持是不可少的。因为它是便民、利民事业，因而，又可获得村民们的欢迎和拥护，当然也最能体现乡镇政府和村委会、村民的关系①。

二、村民自治在村镇规划编制实施中的体现

在村镇规划建设中，政府管制主要表现在以下几个方面：(1) 依据法律法规的规定，制定具体的村镇规划；(2) 批准村镇规划的修改；(3) 对村镇规划区内建设行为的监督；(4) 对违反法律规定的行为的查处。村民自治和政府管制之间的关系具体到村镇规划的具体制定、实施和管理的实践中，须要从以下几个方面考虑：

(一) 地方确定须要编制乡和村庄规划的范围。由县级以上地方人民政府确定应当制定乡规划、村庄规划的区域。县级以上地方人民政府应当根据当地经济社会发展的实际，在城市总体规划、镇总体规划中合理确定城市、镇的发展规模、步骤和建设标准。县级以上人民政府在编制乡规划、村庄规划时，应当依据国民经济和社会发展规划，并与土地利用总体规划相衔接。因此，在对规划区域的确定上，在对乡镇、村庄的整体规划上，政府机关具有绝对的权力，政府机关可以依照当地经济发展的实际情况确定发展规模和建设标准。

(二) 县级人民政府在编制乡规划、村庄规划时，应当从农村实际出发，尊重村民意愿，体现地方和农村特色。乡规划、村庄规划的内容应当包括：规划区范围，住宅、道路、供水、排水、供电、垃圾收集、畜禽养殖场所等农村生产、生活服务设施、公益事业等各项建设的用地布局、建设要求，以及对耕地等自然资源和历史文化遗产保护、防灾减灾等的具体安排。乡规划还应当包括本行政区域内的村庄发展布局。

(三) 村民参与规划编制实施。充分发挥村民在乡镇规划建设中的自主作用。首先，村民会议或村民代表会议对乡、镇人民政府编制的乡规划、村庄规划具有提出意见和建议的权利，乡、镇人民政府在将村庄

---

① 任纯刚　宋五一　文杰科：《关于村民自治与乡镇政府关系的调查与思考》，载《达州新论》2006 年第 4 期

规划报送审批前，应当经过村民会议或者村民代表会议讨论同意①。对村庄进行规划的具体事项，村民自治章程、村规民约以及村民会议或者村民代表讨论决定的事项不得与宪法、法律、法规和国家的政策相抵触，不得有侵犯村民的人身权利、民主权利和合法财产权利的内容。因此，对于村镇规划中的事项，只要符合村庄集体的利益，符合村民的利益，乡级人民政府就不应当进行干预。

应当注意到，依据《城乡规划法》第七条的规定，“经依法批准的城乡规划，是城乡建设和规划管理的依据，未经法定程序不得修改”。因此，对于经依法批准的城乡规划，村民自治不能够擅自改变经过批准的城乡规划，这是作为强制性标准而作出规定的。

总之，村民自治在村镇规划建设中的作用表现为：(1) 根据本地的具体情况提出村镇规划的建议；(2) 结合本地实际情况进行村镇规划的建设行为；(3) 对属于村民自治范围内的事情制定具体的村民规约或者自治条例，对村镇规划建设行为作出决定。

第六节 政府服务制度研究

推进社会主义新农村建设，必须解决城乡发展不平衡的问题，改变城乡二元结构的体制机制。改革开放以来，中国经济社会各项事业总体上得到了长足的发展，取得了辉煌的成就，然而，这些成就多数是以不平衡发展为代价。从城乡发展来看，二元结构没有发生根本性改变，两者差距不是在缩小而是在扩大，不仅经济收入差距在扩大，而且公共服务水平差距也越来越明显。在农村，公共事业几乎还停留在计划经济时期的水平②。新农村建设真正的着眼点在于农村公共基础设施的建设。对村镇进行规划建设时，也须要加强对以公共基础设施为主的规划建

① 《城乡规划法》第二十二条规定：“乡、镇人民政府组织编制乡规划、村庄规划，报上一级人民政府审批。村庄规划在报送审批前，应当经村民会议或者村民代表会议讨论同意。”

② 费广胜：《新农村建设中政府公共服务能力的限制因素及其对策》，《美中公共管理》2008 年第 1 期。

设。建设“生产发展、生活宽裕、乡风文明、村容整洁、管理民主”的社会主义新农村，是一个系统工程，仅靠市场机制的自发调节是无法完成的，政府的责任不可回避，其责任不在于直接参与市场竞争，而在于提供公共服务。

公共服务是一种满足公众须要的服务活动，有广义和狭义之分，广义的公共服务与公共物品相同，既包括保障市场经济正常运行的法律制度，也包括为纠正市场失灵和功能缺陷所制定的宏观经济政策、微观规制等抽象的公共物品，还包括政府提供的具体公共服务项目。狭义的公共服务仅指那些由政府负责安排的具体公共服务项目。它不仅仅指一般意义上的服务活动，如路灯维护、邮政服务、公共服务等，也包括广泛的社会职能，如为退休者提供生活保障、抵御外来威胁、衣食供应、保护生物和环境等①。不管公共服务如何表述，它至少包括两个基本内涵：一是公共服务的核心是为公众服务，满足公众的须求是服务的目的，而服务活动则是达成目的的手段和途径；二是公共服务的关键是以人为本，公众是国家的主人，社会的主体。

公共服务是与公共物品的生产和输送联系在一起的。一方面，公共服务如果完全交由市场来完成，那么必然存在难以克服的困难。在一个经济社会中，如果有公共物品和服务存在，“免费搭车者”的出现就不可避免，但是如果所有社会成员都成为免费搭车者，最后的结果则是没有人能享受到公共物品和服务的好处。由于具有非排他性，每个人都相信他付费与否都可以享受公共物品的好处，那么他就不会有自愿付费的动机，而倾向于成为“免费搭车者”，从而使公共物品投资无法收回，市场提供公共物品必然是低效率的。但是公共物品往往是增加社会福利所不可缺少的，因此，须要政府介入，用税收手段集资，提供公共物品。因此，从矫正市场失灵的角度来说，提供公共服务是政府不可推卸的责任。

另一方面，单纯依靠我国农村居民自主进行农村基础设施的建设，

---

① 【美】撒瓦斯著，周志忍等译：《民营化与公私伙伴关系》，中国人民大学出版社2004年版，第4页。

也是不现实的。由于城乡二元经济格局的存在，我国农村居民和城镇居民的收入差距较大，农村居民消费结构中除了食品，最重要的就是居住、交通通信等费用，农村居民的低收入水平决定了农村公共服务建设无法由农村居民自己单独来进行建设，而必须通过政府的主导和投入来进行。

一、政府公共服务的制约因素

但是我们同样应当注意到，我国的现实情况是，财权过于集中在中央，事权过于下放到地方。地方没有正常的融资渠道去完成大量的事务，从而造成了地方尤其是乡镇的负债。尤其随着农业税的取消，乡镇的财政来源更加狭小，乡镇则政运转更加困难，这也大大降低了其供给公共服务的能力。长期以来，中国政府体制过于注重管理，而忽视服务；重经济建设，而轻社会发展，政府服务能力受到很大限制，没有达到应有的水平，尤其在农村公共服务领域表现甚为明显。从目前来看，我国政府的公共服务能力仍然受到诸多体制上因素的限制。①

（一）中央政府与地方政府事权划分不清，职能错位与缺位，弱化了政府农村公共服务能力

按经济学家的推论，市场机制发生失灵的领域，也就是须要政府发挥作用的范围。在此范围内，政府的经济职能至少包括三项：资源配置职能、调节分配职能和稳定经济职能。经济学家马斯格雷夫在《公共财政学的理论》一书中，从财政联邦制的角度对中央政府和地方政府经济职能的划分作了论述。根据他的理论，收入分配职能和经济稳定职能，通常是提供全国性公共物品，主要由中央政府来承担，而资源配置职能，通常是提供地方性公共物品，则主要由地方政府来承担。为此，如果从财政支出的角度来理解政府经济职能的话，中央政府的财政支出应该是：全国性公共物品支出；全国统一的社会福利和社会保障支出；全国性教育、卫生、医疗、文化、环保支出；跨地区的大型公共基础设

---

① 费广胜：《新农村建设中政府公共服务能力的限制因素及其对策》，载《美中公共管理》2008年第1期。

施，基础科研等方面支出。地方政府财政支出应是：辖区内的地方公共物品支出；在全国统一的社会福利和社会保障制度的基础上本地区应承担的费用；地区性教育、卫生、医疗、文化等支出，本地区基础设施，基础科研等支出等。

然而从我国的实际情况来看，却出现了这样的情况：一方面，政府承担了相当部分应该由市场承担的经济职能，而本应该由自己承担的公共服务职能，政府却没有承担起来；另一方面，中央政府与地方政府却又在相互履行着本应由对方履行的职能。所以，在公共服务领域，在政府公共服务能力本来就很有限的情况下，却由于政府的缺位和错位并存，再加上城乡有别的政策体制，更加弱化了政府在农村公共服务的能力，导致农村公共服务严重不足，有些领域的公共服务甚至还是一片空白。

（二）地方各级政府公共物品提供的权责划分不明晰，降低了基层政府公共服务能力

地方政府是通过提供地方性公共物品来实现资源配置职能的。公共物品的层次性理论，决定了地方性公共物品要根据“谁受益，谁负担”的原则，依据受益的范围的区别，由各级地方政府去负责提供。然而，地方政府各层级的划分，一个省、市、乡或村的辖区或边界往往是历史、政治等因素造成的，而非依据经济效益划定，收益范围与行政区划的范围必然存在不一致性，这样，公共物品的外部性和外溢性，必然使得某个地方政府在提供公共物品时所产生的效益和成本会外溢到其他地区去。具有外部正效应的公共物品的成本往往由该产品的提供者承担，在这种情况下，从本地利益出发，地方政府有可能高估提供公共物品的成本，而低估其整体效益，并有可能以无法完全负担成本为由，减少此类公共物品的供给；与此相反，当公共物品附带负外部性时，地方政府则容易高估公共物品的正效应，低估或忽视公共物品的成本，从而使之过量供给。

地方政府之间公共物品供给的权责划分不明晰、交叉重叠严重，农村公共物品供给主体的缺位和错位同时存在。一方面，在改革进程中，

中央政府逐渐从微观经济活动中退出，而地方政府却逐步增强了其在经济中的作用，投资是其突出表现。地方政府投资活动的增加，把自己主要精力耗费在参与市场竞争过程中，不仅大量挤占提供地方性公共物品的公共资源，而且使得地方性公共物品的提供成为地方政府投资的附带物。另一方面，在提供公共物品方面，地方政府却将有限资源用于追求短期效益、追求有显性政绩的公共物品的供给上，如上级有考核要求的防洪设施、农村电网改造、交通道路建设等公共物品供给积极性高，但对于一些具有长期效益和隐性政绩的公共物品、关系到农民基本人权和农村可持续发展的公共物品供给，例如，农村教育、医疗卫生、社会保障、环境保护等不积极或视而不见。农村公共服务结构极不合理。

（三）城乡有别的公共服务体制，虚化了政府农村公共服务能力

中国建国后形成了城乡二元社会，在这一结构之下，政府在公共服务供给上实行城乡有别的公共服务体制，政府把大量的公共资源投到了城市，而农村本应该由政府提供的公共服务或由政府与农民共同承担的公共服务，却主要由农民自己承担，导致城市与农村公共服务供给失衡，农村公共服务供给总量不足、总体质量不高、供须结构不合理。政府农村公共服务能力因农村公共服务出现盲点而严重虚化。

目前，城乡之间的差距不仅表现在经济发展和居民收入上，更反映在政府提供的公共医疗、义务教育、最低生活保障等基本的公共服务上。以社会保障制度为例，新中国成立以来，党和政府对农村社会保障制度建设和改革是做了不少实际努力，在养老、医疗、救助等方面都取得了一定的成就，但也存在严重失误。其中，政府未能从社会公正的理念出发动态地考虑农村社会保障的建设机制与城市衔接问题，非但未能对农村社会保障建设采取倾斜的投入政策，反而投入严重不足，造成农村社会保障与城市社会保障的差距日益扩大。

二、加强政府农村公共服务职能的几点建议

从以上分析可知，我国政府的公共服务能力仍然受制于体制等诸多因素，但是从统筹城乡发展，建设社会主义新农村的角度出发，政府机

关仍然须要在村镇规划建设管理中发挥重要作用，在我国现行行政管理体制下，探索出适合目前经济发展须要和社会改革须要的公共服务制度。我们认为，政府要更好地发挥其服务职能，应当从以下方面着手。

（一）转变政府职能，改变执政观念，建立合理的责任分担体制。

提供公共产品是政府的基本职能，认为可以通过农村自组织或市场化途径来解决我国目前农村公共产品供给的问题，都是不现实的。公共产品的性质决定了农村纯公共产品理应由政府提供，而由于农村的弱势地位以及农村公共产品的基础性、效益的外溢性特征，即使是农村准公共产品，在农村经济发展水平低下、农村市场化程度有限、农村组织不发达的情况下，政府也应该发挥主导作用。政府农村公共服务职能不但不能削弱，反而更应加强。

建立中央、地方政府的公共服务分工体制是提升政府农村公共服务能力的关键。应根据农村公共服务的收益范围来界定中央政府、省级政府与县、乡镇政府的权利和责任。中央政府要切实承担起全国性纯公共产品的供给责任和准公共产品的部分供给责任，向农村居民提供与城市居民同等水平的义务教育、公共卫生、社会保障、行政法律服务等社会性和行政性公共服务，向农村提供有利于工农协调发展的生产性服务。

从近期看，在农村税费改革和县乡行政体制改革的基础上，中央与省级财政要有计划地加大对农村公共服务供给和对经济落后地区县、乡镇财政转移支付的力度，保证农村基层政府机构的正常运转和提供农村公共服务的供给能力。地方性公共产品供给责任由地方政府来承担，像农村道路、自来水等基础设施、乡村发展规划、农村社会保障、农村科技信息服务等。当前，农村公共服务财政保障的重点是农村基础设施建设、义务教育、公共卫生和大病医疗救助制度、农村技术培训等。为了避免农村公共服务供给中趋利性，避免重“看得见”，轻“看不见”的公共服务供给，重各类达标升级等短平快项目，轻见效慢但具有战略意义的公共服务供给所引致的结构性失衡问题，中央和省级政府农村公共服务支出中应在减少一般性财政转移支付比例的同时，加大“专项转移支付”的力度。

（二）构建以政府为主导、多元化的农村公共服务供给体制，提升政府农村公共服务能力的外部动力。

公共服务的非竞争性和非排除性，决定了政府在公共服务中必须居于主导地位。当前，由于中国政府农村公共服务职能缺位严重，农民自主组织程度不高，民间组织公共服务供给参与度低，农村市场化水平有限，多元公共治理结构尚未有效形成，因而，须要发挥政府在公共服务领域中的"强势作用"，使其承担起应该承担的公共服务责任。但是，用发展的眼光来看，政府作为公共服务供给主体，并不排斥公共服务主体的多元化。要知道，全能的政府必然是无能的政府。要提升政府农村公共服务能力，前提条件必须为政府塑身，变全能政府为有限政府，这样才能使政府"业有所专"。政府有所不为，才能有所作为。农村公共服务供给主体多元化，是提升政府农村公共服务能力的突破口。

首先，必须把民间组织发展纳入到公共服务体制建设中，民间组织在公共服务中因具有独特的优势而有利于政府服务能力的改善：第一，民间组织在某些公益性、社会性公共服务中有着独特的作用。它不仅有利于填补政府在公共服务中的某些"空白"，还有利于政府职能转变。第二，民间组织的参与能够在一定程度上影响政府公共政策，使政府的公共政策更贴近现实、贴近百姓，提高公共政策的有效性。第三，由于民间组织的草根性，信息传递过程中的扭曲与失真程度比较低，有利于提高公共服务的投入效率。其次，实践和理论研究都表明，运用市场机制供给公共服务具有重要作用，并且可以提高供给效率。随着制度条件和科学技术的变化，农村一些公共产品完全可以按照"谁投资、谁受益"的原则进行私人供给，比如，村级范围的农田灌溉、河道整理等所谓"俱乐部产品"，在一定程度上具有"排他性"，杜绝了"搭便车"现象，是可以由私人提供的。

因此，建立新型农村公共服务供给体制的目标取向是政府主导、社会参与：一是建立政府主体、私人主体、民间组织主体多元驱动、合理分工、相互补充的供给机制，形成公共服务供给主体多元化格局。二是充分运用市场机制和市场力量，提高公共服务效率，运用使用者付费、合同外包、特许经营、内部市场等方式增加农村公共服务的有效性。三是建立新的农村公共服务供给决策程序和须求表达机制，实现决策程序由“自上而下”向“自下而上”的转变，使农村公共服务供给更反映农民的须要和意愿。为此，必须加快建立畅通的农民表达公共服务偏好的表达机制，发挥草根性民间组织自组织作用，扩大农民在公共服务供给中的知情权和话语权①。

（三）中央政府和地方政府在公共服务中分别定位，更好地发挥其作用②。

1. 中央政府公共服务体系职能定位

由于公共物品具有效用的不可分割性（共同受益或联合经济消费性）、消费的非竞争性、受益的非排他性，使得市场机制不能有效地提供公共产品和公共服务。只有通过以公共有能力运作为中心的一般主体政府才能有效地提供公共产品和公共服务，进而满足社会大众对此的须求。在建设社会主义新农村政府公共服务体系中，全国性或跨省（自治区、直辖市）的公共服务项目，应当由中央政府提供。如重大的基础设施的投资建设，这些基础设施建设一般具有投资成本高、建设周期长、直接经济效益差、近期效果不明显等特点，但又涉及国计民生与现代的发展，搞不好就又会造成国民经济发展“瓶颈”现象。这部分主要有：交通工程、通信工程、能源工程、环境工程、水利工程以及国防与外交等重大设施，义不容辞地推到了由中央政府来承揽。

2. 地方政府公共服务体系职能定位

以公共权力运作为中心的政府服务是最一般的公共服务主体。为建设好社会主义新农村，地方政府要继续贯彻落实中央对农村“多予、少取、放活”，“工业反哺农业，城市支持农村”的方针和建设社会主义新农村政策，把地方政府公共服务体系与“三农”问题紧密地联系起

① 费广胜：《新农村建设中政府公共服务能力的限制因素及其对策》，载《美中公共管理》2008 年第 1 期。

② 罗高亮：《建设社会主义新农村中政府公共服务体系定位》，http://www.gotoread.com/article/? wid=94709，2009 年 3 月 20 日访问。

来，作为向新农村建设提供公共服务的导向。主要有：完善和强化中央对农业的扶持政策。如对农业减税免税、对农业种粮直接补贴、良种补贴、农机具购置补贴，对重点粮食品种最低收购价政策，增加农村财政转移支付，加强农田水利和农村基础设施建设。

（四）在编制村镇建设规划时，应当总体规划，具体指导

政府要想在村镇规划建设管理中发挥好自己的职能，在宏观上制定村镇规划建设的相关政策时，应当按照城乡一体化的要求，编制出符合经济社会发展的规划，积极拓展村镇规划建设的范围，具体来说主要是：

1. 县级人民政府须要负责制定县城发展总体规划、村庄和集镇的总体规划、土地利用规划、批准乡、镇人民政府根据本地具体情况制定的村庄规划。政府应将对村镇规划的投入纳入政府财政预算之中。

2. 乡级人民政府须要对村庄规划进行审核，负责向县级人民政府上报村庄规划，同时乡级人民政府负责村庄规划的实施监督、负责村庄规划的监督和管理。

3. 吸引社会资金的投入，多渠道投入建设资金

政府作为农村公共服务的主要提供者，一方面须要加大对农村公共产品的投入力度，真正实现城乡统筹发展；另一方面须要解决农村公共设施建设资金不足的问题，政府须要通过各种途径鼓励社会资金进入农村，政府应当做好对资金的服务工作，同时对社会资金实行更多的优惠政策。

（五）建立农村公共设施维护管理的长效机制①

一是要在各级政府中有正常的资金渠道，纳入公共财政支出范围。二是要充分发挥政府、农民、社会的积极性，明确各级政府、村集体组织及村民在村庄内部基础设施建设与维护中的责任，建立建设维护资金的筹措与分摊机制。三是要把部门资金和基层组织筹措资金结合起来，发挥好专项资金的作用。四是推动将城市建设维护税改革为城乡建设维

① 李兵弟：解决农村住房改革中的深层次问题，http：//www. agri. gov. cn/jjps/t20081120_ 1175753. htm，2009 年 3 月 20 访问。

护税。

落实县级政府乡村建设管理职能。一是县级人民政府必须履行乡村建设政府职能，不能只管县城，不管农村地区，不能只管规划，不管农房建设。二是要有专门的综合性政府机构负责统筹协调，建立健全村镇规划建设管理机构。镇一级管理机构要从各地的实际出发，可以采取下派制、联建制、巡回检查制等来实现对农村公共设施的维护管理。

第七节　农房安全监管制度

四川汶川特大地震中倒塌房屋超过1600万间，其中农民住房占相当大的比例。此次大地震中暴露出来的农房问题，只是当前全国农村地区农民建房现状的一个缩影。从当前农村实际情况来看，农民住房在设计、施工和管理等环节存在以下问题：一是设计、施工不合规范要求。砖混结构未按规范设置构造柱、圈梁等抗震构造措施，墙体稳定性差，在强力作用下极易发生失稳和剪切破坏。二是工程质量低劣。农民选用的砖和砌块大都是不合格产品；在施工中混凝土配比不合规范，水灰比偏大，振捣不实，混凝土“蜂窝”严重，强度低。三是农民安全意识淡薄。农民建房大多根据经验自行设计、施工，无专业施工机械，施工人员不具备相应的素质，省（偷）工减料明显，必要的防震抗灾措施被忽略，施工安全和建筑质量无从保证①。

上述问题产生的主要原因在于我国现在农民建房的质量安全监管制度滞后。从我国现行法律体系来看，由于城乡二元体制的存在，《建筑法》、《建设工程质量管理条例》等相关对于建筑的管理法律法规并不适用于农民自建低层住宅的建设活动。一个特别突出的问题是村镇建筑工匠从业资格审批已经被取消，造成村镇建设管理部门对大量从事农民住宅建设的个体工匠执业情况失去控制，削弱了对农民住宅工程质量安

① 杨明生：《农房建设质量安全监管莫成“死角”》，http：//www. cworksafety. com/101805/101887/92491. html，2009年3月29日访问。

全的监管。从对农村建房从业人员的监管来看，没有专门机构对农民建房从业人员进行管理，绝大部分农房建设由没有经过安全生产教育培训、无营业执照、无施工资质、无施工许可证的建筑施工队伍承建，无质量安全保障机制。但近年来，随着新农村建设的不断推进，农民建房持续升温，加强农房建设质量安全监督管理势在必行。针对农村目前的现实情况，要实现对农村建房的安全监管，须要以农村工匠管理为突破点，加强对农村房屋的规划建设、竣工验收等方面的监管，保证农房建设的安全规范。

一、农村工匠管理制度

1996 年 7 月 17 日建设部发布《村镇建筑工匠从业资格管理办法》（建设部令第 54 号），该办法的立法目的是“为了加强村镇建筑工匠从业资格管理，维护村镇建筑市场秩序，保护村镇建筑工程质量，根据《条例》，制定本办法。”① 该办法的调整范围是建筑工匠在村镇从事的一切房屋建筑活动②。然而该管理办法已经于 2004 年 6 月 29 日由建设部以第 127 号令废止。

废止该办法的背景是 2004 年 7 月 1 日《行政许可法》的施行③。之前的 2004 年 5 月 19 日国务院在《关于第三批取消和调整行政审批项目的决定》中取消了对村镇个体建筑工匠从业资格的审批④。然而《条例》第 23 条仍然规定：“承担村庄、集镇规划区内建筑工程施工任务的单位，必须具有相应的施工资质等级证书或者资质审查证明，并按照规定的经营范围承担施工任务。在村庄、集镇规划区内从事建筑工程施工的个体工匠，除承担房屋修缮外，须按照有关规定办理施工资质审批手续。”《条例》属于行政法规，而《村镇建筑工匠从业资格管理办法》属于部门规章，前者的效力高于后者，所以从立法法的角度来看，农村

① 《村镇建筑工匠从业资格管理办法》，第 1 条。

② 《村镇建筑工匠从业资格管理办法》，第 2 条。

③ 童琳：《村镇建筑工匠建农村低层住宅无从业资格规范要求》，载《山东人大工作》2008 年第 1 期。

④ 国务院《关于第三批取消和调整行政审批项目的决定》，国发〔2004〕16 号。

工匠仍然须要办理资质审批手续。《村镇建筑工匠从业资格管理办法》的废止使得前述行政法规的规定得不到落实。

在实际运作层面，当前我国农村建筑市场不甚规范，多数是个体瓦工、砌砖工、木工自行招募组织起来的，既没有工商企业等级，也没有建筑施工资质，以致建筑质量无法保障，而且松散的管理、薄弱的安全意识及粗糙的劳动工具极易导致民工受伤现象发生①。《村镇建筑工匠从业资格管理办法》废止以来，未办理从业资格证书的个体工匠以合同形式承揽村镇低层建筑而发生伤亡事故所引发的人身损害赔偿纠纷案件数量逐年上升。根据江苏东台法院2004年7月以来受理的297件此类案件来看，受害人多未办理《村镇建筑从业资格证书》，297件案件中未办理证书的就占92.6%②。

加强对农村工匠的资质管理是保证农村房屋和其他建筑质量安全的重要环节，这样有助于从源头上把好关，防止不符合建筑资质要求、不具备基本建筑安全知识的工匠参与农房建设，该措施的推行能够改变当前农村建房中安全生产事故频发的局面，有利于有效预防危险，将安全事故消除在萌芽状态之中。当前农村农民收入逐渐增多，改善住房条件的须求也越来越迫切，农民建房热成为广大农村的新气象。在这一背景下，一些农村建筑施工队也就应运而生，因为施工价格便宜，就弥补了大型建筑企业不愿承揽农村民用住房的缺口，受到广大农民的欢迎，这些施工队本身也在一定程度上吸纳了部分农村剩余劳动力，有利于发展当地经济③。农村个体工匠组成的建筑施工队也具有很多安全生产的隐患："这些农村建筑施工队既无营业执照，也无施工资质，更无施工安全许可证，往往是由一个人牵头，拉起一班人就成了一支土法上马的建筑队，他们忙时是农民，闲时是建筑工人，放下镰刀就拿起瓦刀……他们一无上岗证，二无施工经验……他们既无安全生产知识，也无必要的

① 郑保然：《审理农村建房案件若干法律问题的探讨》，载《内江科技》2008年第8期。
② 杜云昌：《村镇建筑工匠从业资格问题应引起重视》，载江苏法院网2007年5月30日。
③ 潘安平：《农民建房法律指南》，中国建筑工业出版社，2007年版，第252页。

建筑设备，却到处承包工程，造成了很大的安全隐患。”①

村镇建设工程的安全生产是当前建筑施工安全生产的重点薄弱环节之一，为此有必要仍然从农村个体工匠建筑资质问题上着手规范。建设部在2004年12月6日发布的《关于加强村镇建设工程质量安全管理的若干意见》也指出：“加强村镇建筑队伍的技术培训工作，并制定符合本地实际的农民自建住宅施工技术规程等地方标准以指导施工。县级建设行政主管部门对培训合格人员可发给培训合格证书。”②建设部于2006年12月14日发布的《关于加强农民住房建设技术服务和管理的通知》中就曾重新提出：“建立农民住房建筑工匠资格认证制度，大力推进农村建筑工匠队伍建设。”③ 建设部（住房和城乡建设部）在农村工匠管理问题上一度全部放开后，又逐渐收紧，加强管制。农村住房建设一直在自治和管制之间摇摆，行政许可法实施前后建设部在这个问题上有所反复。其废除《村镇建筑工匠从业资格管理办法》之后不得不先后通过《关于加强村镇建设工程质量安全管理的若干意见》和《关于加强农民住房建设技术服务和管理的通知》，加强对农村工匠的技术培训工作，重新明确建立农村工匠资格认证制度。建设部的上述文件出台以后，各地方政府根据各自的具体情况加强了对农村工匠的管理培训工作，特别是在我国部分地区，甚至还推行“农村建房严禁无证工匠施工”④，以加强对农村工匠的培训管理，有力地保证了农村房屋建设的安全，有利于从根本上维护农村居民的财产安全。

至于废除《村镇建筑工匠从业资格管理办法》的理由，笔者认为，“要想从根本上解决行政许可中存在的问题，仅靠减少行政审批

---

① 潘安平：《农民建房法律指南》，中国建筑工业出版社，2007年版，第252－253页。

② 建设部《关于加强村镇建设工程质量安全管理的若干意见》建质〔2004〕216号，第二（三）项。

③ 建设部《关于加强农民住房建设技术服务和管理的通知》建村〔2006〕303号，第四条。

④《成都：农村建房严禁无证民工施工》，http://www.xtjsj.gov.cn/show.aspx?id=1035&cid=107，2009年3月29日访问。

项目是远远不够的，必须以法律的形式，确立行政审批制度改革的原则和目标，强化对行政许可行为的监督措施和责任机制。”① 单纯地减少审批许可事项并不是对行政许可制度规范完善的必然做法，行政许可的设定范围也应该遵循法定化的要求，严格根据《行政许可法》第十二、十三条去认定。农村工匠资格认证问题上尤其应该如此，在这个问题上行政许可制度的设定“并不是法律禁止人们做某些事，而是做这些事，政府要事先管制，所以通过立法规定一定的条件，符合条件的人，都有权利获得许可。”② 通过资格认证许可这种事前规制方式，可以有效保障农村住房建设及其质量的安全，国务院及有关部委在这一问题上的反复态度也告诉我们农村工匠资格认证问题并非取消了之，应谨慎对待。

农村工匠资格认证问题涉及农村住房建设这一重大公共安全事项，属于基于公共利益对行政相对人的行为进行一般限制的范围，农村住房建设同样须要遵守资质条件、安全质量标准等基本规则。可以说农村工匠建房属于“提供公共服务并直接关系公共利益的职业、行业，须要确定具备特殊的信誉、特殊条件或者特殊技能等资格、资质”,③ 而且农村工匠群体目前基本处于无组织的相对混乱状态，尚无法通过行业组织或者中介机构进行自律管理。基于上述分析，其在价格上的优势也使得具备正规建筑资质登记的建筑施工单位基本无法进入农村住房建设市场，也就无法通过市场竞争机制进行有效调节。农房建设直接关系到农民生命财产安全，建筑安全事故一旦发生就具有极大的破坏性和不可逆性，无法通过行政机关采用事后监督等其他行政管理方式能够解决。另外，建筑工匠资格认证问题当然也无法通过工匠自身自主决定。所以农村工匠资格问题就不属于“可以不设行政许可”的事项④。

---

① 曹康泰:《一部规范政府行为的重要法律—中华人民共和国行政许可法讲话》. 中国方正出版社 2004 年版，第 4 页。

② 乔晓阳:《行政许可法及释解》. 致公出版社. 2003 年版，第 31 页。

③《中华人民共和国行政许可法》. 第十二条第（三）项。

④《中华人民共和国行政许可法》. 第十三条。

《条例》第二十三条仍然可以看做是设立农村工匠资格认证制度的法律依据，符合设定和实施行政许可的合法原则①。此前的《村镇建筑工匠从业资格管理办法》可以看作是在农村工匠资格认证制度上规章"在上位法设定的行政许可事项范围内，对实施该行政许可做出具体规定。"② 基于前述分析，主要考虑到农房建设的现状、安全隐患的大量存在和农房建设事关公共利益等等，而建设行为中，人是决定性的因素，建筑工匠施工技能的提高，在整个村镇农房建设质量管理中起着十分关键的作用，我们主张恢复农村建筑工匠资格认证制度，在本条例修订过程中重新细化并加强建筑工匠从业资格管理工作③。

笔者认为，在条例的修订过程中，应当恢复对村镇建筑工匠从业资格的认定和管理。具体理由包括以下两个方面：一是基于对农村房屋建设管理现状的考虑。我国农村房屋建设施工管理现在处于混乱状态。《建筑法》、《建设工程质量管理条例》等规定不适用于农村房屋的建设和管理，其将农村房屋的建设排除在这些法律法规的适用范围之外，无法对村镇建设工匠的建设行为进行调整，没有针对农村房屋建设从业人员资格的认定和管理标准，特别是在《村镇建筑工匠从业资格管理办法》失效之后，对于农村工匠的管理实际上处于"空白"状态，导致农村大量的房屋建筑质量不符合安全标准，更不用说符合建筑节能等标准了。特别是在遇到自然灾害和突发事件时，严重危及农村居民的财产和人身安全。二是对农村房屋建设中施工人员人身安全的考虑。在农村房屋的建设施工中，由于缺乏必要的培训和管理，村镇建筑工匠伤亡的事件时有发生，特别是由于缺乏必要的自我安全保护措施和规范的安全管理活动，村镇建筑工匠在施工过程中自身利益遭受损害的情形十分常见，而针对农村建筑工匠的培训和管理则有利于减少农村房屋建设施工过程中伤亡事件的发生。总之，从我国农村房屋建设管理的实践出发，

---

① 《中华人民共和国行政许可法》，第四条。

② 《中华人民共和国行政许可法》，第十六条第三款。

③ 潘照春：《民进广西区委会建议：恢复我区村镇建筑工匠从业资格管理工作》，载《广西政协报》2009年2月12日。

以及对农村房屋建设安全管理的角度出发，都应当恢复对农村工匠资格的认定和管理。

在具体操作层面，有如下一些应该着重予以考虑的方面：

1. 农村工匠建设施工的范围是村镇二层及二层以下房屋及设施的建设、修缮和维护①。

2. 省级建设行政主管部门可根据实际须要制定农民住房建筑工匠资格认证的具体管理办法②。

3. 建筑工匠申请资格认定，由建筑工匠向当地乡镇人民政府建设行政主管部门提出申请，报县级人民政府建设行政主管部门审核。县级人民政府建设行政主管部门经审核，符合上述第二条规定的省级建设主管部门的管理办法的，发给《村镇建筑工匠资格证书》。

4. 乡镇中建筑、土地等部门要对所辖区域内的农村建筑施工队逐一建立档案，对不具备施工条件的施工队劝其整改，整改后仍不能达成要求的则坚决取缔③。

5. 允许并支持注册建筑师、注册结构工程师等具有工程建设执业资格的人员以个人身份从事农民住房设计。鼓励具有正规建筑施工资质的建设施工单位承建村镇住房。

6. 按照自愿参加、适当补贴的原则，加强农民住房建筑工匠的业务技术培训、安全知识培训和相关法律法规培训，对经考核符合前述第二项管理办法规定条件的工匠个人，颁发《村镇建筑工匠资格证书》。但是行政部门不得把该培训作为取得《村镇建筑工匠资格证书》的前置条件④。

7. 鼓励农村建筑工匠逐步建立协会，通过协会自律进行自我

① 《村镇建筑工匠从业资格管理办法》. 第十二条。扩大了《条例》第23条的范围，将房屋的修缮和维护也一并纳入。

② 建设部《关于加强农民住房建设技术服务和管理的通知》建村〔2006〕303号，第四条。

③ 潘安平：《农民建房法律指南》. 中国建筑工业出版社. 2007年版，第253页。

④ 《中华人民共和国行政许可法》. 第五十四条第二款。

治理①。

该问题是涉及政府管制和行业自治的关系，从长远来看资质、资格方面的一些许可，“随着社会中介组织的进一步规范化，这一块都将大量地退出行政许可，政府可能都不管了，会交给社会中介组织和行业组织去管。”② 但是鉴于农村建筑工匠自律组织极不完善的现状及长期以来有关部门在该问题上的摇摆混乱态度，目前尚不宜完全交由行业自律来规范，应当经历较长的政府许可管制的规范引导过程。

8. 加强对农村建筑工匠的资格管理的主要目的是保障农村房屋及其他建筑物的质量安全，但是安全不仅仅是工匠的事情，村镇建房户也应该选择符合资质条件的建筑工匠。选用有过失的建房户，发生建筑安全事故时应当根据最高人民法院《人身损害赔偿司法解释》第十、十一条等规定承担相应的民事责任。

对此有地方政府规章就规定：“农房建设应与具备相应资质的施工单位或个人（注册建造师、监理工程师、拥有执业技能岗位证书的个人）签订施工承包合同（协议）。施工承包人资质、技能不符合要求的，不得核发建设许可证书。”③ 这种将资质资格问题和建设许可证书联系起来，将政府监管和建房人自觉主动配合结合起来的做法值得借鉴。

9. 与此相关的一个问题是，建筑意外伤害保险的推行。鉴于农村建房事故频发，赔偿较为困难的特点，国家要推行农村建房强制保险制度，建房户或承包人必须为建筑工人投保意外险，以确保事故发生后受害人能得到及时有效的经济赔偿。④

总之，农村工匠管理制度事关农房建设安全，对其从业资格的管

---

① 《平邑县200多家村镇建筑工匠协会助力新农村建设》，载临沂政府网2009年3月12日；《莲都成立村镇建筑工匠协会》，载丽水市政府网2006年11月24日。

② 曹康泰：《一部规范政府行为的重要法律—中华人民共和国行政许可法讲话》，中国方正出版社，2004年版，第49页

③ 《关于进一步加强农房建设管理工作的意见》，江津府发〔2008〕119号，第二（四）。

④ 这方面的经验请参考：《南通建立农民建房意外保险》，载《新华日报》2005年7月28日。

理是一种有效的事前监督手段，能够从源头上根本减少事故的发生。当前农村工匠管理制度处于恢复重建期，政府提供的资格认证、专业技术和安全知识培训都不可或缺；此过程中也应该逐步引导农村建筑工匠建立行业协会，最终通过以行业自律为主的方式走向良性发展的阶段。

二、农村房屋建设的安全监督管理制度

构建农村房屋建设的安全监管制度，除了加强对村镇工匠资格的认定和管理之外，还应当对农村房屋建设的规划设计、施工监管、竣工检查、建筑材料市场等方面进行严格的管理和监督。我们认为，加强对农村房屋建设的安全监督管理制度，应当包括以下几个方面：

（一）严格选址意见书和开工许可证制度（即“一书一证”制度），确保农民住房建设选址与设计安全。严格执行选址意见书制度，加强对农民住房建设选址的安全把关，防止农民在地震断裂带及滑坡、泥石流易发地段建房。严格执行开工许可证制度，落实先设计后施工原则，切实加强对地震、台风多发区的农民住房设计安全审查①。

（二）建立农民住房建筑工匠资格认证制度，大力推进农村建筑工匠队伍建设。农村住房建筑工匠资格认定制度，关系到农村房屋建筑工程质量，也关系到农村居民的财产和人身安全。应当建立起农民住房建筑工匠资格认定制度，政府部门通过提供对村镇建筑工匠的培训、管理和考核，实现农村房屋建设活动的安全有序。

（三）加强基层建设管理部门对农村房屋建设管理活动的监督和管理。在农村房屋建设施工活动中，基层建设管理部门应当加强对农村房屋建设管理活动的检查和监督，督促建筑施工人员在建筑施工过程中做好安全防范措施。可行的办法是在乡镇规划建设管理部门成立由专业技术知识的人员针对农村房屋建设管理活动进行监督管理，使其按照“一书一证”的要求进行施工建设。

---

① 建设部《关于加强农民住房建设技术服务和管理的通知》（建村〔2006〕303号）（二）。

（四）加强对农村建筑材料市场的管理。建筑材料市场供应的建筑材料应当符合国家安全生产管理的规定，农村房屋建设施工的材料应当符合农村房屋建设安全的须要。建设行政部门应当加强对建材市场的管理，保护农村居民的利益。

（五）建立农村房屋建设工程的竣工检查制度。我国未来农村房屋建设管理活动应当符合城乡一体化发展的要求，须要逐步加强对农村房屋的登记管理活动。在农村房屋建设工程竣工时，应当加强对农村房屋建设的成果进行监督和管理。

第八节　农民住房权益保护制度研究

一、违章建筑与农民住房权益保护

农民住房权益的保护要延伸到农房建设之前，开工前就应该将须要办理的所有手续办理完毕。否则一旦构成违章建筑，其所建房屋权益的保护就会处于极不稳定状态。具体地说，我国《物权法》第三十条对基于事实行为取得房屋所有权的情形作了规定，即“因合法建造、拆除房屋等事实行为设立或者消灭物权的，自事实行为成就时发生效力。”本条只是说合法建造事实行为完成就可以取得房屋的所有权，没有明确规定对违章建筑的态度。但是《城乡规划法》、《条例》对违章建筑的认定和处理都有所涉及。农民在建房时应该注意手续齐全，防止因为违章建筑而得不到完全保护。

具体地，《城乡规划法》第六十五条规定：“在乡、村庄规划区内未依法取得乡村建设规划许可证或者未按照乡村建设规划许可证的规定进行建设的，由乡、镇人民政府责令停止建设、限期改正；逾期不改正的，可以拆除。”《条例》第十八条也规定，农民在村镇规划区内建住宅时，区分是使用耕地建房还是使用原有的宅基地、村内空闲地和其他的土地建房，而规定了不同的审批手续。同时在该条例第36，37条规定了违反第18条规定的程序事项构成违章建筑时，相关行政机关可以根据具体情节采取责令其限期改正、责令停止建设、限期拆除、没收违法建筑物及罚款等等行政处罚措施。《土地管理法》第七十七条对农民非法占有土地建住宅的也规定了类似的处罚措施。

为了切实保护农民住房权益，在农房建设过程中乃至建设前就要大力宣传农房建设方面的法律法规，引导农民及时办理各种审批手续，特别是“村镇规划选址意见书”和“乡村建设规划许可证”，为此，建设部就曾经下文规定：“完善选址意见书和开工许可证制度（即“一书一证”制度），确保农民住房建设选址与设计安全。”①

综合前述分析，农民建房过程中为了防止违章建筑的出现，就须要严格按照前述规范性文件确立的程序要求进行。本条例修订过程中也应该在条例相关规定的基础上整合《城乡规划法》和《土地管理法》等在相关方面的规定。

如果农民建房中未遵守前述相关规定，建成的房屋权益是否就完全不受保护了呢？其他的民事主体是否就可以对该房屋进行随意的破坏拆除呢？笔者认为，首先农民所建房屋是否属于违章建筑应该由法定机关依法律法规的规定加以认定，具体来说：“村庄和集镇规划区范围内的违章建筑的认定是村镇规划行政主管部门的职权范围，判断某一建筑是否属于违章建筑，必须由房屋所在地村镇规划行政主管部门出具证明。”② 这也是本条例修订过程中须要明文写入的事项。

即使有权机关已经依法认定农民所建房屋属于违章建筑，其他民事主体是否可以代行行政机关的职权对该违章建筑加以拆除呢？生活中的这种例子并不鲜见③。我们认为违章建筑本身仍然属于民法上物的一种，其特殊之处只是在于：有关行政主管部门未依法认定要求拆除前，违章建筑建造者仍然享有部分物权的权利，比如有权处分建筑材料、占有建筑物、使用建筑物，有权对违章建筑收益等等。其他任何民事主体无权以违章建筑违法为由对其进行破坏拆除，否则其须向

---

① 建设部《关于加强农民住房建设技术服务和管理的通知》建村〔2006〕303号，第二条。

② 潘安平：《农民建房法律指南》，中国建筑工业出版社2007年版，第84页。

③《带人拆除违章房——村民“帮政府的忙”被判赔损失》，载《生活日报》2006年9月18日。

违章建筑建造人赔偿建筑材料被毁损所造成的损失，当然其不负有恢复原状的民事责任。

二、“一户一宅”与农民住房权益保护

以上说的是建造房屋这一事实行为与农民房屋权益保护的关系。在民法上，发生民事法律关系变动的还有事件。《物权法》第二十九条就规定：“因继承或者受遗赠取得物权的，自继承或者受遗赠开始时发生效力。”宅基地及附属其上的房屋在权利人死亡后就会发生继承的问题，这是继承人就可能因为继承而拥有两处宅基地和房屋。而《土地管理法》第六十二条则规定：“农村村民一户只能拥有一处宅基地，其宅基地的面积不得超过省、自治区、直辖市规定的标准。”可见因继承使自己拥有的宅基地超过一处时，就会发生违反该法律规定的情形。我们认为“一户一宅”并非在所有情形下都可以适用。至少存在两种特殊情况：

第一，农村中的一户指的是为分家的一个家庭，农村父母为未结婚的子女准备结婚用房时，或者子女结婚有方后未立即与父母分家分户时，都可能存在一户多宅的现象。

第二，农房可以作为继承的标的，如果继承人因继承农房而取得两处宅基地，我们也不能基于“一户一宅”而剥夺房屋所有人的宅基地使用权①。

实际上，对土地管理法所规定的“一户一宅”应该做目的性限缩解释，其所在的《土地管理法》第六十二条规定的是农民住宅用地审批规定，一户一宅也仅是针对新批宅基地而言的。2004 年国土资源部在其颁发的《关于加强农村宅基地管理的意见》中也是将“坚决贯彻一户一宅的法律规定”放在“严格宅基地申请条件”部分规定的②。因继承或者受遗赠而取得农房及其宅基地的，取得人可以依法保有，不受一户一

① 郭明瑞：《关于宅基地使用权的立法建议》，载《法学论坛》2007 年第 1 期。

② 国土资源部《关于加强农村宅基地管理的意见》国土资发〔2004〕234 号，第二（五）条。

宅的限制。明确这一点对农民住房权益的保障也是十分重要的。

三、宅基地使用权自愿流转与农民住房权益保护

1993 年的《条例》第十八条第二款规定："城镇非农业户口居民在村庄、集镇规划区内须要使用集体所有的土地建住宅的，应当经其所在单位或者居民委员会同意后，依照前款第（一）项规定的审批程序办理。"但是在该条例之后立法及中央政策发生变化，城镇居民事实上已经无法取得宅基地使用权，也就在事实上失去了在农村建造住房的资格。1998 年《土地管理法》修改过程中废除了城镇非农业户口居民享有宅基地使用权的规定。1999 年国务院办公厅《关于加强土地转让管理严禁炒卖土地的通知》提出："农民的住宅不得向城市居民出售，也不得批准城市居民占用农民集体土地建宅，有关部门不得为违法建造和购买的住宅发放土地证和房产证。"① 2004 年国务院《关于深化改革严格土地管理的决定》进一步指出："改革和完善宅基地审批制度，加强农村宅基地管理，禁止城镇居民在农村购置宅基地。②"可见国家对宅基地使用权的流转又关紧了门子。我们认为：首先，从法律规定上看，宅基地使用权是可以转让的，根据《物权法》第一百五十五条"已经登记的宅基地使用权转让或者消灭的……"，可见物权法事实上是允许宅基地转让的；另外，《土地管理法》第六十二条允许村民出卖、出租住房，根据"房地一体"原则，宅基地使用权的转让当然也为该法所允许。其次，从现实须要上看，农村宅基地使用权的转让可以一方面缓解城市建设用地的不足，另一方面相应解决农民长期外出务工导致"空心村"而带来的土地资源浪费。再次，宅基地使用权及其上农村住房的转让也能够有利于构建"两种地权、一个地价"统一的建设用地市场。

根据《物权法》第一百八十四条，宅基地使用权不允许抵押。我们

---

① 国务院办公厅《关于加强土地转让管理严禁炒卖土地的通知》国办发〔1999〕39 号，第二条。

② 国务院《关于深化改革严格土地管理的决定》，国发〔2004〕28 号，第十条。

认为当农房抵押时，基于房地一体原则，宅基地使用权也应该允许抵押。在抵押权实现时，其与宅基地使用权的转让没有本质的区别，理应允许。

至于宅基地使用权及其上房屋的租赁，根据《土地管理法》第六十二条当然也是允许的。转让和抵押这两种处分行为都能允许，何况出租这种非处分行为？

总之，笔者认为允许宅基地使用权及其上的农民住房的自愿流转既是根据现行立法做出的一个解释论上的结论，又具有现实迫切的立法论上的基础。本次条例修订过程中应当适时促成，这也符合城乡统筹，城乡经济社会一体化的要求。因此，可以考虑将农村宅基地的流转规定为：农村村民宅基地转让给本集体经济组织以外的单位和个人的，应当依法经本集体经济组织成员的村民会议2/3以上成员或者2/3以上的村民代表同意，并报乡（镇）人民政府批准。在同等条件下，本集体经济组织成员享有优先购买权。转让宅基地使用权的农村居民，不得再分配宅基地①。

四、宅基地使用权非自愿流转与农民住房权益保护

中央在十七届三中全会《推进农村改革发展若干重大问题决定》中曾指出："依法征收农村集体土地，按照同地同价原则及时足额给农村集体组织和农民合理补偿，解决好被征地农民就业、住房、社会保障。"② 可见宅基地使用权及其上的农民住房也可能被征收。为此要明确以下几点：第一，征收宅基地及其上的农民住房时，必须是基于公共利益的须要，当被征房的农民和征房主体对是否存在公共利益产生分歧时，可以提请司法机关依照法定的表决程序和表决方式进行裁断。第二，征收宅基地及其上的农民住房时，应当给予被征房的农民及时足额

---

① 本条规定采取了宅基地使用权有限制流转的做法，"有限制"是由当前宅基地使用权社会保障属性决定的，而"流转"是充分尊重农民自主决定权充实宅基地使用权的物权权能决定的。参见杨留强：《论我国宅基地使用权流转制度的完善》，载中国法院网2009年2月9日。

② 中央《推进农村改革发展若干重大问题决定》2008年10月12日十七届三中全会通过，第三（二）。

合理的补偿，并应该保障被征收人的居住条件。

可见，农房征收拆迁必须是处于公共利益的考虑，且给予足额及时合理的补偿方可进行，而且因为农房的征收，也必须保障被征收人的居住条件。这就是基于公益征收这种非自愿流转情形下，农民住房权益保障的要点。

五、农村房屋产权流转与农民住房权益保护

如何有效利用农村现存资源、推动农村市场化改革深化和实现城乡经济一体化发展，是新一轮农村产权制度改革、增加农民收入、减轻农民负担、有效解决“三农”问题的重要内容。农村房屋包括宅基地是农民的生活资源和安居之所，更是农民家庭经营中的重要资产，切实确认和维护好农民房屋的财产权及其宅基地使用权利益是顺利有效推进农村房屋产权制度改革的根本和前提。[①] 但从我国法律和相关的规定来看，我国农村房屋的流转仍然受制于现行法律的规定。

我国《土地管理法》第六十二条规定：“农村村民一户只能拥有一处宅基地，其宅基地的面积不得超过省、自治区、直辖市规定的标准。农村村民建住宅，应当符合乡（镇）土地利用总体规划，并尽量使用原有的宅基地和村内空闲地。农村村民住宅用地，经乡（镇）人民政府审核，由县级人民政府批准；其中，涉及占用农用地的，依照本法第四十四条的规定办理审批手续。农村村民出卖、出租住房后，再申请宅基地的，不予批准。”

国土资源部《关于加强农村宅基地管理的意见》（国土资发〔2004〕234号）规定：“严格宅基地申请条件。坚决贯彻‘一户一宅’的法律规定。农村村民一户只能拥有一处宅基地，面积不得超过省（区、市）规定的标准。各地应结合本地实际，制定统一的农村宅基地面积标准和宅基地申请条件。不符合申请条件的不得批准宅基地。农村村民将原有住房出卖、出租或赠与他人后，再申请宅基地的，不得

---

① 杨东升 邓立新：《农村房屋产权改革须要注意的四大问题》，载《农村经济》2008年第5期。

批准。”

《物权法》第一百八十条规定，债务人或者第三人有权处分的“建筑物和其他土地附着物”可以抵押，因此该条规定承认了农村房屋可以被用来抵押。但同时《物权法》第一百八十四条规定，除法律另有规定外，“耕地、宅基地、自留地、自留山等集体所有的土地使用权”不得抵押。该条规定又明确了宅基地使用权不能用于抵押。

从上述相关法律和规定可以看出，农村房屋流转没有法律障碍，但有限制性特别规定：一是房屋流转一般只能在农村集体组织成员间进行；二是房屋流转同时宅基地随之流转；三是房屋及其宅基地流转必须变更登记；四是出租、出卖后农民不能再申请宅基地。特别是在农村房屋进行抵押时，房屋可以作为抵押财产，但是房屋所占的宅基地使用权由于其所有权属于村集体所有而不能被用作抵押。有关上述的法律、规定严格限制了我国农村房屋产权的流转，这固然有其积极考虑的因素，但是从另一方面来看，这也确实限制了农村村民进行融资的可能性和积极性，导致农村村民无法有效地利用现有资源。

党的十七届三中全会作出的《中共中央关于推进农村改革发展若干重大问题的决定》中明确指出：“完善农村宅基地制度，严格宅基地管理，依法保障农户宅基地用益物权。农村宅基地和村庄整理所节约的土地，首先要复垦为耕地，调剂为建设用地的必须符合土地利用规划、纳入年度建设用地计划，并优先满足集体建设用地。逐步建立城乡统一的建设用地市场，对依法取得的农村集体经营性建设用地，必须通过统一有形的土地市场、以公开规范的方式转让土地使用权，在符合规划的前提下与国有土地享有平等权益。抓紧完善相关法律法规和配套政策，规范推进农村土地管理制度改革。”根据该决定精神，并结合我国改革发展的实际情况，我们认为，要实现农村房屋产权的流转，应当从以下几个方面来进行考虑：

1. 建立健全农村房屋产权登记制度

我国《物权法》已经对农村宅基地使用权进行了概括规定。《房屋登记办法》也对集体土地范围内房屋登记的情况进行了详细规定。农村房屋登记制度的建立可以起到确认农村居民财产权利的作用，同时也为未来农村房产权利的流转奠定基础。房屋产权登记制度是农村房屋产权进行流转的前提和基础①。

2. 充分发挥政府在农村房屋流转的作用

首先，从制度设计上落实政府对农民的房屋及宅基地使用权益保护的责任。按照现有法律，严格落实一户一宅制度，但同时应该允许外出务工人员对农村空置房屋长期出租并享有收益权，政府不宜加以限制；允许农民对其房屋及其宅基地有放弃、转让包括出卖等，尊重农民意愿。但政府也有责任提醒农民，采用出租、出卖方式转移了房屋及其宅基地都不能再申请宅基地，即丧失再申请宅基地的权利；在转让房屋后又无房住者，只能依转让、出租的方法取得宅基地，即通过市场再买回来。因此，政府应该通过政策宣传等途径提醒农民审慎转让农村房屋及其宅基地。

其次，从流转范围和流转方式对农村房屋产权的流传进行一定限制。鉴于全国许多地区通过土地整理或“拆院并院”的方式兴建了农民集中居住区，由于该部分房屋的修建多参照城市开发程序进行，报建手续与过程较为规范且土地用途均为集体建设用地，房管部门可在初始登记的基础上通过电子信息系统、档案管理等方式对流转过程进行较好的掌控。另外，农民集中居住区房屋所有权的率先流转还会促进现仍处于散居状态的农村居民自愿进入集中居住区居住，利于土地整理和“拆院并院”政策的落实以及征地拆迁工作的顺利推进。因此，农村房屋所有权流转宜将农民集中居住区房屋流转作为突破口，待前期工作经验成熟后，再逐步将流转范围扩大到农村散居房屋、乡镇企业房屋等。

受现行法律法规及政策的限制，城镇居民到农村购房受到严格限制，因此，可以采取试点的办法，在采取农村房屋产权流转试点的地

① 有关建立健全农村房屋产权登记制度的意义和内容将在第（六）部分中详细探讨。

区，建议将农村房屋的抵押与租赁作为开展流转工作的首选方式，一方面通过加大对农村融资贷款的金融支持，通过宣传引导，让更多的金融机构了解到农村房屋已具备了实现其价值的平台，除原有的信用合作社外，其他商业银行如果能够予以扶持，将会给农村房屋的抵押带来更为广阔的市场，使得农村房屋真正体现其资产变资本的功能，让农村村民除小额信用贷款外，还能通过房屋的抵押贷款更加便捷地获得生产资本。另一方面，通过培育良好的农村租赁市场氛围，逐步建立与城市同样信息公开、流转自由、规则透明的房屋租赁市场，引入诚信度较高的房屋中介机构，为农村房屋租赁市场的发展打下良好基础①。

3. 建立有形市场

通过加快建立农村房屋及其宅基地有形市场，推动农村房屋及其宅基地流转进入市场交易实现其价值增值②。各地可以借鉴已有的相关经验，在政府的指导和监督下成立相关的交易机构，保证农村房屋交易市场的安全和规范。农民出让农村房屋，除规定的交易规费外，应该取消额外收费，从而降低农村房屋流转的行政成本；其转让收益应全部归农民，任何组织包括政府不得截留。要保障农民房屋产权流转个人所得。通过市场公平交易实现要素自由流动，实现资源配置优化和价值最大化。

4. 完善市场“三公”机制

建立平等市场主体地位的市场规则，规范市场秩序。保证农民平等参与市场竞争。建立公开对称的信息机制，政府有责任保证农民对相关信息的知晓权，建立公示制度、信息发布制度，防止信息不对称。实行市场准入制度，凡进入农村房屋及其宅基地流转市场的企业，都应有资格限制，实行市场准入。有资金实力、有开发项目、有社会诚信和责任感、无诚信不良记录的企业才能参与农村房屋流转市场。坚决打击对农民的欺骗行为。同时应当加强针对农民房屋市场主体的培训，提高其参

---

① 洪远：《农村房屋所有权流转的路径选择》，载《中国房地产》2008 年第 6 期。

② 2008 年 10 月 13 日，成都市农村产权交易所正式揭牌成立。成都农村产权交易所有关负责人表示：“从目前市场看，农业投资公司、农业发展公司等，想在农村方面有所作为的企业及林业公司等，在这个市场平台上将大有作为，有助于建立农村创新的资本介入方式。”http://fc.cdqss.com/htm/article/detail/30001－31000/633596601900170000.shtml，2009 年 3 月 28 日访问。

与市场和自我保护的能力。在推动农村经济发展的同时，通过股份化的资产纽带，组建农民专业合作经济组织，提高农民市场谈判主体地位，增强适应市场经济能力①。

5. 保护农民利益，确保农村社会稳定

首先确保农民在农村房屋流转的收益分配中的优先地位。农村房屋流转的收益分配应坚持确保农民收益、建立对农民的社会保障、有利于形成确保农民长期收入机制形成等基本目标。确保农村房屋流转收益应全部归农民个人所得，不应成为其他用途项目支出法律明确保护农民房屋个人财产权。至于房屋占有的农村宅基地流转收益，应当建立原房屋宅基地使用权人和集体经济组织之间的收益分配的合理比例关系。

其次，应当做好关于农村房屋流转的相关制度安排。应当建立针对自愿放弃农村房屋和宅基地农民的社会保障制度。可以考虑建立以农民自愿放弃的房屋和宅基地流转收益为本金的保障资金，用于建立进城农民在住房、就业、教育、卫生等方面的保障。

农村居民转让农村房屋及宅基地，进入城镇居住，城镇政府应给予支持，应当建立多层次的住房保障制度，包括经济适用房、廉租房，甚至实行农村宅基地换取城镇住房等。进城农村居民能在城市便利地取得住房，能增加对所在城市的归属感，提高建设城市的积极性和自豪感，也有助于推动农民向城镇集中，加速城镇化进程。同时应当建立起针对转让农村房屋和宅基地农村居民在子女读书、就业、医疗、最低生活保障等最基本的社会保障制度，从经济收入和市民待遇等方面，实实在在地鼓励和支持从农村转移到城镇，促进城乡资源有序合理流动，支持城市和农村经济的互动发展②。

六、农村房屋权属登记与农民住房权益保障

《物权法》第六条规定：“不动产物权的设立、变更、转让和消

---

①② 杨东升　邓立新：《农村房屋产权改革须要注意的四大问题》，载《农村经济》2008年第5期。

灭，应当依照法律规定登记。动产物权的设立和转让，应当依照法律规定交付。”《条例》第二十八条规定：“县级以上人民政府建设行政主管部门，应当加强对村庄、集镇房屋的产权、产籍的管理，依法保护房屋所有人对房屋的所有权。具体办法由国务院建设行政主管部门制定。”

长期以来，我国只有城市房屋房产登记制度，而没有农村房屋登记制度，农民可以用来证明自己对房屋享有所有权的证书一般是宅基地使用权证书。然而房屋产权证作为证明持证人对房屋所有权的凭证，其具有由政府出面保证的登记公信力。“随着市场经济的发展，农民举家进城居住、务工和经商的增多，农民对自有住宅的买卖、抵押融资以及与此相关的邻里纠纷日益增多，而诸如农村房屋财产的利用、处理土地房屋权属纠纷、办理房屋的翻改建、法院的司法判决等，也都要以土地房产证书及其登记资料为法律凭据。”① 可见，农村房屋产权不能再通过熟人社会的互相承认证明来解决确权乃至息争，农村房屋产权登记制度就很有必要。

《物权法》第十条规定，国家对不动产实行统一登记制度。建设部颁布施行的《房屋登记办法》也在第四章专门规定了集体土地范围内的房屋登记制度，具体规定了“依法利用宅基地建造的村民住房和依法利用其他集体所有建设用地建造的房屋”，可以依照该办法的规定申请房屋登记。本次条例的修改应该吸收借鉴《物权法》、《房屋登记办法》第四章等的有关规定完善农村房屋登记制度，并通过这种权属登记的公信力来保障房屋产权的安全。下文将结合农村房屋登记制度的意义和相关具体问题进行探讨。

（一）农村房屋权属登记制度的必要性

长期以来，城市房屋和农村房屋实行不同的房屋产权登记制度，我国农村的房屋登记制度较为混乱。农村宅基地使用权上的房屋，有的地

① 潘安平：《农民建房法律指南》，中国建筑工业出版社2007年版，第403页。

方有产权证，有的地方只有建房证，有的地方仅有宅基地使用证[①]。但不管是在城市还是在农村，房屋产权证作为一种所有权凭证，对房屋所有人来说都是一道法律上的“护身符”。而对农村房屋的利用、处理宅基地和房屋权属纠纷、办理房屋的翻改建、法院的司法判决等，也都须要以土地房产证书及登记簿为法律凭据。因此，农村房屋产权登记发证作为私有财产管理的一种制度，具有十分重要的作用。

1. 建立农村房屋权属登记制度是完善法律体系的须要

《物权法》、《城乡规划法》、《城市房地产管理法》和建设部颁布实施的《房屋登记办法》等法律、法规为农村宅基地房屋登记提供了有力的法律保障，也成了农村宅基地房屋拥有者广大村民在法律、法规允许的范围内寻求法律保护的有效手段。《物权法》、《房屋登记办法》已经针对集体土地范围内的房屋登记作出了规定，因此《条例》的修订应当结合其他法律的规定，建立健全对农村房屋权属登记制度的规定，进一步完善法律体系，具有重要的意义。

2. 建立农村房屋产权登记法律制度是确定房屋所有权的须要

目前，在全国范围内，农村房屋还没有像城市房屋那样实行所有权登记制度，因而，农村房屋的所有权人没有城市房屋所有权人持有的房屋产权证。农村房屋的所有权人能够用来证明自己对房屋享有所有权的证书一般是当地区、县（自治县）或市人民政府土地管理部门颁发的宅基地使用证书。这个证书只能证明被该证书记录的人享有宅基地的使用权，而不能明确宅基地之上的房屋所有权。农民要想确定房屋所有权，必须取得相应的房屋产权证书。

3. 建立农村房屋产权登记法律制度是实现房屋财产权能的须要

农村房屋像其他财产一样，财产权能包括财产的所有、占有、使用、收益和处分。因农村房屋一般没有产权证，交易主体资格的局限性限制了农村房屋财产权能的最大实现。农村房屋经确权发证后，依法进入市场进行交易、租赁、抵押，由不动资产变为资本流向社会，将直接

---

① 罗春利:《农村房地产制度亟待一场立法改革》，载 http://010864.fyfz.cn/blog/010864/index.aspx?blogid=204700，2009年3月28日访问。

为农村经济发展起到加速作用。

4. 建立农村房屋产权登记法律制度是实行市场经济的须要

随着农村劳动力向城镇转移的步伐加快，举家进城居住、务工或经商的农民日益增多，农村集体土地上农民卖私宅的情况越来越普遍。但是农民在转让私宅时经常遇到这样的问题，由于我国农村房屋没有产权证，买卖时无法办理过户手续，造成这些农村私宅交易存在风险，由此便导致大量农村私宅闲置甚至毁坏，致使农民的房屋财产缺乏有力保护。这种状况已不利于农村人口的流动和农村经济的市场化发育。为此，有关部门应尽快完善有关法律法规，通过为农民住宅办理产权证的方式，使农村集体土地上所建私宅能够合法、有序地买卖，以促进农村人口有序流动，推动农村经济健康发展。

5. 建立农村房屋产权登记法律制度是维护社会稳定的须要

以往的经验表明，由农村房产引发的家庭纠纷、邻里亲戚纠纷以及征地拆迁纠纷经常发生，而诸如处理土地房屋权属纠纷、办理房屋的翻改建、法院的司法判决等，也都要以土地房产证书及其登记资料为法律凭据。由于农村房屋没有房屋产权证这一法律上的凭证，类似的纠纷很难调解，还极易引发一些社会治安问题。对农村房屋进行确权发证，可以避免其中一些纠纷的发生，为处理纠纷提供法律上的依据，有利于维护社会稳定①。

6. 建立农村房屋产权登记法律制度可以为农村房屋的交易提供前提

依据我国现行法律，农村房屋只能在农村集体经济组织内部进行流转。但是从长远来看，在统筹城乡发展，实行城乡经济一体化过程中，农村的房屋、宅基地使用权等应当更好地发挥其经济价值，未来的政策也讲围绕农村房屋的流转和转让来进行。农村房屋虽然现在只能在集体经济组织内部流转，但是不能排除在未来农村房屋进行流转的可能性，而且从现实情况来看，农村大量的宅基地纠纷、房屋纠纷之所以能够产

---

① 张芳胜：《农村房屋产权登记法律制度构设》，载 http: //www. law - lib. com/Lw/lw_view. asp? no = 4655，2009 年 3 月 28 日访问。

生，在很大程度上就是因为没有完善的房屋登记制度，居民的财产权利无法得到保障。

在征收征用农村房屋的过程中，对农村房屋的价值评估、经济补偿等方面没有可以确定的依据，其原因就在于不能对农村房屋的具体情况进行明确的了解，以致无法对农村房屋进行合理的补偿，缺乏明确的标准和依据。对农村房屋进行权属登记，是对农村房屋进行利用的前提，虽然现在不能进行抵押、将房屋转让给集体经济组织以外的人，但是通过登记可以进一步查清经济资源的大致情况，可以为更好地利用农村房屋打好基础。

（二）实行农村房屋产权登记制度面临的具体问题及解决办法

1. 农村宅基地房屋登记部分存在历史遗留问题

新颁布实施的《城乡规划法》中所称城乡规划包括城镇体系规划、城市规划、镇规划、乡规划和村规划。首次把乡、村规划纳入规划的总体范畴。该法第六十五条规定，在乡、村庄规划区内未依法取得乡村建设规划许可证或者未按照乡村建设规划许可证规定进行建设的，由乡、镇人民政府责令停止建设、限期改正；逾期不改正的，可以拆除。而此前颁发的《中华人民共和国城市规划法》是1990年4月1日施行的。但目前许多村民对自己在宅基地上所建造的房屋申请登记发证还存在不少历史遗留问题。由于在《城市规划法》实施前农村建造房屋只有宅基地使用证并凭此办理土地使用权证，没有城乡规划许可证，而且这些房屋的量也较大，按照新的《城乡规划法》及《房屋登记办法》的规定或要求；规划法实施前所建房屋如果要求其补办城乡规划许可证难度就较大。

针对这一问题的解决办法是按照房屋的建造时间进行区别对待。即在《城乡规划法》颁布实施前利用农村宅基地建造的村民住房，按照《房屋登记办法》第八十三条第一款的规定予以变通，可以不用补办城乡规划许可证，只须要凭借乡镇规划部门和村委会出具的证明，证明其房屋在不违反目前总体规划的情况下，对其应当给予办理登记，并应当针对此类房屋的登记行为进行专门的规定；对《城乡规划法》实施后农村集体土地上所建造的房屋应按照《房屋登记办法》的规定提交材料。同时对于该问题《条例》在修订过程中应当予以体现。

2．农村房屋面积的测量问题

对农村房屋进行产权登记，须要具备申请登记的基本条件。《房屋登记办法》第八十三条①规定："因合法建造房屋申请房屋所有权初始登记的，应当提交下列材料：（一）登记申请书；（二）申请人的身份证明；（三）宅基地使用权证明或者集体所有建设用地使用权证明；（四）申请登记房屋符合城乡规划的证明；（五）房屋测绘报告或者村民住房平面图；（六）其他必要材料。

申请村民住房所有权初始登记的，还应当提交申请人属于房屋所在地农村集体经济组织成员的证明。

农村集体经济组织申请房屋所有权初始登记的，还应当提交经村民会议同意或者由村民会议授权经村民代表会议同意的证明材料。"

对于农村村民个人申请房屋登记的，应当具备第八十三条第一、二款规定的要求。同时，《房产测绘管理办法》第二章针对房产测绘的委托也进行了专章规定。该办法第六条规定："有下列情形之一的，房屋权利申请人、房屋权利人或者其他利害关系人应当委托房产测绘单位进行房产测绘：（一）申请产权初始登记的房屋；（二）自然状况发生变化的房屋；（三）房屋权利人或者其他利害关系人要求测绘的房屋。

---

① 《房屋登记办法》第八十三条规定：因合法建造房屋申请房屋所有权初始登记的，应当提交下列材料：

（一）登记申请书；

（二）申请人的身份证明；

（三）宅基地使用权证明或者集体所有建设用地使用权证明；

（四）申请登记房屋符合城乡规划的证明；

（五）房屋测绘报告或者村民住房平面图；

（六）其他必要材料。

申请村民住房所有权初始登记的，还应当提交申请人属于房屋所在地农村集体经济组织成员的证明。

农村集体经济组织申请房屋所有权初始登记的，还应当提交经村民会议同意或者由村民会议授权经村民代表会议同意的证明材料。

房产管理中须要的房产测绘，由房地产行政主管部门委托房产测绘单位进行。”

根据上述法律规定，对于农村房屋登记来说，面临的一个问题就是农村房屋面积的测量问题。《房屋登记办法》中规定房屋登记应当提交房屋测绘报告或者村民住房平面图；而《房产测绘管理办法》同时规定申请产权初始登记的房屋应当委托房产测绘单位进行测绘。根据城市房屋管理的要求，对于城市房屋登记面积应结合规划部门批建面积和具有资质的测绘机构测绘的实际面积进行登记。但对大多没有规划批准建房面积的农村房屋登记是否应适用测绘机构测绘的方式，值得我们加以思考和解决。

首先，对农村房屋进行测绘是否是进行房屋登记的必备条件。长期以来，对农村房屋并没有实行登记制度，因此对于农村房屋的测绘也就不存在强制性的标准和规定。要建立起农村房屋登记管理制度，必须真实反映农村房屋登记的全面状况，须要在登记时全面真实地反映农村房屋的具体情况，反映权利人的真实权利状况。从我国《测绘法》的规定来看，其并没有将城市房屋和农村房屋区分开来，但是从其立法背景来看，农村房屋的测绘并不当然包括在《测绘法》的管理范围之内。而且从《房屋登记办法》的规定来看，“房屋测绘报告或者村民住房平面图”二者之中只须要有房屋测绘报告或者村民住房平面图就可以成为申请的条件。“房屋测绘报告或者村民住房平面图”的目的在于明确申请登记房屋的坐落和面积，因此只要能够确定房屋的坐落和面积即可认定符合房屋测绘的要求。

但另一方面，从城乡一体化发展的长远角度来看，应当逐步建立起对农村房屋的测绘制度，将对农村房屋的规划审批和测绘纳入到国家正常的管理秩序中，建立对农村房屋的测绘制度。

其次，如果建立起农村房屋的测绘制度，面临的问题就在于，引入市场化的测量机构，就会产生测量费用由谁来承担以及全面测绘在经济上是否可行的问题。《房产测绘管理办法》第十条规定，“房产测绘所须费用由委托人支付。房产测绘收费标准按照国家有关规定执行”。依照该办法的规定，农村房屋的测绘费用应当由委托人支付，一般来说，委托人就是村民个人。从农村目前的实际情况和减轻农民负担的角度出发，可以采取以下相关措施：

措施一：根据不同地区经济发展的实际情况采取不同的房屋测绘方式①。在经济条件较好的地区，可以实行房屋测绘的市场化，引入测绘机构进行测绘，由村民自己支付房屋的测绘费用。对于经济欠发达地区，可以适当考虑测量费用通过政府补贴、权利人承担、测量机构适当降低收费标准的方式三方分担。

措施二：政府建设行政管理部门可以考虑成立专门的房屋测绘管理机构对农村房屋进行测绘。政府部门通过对房屋测绘管理机构的补贴来降低房屋测绘费用，降低农民负担。

措施三：在不能负担房屋测绘费用的经济落后地区，可以考虑由乡镇规划建设管理部门经过考核培训的人员承担农村房屋测绘工作。同时也可以考虑发挥农村村委会的作用，由农村村委会自行丈量，同时由村组根据丈量数据逐户对数据进行核实，并由村组和权利人共同签章确认后统一向房屋管理部门申报资料。房屋管理部门则应在前期做好对村委会人员测绘的基础培训工作，保障测量成果的精度。

措施四：《房产测绘管理办法》第二十四条规定："省级房地产行政主管部门和测绘行政主管部门可以根据本办法制定实施细则。"同时房产测绘费标准由各地物价局根据国家测绘局国测财字〔2002〕3号文有关规定执行并作出详细规定。因此，可以考虑针对农村房屋的测绘的特殊情况考虑制定不同的价格标准，以减轻农民负担。

3. 农村房屋权属登记中的房屋继承问题

农民的房屋作为农民合法所有的私有财产，应当具有完整的所有权。但其不同之处在于房屋是建立在集体所有的宅基地上。农民个人仅能取得对宅基地的使用权，而不能取得对宅基地的所有权。同时，从我

① 李刚：《农村集体土地范围内房屋登记注意的几个问题》，http：//www. wwsjw. gov. cn/Article/ShowArticle. asp? ArticleID＝335，2009年3月28日访问。

国目前情况来看，农民个人取得宅基地大多是无偿的，具有福利性质，同时也具有社会保障的功能。但是在农村的具体实践中，出现不少城镇户口居民依法继承农村居民所有的房屋的情况。由于此类问题比较复杂，而且在现实生活中比较常见，因此对其单独进行讨论。

我国《土地管理法》第六十二条规定，农村村民一户只能拥有一处宅基地，农村村民出卖、出租住房后，再申请宅基地的，不予批准。

《国务院关于深化改革严格土地管理的决定》（国发〔2004〕28号）规定："改革和完善宅基地审批制度，加强农村宅基地管理，禁止城镇居民在农村购置宅基地。引导新办乡村工业向建制镇和规划确定的小城镇集中。在符合规划的前提下，村庄、集镇、建制镇中的农民集体所有建设用地使用权可以依法流转。"

《关于加强农村宅基地管理的意见》（国土资发〔2004〕234号）规定："严格宅基地申请条件。坚决贯彻'一户一宅'的法律规定。农村村民一户只能拥有一处宅基地，面积不得超过省（区、市）规定的标准。各地应结合本地实际，制定统一的农村宅基地面积标准和宅基地申请条件。不符合申请条件的不得批准宅基地。农村村民将原有住房出卖、出租或赠与他人后，再申请宅基地的，不得批准。"

《房屋登记办法》第八十六条规定，农村房屋所有权依法发生移转，申请房屋所有权移转登记时，除了提交必要的申请材料外，还应当提交农村集体经济组织同意转移的证明材料。

《房屋登记办法》第八十七条规定：申请农村村民住房所有权转移登记，受让人不属于房屋所在地农村集体经济组织成员的，除法律、法规另有规定外，房屋登记机构应当不予办理。

上述规定都表明，依据我国目前法律的规定，农村居民一户只能拥有一块宅基地，城镇居民无法取得农村的宅基地使用权。因此，针对涉及城镇居民的农村房屋继承和赠与情况，应当从以下几个方面进行考虑：

首先，应当明确农村的宅基地使用权不能继承。依据我国法律的规定，宅基地的所有权和使用权是分离的，宅基地的所有权属于集体，使用权属于房屋所有人，农村村民的宅基地使用权是基于“村民”的特定身份取得，村民只有宅基地使用权，不能随意对宅基地进行处置。所以宅基地不属于遗产，不能被继承。但建造在宅基地上的房屋属于公民个人所有，可以继承。只是按照我国法律规定的“地随房走”的原则，公民继承了房屋，当然可以使用房屋所占的宅基地。

其次，针对城镇居民继承的农村居民所有的房屋，依照《房屋登记办法》和相关法律的规定，不能为其办理房屋登记。针对此类情况，可以考虑由房屋登记机关在房产登记簿上做出“备注”，将因继承人拥有城镇居民户口而无法进行的情况记载在房产登记簿上。即虽然不能为作为城镇居民的继承人进行房产的变更登记，但是可以通过“备注”的方式来保护其权利。

再次，城镇居民继承农村居民的房屋之后，只享有对农村房屋的居住权。城镇居民只享有对农村房屋的居住权，当房屋灭失或者不能再为人所居住时，继承人所取得的房屋所有权消灭。此时的宅基地使用权应当由村集体经济组织收回。同时应当鼓励城镇居民将其所继承的房屋在集体组织内部买卖、赠与给符合条件的农村居民，进而其可以获得相应的经济补偿。在集体组织内部进行流转时，能够获得宅基地使用权的居民也应当是有权获得宅基地使用权的居民。

最后，针对现实中出现的农村居民将其所有的房屋赠与城镇居民的，应当根据具体情况进行讨论。如果受赠人与赠与人有共同生活关系，则可以认定该赠与行为有效，同时可以将该赠与事实记载在房产登记簿上，但是无法进行变更登记；如果农村居民将其所有的房屋赠与没有共同生活关系的城镇居民，则该种行为应当被认定为无效，理由在于我国法律已经明确禁止城镇居民取得农村的宅基地使用权，同时也是为了避免出现农村居民名义上是赠与，而实际上变相买卖农村房屋的情形。

总之，借《条例》修订之机，在违章建筑、一户一宅、宅基地自愿流转、宅基地非自愿流转、农村房屋产权流转制度、农房登记制度等方面，应该具体规定或加以完善，以利于保障农民住房权益，实现农民“安居”。

第九节　村镇建设行政执法制度研究

村镇规划建设中始终要处理好三方面的关系：村民自治背景下如何充分发挥农民主体性地位，因为新农村建设的主体就是农民；服务型政府理念下如何充分发挥政府在村镇建设过程中的服务作用；村镇建设中如何发挥政府管理智能，建立精简高效的行政执法制度。能否依法行政是能否实现依法治国的关键，而依法行政的重心又在于行政执法。

目前村镇建设行政执法方面存在的突出问题有：第一，村镇建设方面的法律法规不完善，且时有冲突发生，这不利于依法行政的实现。比如上文所述现行规范性文件就农村工匠资格认证方面的矛盾态度，解决措施已如前述。第二，村镇建设行政执法主体设置缺位现象严重，很多执法队伍目前处于没有编制和经费的运作状态，村镇建设行政执法人员的素质也亟待提高。第三，村镇行政执法形式的民主化仍然没有深入贯彻，执法过程中的村民参与和对村民个人的尊重仍然有待加强。第四，在加大村镇公共事业财政资金支持方面以及在对农村困难群众住房问题的解决方面，如何将这种给付行政常规化法制化，防止出现偏私和不均衡，也是须要解决的问题。针对上述问题，我们认为当前亟须做到至少以下几个方面。

一、机构建设

在条例中应该写明建立村镇建设管理机构。2008 年，住房与城乡建设部改组成立后，村镇建设办公室改名为村镇建设司。“从机构的变化上可以看出，党中央、国务院及住房和城乡建设部对村镇建设工作日益重视。将村镇将设工作提升到城乡统筹和推动新农村建设科学发展的高度上认识，把如何做好农村工作，提到了新的层次。”① 在将机构建制明确化的同时，我们建议可以考虑对市级以下的村镇建设管理机构实行垂直领导，将乡镇建设管理机构设置为县区管理部门的派出机构②。理由是：首先，《城乡规划法》第十一条规定，县级以上地方人民政府城乡规划主管部门负责本行政区域内的城乡规划管理工作。而乡村规划编制基本上由乡镇人民政府具体操作实施，如果不将乡镇一级的建设管理部门归到县级管理部门垂直领导，就可能导致上级对下级失去领导监督功能，导致下级的腐败和对规划变更的随意性。其次，便于进行规划效能督察工作的开展，让乡镇管理机构高出乡镇政府半层，有助于督察的实效性。再次，垂直领导，透明度高，有利于规划编制更高质量水准的达成。

村镇建设管理工作的相对落后和村镇建设的快速发展构成一组矛盾。为了保障村镇规划的实施和各项建筑法律法规的实行，各村镇建设管理机构可以根据具体情况在其内部设置村镇建设执法监察队伍③。

二、队伍建设

村镇建设行政执法效能的提高不仅仅须要完备的机构，更须要具备高素质的执法人员。本次条例修改过程中在管理机构设置常规化的同时，也应该将对管理人员村镇规划建设技术知识、法律知识等的培训常规化，以不断适应村镇建设行政执法业务性强的特点。

三、行政综合执法体制建设

虽然《城乡规划法》明确了县级以上人民政府城乡规划主管部门负

---

① 贾衍邦 王雷：《明确定位 突出重点 推定村镇建设健康发展—访住房和城乡建设部村镇建设司司长李兵弟》，载《城乡建设》2009 年第 1 期。

② 有的县级建设主管部门通过行政委托的方式，委托乡镇政府进行各项行政执法工作，我们认为设置从上到下的村镇建设管理机构更有利于村镇建设行政执法的进行，而且其可执法事项也较行政委托中的被委托方广泛。参见《西平县建设局就村镇建设行政执法工作对各乡镇委托授权》，西平县建设局网站 2008 年 12 月 11 日发布。

③ 《关于设立村镇建设监察队伍的通知》，日建发〔2002〕107 号。

责本行政区域内的规划管理工作，但实施城乡规划并非规划主管部门一家的责任。城乡规划范围内集体土地、公园、风景区、森林地带等各种类型的地域尚有土地管理、园林绿化、风景名胜、林业等法律法规进行规范，实施城乡规划除须规划管理外还有项目立项、建筑管理、物业管理等环节，政府各相关部门、全社会都责无旁贷。“条块分割的执法体制下，行政执法主体间缺乏协调，各自为政。同一事项上，主体职责不清，交叉执法不可避免。”① 就政府各部门而言，应当确定他们在规划领域的职责权限和执法边界，使城乡规划执法形成合力，就特定事项（如村镇规划与环境保护、文物保护等等）鼓励建立行政综合执法体制。

四、调动村民积极性

提高村镇建设执法效率，还必须原则规定充分尊重基层群众自治组织的自治性和主动性，充分协调政府管制和村民自治的关系。尤其要认真贯彻落实《城乡规划法》第十八、二十二条对城乡规划中尊重村民意愿及“村庄规划报送审批前，应当经村民会议或者村民代表会议讨论同意”。

五、倡导性规范

在农村清洁能源的推广利用方面，行政执法应本着鼓励、倡导的方针，不一味强行推行，但是要建立合适的技术服务和资金支持，通过知识技术上的服务和经济利益上的适当刺激，使得农民逐渐看到清洁能源的好处，使得他们乐意采用也能够采用，也就是说在这个问题上劝导、协助、鼓励等无拘束力的行政指导行为是更妥当的执法方式。为此在立法上适合根据情况具体配置倡导性规范，提倡诱导村民采取清洁能源。

六、实质公平

村镇建设行政资金投入方面，此类授益性的服务（给付）行政行使

---

① 应松年：《行政法与行政诉讼法学》，法律出版社，2005年版，第166页。

过程中要注意做到同样情况同样对待，不能基于不合理的情况进行偏私处理，要注意不同村庄公益建设财政资金配置方面的平衡；在农村危房改造和困难群众住房问题的解决方面，要将认定标准公开化，将认定过程民主化透明化，如此才能决定资金的倾斜对象是否得当。给付行政的目的在于“生存照顾”，这就应该使所有应受照顾的人同等的受照顾，在财政资金有限的情况下尤其要注意资金分配上的平等对待，有学者曾言“平等权在服务行政中可扮演更积极的角色。”①

总之，结合村镇实际情况，我们主张建立常规化的村镇建设管理机构；在行政执法中注意协调政府管理和村民自治的关系；在牵涉多部门执法的问题上鼓励建立综合执法体制；在清洁能源的推广应用方面应该配置倡导性规范，执法上宜采取无拘束力的行政指导行为；在村镇建设财政资金投入上，要注意平等权的实现，防止行政执法中的偏私。

第十节　农村土地制度改革与村镇建设

2008 年 10 月 12 日通过的《中共中央关于推进农村改革发展若干重大问题的决定》中指出：我国总体上已经进入着力破除城乡二元结构、形成城乡经济社会发展一体化新格局的重要时期。当前构建城乡经济社会发展一体化体制机制要求紧迫。到 2020 年，农村改革发展基本目标任务是：农村经济体制更加健全，城乡经济社会发展一体化体制机制基本建立。

城乡一体化很重要的一个方面就是我们对城市和乡村所存在的各种财产权利，尤其是物权性的财产权利要一体对待，平等保护，这就涉及集体土地上面经营性的建设用地让不让进入土地一级市场自由地去进行流转。应该说以前就没能做到对同样类型的权利一体平等保护。一方面，集体的土地必须变成国有土地，然后才能进入市场去进行流转，如我国《土地管理法》第四十三条就规定：“任何单位和个人进行建设，

① 陈新民：《中国行政法学原理》. 中国政法大学出版社，2002 年版，第 41 页。

须要使用土地的，必须依法申请使用国有土地；但是，兴办乡镇企业和村民建设住宅经依法批准使用本集体经济组织农民集体所有的土地的，或者乡（镇）村公共设施和公益事业建设经依法批准使用农民集体所有的土地的除外。前款所称依法申请使用的国有土地包括国家所有的土地和国家征收的原属于农民集体所有的土地。”根据该规定集体建设用地使用权可以被认为包括：乡（镇）企业建设用地、乡（镇）村公共设施和公益事业建设用地①。除此之外基本上不存在其他的集体建设用地使用权类型，如果要用于其他建设用途，则必须首先经过征收程序变为国有土地方可，这样就把集体土地的处分权能进行了一定程度的剥夺。另一方面，就集体建设用地使用权本身而言，其进入土地一级交易市场流转的权利也受到限制，如根据《担保法》第三十六条的规定，乡村企业集体建设用地使用权也不得单独抵押，以其上的厂房等建筑物抵押的，其占用范围内的土地使用权同时抵押。可见，集体建设用地使用权只是限制在一定范围内可以被动流转。而《土地管理法》第六十三条也将集体土地使用权的流转限于破产、兼并等原因导致，即：“农民集体所有的土地的使用权不得出让、转让或者出租用于非农业建设；但是，符合土地利用总体规划并依法取得建设用地的企业，因破产、兼并等情形致使土地使用权依法发生转移的除外。”可见，在国有土地上进行开发建设是常态，在集体土地上进行建设是例外；集体建设用地使用权不得流转是常态，流转只是例外②。

通过征收制度将集体土地变为国有土地后方能进入土地一级市场，

---

① 《土地登记办法》第二条规定：“本办法所称土地登记，是指将国有土地使用权、集体土地所有权、集体土地使用权和土地抵押权、地役权以及依照法律法规规定须要登记的其他土地权利记载于土地登记簿公示的行为。

前款规定的国有土地使用权，包括国有建设用地使用权和国有农用地使用权；集体土地使用权，包括集体建设用地使用权、宅基地使用权和集体农用地使用权（不含土地承包经营权）。”

据此可以认为，集体建设用地使用权不包括宅基地使用权和集体农用地使用权。因此，本主题将不讨论有关宅基地使用权的问题，详细具体的讨论参见本报告第三（六）农民住房权益保护制度部分。

② 王菊英：《集体建设用地使用权流转的法律障碍和空间》，载《政治与法律》2008 年第 3 期。

这就造成了同地不同权，同地不同价的现象，集体土地明显地处于劣势地位。而集体建设用地使用权也仅仅只能在有限范围内被动流转，其价值根本无法得到体现。

中央十七届三中全会决定明确指出："建立健全农村土地制度……逐步建立城乡统一的建设用地市场，对依法取得的农村集体经营性建设用地，必须通过统一有形的土地市场、以公开规范的方式转让土地使用权，在符合规划的前提下与国有土地享有平等权益。抓紧完善相关法律法规和配套政策，规范推进农村土地管理制度改革。"对符合土地利用总体规划、依法取得的农村集体建设用地，[①] 该决定允许其流转并享有与国有建设用地同等权益，逐步建立城乡统一的建设用地市场。"此举对破除我国城乡二元结构、形成城乡经济社会发展一体化新格局，具有革命意义，是新时期我国农村土地管理制度改革的破冰之举。"该决定的意义有：第一，根本上改变国有建设用地使用权和集体建设用地使用权地位并不平等的二元分立局面，能够打破国家对建设用地一级市场的垄断，有利于二者的同权同利，有学者称该"农地入市"的举措是继"土地革命"、"人民公社"和"土地家庭承包"之后中国农村"第四次土地革命"[②]。第二，"在符合土地规划的前提下，农民直接将集体建设用地以出租、出让、转让等形式供应给企业，既大大降低了企业的用地成本，又保证了农民可以长期分享土地增值收益，地方政府可以获得企业税收和土地使用费。开放农村集体建设用地直接进入市场，有利于大量企业到中西部落户和促进制造业向中西部地区转移，继续保持我国制造业在全球的竞争优势。"[③] 第三，农村集体建设用地流转，由于长期处于自发、隐形、无章、无序的状态，虽然在一定程度上增加了农民的收益，但也带来了突破规划计划用地、违法违规用地多发、耕地流失严重、国家土地税费流失、土地纠纷难以解决等问题，该决定的推行有利

---

① 《依法推进集体建设用地有序流转——六论学习贯彻党的十七届三中全会精神》，载《中国国土资源报》2008年11月20日。

② 王佴：《广东变法：农地直接入市》，载《第一财经日报》2005年9月28日。

③ 刘守英：《中国的二元土地权利制度与土地市场残缺》，中国人民大学"民商法前沿"系列讲座现场实录第325期。

于对这种长期以来的隐性做法进行合理引导使其规范化法制化①。第四，有利于农民更好地参与工业化进程，农地直接入市，农民获得的土地收益更多了，其集体建设用地使用权的功能也就更完整了，有利于农民更有机会和实力参与城市化和工业化②。第五，国家通过征收集体土地制度垄断建设用地一级市场，但是征收必须受“为了公共利益的须要”这一实体目的限制和相应的权限、程序约束，如果进行商品房开发就不能一概认为是为了公共利益须要，此时再不允许集体建设用地使用权（包括宅基地使用权）进入市场自由流转，土地的来源就会枯竭③，而“全国集体建设用地总量 1700 万公顷，相当于全部城市建设用地 700 万公顷的 2.4 倍”④，集体建设用地使用权的流转是解决建设用地匮乏的最重要途径。实际上集体建设用地使用权的流转早在 2004 年就为国务院《关于深化严格土地管理的决定》第十条所规定：“……在符合规划的前提下，村庄集镇、建制镇中的农民集体所有建设用地使用权可以依法流转。”而此次十七届三中全会的决定则从集体建设用地使用权与国有土地建设用地使用权并列的解读谈前者的流转，并致力于建立“城乡统一的建设用地市场”，使得该问题的重要性空前提高。

《土地管理法》第六十三条规定了符合土地利用总体规划并依法取得建设用地的企业可以因破产、兼并等情形使得该企业建设用地被动流转。第六十条规定农村集体经济组织使用乡土地利用总体规划确定的建设用地与其他单位、个人以土地使用权入股、联营等形式共同举办企业的，应当经有关行政部门批准。可见集体建设用地使用权现有的小范围流转也都是须要受一定的程序限制的。我们主张，集体建设用地使用权

---

① 《依法推进集体建设用地有序流转——六论学习贯彻党的十七届三中全会精神》，载《中国国土资源报》2008 年 11 月 20 日。

② 先有建设用地制度截留了大量本应该属于农民的土地利益，据统计，近年来政府通过征收集体土地再出让国有建设用地使用权的方式获利 2 万多亿元。参见陈伯君：《土地使用权的市场化改革是有待破解的难题》，载《社会科学报》2006 年 3 月 9 日。

③ 《名家剖析“小产权房”现象—中国人民大学法学院“法眼透视”学术沙龙》，中国民商法律网 2007 年 12 月 9 日，王轶教授发言部分。

④ 高圣平　刘守英：《集体建设用地使用权进入市场：现实和法律困境》，载《管理世界》2007 年第 3 期。

放开流转后，也应当受一些程序上的限制，尤其注意其与规划管理的协调，具体可有如下几点：

1．集体建设用地使用权流转应当符合土地利用总体规划、城市和集镇规划，符合产业政策调整和区域经济发展须求，出让人出让的应当是依法取得的集体建设用地使用权，并持有集体建设用地使用权证①。

2．集体建设用地使用权转让，转让双方应当持集体用地使用权证、集体建设用地有偿使用合同、转让合同等有关材料，向乡（镇）人民政府提出书面申请，经市、县人民政府土地行政主管部门审核，报本级人民政府批准后，办理土地使用权变更登记。

集体建设用地使用权抵押、出租的也均以前款所列程序依法分别办理抵押登记或者出租登记②。

3．鼓励利用集体建设用地以作价入股的方式进行标准厂房开发和工商企业及基础设施项目建设③。

4．集体建设用地使用权流转时同样须要遵守“地随房走，房随地走”的“房地一体规则”④。

5．乡（镇）、村公共设施、公益事业建设用地不改变原有用途的，可以直接流转；改变用途的，应当签订集体建设用地有偿使用合同，缴纳土地有偿使用费⑤。

6．集体建设用地使用权流转发生增值收益的，应当参照国有土地增值收益税征收标准，向市、县人民政府财政专户缴纳土地增值收益。该部分土地增值收益专门用于集体建设用地使用权流转的管理及返还乡

---

①《安徽省集体建设用地有偿使用和使用权流转试行办法》皖政〔2002〕60号，第21条。《河南省农民集体所有建设用地使用权流转管理若干意见》豫政办〔2003〕77号，第6条。

②《安徽省集体建设用地有偿使用和使用权流转试行办法》皖政〔2002〕60号，第22至24条。

③《鹤壁市农民集体所有建设用地使用权流转管理试行办法》，第8条。

④《广东省集体建设用地使用权流转管理办法》粤政（第100号），第6条。

⑤《安徽省集体建设用地有偿使用和使用权流转试行办法》皖政〔2002〕60号，第27条第2款。

（镇）用于土地开发整理和城镇基础设施建设。

剩余部分的土地增值收益在集体经济组织和原土地使用权人之间分配，后者所得不得低于剩余部分收益的80%。集体经济组织获得的收益部分专门用于本集体经济组织各项基础设施建设和社会福利事业①。

总之，我们认为集体建设用地使用权的流转是城乡经济社会一体化的必然要求，是构建“两种地权，一个市场”的具体举措。在集体建设用地使用权的流转中要注意其与村镇规划的协调配合。流转的收益应该留足农村公益建设所须。

---

① 《广东省集体建设用地使用权流转管理办法》粤政（第100号），第26条；《安徽省集体建设用地有偿使用和使用权流转试行办法》皖政〔2002〕60号，第32至34条；《鹤壁市农民集体所有建设用地使用权流转管理试行办法》，第20条。

第二章 村镇建设与所涉部门法关系研究

第一节 村镇建设与所涉部门法的协调

从立法协调的角度，我国《宪法》和《立法法》都明确规定要“维护社会主义法治的统一”。这一要求用立法学的语言表述出来就是要立法协调。所谓立法协调，是指各种规范性文件处于一种和谐、有序的状态。立法协调是适应社会协调发展，实现立法目的，实现依法治国的必然要求。要做到立法协调，既要保证立法渊源的协调，也就是各种形式的立法不能相抵触；又要保证法律体系内部结构和谐一致，也就是同一规范性文件内部和不同规范性文件之间不能相互矛盾、冲突，规范性文件内部做到名称规范、体例协调、法律规范、逻辑结构协调一致。《条例》实施后，很多与村镇建设管理直接相关的法律、法规进行了制定或修订，有些内容与《条例》的规定不尽一致，这要求《条例》做出相应调整或回应。比如，1995 年 1 月开始实施的《城市房地产管理法》建立了城市房地产权属登记管理制度，但没有涉及农村房屋，2007 年 3 月出台的《物权法》建立了不动产物权变动制度，2008 年 7 月实施的《房屋登记办法》分章规定了农村集体土地房屋登记制度，这都须要《条例》对此加以明确和提供特别法依据。1998 年 3 月施行的《建筑法》将农民除自建低层住宅外的建筑活动均纳入其调整范围，《条例》调整范围也须重新界定。2008 年 1 月 1 日起实施的《城乡规划法》对镇、乡规划和村庄规划的制定和实施作了规定，《条例》须要对此加以细化。此外，《条例》施行后，《土地管理法》多次修订，农村建设管理的相应规定也须要修订。《条例》与所涉部门法在涉及共同问题时，二者的规定要协调一致，不能相互抵触。

从立法技术的角度，要提高立法质量，要做到《条例》与所涉部门法之间保持用语准确和统一，文件结构完整和协调。文件形式的规范立法技术问题是制定每一种规范性文件都不可回避的问题。它涉及立法语言的使用，规范性文件结构和形式的确定。高质量的立法要做到用语的准确和统一，文件结构的完整和协调，文件形式的规范。在修订条例时，应当注意上述几个方面，以提高立法的质量。比如，《条例》第十八条、第十九条涉及“乡（镇）村企业”，而《物权法》第一百八十三条也规定了“乡镇、村企业的建设用地使用权不得单独抵押。以乡镇、村企业的厂房等建筑物抵押的，其占用范围内的建设用地使用权一并抵押”，使用的是乡镇、村企业的概念。其实这两种用语都不是太准确，因为“乡镇企业”是特指具有集体性质的由乡镇创办的企业，但现在在乡镇、村创办的企业有各种所有制形式的，如外资、民营等，似乎不应当统称为“乡镇企业”。就法律体系的位阶及法律颁布的时间来看，《条例》修订时有必要将此用语同《物权法》及《土地管理法》保持一致，以保持规范的协调，方便规范的适用。再如，“罚则”一语是否可以改名为“法律责任”等等。由于《条例》的修订以管制与自治的平衡为基础，建议增加倡导性规范，如《土地管理法》第七条：“在保护和开发土地资源、合理利用土地以及进行有关的科学研究等方面成绩显著的单位和个人，由人民政府给予奖励。”

在综合考察了《条例》与《物权法》、《土地管理法》、《城乡规划法》等法律法规之后，笔者认为这四者之间的关系可以简要概述如下：根据《土地管理法》的规定，土地可以分为农用地、建设用地和未利用地三种基本类型。《土地管理法》所要解决的问题是土地利用的总体规划，也就是说对国土范围内全部土地基本用途的规划，即将土地规划为农用地、建设用地和未利用地，这是《土地管理法》所规范的对象。在国土部门划定的建设用地上进行具体的建设规划，这是《城乡规划法》所要规范的对象。该法中所称的建设用地既包括城市建设用地，也包括乡镇和村庄建设用地，这是城乡统筹的体现。但是，由于乡镇和村庄的特殊性，在统一的《城乡规划法》的前提下，再针对乡镇和村庄建设规划修订条例，专门解决乡镇和村庄中具有特殊性的建设规划问题。这才是《条例》的调整对象。（参见图 2-1）

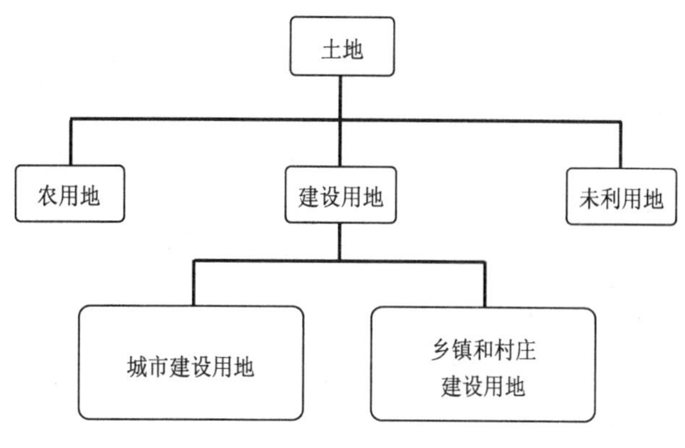

图 2-1　土地基本分类

可见，城乡的建设规划是在国土资源部做土地利用总体规划的基础上进行的，也就是说，先明确每块地的用途，然后在可以建设的土地上进行建设规划。这样，两者的关系是明确的，同时也决定了实践中必须与国土资源部和建设部协商来完成土地规划。

须要指出的是，图 2-1 中关于建设用地的划分是根据建设用地所在位置来确定的，位于城市的称为城市建设用地，位于乡镇和村庄的称为乡镇和村庄建设用地。这一区分标准不同于所有制的区分标准。如果按照所有制划分，我们可以把建设用地分为国有建设用地和农村集体所有建设用地。这两对概念的关系是：城市建设用地大部分属于国有建设用地，也包括一部分农村集体所有建设用地。因为《土地管理法》规定城市市区的土地属于国家所有，城市郊区的土地，既有国有的，也有农民集体所有的。同时，乡镇和村庄建设用地大部分属于农村集体所有建设用地，也包括一些国有建设用地。此处采用所在位置的区分标准，是为了方便确定条例的调整对象。

当然，对于土地利用规划和建设规划的相互协调，依《城乡规划法》的要求，须要以县域镇村体系规划和镇总体规划等为依据，积极配合国土部门对村镇土地利用总体规划调整的审查工作，进一步促进城乡规划和土地利用总体规划的相互协调，以增强规划的可操作性。

综上，《条例》的调整对象是乡镇和村庄建设用地上发生的具有特殊性的建设规划问题。故而，根据以上论述、《城乡规划法》的表述以及与《建筑法》的关系，《条例》名称似应修订为《村庄和乡镇规划建设管理条例》。

第二节　《条例》与《城乡规划法》之关系

《城乡规划法》是《条例》的上位法之一，共同规范国家的建设规划与行政管理。因而《条例》在修改时，应首要考虑与新修订的《城乡规划法》的配套与衔接。但是《条例》不是《城乡规划法》的实施条例，而是专门用于规范农村地区规划建设管理的特别法。因而《条例》应当在立法目的、效力等级、调整对象及调整范围等方面进一步明确与《城乡规划法》的关系。

一、立法目的

（一）共同之处：建设规划的本质与目的

首先，应当明确的是《条例》与《城乡规划法》所共同规定的"规划"的具体含义。一般意义上的规划，是指为某项活动编制一个有条理的行动顺序，使预定的目标得以实现。在《条例》的特定语境下，则指的是建设规划，从而与土地用途规划、交通规划、水利规划等同样涉及土地的行政管理手段相区分。具体而言，建设规划是指以城乡的土地利用和空间布局为对象，为实现一定经济社会发展目标，而对各项建设活动进行的专门安排与部署。

其次，建设规划所从事的这种安排与部署，其本质是一种公法上的行政管理行为，是国家将公共意志贯彻于公民具体民事活动的一种工具。从理论上讲，公民对建筑物的所有权，以及对土地的使用权（国有土地使用权、集体建设用地使用权以及宅基地使用权）都是国家以法律形式予以保护的民事权利，民事主体有权对其所有财产自由行使占有、使用、处分与收益的权利，而不受他人的干涉。但是土地及建筑物的特殊之处在于，其作为人类生存活动的最基本物质基础，具有稀缺性、独占性与不可再生性，因而法律都将其与一般财产相区分而加以特殊规定。尤其是伴随社会经济的飞速发展，城市化及其人口聚居化已成为现代工业社会的基本特征以及社会发展的必然趋势。由于大量人口共同聚集生活于一片相对狭窄的土地范围内，则任何单一个体对其不动产的支配都将不可避免地影响到他人，从经济学上讲即具有强烈的外部性，因而须要法律对其民事权利的行使施以必要的约束，要求任何一个个体都不能仅凭其意志而随意处分其所有的土地及建筑物，一切建设活动都应当遵守一个基本的规则与安排。

具体而言，这些要求体现在三个方面：第一，由于人口密度的提高，使得同一块土地之上聚集了更多居住者，使得更加须要妥善调整其相互关系。无论是相邻建筑物之间的采光、通风与通行，还是同一建筑物内各独立空间的相邻关系都是明证。因此大到一个城区的选址建设、小到一个家庭的内部装修，都应当遵守国家的相应规定，而不能漫无目的肆意为之。第二，由于经济发展带来人民生活水平的提高，使得对于公共服务的须求随之产生。而交通、排污、水电、通信这些公共服务的提供，都要求一个聚居区拥有较密集的人口以及相对有序的布局，这也要求一个聚居区的各项建设活动都能在一个统一规划下进行。第三，除了消极地维持起码的公共秩序之外，城市以及农村的建设与发展还都须要一个积极的目的指引以及组织协调。制订规划则正是一种预先安排，一种对未来行动目标的预期计划。通过阶段性的目标指引，从而为未来城乡建设指明了方向，引导未来的相关行为来实现所确定的目标。上述三点，事实上也就是建设规划作为一种行政管理手段的目的所在，即：维持公共秩序、提供公共服务以及为社会经济发展提供指引。城乡规划的价值，就是通过城市建设的引导和控制来实现城市未来发展的空间架构并保持了城市发展的整体连续性。

（二）不同之处：农村的特殊性

《条例》作为专门规范的村庄与集镇规划及建设的特别法，立法目的相比于城乡规划法的特殊之处，也正是源于我国农村地区的特殊性。

首先，相比于发展已进入较为成熟和稳定阶段的城市地区，我国的农村地区刚刚开始大规模聚居化与城镇化。传统上，由于农村主要以自然经济为主，村民居住分散，人口密度较低，大部分农村没有、也不须要有统一的建设规划。然而现代农村随着经济的发展，一方面，伴随着自然的城镇中心化趋势，农村逐渐出现了许多人口密度更高，聚居范围更大的中心村乃至集镇。对于这些新的村民聚居区，国家从未对其制订专门的建设规划，而其自发形成的习惯与规则又已经不足以对其发展提供控制与指引，使得上述区域的建设由于缺乏统一的指引，发展过于随意，对其进一步发展造成很大影响。特别是建筑布局散乱，空间布局不合理，交通、环境卫生较差，占地过多，土地利用效率差等问题尤为突出。另一方面，随着农民生活水平的提高，其对居住环境的要求也随之提高。三四层的小楼在农村已并不罕见，但其选址、设计并没有完善的指引，建筑与施工质量缺乏有效监控，与集中居住相配套的通信、排污等公共服务配套也十分欠缺。如果国家不为其提供完善的指引与法律服务，农民不但无法享受社会经济发展为其带来的公共福利，甚至其生命与财产的安全都无法得到充分的保障。因此，对于农村而言，由于现实的发展与法律制度建设的脱节，建设规划提供公共服务与维持公共秩序的任务则显得尤为重要。相比于城市规划，为农村发展提供一套完整的规范与公共服务体系，也就成为《条例》修改的首要立法目的。

其次，除了改善农村面貌与居住环境，农村的经济社会发展也同样须要一个清晰的指引与设计。现代农村的发展要求从传统的种植业向现代农业转变，要求养殖、加工与服务多种产业相结合，须要根据地农村自身情况选择与之适应的产业发展方向。这都要求对农村非农建设用地及其上的建设行为予以统一的规范与指引。一方面，妥善处理农业与农村其他产业的关系，切实保护基本农田不受侵害，协调其与农村集体建设用地的关系，已成为《条例》修改的一个重要任务。农业是国家维持稳定的根本，粮食安全是上升到国家安全的重要问题。在大力发展农村非农经济的同时，如何确保非农建设不会侵蚀基本农田，不会破坏粮食生产安全与农民的基本生活保障，是在农村建设规划管理所必须面对的特殊问题。另一方面，如何引导与鼓励农村多种产业共同发展，充分发挥集体建设用地使用效率，在一定程度内促进集体建设用地的流转，促进农村产业结构升级，也是社会主义新农村建设的应有内容。因此，妥善引导农村非农产业的发展，规范农村集体建设用地上建设行为，也就成为《条例》第二个特殊立法目的。

第三，如上文所述，现代农村正经历着大规模的城镇化与产业建设。然而除了部分较发达地区的农村是基于其发展程度自发开展城镇化建设，大多数农村的集中开发与城镇化建设均是由外来力量所主导。作为上述建设直接承受者的当地村民，在其规划与实施中却很难表达自己的意见，只能被动地接受。这种情况又尤以普遍发生在各大城市郊区的“农村城市化”最为典型：位于城郊的农村往往是被动接受中心城市的扩张，进而在当地政府的主导下逐步割让其土地，最终全部被城市吞没，其居民也随之完成“农转非”过程，被动成为城市的一部分。上述过程中的每一个环节都涉及农民的切身利益，然而现行立法却未能提供完备的公共参与机制以使农民作为当事人能够发出自己的声音。因而在农村的集中开发与城镇化建设中，切实加强对农民利益的保护，也正是《条例》最根本的立法目的。

二、外部调整范围

所谓外部调整范围之差别即为城乡边界之差异。从立法文件的名称就能够看出，《城乡规划法》的调整范围包括城市以及农村，《条例》则为专门调整农村的特别法。然而城市与农村的概念虽为人耳熟能详，却并非一个严格的法律概念，因而还须进一步明确某些问题，以为其找到一条清晰的分界线。

（一）乡规划与集镇规划

《城乡规划法》第二条第二款规定：“本法所称城乡规划，包括城镇体系规划、城市规划、镇规划、乡规划和村庄规划。”而《条例》所规定的调整范围则为两个：村庄与集镇。并在《条例》第三条具体做出界定：“《条例》所称村庄，是指农村村民居住和从事各种生产的聚居点。《条例》所称集镇，是指乡、民族乡人民政府所在地和经县级人民政府确认由集市发展而成的作为农村一定区域经济、文化和生活服务中心的非建制镇。”那么随之产生的问题则是《城乡规划法》中所规定的“镇规划、乡规划”与《条例》中所规定的“集镇规划”是什么关系？原《条例》的分类及定义还是否适用？由于“镇”有双重含义，作为一个法律概念，“镇”是与“乡”相平级的最基层一级行政区划，依法应当设立人民代表大会和人民政府；而作为一个日常概念，“镇”的含义则更为宽泛，可以指各种较大的城乡居民聚居点。由于《城乡规划法》没有对其做出直接界定，则寻找问题的答案就须要对其立法目的进行解释：

第一，原《城市规划法》在第三条做出明确规定：“本法所称城市，是指国家按行政建制设立的直辖市、市、镇。”可见其将“镇”界定为“行政建制镇”。虽然《城市规划法》现已废止，但其规定对本文的分析仍有参考作用。第二，现《城乡规划法》第十五条规定：“县人民政府组织编制县人民政府所在地镇的总体规划，报上一级人民政府审批。其他镇的总体规划由镇人民政府组织编制，报上一级人民政府审批。”由此可见，《城乡规划法》所规定的“镇规划”以县或镇人民政府的存在为前提，从而将没有行政建制的一般集镇排除在外。由此可以判断，《城乡规划法》继承了原《城市规划法》的界定方法，将“镇规划”限定为对有行政建制的城镇的规划。现《城乡规划法》所规定的“乡规划”，其含义则基本等同于《条例》中所规定的“集镇规划”，指对“乡、民族乡人民政府所在地和经县级人民政府确认由集市发展而成的作为农村一定区域经济、文化和生活服务中心的聚居点”的规划。因此，在行政等级上，《条例》的调整范围仅限于城乡规划法所规定的“乡规划”与“村庄规划”，其关于“集镇规划”的用语也应当做相应改变。

（二）城市规划的边界

城乡划分的复杂之处还在于，城市与农村在行政上为隶属包容关系，在空间上则为平等共存的关系。一方面，依据《城乡规划法》及现

《条例》规定，城市人民政府、县及镇人民政府、乡人民政府分别负责组织编制城市规划、镇规划、乡规划与村庄规划，四级政府各自分工、相互独立。但另一方面，上述四级政府其行政区划范围则相互包容、相互重叠的，一个市的行政区划包含了其下全部的集镇、村庄，那么上级政府在编制其本级的建设规划时，其规划范围是应当穷尽其行政区划范围，抑或仅限于其城市市区本身？如北京市政府在2006年就依据国务院批复的《北京市城市总体规划（2004—2020年）》，进一步组织编制了《北京市村庄体系规划（2006—2020年）》，将北京辖区的所有农村纳入其规划范围，要求下级的村庄规划都以其为依据。然而在《城乡规划法》中只规定了城镇体系规划，条例中也仅规定“县级人民政府组织编制县域规划，应当包括村庄、集镇建设体系规划。”那么北京市作为直辖市政府，是否有权直接为其下级村庄制订规划？

笔者认为，城市人民政府不应跳过《城乡规划法》规定的规划位阶，在其城市规划中对其所辖乡村一并做出规划。首先，原《城市规划法》第三条第二款规定，应当进行城市规划的区域，是指“城市市区、近郊区以及城市行政区域内因城市建设和发展须要实行规划控制的区域。”现在《城乡规划法》第二条第三款也规定，其应当规划的区域主要为“城市、镇和村庄的建成区”。这都说明，立法文件中所指的“城市、镇和乡村”是指现实的空间形态，即彼此相对独立的聚居区，而非相互隶属的行政区划。其次，《条例》第十四条第二款规定，“村庄建设规划，须经村民会议讨论同意”。《城乡规划法》中虽未重申此条款，但也规定“乡规划、村庄规划应当从农村实际出发，尊重村民意愿。”应当认定《条例》的规定仍然为立法所认可。那么从保护村民利益的角度出发，上级政府直接对下级村庄进行规划的做法，在事实上回避了条例中关于村民同意的规定，因此也是不可取的。基于以上原因，城市人民政府制订的城市规划原则上应以其城区为界，而不能将其辖下村庄也纳入其规划范围。尤其在未办理土地征用审批手续下，更要严格限制直接将城郊农村集体土地划入城市建设规划范围、进而将其用于开发的情况。

（三）镇规划的归属

上文已经讨论了乡规划、村庄规划以及城市规划，遗留的一个重要问题则是：《条例》应否调整《城乡规划法》中所指的镇规划？本课题组认为，除了县级政府负责的县城关镇的规划以外，对于其他建制镇的规划应当纳入本条例的调整范围。

在中国，乡镇既是一个社区性概念，又是一个行政性概念。乡镇在行政层级上是县政府所辖制的一级政权，在整个国家行政体系中处于最低一级。新中国成立以来，农村基层政权的设置历经变化。1954 年宪法规定了中国农村的基层政权为乡、民族乡、镇。但是，乡镇政权的建制在 1958 年以后的 20 多年间曾一度被取消，由“政社合一”的人民公社体制所代替。1982 年，第五届全国人民代表大会通过了现行宪法，1983 年中共中央、国务院发出《关于政社分开建立乡镇政府的通知》，1984 年国务院发布民政部《关于调整建制镇标准的报告》，全国农村普遍恢复乡镇政权建制。此后，随着农村政治经济的发展和小城镇建设步伐的加快，全国各地陆续开展了撤区并乡镇和撤乡改镇工作。

目前，中国的乡镇可以分为四类：1. 城郊型乡镇包括郊区镇和郊区乡；2. 县政府所在地的城关镇；3. 农村建制镇；4. 农村地区的乡。改革开放以来，在乡镇级的区划变化中，建制镇的发展最引人瞩目。根据建镇基本标准（1984 年国务院通知），建制镇应是：1. 县城所在地；2. 人口两万以下的乡镇，非农人口两千以上的乡政府所在地；人口两万以上的乡，非农人口占总人口 10% 以上的乡政府所在地；3. 少数民族等特殊地区可放宽标准。

根据原《条例》第三条规定：《条例》所称村庄，是指农村村民居住和从事各种生产的聚居点。《条例》所称集镇，是指乡、民族乡人民政府所在地和经县级人民政府确认由集市发展而成的作为农村一定区域经济、文化和生活服务中心的非建制镇。可见，原《条例》并未将非城关镇的建制镇纳入调整范围。笔者认为，应对此进行修订，将非城关镇的建制镇纳入条例调整范围，理由如下：

一方面，建制镇更符合乡村特征。在城乡划分的框架下，《条例》

定位于《城乡规划法》在乡村地区的实施办法，而我国目前非城关镇的建制镇更符合乡村特征，因此应纳入《条例》调整范围。

世界各国在城乡划分的基本原理上是一致的，城市与乡村的本质区别体现为：1. 职业构成；2. 人口规模；3. 人口密度和建筑密度；4. 公共设施；5. 政治、经济、文化职能。而城乡规划建设也应根据这些特点而进行不同的管理。城市规划是建立在较高的聚集程度、物质条件和一定基础设施之上，主要体现工业、商业和政治职能；农村规划则要求保留一定的分散性和自由度，为未来发展预留空间，主要针对农业和乡镇工商业。

中国的城乡地域在统计上基本以设有建制的市、镇直接辖区的行政界线来划分，市、镇辖区以外为乡村。但这种行政划分与实际城乡地域特征却并不相符。在中国，几乎所有城市的直接辖区都远远大于城市的建成区，1988 年 434 个城市中，建成区面积占市区总面积超过 10% 的仅有 59 座城市，这一点是和西方国家非常不同的。在这些非建成区中，有大片集体所有的土地，原用于农业和乡镇企业的发展；人口规模和密度都远远低于城市，包含大量农业人口；城市服务和公共设施都很落后，不具备城市规划建设的物质条件；乡规民俗和文化生活也承袭着农村传统。随着“整乡设镇”、“争县设市”的模式逐渐代替过去的“切块设镇”模式，市镇设立的门槛降低了，镇辖区包括了更多的乡村地域，镇人口包含了更多的农业人口。据统计，近几年新增加的“市镇人口”中 80% 以上是农业人口。以上数据表明，这些地区更符合乡村特征。

综上，我国市、镇的行政辖区与城乡划分标准严重脱节，前者远比后者大，不应一概作为城市地域进行规划管理。其中，聚集程度较高的建成区多为县城关镇，应适用城市规划管理方法；而广大的非建成区多为非城关镇的建制镇，应纳入《条例》的调整范围。

另一方面，将建制镇纳入《条例》调整范围更有利于小城镇发展和实现城乡统筹。

《关于推进农村改革发展若干重大问题的决定》提出“必须统筹城

乡经济社会发展，统筹工业化、城镇化、农业现代化建设，把国家基础设施建设和社会事业发展重点放在农村，推进城乡基本公共服务均等化，实现城乡、区域协调发展。”小城镇在实现城乡统筹、推进中国特色城镇化和新农村建设中，都是重要的工作节点。中国的国情和可持续发展战略，决定了中国的城市化应该走小城镇建设的发展道路。然而，将小城镇放到不同的工作体系中考量，对其定位和功能会产生不同的认识。从动态上看，由于城市化不同阶段的发展速度和模式不同，城市建设规划侧重于对既有布局的调整，主要为控制性、详细性规划；农村建设规划侧重于对未来发展的引导，主要为总体性、预测性规划。那么，究竟应该将小城镇定位于农村，还是定位于城市？

就总体而言，小城镇发展应该定位于农村。小城镇主要指城关镇以外的县域市镇，城市近郊的中心镇、县城中的城关镇确实不断地转换为城市的组成部分，但并非小城镇发展的主流方向。

小城镇发展的产业基础基本依托于农业和农村。《条例》针对农村、农业发展的特点，采用不同于城市的管理模式，有利于统筹土地利用和城乡规划，合理安排县域城镇建设、农田保护、产业聚集、村落分布、生态涵养等空间布局。另外，有针对性的建设规划，可以为优化农村产业结构，发展农村服务业和乡镇企业，基础设施建设和公共服务，扶持农民工返乡创业等方面创造条件。小城镇建设与发展现代农业，发展农村第二、第三产业，推进农业产业化密切结合起来，才能形成稳固的产业支撑和蓬勃的成长活力。小城镇才能成为农民与市场相互适应的连接点、农村经济富有活力的增长点、城乡经济融合的有效结合点。大中城市项目、资金和技术的扩散，无疑是小城镇发展的福音。但对于多数小城镇而言，其产业定位必须立足于周边农村的资源和市场，主要服务于农业和农民。

小城镇发展的宗旨和功能是为农民和农村服务。小城镇是农村区域性的政治、经济、科技、文化中心。其道路、交通、电力、通信、燃气、供水、排水、热力、污水处理、垃圾处理等基础设施，金融、商贸、信息、法律、教育、医疗、卫生、体育、娱乐、科技等经济、社会、文化服务，都以周边的农村和农民作为主要对象。依靠此种服务，提升农业的现代化水平，提高农民的综合素质，改善农村的生活环境。如果直接将县域城镇纳入城市管理的范围，不仅会出现规模不经济的问题，而且更主要的是，会切断城市与农村之间的纽带，不断拉大城市与农村之间的差距。而城镇化道路则更为可行，只要政府合理规划，农民将自己的所得用于兴建小城镇，并且在小城镇中重新寻找创业或者就业机会，那么，中国的农村就一定会出现欣欣向荣的局面。把农民赶到城市，让他们远离自己的土地，或者干脆采取强征的手段，剥夺农民的土地所有权，虽然可以加快城市化的进程，但却把昔日的农民置于非常危险的境地——当他们生活遭遇挫折，或者工作面临巨大压力的时候，细小的矛盾就可能促使他们铤而走险。所以，政府通过小城镇建设，让农民既可以找到工作岗位，又可以土地入股，增加财产性收入。

小城镇发展的资源优势在于农村和农业。小城镇有着得天独厚的自然山水、物产风貌、气候条件，有着特色迥异的文化传统、建筑景观、风俗民情，有着空气新鲜、视野开阔、亲近自然、节奏舒缓的生活空间。小城镇的特色来源于自然禀赋和文化传统，小城镇的优势根源于农村、农业和农民。地方特色是小城镇的立身之本和价值之源。

综上，小城镇不应该是城市的微缩或后备军，其规划、建设和管理也不应该是城市模式的简化或克隆。因此，将小城镇纳入《条例》调整范围，更能为小城镇发展提供有利条件和积极引导，更有利于有中国特色的城镇化建设和城乡统筹发展。

三、内部调整范围

关于规划区问题，《条例》与《城乡规划法》的规定基本相同。《城乡规划法》第二条第一款规定："制定和实施城乡规划，在规划区内进行建设活动，必须遵守本法。"而《条例》第二条第一款则规定："制定和实施村庄、集镇规划，在村庄、集镇规划区内进行居民住宅、乡（镇）村企业、乡（镇）村公共设施和公益事业等的建设，必须遵守本条例。"可见，两份法律文件都通过"规划区"这一个前置性概念，限制了该法对于行政主体制定、实施建设规划行为，以及民事主体的建设活动进行管理的范围。制订规划自不待言，其所调整的各种建设活动，也以发生在规划区内为前提。由此则产生一个问题，对于规划区以外的区域，法律应否调整，如何调整?

(一) 规划区的含义，《城乡规划法》的立法目的

关于规划区《城乡规划法》第二条第二款规定为："本法所称规划区，是指城市、镇和村庄的建成区以及因城乡建设和发展须要，必须实行规划控制的区域。规划区的具体范围由有关人民政府在组织编制的城市总体规划、镇总体规划、乡规划和村庄规划中，根据城乡经济社会发展水平和统筹城乡发展的须要划定。"由此可见，规划区含义中有三个基本要素：第一，建成区。第二，城乡建设和发展须要。第三，实行规划控制。其中建成区是规划区定义的中心要素。关于建成区这一概念上一节已有分析，其更多地强调一个事实概念，指一块人口聚居的空间区域，并不强调覆盖穷尽某一个广阔的行政区划。而对城乡建设和发展须要的一再重申则是与建设规划控制的特殊性相联系的。

建设规划的概念及本质上文已有论述，建设规划作为一种特殊的行政管理方式，其特点在于完备性和指引性：规划通过预先对某一区域内的全部土地划块并规定其使用性质及开发强度，从而确保本区内建设发展遵循一个统一的计划；其本质是一种事前管理手段，是顺应城镇化以及人口集中居住的须要而产生的。没有相当的人口密度，则可由民事主体自行通过协商解决其相互关系，也不会出现对大规模公共服务的须求，更不须要国家对当地的经济社会发展制订统一的发展计划。因此，对于一个地广人稀的区域，若组织大量人力物力去制订建设总体规划、详细规划则失去了规划自身的意义。规划所应调整的范围，应当是城市、镇和村庄的各种相对密集的人口聚居区，须要进行规划的建成区，也就指的是有相当程度建筑物聚集在一起的区域。

综上，立法界定规划区的三个要素，都是与规划的本质属性相联系的。之所以用建成区这个概念，就是要求该区域内不但要有建筑物，且建筑物的集中要达到相当程度。用建成区来界定规划区的范围，其原因

在于建设规划作为一种事前管制手段，其组织编制、监督实施的成本必然都大于个别备案审批的事后管制手段。那么出于行政法上的比例原则，规划作为社会成本较高的一种管理手段，就必须在人口聚集达到相当程度，城乡建设和发展有相当迫切须要区域内方可使用。因此，《城乡规划法》关于规划区的规定，其立法目的在于对行政机关的限权，要求其只能在特定划定的、有相当人口密度的聚居区域内行使规划管理的权力。而《城乡规划法》对于行政权力限制的精神，在《条例》的修订中也应得到相应的尊重。

（二）对非规划区建设行为的规制

《城乡规划法》将行政权力对建设活动进行的“规划控制”限制在“规划区”范围内，并不意味着规划区以外不会发生建设活动，更不表示这些建设活动可以完全不受任何监督和约束。以《条例》所调整的乡村地区为例。一方面，规划区的具体范围本身是有限的，不一定会覆盖一切居住区域。另一方面，对乡规划与村庄规划而言，现行《城乡规划法》只要求部分上级人民政府划定区域内的村庄必须制订规划，对其他村庄则并不强制。那么对于那些不编规划的村，当然也不存在规划区。但事实上，对于那些有相当人口密度但尚未制订建设规划的农村地区，其大量进行的建设活动也须要得到法律的规范。尤其是随着经济的发展，农村地区也修建了许多电视塔，发射塔，加油站，这些设施往往散布在广大农村地区，相当部分修建在规划区以外的土地上，但是这些建设工程也应当符合法律关于选址、与居民区安全距离等要求。如果以不在规划区为由拒绝管理，则无疑是对当地农村居民的不负责任。因此，如何不违反《城乡规划法》的授权规定而能为非规划区建设行为的管理提供依据，本课题组设计了两套可能的备选方案：

1. 扩大规划区范围

第一方案的主要思路是在条例修改中对规划区的划定范围作出规定，要求农村各级规划所划定的规划范围相互毗邻，穷尽其辖区范围。通过将规划区范围尽可能扩大，从而解决对非规划区建设活动进行规范管理的问题。近年来，我国的一些中心城市，如北京市、天津市、上海市、重庆市、深圳市等，正是从加强城乡统筹和区域统筹的须要出发，在修编城市总体规划时，将全市域范围都纳入规划区，从而加强对市域范围的统一规划和整体协调，确保对市域范围内的各项建设活动实施统一的管理。

现行城乡规划法规定："规划区的具体范围由有关人民政府在组织编制的城市总体规划、镇总体规划、乡规划和村庄规划中，根据城乡经济社会发展水平和统筹城乡发展的须要划定。"可见，城乡规划法要求划定规划区以制订城乡建设规划为前提，建设规划的范围也就是规划区的范围。而本方案须要对城乡规划法的这一规定做扩大解释，设计允许规划区的划定范围穷尽其辖区面积，然后对其范围内土地则允许分块、分阶段地逐一制订具体建设规划。

之所以如此安排，其优势除了保证国家对乡村建设管理无盲区之外，还在于保证规划的科学性与前瞻性。一方面，上文已经分析过，只有对部分达到相当人口密度的聚居区而言，制订统一的建设规划才有必要。一次性制订一份无所不包的规划，甚至对国土面积中每一寸土地都制定详细的建设规划，在可行性和必要性上都成疑问。尤其是对于彼此差异极大的农村地区，更无必要强令村村有规划。另一方面，法律规定建设规划要有长远性，一般以二十年为期进行规划，且一旦批准非经法定程序不得修改。但是社会经济是在不断发展变化的，尤其是相比于发展已进入相对稳定阶段、须控制其发展规模的城市地区，国家大力促进其加快发展的农村地区更是如此：二十年时间足以使深圳从一个人烟稀少的小渔村发展成为一个现代化的国际都市。因此农村规划将对规划的前瞻性提出更高的要求。如果将规划范围限定过窄，则可以预见到建设规划将不得不一直在社会发展的背后苦苦追赶，且规划的反复修改与重新制订也会影响其统一性与权威性。因而"一次划区、分批规划"的方案构成一个较好的折中办法，一次将全部行政辖区全纳入规划区可以保证规划不至无法应对新的社会发展，而因地制宜地分批制订具体规划则可以降低规划成本并提高其科学性。

而本方案须要进一步解决的问题，如何在完善行政管制与加强对民事主体的保护之间取得平衡。将全部区域都划入规划区，直接赋予了行政管理部门对其辖区内一切建设活动的予以监督管理的权力，虽然避免了管制盲区的尴尬，使得同样的建设行为不会因其发生地点的不同而适用不同的法律规范。实现了赋予行政管理部门在尚未制订规划区域内的建设管理权的目的。但是行政赋权是本方案的出发点，但并非其终极目的，对行政权力的监督与限制是行政法永恒的主题。笔者认为，通过扩大规划区而赋予其的权力，应当与行政管理部门在已制订规划区域内所行使的规划控制权在程度上有所区分。对于那些虽在规划区，但尚未制定具体建设规划的区域，由于没有一个统一规定地块使用性质和开发强度的建设规划，故原则上行政管理部门只能对电视塔、发射基站、加油站、疫苗厂等可能对生态环境以及当地居民生命健康造成影响的特殊建筑和特殊产业，依据相关特别法的规定予以管制。而对于一般的农民住宅建设和其他临时性房屋的建设，不能单纯因其是否整齐、美观而加以严格管理。总体而言，对于未制订具体规划区域内的建设活动，应当以更加宽松的标准进行管理，以保护民事主体对其财产的自由利用。而规划区本身的划定，只是一个概括性的授权，在没有具体建设规划的情况下，只有对那些可能威胁环境或居民生命健康的特殊建设活动，才能在特别法的具体规定下对其进行规制。

2. 授权非规划控制

方案二的设计思路是在城乡规划法的规划控制权之外，增加以规划以外手段对建设行为进行行政管理的规定。前文已经分析过，建筑规划只是国家用以调整规范乡村发展的手段之一，在建设规划之外，还可以有各种其他的管理手段。从这个角度出发，《条例》可以在修改中加入对非规划区中建设行为进行监督管理的规定。

《城乡规划法》规定："城市、镇规划区内的建设活动应当符合规划要求。"同时在对规划区做出界定时，也使用了"必须实行规划控制的区域"这一表述。由此表明，《城乡规划法》只是将对建设活动以规划形式进行管理的权力限制在规划区范围内，但并未涉及以其他形式对建设活动的管理，这也是与《城乡规划法》专门规范建设规划的立法目的相一致的。但是依据《条例》的全称《村庄和集镇规划建设管理条例》即可以看出，在理论上《条例》的调整范围既包括对农村的建设规划，同时还包括对农村发生的各项建设行为的管理。因此，可以认为，《条例》的直接上位法可并不限于《城乡规划法》，《条例》应该可以在《城乡规划法》的授权范围之外，对以其他形式管理农村建设活动提供依据。

通过《条例》直接赋予行政机关对非规划区上建设活动的管理权，其优势在于能对不同性质、不同种类的建设活动采取更为灵活的管理手段。同样是加油站的例子，在方案一中如果没有具体的建设规划，对于其建设具体应以何种依据对其进行管理，进行各种程度的管理都尚不明确，还须要《条例》与其他相关立法相互衔接配套解决。而在方案二中，对于一般居民聚居区内的建设活动，国家可主要从维护建设秩序、指引发展方向的目的出发，以事前制订公布的建设规划为其建设活动的管理提供依据。而对于其他尚无必要制订规划区域内发生的，个别可能对周围环境或居民健康安全造成特殊影响的建设行为，国家则可从控制其可能危险性的目的出发，对其进行事中的过程控制与事后的后果评估。通过这种方法，则可以将事前规划与事中控制、事后评估相结合，将一般引导与个别防范相结合，从而建立一套多种管理手段相互配合的监管体系，以更好地实现对农村多种建设活动的适当管理。

而此种方案所存在的问题，就在于对《城乡规划法》的突破以及缺乏直接的上位法依据。在2007年原《城市规划法》修改为《城乡规划法》之前，我国并无其他由全国人大及其常委会制定颁布的法律对于农村地区规划及建设管理问题进行规定。《房地产法》仅限于城市地区，《建筑法》则将农民自建低层住宅排除在外，因而《条例》除了与《建筑法》部分相关之外，再无直接的上位法渊源。而《城乡规划法》的修订，对农村规划进行了初步规定。但是如上文所述，《条例》作为一套规范农村各项规划与建设活动的综合性法规，其有相当规定是找不到上位法依据的。以本方案为例，其虽然在理论上有推导的空间，但是对建设活动的非规划控制在《城乡规划法》中没有依据，《建筑法》则更强调对建筑物建造生产本身的监督，而缺乏对房地产建设行为更一般的规范，故其虽未与上位法形成直接的冲突，但也并没有得到其立法授权。其法律依据则只能直接上升到《宪法》与《立法法》的层面：依据《宪法》第八十九条第六项，领导和管理经济工作和城乡建设是国务院的法定职权，再依据《立法法》第五十六条，国务院有权对此事项制订行政法规。但与此同时，本方案在设计具体的管理手段时，还必须符合立法法第八条关于立法保留的规定，不得涉及那些必须由法律规定的事项，其中尤其是第六项："对非国有财产的征收"。因此，本方案在设计对非规划区建设活动的具体管理措施时，必须谨慎对待可能出现涉及"对公民财产没收、拆除"的规定。

四、规划制定程序

（一）规划编制原则

《条例》（第九条）规定了规划编制的统筹兼顾，适度发展，合理用地、节约用地，促进全面发展，保护环境等原则，在十七届三中全会及2009年中央一号文件的精神指引下，应当在原则中体现新的时代要求，包括：1. 统筹城乡，体现最终要达到城乡一体化的目标；2. 社会事业的公共服务均等化；3. 保障农村基础设施的建设和维护；4. 因地制宜，体现不同地域的特色，一定程度的灵活性；5. 强调公众参与，保证农村居民的利益；6. 实现建设节地、省能、安全、便捷、宜居的农村（即社会主义新农村的内容）；7. 统筹协调土地利用规划和城乡规划。

（二）组织编制机关

现行《条例》（第八条）与《城乡规划法》（第二十二条）均规定村庄规划、集镇规划（乡规划）由乡级人民政府组织编制，作为村镇规划建设基层管理机构，很多地区的乡级人民政府财力、人力匮乏，无法有效承担该项工作。根据十七大"加强行政管理体制改革的总体研究"的精神以及2009年中央一号文件关于"推进农村综合改革"和"增强县域经济发展活力"的要求和各地基层规划建设管理工作的实践，对这一问题的解决应从两方面予以考虑：一是机构设置，二是财政经费。

1．机构设置

根据我国《宪法》第三十条的规定，“乡镇”是国家行政体系中的最低一级地方行政建制，是介于县、村之间的中间层次，具体体现了政府与农民之间的分权关系。乡镇政府也是最能直接接触和了解广大村镇真实面貌的一级政府。因此，设立在乡镇政府一级的村镇规划建设基层管理机构直接关系到规划建设管理实施效果，必须做到有章理事，有人办事，有机构管理。

根据国务院文件精神，乡镇机构改革的总体要求是，坚持因地制宜、精简效能、权责一致的原则，转变政府职能，精简机构人员，提高行政效率，建立行为规范、运转协调、公正透明、廉洁高效的基层行政管理体制和运行机制。那么《条例》中强调规划建设基层管理机构的地位是否与“精简机构人员”的要求不符呢？答案是否定的。目前各级政府机构和人员编制的总体规模确实庞大。但是机构的设置，要考虑有减有增，面对我国国情，现阶段有很多公共服务仍须要以政府为主体来提供，随着服务型政府建设的推进，一些公共服务机构有必要适度强化，这主要是随着政府职能转变而动态变化的。乡镇机构改革的核心就是转变政府职能。乡镇政府职能定位，要从农村工作的现实状况出发，从农民群众的愿望出发，从社会主义市场经济条件下建立公共行政体制的要求出发，重点强化为农民提供更多公共服务的职能。毫无疑问，规划建设管理机构属于公共服务机构的范围，绝对应予以保留完善而非精简。这里须要注意的是，确立规划建设基层管理机构的设置和地位，一方面要加强其公共服务职能，另一方面也要防止无限扩大其权力，尤其禁止向农民乱收费、乱罚款。

同时，“人”的问题也要解决。从全国各地反映的情况来看，规划建设基层管理机构的工作人员亟须政府为其“正名”。目前，各地的村镇建设管理体制非常混乱，机构名称有叫“管理站”的，有叫“服务中心”的，工作人员“身份不明”，没有统一编制，其收入的经费来源也由各地自行解决，有完全由单位自收自支的，也有上级财政部分拨付、部分靠自己解决的，这也成为向农民乱收费现象的制度性原因。

据相关资料显示，目前我国乡镇一级的“国家干部”人数是相对稳定的，基本保持在人民公社时期的水平。而从1993年到2003年的10年间，全国村民委员会数量由101.3万个减少到65.8万个，村干部人数也由455.9万人减少到259.2万人。这样一支乡村干部队伍管理了9亿多农民，恐怕在当今世界上是最精干、最节省的。从全国事业单位人员结构看，“截至1995年底，中国事业单位职工总人数2515.2万人，其中国家一级240.8万人，占9.48%；省一级244.9万人，占9.67%；地区一级542.8万人，占21.43%；县一级740.2万人，占29.23%；乡镇一级764.8万人，仅占30.2%”。可见，乡镇一级的行政和事业编制都是相对较少的。

因此，规划建设基层管理机构的工作人员应当被纳入统一的事业编制并划入财政全额拨款预算管理。工作人员地位的保证和待遇的保障是规划建设工作质量保障的基础。

2. 财政经费

我国是一个由中央、省、市（地级）、县（市）、乡（镇）5级政府构成的行政体系。政府任务由上而下会逐步增多，到最低一级的乡镇时，政府任务和目标会呈几何级数增加。但与此同时，目前我国县乡两级财政收入只占全国财政总收入的20%左右，“据财政部一项研究报告显示，目前我国省一级行政经费支出每年不少于3630亿元，占38.9%；地区一级约为1715亿元，占18.4%；县一级约为2700亿元，占28.9%；乡镇一级约为1280亿元，只占13.7%”。这种反差造成乡镇一级“小政府”与“大服务”、“强政府”与“弱财政”长期并存的格局，事权与财权严重失衡。这一点也突出反映在乡镇一级规划建设管理部门上。

改革县乡财政管理体制是缓解县乡财政困难的关键所在。县乡财政是国家财政的基础，是基层政府履行职能的重要财力保障和落实国家惠农支农政策的载体，它承担了大部分农村公共产品的供给。如果县乡财政运转不畅，效率低下，将会从根本上影响我国覆盖城乡的公共财政制度建设步伐。建立覆盖城乡的公共财政制度是统筹城乡经济社会发展的必然要求，改革县乡财政管理体制则是缓解当前县乡财政困难，建立覆盖城乡的公共财政制度的直接突破口和有效途径。

县乡财政管理体制改革须着眼于解决县乡财政困难、保证基层运转，防止基层通过乱收费弥补财政不足。按照这样的要求，县乡新的财政管理体制框架要体现财权与事权相匹配，以事权定财权，以责任定财权，对加强的职能要增加财力支持，对弱化的职能要减少支出；要体现财力支出向公共服务倾斜，向基层倾斜，切实增强乡镇政府履行职责和提供公共服务的能力。

省级财政要按照有关客观因素和开支标准，对县乡财政收入不能满足基本财政支出部分，省市级财政要通过增加一般性转移支付方式逐步加以解决。同时，要根据乡镇经济状况合理确定乡镇财政管理体制。县要根据乡经济状况，合理确定乡镇财政管理体制，妥善处理县与乡的财政分配关系，避免向乡财政转嫁支出。对承担重要公共服务功能但以乡级政府财政规模难以维持其正常运转的部门机构，其财政支出可由县财政统筹安排，以保障其合理的财政支出须要。

在基层政府财政管理体制改革的大背景下，对规划建设基层管理机构这种作为承担重要公共服务功能但财力匮乏，没有收入来源的单位，不能要求基层政府财政自寻出路、自求平衡，其经费主要应由上级财政保障。

（三）规划审批程序

现行《条例》（第十四条）规定，村庄、集镇总体规划和集镇建设规划，须经乡级人民代表大会同意，村庄建设规划须经村民会议讨论同意，再由乡级人民政府报县级人民政府批准。而根据《城乡规划法》（第二十二条）的规定，首先，没有总体规划与建设规划之分，此部分放在规划内容中讨论；其次，没有本级人大审查同意的环节；第三，“经村民会议或者村民代表会议讨论同意”措辞与现行条例不同。

根据《城乡规划法》对规划审查报批的规定来看，完整的程序应当是：首先，经过本级人民代表大会审议，代表的审议意见交由本级人民政府研究处理；第二步，规划报上一级人民政府审批；报送审批时应当将本级人民代表大会代表的审议意见和根据审议意见修改规划的情况一并报送。对村庄规划，还应当经村民会议或者村民代表会议讨论同意。此外，对村庄规划以外的其他规划，在报人大审议前可考虑规定进行听证，以保证反映真实情况和各方意见。

（四）规划内容及期限

现行《条例》规定村庄、集镇规划分为总体规划和建设规划两个阶段。

总体规划的主要内容包括：乡级行政区域的村庄、集镇布点，村庄和集镇的位置、性质、规模和发展方向，村庄和集镇的交通、供水、供电、商业、绿化等生产和生活服务设施的配置。

集镇建设规划的主要内容包括：住宅、乡（镇）村企业、乡（镇）村公共设施、公益事业等各项建设的用地布局、用地规划，有关的技术经济指标，近期建设工程以及重点地段建设具体安排。

村庄建设规划的主要内容没有具体说明，规定为“可以根据本地区经济发展水平，参照集镇建设规划的编制内容，主要对住宅和供水、供电、道路、绿化、环境卫生以及生产配套设施作出具体安排。”

《城乡规划法》只规定了乡规划和村庄规划的概念，没有总体规划和建设规划的区分，内容包括：规划区范围，住宅、道路、供水、排水、供电、垃圾收集、畜禽养殖场所等农村生产、生活服务设施、公益事业等各项建设的用地布局、建设要求，以及对耕地等自然资源和历史文化遗产保护、防灾减灾等的具体安排。乡规划还应当包括本行政区域内的村庄发展布局。

首先要讨论的问题是，修订后的《条例》是否将总体规划与建设规划合并成一个规划从而与《城乡规划法》完全对应。这里存在一个矛盾：若不合并，则与上位法不一致，规定无效；若合并，则以条例的修订目的和要求来看，显得过于粗糙简陋。可以考虑的解决方式有：保持《城乡规划法》“乡规划”和“村庄规划”的概念，在《条例》中创造出如“具体规划”的概念，以达到实际上的总体规划与建设规划的区分；另一种是在内容上将乡规划与村庄规划做层次划分，将乡规划作为总体规划而村庄规划则作为具体的建设规划。

同时，现行规定缺乏规划区划分的标准，造成各规划区管辖范围无法严格界定，城市规划、镇规划很容易将乡规划、村庄规划涵盖，造成乡规划、村庄规划的虚置，出现了实际生活中好多地方的规划以城乡统筹的名义越划越大，划进去的村庄多年不开发，在这种情况下农民盖房子基本上无从管理。建议明确规定规划区划分的标准，或者将各规划区范围的确定统一交由一级人民政府并要求其做明确区分（上位法依据《城乡规划法》第三条第二款“县级以上地方人民政府”确定）。

由上一个问题引出的另一个矛盾是，如何协调规划区的严格界分与统筹城乡基础设施、公共服务设施的目标之间的关系。在城乡统筹的目标之下，农村不具备独立解决基础设施和公共服务设施的能力，在农村的环境卫生、人居环境的提高上，应当将城乡基础设施的共建共享和城乡一体化的公共服务体系写进来。体现在规划内容的规定上，《条例》修订中可实现的方法是明确在乡规划、村庄规划须与城市基础设施规划相衔接。（这只是第一步，为使逻辑连贯，将其他部分内容提至此处。）实施上，镇政府乃至市政府应予以指导、帮助（上位法依据：城乡规划法第二十九条第二款“镇的建设和发展，应当结合农村经济社会发展和产业结构调整，优先安排……公共服务设施的建设，为周边农村提供服务。”）。经费上，根据城市维护建设税的增值部分用于加大基础设施建设的精神来看，应由地方财政统一支付而不是农村自行负担。

现行《条例》及《城乡规划法》对村庄规划主要以农民建房为主，现实中农村建设活动的主体已不仅仅限于农民个人，特别是随着农村集体建设用地经营权的流转成为城乡一体化下的大势所趋，农村的建设活动将更加多元、丰富，修订的《条例》在村庄规划的内容中应增加这方面的规定，这也是将“规划区以外”纳入规划管理的可能途径之一。

此外，《城乡规划法》规定的“尊重村民意愿，体现地方和农村特色”、“对耕地等自然资源和历史文化遗产保护、防灾减灾等的具体安排”（第十八条）是现行《条例》中没有的，应当加入。

现行《条例》（第十六条）村庄、集镇的规划期限由省、自治区、直辖市人民政府根据本地区实际情况规定。《城乡规划法》没有对乡规划、村庄规划的规划期限作出规定，所以这个内容的修改不存在任何法律上的约束和障碍。须要解决的问题是，《条例》修订后是否对规划期限做直接规定，若继续权力下放至地方政府，则由哪一级政府规定。乡规划、村庄规划是由乡级政府组织编制，报县级政府审批的，由省级政府规定是否合理？同时应考虑期限之长短，太短易造成重复建设，浪费资源，太长则不利于高效落实，这里又显现出划分总体规划与建设规划的必要性，总体规划期限可长一些，建设规划期限可短一些。

（五）规划编制资质

《城乡规划法》规定城乡规划组织编制机关应当委托具有相应资质等级的单位承担城乡规划的具体编制工作，体现在修改后的条例中，就应当由乡级人民政府委托具有相关资质等级的单位承担乡规划、村庄规划的具体编制工作。

从事城乡规划编制工作的单位应当具备五项条件：有健全的技术、质量、财务管理制度；有规定数量的经国务院城乡规划主管部门注册的规划师；有规定数量的相关专业技术人员；有相应的技术装备；有法人资格，并依法取得相应等级的资质证书。

编制规划应当具备国家规定的勘察、测绘、气象、地震、水文、环境等基础资料。

《城乡规划法》规定县级以上地方人民政府有关主管部门应当根据编制城乡规划的须要，及时提供有关基础资料。《条例》中提供有关基础资料的职责亦应加于乡一级政府有关主管部门。

以上内容现行《条例》没有规定，应当直接适用《城乡规划法》，也可依据乡村特有情况做进一步细化规定，但不能抵触。

（六）公告草案，征求意见

《城乡规划法》规定城乡规划报送审批前，组织编制机关应当依法将城乡规划草案予以公告，并采取论证会、听证会或者其他方式征求专家和公众的意见。公告的时间不得少于三十日。乡村规划要经过村民会议或村民代表会议的讨论同意，所以无须规定“征求公众的意见”。

组织编制机关应当充分考虑专家和公众的意见，并在报送审批的材料中附具意见采纳情况及理由。

（七）审查

《城乡规划法》规定省域城镇体系规划、城市总体规划、镇总体规划批准前，审批机关应当组织专家和有关部门进行审查。相应的，条例中可以增加县级人民政府应当组织专家和有关部门对报送审批的乡规划、村庄规划进行审查。

五、规划的实施

《城乡规划法》规定镇的建设和发展应当结合农村经济社会发展和产业结构调整，优先安排供水、排水、供电、供气、道路、通信、广播电视等基础设施和学校、卫生院、文化站、幼儿园、福利院等公共服务设施的建设，为周边农村提供服务。此规定可作为实现城乡统筹，基础设施、公共服务设施城乡一体化的“利器”，为乡村规划与城镇规划在基础设施、公共服务设施内容上的衔接统一，以及更高级别政府为乡村规划实施提供帮助与服务提供了合法依据。

（一）村民住宅建设

现行《条例》从主体角度对在村庄、集镇规划区内建设住宅，规定了农村村民，城镇非农业户口居民，回原籍村庄、集镇落户的职工、退伍军人和离休、退休干部以及回乡定居的华侨、港澳台同胞三种情形，分述之。

《条例》对农村村民建设住宅又分为两种情形：

须要使用耕地的，经乡级政府审核、县级人民政府建设行政主管部门审查同意并出具选址意见书后，方可依照《土地管理法》向县级人民政府土地管理部门申请用地，经县级人民政府批准后，由县级人民政府土地管理部门划拨土地。《城乡规划法》则要求应当依照《中华人民共和国土地管理法》有关规定办理农用地转用审批手续后，由城市、县人民政府城乡规划主管部门核发乡村建设规划许可证，取得该证后方可办理用地审批手续。不同之处体现在：1.《条例》中使用耕地概念，《城乡规划法》则是农用地，范围更宽，条例作为下位法不能对此控制性规范予以放松，应做修改；2.《条例》中没有首先按照《土地管理法》办理农用地转用审批手续的规定，此处涉及与《土地管理法》这一上位法的协调；3.《条例》中使用耕地应取得的文件是选址意见书，出具主体是县级政府建设行政主管部门，《城乡规划法》则规定了乡村建设规划许可证，应以此取代选址意见书，同时，核发主体也变更为城市、县人民政府城乡规划主管部门。

另外，使用原有宅基地、村内空闲地和其他土地的，由乡级人民政府根据村庄、集镇规划和土地利用规划批准。而《城乡规划法》没有规定使用村内空闲地和其他土地的情形，并且将使用原有宅基地的规划管理办法交由省、自治区、直辖市制定。因此，修订的《条例》应与上位法一致，将制定的权力下放到省级政府，但可以规定省级政府在制定相关管理办法时应当包括的内容。

（二）乡镇企业建设

现行《条例》规定乡镇企业的建设应遵循以下步骤：1. 持县级政府的批准文件向县级建设行政主管部门申请选址地点；2. 经主管部门审查同意并出具选址意见书；3. 向县级土地管理部门申请用地。

《城乡规划法》做了不同的规定：1. 向乡、镇人民政府提出申请；2. 乡、镇政府报市、县政府城乡规划主管部门核发乡村建设规划许可证，若须使用农用地，则须先行办理农用地转用审批手续。

须与上位法协调之处：1. 增加向乡级政府申请的环节；2. 建设行政主管部门改为城乡规划主管部门，选址意见书改为乡村建设规划许可证。

须完善之处：1. 乡级政府在申请环节的职责不明确；2. 城乡规划法在不涉及农用地的情形下未规定与土地管理的关系，但不可避免，因此条例应予规定。

（三）公共设施和公益事业建设

现行《条例》规定公共设施、公益事业建设须经以下阶段：1. 乡级人民政府审核；2. 县级政府建设行政主管部门审查同意并出具选址意见书；3. 向县级政府土地管理部门申请用地。

《城乡规划法》对此部分的规定与对乡镇企业的规定相同，因此就该三项建设的审核批准程序在与《城乡规划法》进行协调之后完全可以统一规定。

但是，乡镇企业的建设从法律的角度只是为其自身利益，因此相应的义务与责任便自然落在建设者身上。与此不同的是，公共设施、公益事业建设为的是公众利益，与此相对应的应是政府的义务与责任。如前所述，在此部分应明确哪一级政府对具体工作提供指导、服务和帮助，经费由哪一级政府财政预算支出。

值得注意的是，若如上述在村庄规划的内容制定过程中涵盖多种建设活动，则在实施部分也应当有所体现。其实，规划区与非规划区只是历史原因造成的人为划分，传统上农村除了农用地就是村民住宅及少量公共设施用地，随着人口增长和经济发展，土地资源愈发紧张，因而现实是没有什么土地不须要用来建设和发展，都通过规划管理合理高效利用就是理所当然。

（四）历史文物、风景名胜的规定

历史文化名村的保护以及受保护建筑物的维护和使用，应当遵守有关法律、行政法规和国务院的规定。

乡村建设和发展，应当依法保护和合理利用风景名胜资源。风景名胜区的规划、建设和管理，应当遵守有关法律、行政法规和国务院的规定。

（五）须依法保护用地禁止擅自改变用途

乡规划、村庄规划确定的道路、绿地、输配电设施及输电线路走廊、通信设施、广播电视设施、管道设施、河道、水库、水源地、自然保护区、防汛通道、消防通道、核电站、垃圾填埋场及焚烧厂、污水处理厂和公共服务设施的用地以及其他须要依法保护的用地，禁止擅自改变用途。

（六）确须变更时的处理

建设单位应当按照规划条件进行建设；确须变更的，必须向县人民政府城乡规划主管部门提出申请并获得批准。县人民政府城乡规划主管部门应当及时将依法变更后的规划条件通报同级土地主管部门并公示。

建设单位应当及时将依法变更后的规划条件报乡人民政府土地主管部门备案。

因为乡规划、村庄规划无控制性详细规划，这里应考虑在乡村进行建设变更内容不得批准的情形。

（七）临时建设

现行《条例》对临时建设的规定有两个方面：1. 规定不得擅自进行临时建设的空间范围；2. 批准机关。

《城乡规划法》则着眼于批准机关，不得批准的情形及限期自行拆除，同时对临时建设规划管理的具体办法，交由省级政府制定。

对此，修订的《条例》应做相应调整：1. 临时建设应当经乡级政府规划主管部门批准，同时可规定批准的具体内容；2. 临时建设影响交通、村容、安全等不得批准，亦可规定其他不得批准的情形；3. 应当在批准的使用期限内自行拆除。

（八）竣工验收

县级地方人民政府城乡规划主管部门按照国务院规定对建设工程是否符合规划条件予以核实。未经核实或者经核实不符合规划条件的，建设单位不得组织竣工验收。

建设单位应当在竣工验收后六个月内向城乡规划主管部门报送有关竣工验收资料

六、规划的修改

（一）定期评估

乡规划、村庄规划的组织编制机关，应当组织有关部门和专家定期对规划实施情况进行评估，并采取论证会、听证会或者其他方式征求公众意见。组织编制机关应当向本级人民代表大会和原审批机关提出评估报告并附具征求意见的情况。

这里可根据乡级政府的财力等实际情况对“其他方式”做出指引性规范。

（二）可修改之情形

现行《条例》对可修改之情形只做出“根据社会经济发展须要，经乡级人大或村民会议同意”的概括规定，《城乡规划法》对可修改的情形做出如下规定：上级人民政府制定的城乡规划发生变更，提出修改规划要求的；行政区划调整确须修改规划的；因国务院批准重大建设工程确须修改规划的；经评估确须修改规划的；城乡规划的审批机关认为应当修改规划的其他情形。但这一规定不适用于乡规划、村庄规划，修订的条例可予以借鉴并规定符合乡村实际的更为具体的情形。

（三）修改程序

现行《条例》规定乡级政府可经乡级人大或村民会议同意对规划进行修改并报县级政府备案。涉及村庄、集镇的性质、规模、发展方向和总体布局重大变更的，依照规划制定程序办理。

《城乡规划法》则规定乡规划、村庄规划的修改依据规划制定的审批程序报批。两者规定并不冲突，修订的《条例》可予以细化，规定乡政府对原规划的实施情况进行总结，并向原审批机关报告等内容。

（四）补偿

乡村建设规划许可证发放后，因依法修改规划给被许可人合法权益造成损失的，应当依法给予补偿。补偿依据什么标准也应规定。

七、监督检查

（一）有权机关

县级人民政府及其城乡规划主管部门应当加强对规划编制、审批、实施、修改的监督检查。

（二）报告制度

地方各级人民政府应当向本级人民代表大会常务委员会或者乡人民代表大会报告城乡规划的实施情况，并接受监督。

（三）措施

县级人民政府城乡规划主管部门对规划的实施情况进行监督检查，有权采取以下措施：要求有关单位和人员提供与监督事项有关的文件、资料，并进行复制；要求有关单位和人员就监督事项涉及的问题作出解释和说明，并根据须要进入现场进行勘测；责令有关单位和人员停止违反有关城乡规划的法律、法规的行为。

城乡规划主管部门的工作人员履行监督检查职责，应当出示执法证件。被监督检查的单位和人员应当予以配合，不得妨碍和阻挠依法进行的监督检查活动。

（四）结果公开

监督检查情况和处理结果应当依法公开，供公众查阅和监督。修订的条例应规定公开的期限、场所，公众查阅监督的方式。

（五）不当行为之处理

城乡规划主管部门在查处违反条例规定的行为时，发现依法应当给予国家机关工作人员行政处分的，应当向其任免机关或者监察机关提出处分建议。

依照《条例》规定应当给予行政处罚，而有关城乡规划主管部门不给予行政处罚的，上级人民政府城乡规划主管部门有权责令其作出行政处罚决定或者建议有关人民政府责令其给予行政处罚。

城乡规划主管部门违反本法规定做出行政许可的，上级人民政府城乡规划主管部门有权责令其撤销或者直接撤销该行政许可。因撤销行政许可给当事人合法权益造成损失的，应当依法给予赔偿。

八、法律责任

现行《条例》的最后一章章名为“罚则”，应使用“法律责任”为好。现行条例的罚则一章是按照不同的违法行为进行分别规定，《城乡规划法》的法律责任一章则是从主体角度对责任进行分类规定，这种方法更为清晰，建议修订的《条例》予以采纳。至于具体的规定，应等到《条例》修订草案其他部分的内容确定时再一一施加对其违反的法律责任，以免遗漏，使缺乏责任做后盾的相关规定成为一纸空文。

《条例》的溯及力的问题。《条例》修改之后，纳入规划管理的空间范围和事项必将大大增多，违反条例修改后的规定而之前“无法可依”的行为如何处理，这就涉及正当利益保护，对该种行为，若其发生时并没有任何法律法规的禁止性规范，则应当认定其为正当利益，并依法无偿为其办理合法手续，必须撤销的应给予补偿。

第三节　《条例》与《建筑法》及建设活动有关行政法规的关系

在调整农村建设活动方面，《建筑法》构成条例最重要的上位法，同时在建筑质量管理方面也存在很多与《条例》平级的行政法规。这些法律法规的有关内容构成了本次《条例》修订中不可忽略、并应积极参考的成例。接下来的篇幅主要是以建设活动的各个环节为线索，对原《条例》已经规定的内容进行甄别，使有关的规定与其上位法不冲突，与其他行政法规相协调；对《条例》未规定或虽已规定但不够充分的内容进行梳理，结合既有的法律框架和农村的实际情况提出可能的立法空间和政策建议。

一、调整对象与范围

《建筑法》第二条规定：“在中华人民共和国境内从事建筑活动，实施对建筑活动的监督管理，应当遵守本法。”第八十六条规定“抢险救灾及其他临时性房屋建筑和农民自建低层住宅的建筑活动，不适用本法。”《建设工程勘察设计管理条例》第四十三条、《建设工程安全生产管理条例》第六十九条、《建设工程质量管理条例》第八十条都有类似的规定。根据上述规定，农村地区进行的建设活动原则上受到《建筑法》及有关行政法规的调整，但临时性房屋建筑和农民自建低层住宅的建筑活动除外，具体而言：

(一)《条例》修订的立法空间

从上述法律法规的表述中可以看出：首先，农民自建两层以下住宅的行为只受《条例》调整，《条例》应当为之提供一系列独立的、符合农村实际情况的制度设计：对于农民自建两层以下住宅的设计标准、建设主体、规划、施工许可、安全生产、竣工验收、质量保修等内容，《条例》均须要做出相应的规定；其次，农村进行的其他建设行为必须符合《建筑法》和有关行政法规的规定，但是《条例》仍然可以在其框架内进行细化操作规程、落实领导责任以及在不违反前述法律法规强制性规定的基础上，在其立法空白处进行符合农村情况的制度创新。

（二）《条例》单独规范的"农民自建低层住宅"的含义

《建筑法》及有关行政法规中并未对"农民自建低层住宅"做进一步的解释，这样就给当事人任意解释法律留下了余地，同时也带来法律适用中的障碍。

新修订《条例》有必要澄清农民自建低层住宅这一概念的含义：首先，建设房屋的用途必须限于住宅，农民自建的低层生产、经营性用房仍应当受《建筑法》调整；其次，住宅必须是为农民自己的利益而建造，即"自建"的含义应当理解为是对建设活动中权利主体的要求而非对行为主体的限制：只要是农民自己投资、自己使用，那么不论是建设过程中是农民自己施工，还是将工程承包给个体工匠或建筑施工企业建设，都应认为属于农民自建。最后，建筑不得超过一定高度，一般以两层为限。也就是说，如果按照严格的文义解释，建设活动要想不适用《建筑法》和有关法规，必须同时符合住宅用途、农民自建和两层以下三个条件，缺少任何一个条件都无法构成适用《建筑法》的例外。比如农民自建低层生产性、经营性用房，开发商成片修建低层住宅或其他村镇设施，农民自建高层住宅等建设活动都必须受《建筑法》和相关法规调整。

（三）《条例》调整农村建设活动的两种立法模式

由于农村建设监管资源有限，严格按照上述解释要求非住宅用途、非农民自建、非低层建设活动的施工和监管一律按照《建筑法》有关程序和规定进行，恐怕有些不切实际。在立法技术上，可以考虑在这次修订中采取一定的模糊处理：暂时只对部分社会影响较大、技术要求较高、危险性较大的建设活动做出明确的指示性规定，要求对其严格适用《建筑法》及其他法律、法规进行监督管理；而对其他建设活动适用《建筑法》的必要性和强制性暂不明确表述，留待实践中解决。在这一问题上，可以采取以下两种立法策略：

1. 宽松模式

宽松模式对村庄规划区的建设活动做了特别的区分，除学校、幼儿园、卫生院等公共建筑外，降低了对村庄规划区内建设活动的监管要求。《建设部关于加强村镇建设工程质量安全管理的若干意见》（下称《意见》）中采用的就是这种立法模式，具体来说：

首先，将农村地区建设活动分为三类。第一类：限额以上建设工程。范围包括：（1）建制镇、集镇规划区内的所有公共建筑工程；（2）建制镇、集镇规划区内居民自建两层（不含两层）以上住宅；（3）建制镇、集镇规划区内其他投资额在30万元以上或者建筑面积在300平方米以上的所有村镇建设工程；（4）村庄建设规划范围内的学校、幼儿园、卫生院等公共建筑。第二类：限额以下的建设工程。范围包括：（1）建制镇、集镇规划区内建设工程投资额30万元以下且建筑面积300平方米以下的市政基础设施、生产性建筑；（2）建制镇、集镇规划区内居民自建两层（含两层）以下住宅；（3）村庄建设规划范围内的农民自建两层（不含两层）以上住宅的建设活动。第三类：村庄建设规划范围内的农民自建两层（含两层）以下住宅的建设活动。

然后，对三种建设活动规定了不同的监管要求。对于第一类限额以上的建设工程，应当严格按照国家有关法律、法规和工程建设强制性标准实施监督管理；对于第二类限额以下的建设工程，由各省、自治区、直辖市结合本地区的实际按照该《意见》（五）的指导原则制定制定相应的管理办法；对于第三类村庄建设规划范围内农民自建低层住宅的建设活动，县级建设行政主管部门的管理以为农民提供技术服务和指导作为主要工作方式。

《意见》中的分类办法，实际上降低了对村庄建设规划范围内的建设活动的监管要求：类比建制镇和集镇规划中的规定，本应按照第一类工程要求进行监管的“农民自建两层以上住宅的建设活动”，在乡村规划区内被按照第二类工程进行监管；本应按照第二类工程进行监管的“农民自建低层住宅的建设活动”，在村庄规划区内被单独划为一类，由县级建设行政主管部门以提供服务和指导为主。2004年《意见》做出的这种区别对待是否有必要在此次修订过程中继续保留，值得认真考虑。笔者的意见是这种区分不利于城乡建设活动的统筹管理和体现各地区经济发展的实际情况，特别是对同一省、自治区内经济发展较快部分地区难以做出及时规制。

2. 严格模式

严格模式和宽松模式相比，取消了村庄规划范围内建设活动的特别“宽待”。该立法模式对规划区不作区别，统一按照建设规模、用途和技术难度不同，将农村建设活动分为两类：限额以上的建设工程和限额以下的建设工程。

限额以上的建设工程范围包括：（1）居民自建两层（不含两层）以上住宅的建设活动；（2）投资额在30万元以上或者建筑面积在300平方米以上的市政基础设施、生产性建筑；（3）学校、幼儿园、卫生院及其他所有公共建筑的建设活动。对于这类限额以上的工程，除适用本《条例》外，还应当严格按照国家有关法律、法规和工程建设强制性标准对其实施监督管理。

限额以下的建设工程范围包括：（1）居民自建两层以下住宅的建设活动；（2）投资额在30万元以下且建筑面积在300平方米以下的市政基础设施、生产性建筑。对于此类限额以下的建设工程，由于工程规模较小，可以考虑适当放松监管要求：居民自建低层住宅的行为，《建筑法》及有关法规不作调整，《条例》自然可以根据农村的实际情况做出相应安排；对于投资额和规模较小的市政基础设施、生产性建筑，《条例》也可以在《建筑法》允许的范围内做出程序上的简化安排，比如免于施工许可的审批，仅须进行备案等。具体内容，容留后述。

（四）《条例》调整农村建设活动的范围

《条例》第二条规定[①]，《条例》调整的对象主要包括两类活动：一是制定和实施村庄、集镇规划的活动；二是在村庄、集镇规划区内进行的居民住宅、乡（镇）村企业、乡（镇）村公共设施和公益事业等建设活动。但是，国家征用集体所有的土地进行的建设活动除外。随着《建筑法》和《城乡规划法》的颁布实施，《条例》的调整范围应当作出如下修订：

首先，规划区的划分方法与《城乡规划法》不一致。修订前《条例》将调整的规划区划分为村庄规划区和集镇规划区两部分，规划区的界限和含义不清，特别是集镇的概念和建制镇的概念有所重叠，造成了规划管理和条例实施过程中的混乱。按照《城乡规划法》第二条的规定，城乡规划包括城镇体系规划、城市规划、镇规划、乡规划和村庄规划五种，这是按照行政区划所做的划分，界限清晰、含义明确，符合规划管理的须要。因此，建议将《条例》中规划区的范围修改为“镇、乡、村庄规划区”，取消集镇规划的概念，将原本集镇规划的内容纳入到镇的规划体系中来，以便各级部门能够权责明确、合理开展规划。

其次，《条例》应当对规划区外的建设活动进行调整。由于实践中大量村庄受财力和人员的限制，规划的规模和覆盖范围有限，村庄内存在大量未规划的土地，这些土地上的建设活动无法可依。此外，不同规划区之间的输电、通信线路，水、气管道的架设行为也存在无人管理，散乱恣意的问题。因此，对规划区外的建设活动建议《条例》也进行适当规定，其立法空间如下：从正当性的角度分析：《建筑法》第二条规定“在中华人民共和国境内从事建筑活动，实施对建筑活动的监督管理，应当遵守本法。”第八十六条规定“抢险救灾及其他临时性房屋建筑和农民自建低层住宅的建筑活动，不适用本法。”《建设施工质量管理

---

① 《条例》第二条：“制定和实施村庄、集镇规划，在村庄、集镇规划区内进行居民住宅、乡（镇）村企业、乡（镇）村公共设施和公益事业等的建设，必须遵守本条例。但是，国家征用集体所有的土地进行的建设除外。

在城市规划区内的村庄、集镇规划的制定和实施，依照城市规划法及其实施条例执行。”

条例》第八十条也有类似的规定。从上述规定中可以看出，《建筑法》和《建设施工质量管理条例》除了不规范临时性房屋建筑的建设行为和农民自建低层住宅的行为，并未排除其各自在农村其他建设活动中的适用。而《条例》作为《建筑法》和《城乡规划法》共同的下位行政法规，其规范农村范围内进行的所有建设活动和对这些建设活动的监督管理自无不当。

最后，由于《城乡规划法》和《中华人民共和国治安管理处罚法》的颁布实施，条例中原有的表述应进行修改。如第三条提到的《城市规划法》，第四十二条提到的《治安管理处罚条例》等等。

二、村镇建设管理机构的设置

在乡镇建设管理上，《城乡规划法》和《建筑法》将主要的事权划分给县一级有关部门，由此带来的问题是由于远离基层，乡镇建设管理中管理出现主体虚置，监管力度不足，对于违反规划和条例的行为“看得见的管不着，管得着的看不见”的现象。此外，有的地方政府规定村庄建设管理员由村委会主任兼任，由于一兼多职、缺少外在监督，造成乡镇建设工作的落实无法起到应有的效果、规划制定和修改随意性过强。

因此，建议在乡镇设立县区管理部门的派出机构，或将已经在乡镇设立的村镇建设管理部门改为县区管理部门的派出机构，这样既同《城乡规划法》和《建筑法》对于有关政府部门事权的划分相一致，又因为人事权和财政权的独立，能对乡镇规划建设管理活动构成有效地监督，有利于《条例》和其他法律法规的落实。同时，建立县级建设行政管理部门派出机构的另一个理由在于，按照现行体制乡镇一级的机构都是事业单位，在财务上推行的是自收自支的原则，由于涉农收费几乎全部取消，造成乡村建设管理无力开支而近乎瘫痪，如要维持正常运作甚至不得不“被迫”向农民乱收费、乱摊派的问题局面。而一旦将乡镇建设管理部门设为县级建设主管部门的派出机构，就有了有效的财政来源，其活动经费将列入政府预算，就可以避免出现上述问题，使得农村建设管理方面真正做到“有钱办事、有章理事、有人做事”。

三、建筑工程的发包环节

《建筑法》第十九条规定“建筑工程依法实行招标发包，对不适于招标发包的可以直接发包。”第二十三条规定“政府及其所属部门不得滥用行政权力，限定发包单位将招标发包的建筑工程发包给指定的承包单位。”可见，建设工程应当进行发包，符合法定招标条件的还应当进行招标。而《条例》修订前没有对建筑工程发包问题作出规定，实践中带来成很多问题，比如工程被违规发包给了不具备资质的建设、设计、施工单位，很多应当采取招标的项目被私下发包等等，从而在发包环节就造成了工程的质量隐患。

《招标投标法》第三条和《工程建设项目招标范围和规模标准规定》第三条、第七条规定了必须进行招标的建设项目范围：对于关系社会公共利益、公众安全的公用事业项目，且项目的勘察、设计、施工、监理以及与工程建设有关的重要设备、材料等的采购，达到下列标准之一的，必须进行招标：（一）施工单项合同估算价的200万元人民币以上的；（二）重要设备、材料等货物的采购，单项合同估算价在100万元人民币以上的；（三）勘察、设计、监理等服务的采购，单项合同估算价在50万元人民币以上的；（四）单项合同估算价低于第（一）、（二）、（三）项规定的标准，但项目总投资额在3000万元人民币以上的。此外，《建筑法》第六十五条规定了违规发包的责任，“发包单位将工程发包给不具有相应资质条件的承包单位的，或者违反本法规定将建筑工程肢解发包的，责令改正，处以罚款。”《国务院有关部门实施招标投标活动行政监督的职责分工意见的通知》第三条规定了招投标活动的监督执法主体，“建设工程活动招、投标活动中的监督执法，由建设行政主管部门负责。”

因此，建议《条例》修订中吸收上述有关法律法规文件的规定，规范农村建设活动的发包行为，对达到《招标投标法》必须招标要求的建设工程规定必须进行招标，并赋予有关建设行政管理部门必要的审核权和有效的监督执法权。

四、建筑工程的工程设计

原《条例》第二十一条规定，“在村庄、集镇规划区内，凡建筑跨度、跨径或者高度超出规定范围的乡（镇）村企业、乡（镇）村公共设施和公益事业的建筑工程，以及二层（含二层）以上的住宅，必须由取得相应的设计资质证书的单位进行设计，或者选用通用设计、标准设计。跨度、跨径和高度的限定，由省、自治区、直辖市人民政府或者其授权的部门规定。”原《条例》在强制设计的口径上采取的是授权立法的方式，由此带来的问题是由于地方政府制定实施细则的时间、标准不一，本条规定很可能将因为缺乏统一性和可操作性而变得形同虚设。因此，建议修订中对必须按照设计进行的建筑工程的范围进行确定，至少应当规定跨度、跨径和高度的最低标准。同时，建议《条例》将“涉及建筑主体和承重结构变动的装修工程”纳入到必须按照设计进行施工的建筑工程的范围。参考《建筑法》第四十九条的内容，规定“涉及建筑主体和承重结构变动的装修工程，建设单位应当在施工前委托原设计单位或者具有相应资质条件的设计单位提出设计方案；没有设计方案的，不得施工。”

为保障上述条款能够发挥引导农村建设活动的积极作用，按照《建设部关于加强村镇建设工程质量安全管理的若干意见》第二条第一项的要求，建议《条例》落实建设行政管理部门编制、修订、提供本行政区域农民自建住宅标准、通用设计图或标准设计图集的职责。可以考虑规定“县级建设行政管理部门应当组织编制并定期修订本行政区域农民自建住宅标准、通用设计图和标准设计图集，并由村建设规划管理派出机构负责公开，并无偿向当地农民提供指导服务。”

修订前《条例》第二十二条规定，“建筑设计应当贯彻适用、经济、安全和美观的原则，符合国家和地方有关节约资源、抗御灾害的规定，保持地方特色和民族风格，并注意与周围环境相协调。农村居民住宅设计应当符合紧凑、合理、卫生和安全的要求。”本次修订中应当结合十七大报告和有关政策，明确加入节能、环保、防火等方面的要求。

五、建筑工程的施工主体

《条例》第二十三条规定了农村建设活动主体资格的要求，“承担村庄、集镇规划区内建筑工程施工任务的单位，必须具有相应的施工资质等级证书或者资质审查证书，并按照规定的经营范围承担施工任务。在村庄、集镇规划区内从事建筑施工的个体工匠，除承担房屋修缮外，须按有关规定办理施工资质审批手续。”本着规范管理、责任明确的原则，建议此次条例修订过程中在农村建设主体问题上作出如下修订：

首先，建议将第二十三条的调整范围由规划区扩大至行政区。为了保证建设活动的规范有序和居民的生命财产安全，不能因为建设活动不在规划区内便排除对其的规范和调整。对于不在村庄、乡、镇规划区范围内进行的建设活动，虽然在不须经过规划许可，但仍须经过施工许可，同时还应当符合《条例》有关内容对建设主体资质和质量控制的要求。至于立法权限的问题，前面关于《条例》调整范围的部分已有论述，在此不赘。

其次，建立农民住房建筑工匠资格认证制度，大力推进农村建筑工匠队伍建设。建议《条例》修订过程中，吸收《建设部关于加强农民住房建设技术服务和管理的通知》第四项的规定，按照自愿参加、适当补贴的原则，加强农民住房建筑工匠的业务技术培训。对经考核符合条件的工匠个人，颁发农民住房建筑工匠资格证书。

再次，鼓励农村建设活动的规范进行，明确各建设主体的责任环节。建议《条例》引入《关于加强村镇建设工程质量安全管理的若干意见》中第五条第三项的内容，规定“设计、施工单位或建筑师、建造师、监理工程师分别对设计、施工质量和安全负责。由建设方自行组织施工的，由建设方对工程质量和施工安全负责。建设方应优先考虑选择具有工程技术职称的技术人员和经县级建设行政主管部门培训合格的建筑施工人员。”

最后，《条例》应当增加对装修、加层、扩建、拆除等建设活动主体资格和操作程序的要求，并明确相关责任人的法律责任。立法参考在于:《建筑法》第四十九条规定，“涉及建筑主体和承重结构变动的装修工程，建设主体应事先取得合格的设计法案，否则不得动工”；第五十条的规定，“房屋拆除应当由具备保证安全条件的建筑施工单位承担，由建筑施工单位负责人对安全负责。”《关于加强村镇建设工程质量安全管理的若干意见》中要求，“建制镇、集镇规划区内所有加层的扩建工程必须委托有资质的设计单位进行设计，并由有资质的施工单位承建。”

六、建筑工程的安全生产

关于建设活动安全生产管理的内容，《建筑法》第五章已经有了大量规定，建议在《条例》修订中在这一问题上采取一般性表述的原则，同时对不适用《建筑法》的农民自建低层住宅的活动，应当区分施工队伍和个体工匠做出不同的要求：对由施工单位组织施工的，应当明确规定安全生产的负责人，对生产过程参照《建筑法》进行监督管理；对由个体工匠承担的施工任务，可以暂时不予规定或者授权地方政府进行规定。

此外，《建筑法》第四十二条规定，“有下列情形之一的，建设单位应当按照国家有关规定办理申请批准手续：（一）须要临时占用规划批准范围以外场地的；（二）可能损坏道路、管线、电力、邮电通信等公共设施的；（三）须要临时停水、停电、中断道路交通的；（四）须要进行爆破作业的；（五）法律、法规规定须要办理报批手续的其他情形。”本次《条例》修订中，建议对《建筑法》第四十二条规定的具体审批手续和审批机关作出规定或指引。

七、建筑工程的施工许可

《建筑法》第七条规定，“建筑工程开工前，建设单位应当按照国家有关规定向工程所在地县级以上人民政府建设行政主管部门申请领取施工许可证；但是，国务院建设行政主管部门确定的限额以下的小型工程除外。”根据上述规定及其他有关法规、文件，建议对《条例》二十六条做出如下修改：

（一）施工许可证制度

《建筑法》第七条规定，建设工程开工前应当向工程所在地县级以上人民政府建设行政主管部门申请领取施工许可证，施工许可证的发放条件应当按照《建筑法》第八条的规定执行。因此，《条例》中应当做出相应修改，开工申请应当改为“施工许可证”，审批机关增加“工程所在地”字样

（二）施工许可范围

应当对申领施工许可证的建设工程范围做出明确规定，取消有关授权立法限额以下的小型工程无须申领施工许可证。根据《建筑法》第七条第二款规定，国务院建设行政主管部门确定的限额以下的小型工程，无须在开工前申领施工许可证。本条规定的“限额以下的小型工程”的准确含义，目前没有正式的解释，不过城乡规划和住房保障部在《关于加强村镇建设工程质量安全管理的若干意见》中使用的“限额以下建设工程”的概念，似乎可以引为参考。这里对“限额以下建设工程”概念的理解采严格主义，即认为其范围包括：居民自建两层以下住宅和投资额在30万以下且面积在300平方米以下的市政基础设施、生产性建筑。根据该《意见》第（五）条第一款的精神，限额以下建设工程只须在取得规划批准文件后，办理报建备案手续就可进行施工，无须申领施工许可证。

限额以上的建设工程必须申领施工许可证。按照严格主义，限额以上的建设工程包括：1. 居民自建两层（不含两层）以上住宅的建设活动；2. 投资额在30万元以上或者建筑面积在300平方米以上的市政基础设施、生产性建筑；3. 学校、幼儿园、卫生院及其他所有公共建筑的建设活动。对于这些建设工程，开工前应当向工程所在地县级以上人民政府建设行政主管部门（或其派出机构）申请领取施工许可证。

（三）制定相应罚则

参考《建筑法》六十四条的规定制定相应罚则。《建筑法》第六十四条规定，“未取得施工许可证或者开工报告未经批准擅自施工的，责

令改正，对不符合开工条件的责令停止施工，可以处以罚款。”建议《条例》规定类似的罚则，并明确处罚权的执法主体，比如规定“由县级主管部门派出机构责令停止施工，并可处以罚款。”

八、建筑工程的质量管理

（一）规划验收

建设单位组织竣工验收前应当进行规划核实、竣工验收后应向规划部门报送资料。《城乡规划法》第四十五条第一款规定，“县级以上地方人民政府城乡规划主管部门按照国务院规定对建设工程是否符合规划条件予以核实。未经核实或者经核实不符合规划条件的，建设单位不得组织竣工验收。”据此，《条例》第二十七条第二款中的“有关部门”应当改为“县级以上地方人民政府城乡规划主管部门”，“验收合格”应当是指“经核实建设工程符合规划条件”，并且“规划核实”是组织竣工验收的前置条件，“未经核实或者经核实不符合规划条件的，建设单位不得组织竣工验收。”

此外，《城乡规划法》第四十五条第二款规定，“建设单位应当在竣工验收后六个月内向城乡规划主管部门报送有关竣工验收资料。”第六十七条还规定了逾期报送的责任，“建设单位未在建设工程竣工验收后六个月内向城乡规划主管部门报送有关竣工验收资料的，由所在地城市、县人民政府城乡规划主管部门责令限期补报；逾期不补报的，处一万元以上五万元以下的罚款。”《条例》在此次修订过程中应当吸收以上规定。

（二）竣工验收

建设单位负责组织竣工验收，并应在竣工验收后及时向建设部门移送建设档案。《建设工程质量管理条例》第十六条规定，“建设单位收到建设工程竣工报告后，应当组织设计、施工、工程监理等有关单位进行竣工验收。建设工程竣工验收应当具备下列条件：（1）完成建设工程设计和合同约定的各项内容；（2）有完整的技术档案和施工管理资料；（3）有工程使用的主要建筑材料、建筑构配件和设备的进场试验报告；

(4) 有勘察、设计、施工、工程监理等单位分别签署的质量合格文件；(5) 有施工单位签署的工程保修书。建设工程经验收合格的，方可交付使用。”据此，《条例》修订中应当明确规定组织竣工验收的主体是建设单位，并列举或指示竣工验收须要具备的条件。

《建设工程质量管理条例》第十七条规定，“建设单位应当严格按照国家有关档案管理的规定，及时收集、整理建设项目各环节的文件资料，建立、健全建设项目档案，并在建设工程竣工验收后，及时向建设行政主管部门或者其他有关部门移交建设项目档案。”第四十九条规定，“建设单位应当自建设工程竣工验收合格之日起15日内，将建设工程竣工验收报告和规划、公安消防、环保等部门出具的认可文件或者准许使用文件报建设行政主管部门或者其他有关部门备案。”建议条例中统一规定，建设单位应当自工程竣工验收合格后指定期限内，将有关档案、文件移送并报县级政府有关部门备案。

(三) 质量管理

由于农村建设活动大部分适用于《建筑法》和《建设工程质量管理条例》的有关内容，因此建议《条例》修订中对于建筑质量方面的问题主要使用原则性、指引性的条款，但是对于其他法律、法规不作调整的农民自建低层住宅和临时性房屋建筑，应当单独规定质量保修和质量责任制度。建议参考上述法律、法规的内容，规定以下内容：

首先，农民自建低层住宅应当按照经过有资质的设计单位设计的图纸或采用通用设计、通用图纸进行施工，选择使用标准设计、通用图纸的，村镇建设工程管理服务机构或县级行政管理部门的派出机构应当负责提供。

其次，农村自建低层住宅的，施工方应对工程的施工质量负责。施工方必须按照工程设计图纸和施工技术标准施工，不得偷工减料。工程设计的修改由原设计单位负责，建筑施工企业不得擅自修改工程设计。在合理使用寿命内，必须确保地基基础工程和主体结构的质量。建筑工程竣工时，屋顶、墙面不得留有渗漏、开裂等质量缺陷；对已发现的质量缺陷，施工方应当修复。质量保修的范围和年限可以在条例中规定，也可以授权地方政府加以规定。

再次，住宅建筑竣工经验收合格后，方可交付使用；未经验收或者验收不合格的，不得交付使用。

最后明确规定县级以上地方人民政府建设行政主管部门及其派出机构负责对本行政区域内的建设工程质量实施监督管理。

九、公共设施管理和维护

在农村公共基础设施管理问题上，《条例》应当明确让各级政府在农村公共设施和公益事业建设和维护上的责任，努力解决农村公共服务基础相对短缺的问题，公共建设的一次性投入和长期维护的费用应当如何分配和承担，如何保证经济上可行，价格上合理，管理上落实？建议《条例》修订中可以考虑规定地方财政支出的优先级别，比如按照债务、基础设施、公共服务的顺序，每年前者投入未达一定比例之前不得进行后者的投入等等。

第四节 《条例》与《城市房地产管理法》的关系

由于我国目前的城乡二元体制，农村房地产管理和城市房地产管理之间存在较大差异，现行的《城市房地产管理法》并不适用于农村地区，其中的有关内容也并不直接构成《条例》修订的上位规范。《城市房地产管理法》的调整对象是城市房地产，具体包括城市房地产的开发、交易和登记和管理等几方面内容。《条例》规范的是农村地区的建设与规划活动，二者在调整对象上虽然没有交集，但是却存在着互为印鉴的关系。城市房地产开发和管理中的一些措施和办法，在依据农村地区的实际情况做出相应调整后，就可以形成切实有效的规定；但同时农村和城市二元结构带来的城乡差异却使得，更多的时候二者是一种互相对照的关系。在本次《条例》修订中，应当体现出国家农村土地使用权政策的新变化。在这一部分的内容里，笔者重点考虑的是十七届三中全会《中共中央关于推进农村改革发展若干重大问题的决定》的发布对农村房地产市场和管理可能产生的影响，主要的内容是结合本次《条例》修订的政策背景和中国农村集体土地使用权改革的发展方向，对农村的房地产管理做出一点前瞻性的思考。笔者并不打算在正在进行的改革中主张一种激进的态度，只是希望《条例》在修订过程中能够充分考虑到政策倾向和农村社会的发展须要，在这一基础上对某些问题的规范至少不要走向相反的方向。

一、十七届三中全会《决定》对农村建设管理产生的重大影响

随着中国土地制度的改革步伐加快，市场在土地资源配置中的基础性作用日益突出，农民在土地上的利益获得了更为充分的保障和更加多样的实现形式。十七届三中全会《决定》中提出了“城镇建设用地范围外，经批准占用农村集体土地建设非公益性项目，允许农民依法通过多种方式参与开发经营并保障农民合法权益”的要求，这意味着土地制度改革的重大突破。其意义在于，开创了农村集体土地上进行经营性房地产开发的先河，集体土地使用权无须通过征收这一中间环节就可直接进行有偿转让，农民集体可以直接享受集体土地在开发环节带来的增值收益。

二、《条例》修订与村镇房屋管理

由于我国实行“房随地走、房地一体”，现行法律法规对土地使用权流转的限制，同样也构成对宅基地上房地产交易的限制。从土地使用权的角度对房地产交易进行限制前文已经有所阐述，这里仅从不动产交易和利用的角度讨论一下对农村的房地产交易管理。主要包括房地产转让、房地产抵押以及房地产租赁三方面内容。而农村房屋分为三种情况，一是宅基地上的民宅，二是乡镇、村企业建设用地上的厂房，三是集体土地经征收变为国有土地后其上建立的房屋。这三种房屋在交易中存在很大的差别，须要区别对待。

（一）宅基地上的民宅

根据我国《土地管理法》第六十二条、六十三条规定以及国土资源

部2004年下发的《关于加强农村宅基地管理的意见》，宅基地只能转让给本集体经济组织成员。我国《物权法》第一百五十三条规定：宅基地使用权的取得、行使和转让，适用土地管理法等法律和国家有关规定。在土地管理法和国家相关规定未对宅基地使用权流转作出明确的放松规定时，农村宅基地上房屋的转让、抵押仍要受限。至于房屋租赁，《合同法》上的租赁合同同样适用于农房租赁，问题在于是否也应向城市房地产那样要求将合同向房产管理部门登记备案，笔者认为农村的房屋登记制度健全程度参差不齐，在这一问题上不宜做统一的强制性规定。

（二）经批准占用集体土地建设的非公益项目的不动产及其他构筑物

1. 对于乡镇、村企业建设用地上的厂房

根据《土地管理法》和《物权法》有关规定，乡镇、村企业建设用地上的厂房可以转让、抵押以及租赁。但应当注意此处设立抵押权与城市房屋设立抵押权的不同，即：乡镇、村企业的建设用地使用权不得单独抵押，只能在以厂房等建筑物抵押时将其占用范围内的建设用地使用权一并抵押。而且，在处理厂房的转让、抵押时，土地出让金有所区别：如果流转受让方属于以该集体组织投资为主设立的“乡镇企业”，那么其在受让厂房占用范围内的建设用地使用权时无须缴纳出让金。如果流转受让方不属于有权使用集体土地的“乡镇企业”，那么其在受让厂房占用范围内的建设用地使用权时——在《决定》发布以后，允许对集体土地直接进行经营性开发的基础上——应当向该农民集体按照土地出让程序补缴集体土地出让金。

2. 对于其他经批准占用集体土地建设的非公益项目

这一块内容，现行法律暂无规定。但是由于《决定》允许农民直接对集体土地进行经营性开发，那么其建设用地使用权的有偿取得就不存在障碍，在法律允许的范围内建设用地使用权的有偿流转也不应受到限制。因此，根据民法的一般原理，在农村房地产交易这一块，建议《条例》规定集体土地上建设的房屋及有关设施原则上作为不动产物权可以自由地进行处分，抵押或租赁。但如果房地产交易内容涉及变更已批准的土地用途，还应当取得原批准部门的同意，原批准部门未就变更后的土地用途做出批准前，不得改变原土地的用途。否则，有关项目负责人将承担相应的法律责任。

（三）集体土地经征收变为国有土地后其上建立的房屋

此类房屋虽然建设在农村，但其实质与城市房地产并无差别，应当参照适用《城市房地产管理法》中有关房屋转让、房屋抵押和房屋租赁的有关规定。

三、《条例》修订与村镇房屋登记制度

《物权法》第六条规定："不动产物权的设立、变动、转让和消灭，应当依照法律规定登记。"第九条规定："不动产物权的设立、变更、转让和消灭，经依法登记，发生效力；未经登记，不发生效力，但法律另有规定的除外。依法属于国家所有的自然资源，所有权可以不登记。"第十四条规定："不动产物权的设立、变动、转让和消灭，依照法律规定登记的，自记载于不动产登记簿时发生效力。"《物权法》第三十一条规定："依照本法第二十八条至第三十条规定享有不动产物权的，处分该物权时，依照法律规定须要办理登记的，未经登记，不发生物权效力。"第二十八条、第二十九条、第三十条规定的情形分别是公权导致物权变动、继承导致物权生效和事实行为导致物权变动。

根据上述规定，我国对房屋所有权的取得以登记生效为原则，不登记为例外，对于农村自建房屋，只有在交易时才以登记为要件。因此，农村集体土地范围内的房屋，若不发生流转，可以不进行登记。但是，《条例》还是应该明确房屋登记的办法，为集体土地范围内的房屋所有者提供登记的途径，以满足其保护产权的要求。须要指出的是，根据我国城乡二元社会的现状，《条例》不宜强制规定农村房屋均须进行登记（而且也没有这个权限）。因为，农村与城市人文环境存在很大的差别，农村较城市而言，基本上属于"熟人社会"，而且国家对于集体土地范围内的房屋所有权转让有存在较大的身份限制，房屋产权更容易让人知晓。房屋产权属虽须要公示，但是登记并不是公示的唯一方式，而且，根据《房屋登记办法》，登记须要缴费，如果对所有的农村房屋都进行

一刀切，须要进行登记，就会加大不必要的公示成本，而且在实践中不具有可操作性。

因此，对于登记的要求，《条例》无须突破也不可能突破现行《物权法》的规定，尤其是对于村民自建房屋，在不发生流转的情况下，不能强制要求登记，村民有选择是否登记的自由。但是，《条例》必须为如何进行登记“指出明路”，为集体土地范围内的房屋所有者提供产权保护的可能性和可行性。

（一）农村房屋登记与城市房屋登记的差异：二元登记模式

住房和城乡建设部的《房屋登记办法》第三章和第四章分别对国有土地范围内的房屋登记和集体土地范围内的房屋登记进行了规定，以彰显城市和农村两种类型的房屋登记之间的区别。两者的差异主要体现在房屋占用范围内的土地性质和住房所有者身份这两点上。登记制度上的这种差别基本符合我国土地管理的现状，因此《条例》在房屋登记上可以沿用《房屋登记办法》采用的农村城市二元模式，体现农村在房屋登记上的特点，与城市相区别。具体而言：

1. 房屋占用范围内的土地之性质不同导致初始登记时提交的材料不同

国有土地上范围内的初始登记须要提交建设用地使用权证明；而集体土地范围内的房屋登记须要提交宅基地使用权证明或者集体所有建设用地使用权证明。

2. 更为重要的区别体现在房屋所有者的身份之上

集体土地范围内的登记的房屋分为两类：一类是依法利用宅基地建造的村民住房；一类是依法利用其他集体所有建设用地建造的房屋。其中，除法律、法规另有规定之外，村民住房的所有人必须是房屋所在地农村集体经济组织成员。由于房屋所有者的身份受到限制，因此集体土地范围内的房屋登记必然有其自身的特点，主要体现在：

（1）初始登记时须提交有关证明。申请村民住房所有权初始登记的，还应当提交申请人属于房屋所在地农村集体经济组织成员的证明；农村集体经济组织申请房屋所有权初始登记的，还应当提交经村民会议同意或者由村民会议授权经村民代表会议同意的证明材料。

（2）所有权转移登记时须提交有关证明。必须提交申请人的身份证明。申请农村村民住房所有权转移登记，受让人不属于房屋所在地农村集体经济组织成员的，除法律、法规另有规定外，房屋登记机构应当不予办理。

（3）权利变动在集体组织范围内进行公告。办理村民住房所有权初始登记、农村集体经济组织所有房屋所有权初始登记，房屋登记机构受理登记申请后，应当将申请登记事项在房屋所在地农村集体经济组织内进行公告。经公告无异议或者异议不成立的，方可予以登记。此外，在补发集体土地范围内村民住房的房屋权属证书、登记证明前，房屋登记机构也应当就补发事项在房屋所在地农村集体经济组织内公告。

（二）《房屋登记办法》为《条例》留下的立法空间

虽然《条例》的级别为行政法规，比作为规章的《房屋登记办法》级别要高，可以对《房屋登记办法》进行变通，但是房屋登记只是《条例》的一部分内容，限于篇幅和立法成本考量，《条例》不宜对农村房屋登记另起炉灶，重新作出全面细致的规定。建议《条例》在涉及房屋登记时，可以采用“准用性规则＋特别规定”的立法模式。

1.“准用性规则”是指对村庄、集镇房屋的登记做准用性的规定

原《条例》第28条规定，“县级以上人民政府建设行政主管部门，应当加强对村庄、集镇房屋的产权、产籍的管理，依法保护房屋所有人对房屋的所有权。具体办法由国务院建设行政主管部门制定。”鉴于建设部已经颁布《房屋登记办法》，其中对集体土地范围内房屋登记做了具体和较为详细的规定，故现行《条例》中的“具体办法由国务院建设行政主管部门制定”也应当做相应的改变。建议将本条修改为：“县级以上人民政府建设行政主管部门，应当加强对村庄、集镇房屋的产权、产籍的管理，依法保护房屋所有人对房屋的所有权。具体办法依照国家相关规定。”

2.“特别规定”是指在其他法律法规授权或空白的地方根据农村实

际情况作出相关规定

比如，《房屋登记办法》中有两个条文为《条例》对农村房屋登记另行规定提供了立法空间：第八十二条规定，依法利用宅基地建造的村民住房和依法利用其他集体所有建设用地建造的房屋，可以依照本办法的规定申请房屋登记。法律、法规对集体土地范围内房屋登记另有规定的，从其规定。第八十七条规定，申请农村村民住房所有权转移登记，受让人不属于房屋所在地农村集体经济组织成员的，除法律、法规另有规定外，房屋登记机构应当不予办理。其中第八十七条给“小产权房”留下了立法空间，但是在实际未成熟时，《条例》可以不涉及。

四、《房地产管理法》中《条例》可借鉴的其他内容

（一）集体土地征收和房屋拆迁

《宪法》、《土地管理法》、《物权法》均认可为了公共利益可以进行征收。《城市房地产管理法》第六条规定，为了公共利益的须要，国家可以征收国有土地上单位和个人的房屋，并依法给予拆迁补偿，维护被征收人的合法权益；征收个人住宅的，还应当保障被征收人的居住条件。具体办法由国务院规定。现行《条例》对集体土地上房屋的拆迁问题没有涉及，实属立法漏洞。对此可借鉴《城市房地产管理法》的规定，即“为了公共利益的须要，国家可以征收集体土地上单位和个人的房屋，并依法给予拆迁补偿，维护被征收人的合法权益；征收个人住宅的，还应当保障被征收人的居住条件。具体办法由国务院规定。”

（二）税收优惠政策

《城市房地产管理法》第二十九条规定，国家采取税收等方面的优惠措施鼓励和扶持房地产开发企业开发建设居民住宅。对于农村的集中建房活动也可以考虑适用税收等优惠措施，建议《条例》修订中可对城市房地产管理法的第二十九条加以借鉴，在修改后的《条例》中做出相关规定。

五、十七届三中全会《决定》对村镇房屋管理的重大影响

我国现行法律、法规并未直接表述农村集体土地房地产开发这一概

念的含义，仅对城市房地产开发的含义作了规定。《城市房地产管理法》第二条规定，“在中华人民共和国城市规划区国有土地（以下简称国有土地）范围内取得房地产开发用地的土地使用权，从事房地产开发、房地产交易，实施房地产管理，应当遵守本法。本法所称房屋，是指土地上的房屋等建筑物及构筑物。本法所称房地产开发，是指在依据本法取得国有土地使用权的土地上进行基础设施、房屋建设的行为。”根据上述规定，可以看出，城市房地产开发的含义至少包含以下几个方面：（一）房地产开发的基础是城市规划区内的国有土地；（二）前提是已经取得前述国有土地的使用权；（三）内容是在已取得使用权的土地上进行基础设施、房屋建设；（四）以未来的有偿转让从中获利为目的。类似的，农村规划区集体土地的房地产开发，就是指开发商通过有偿取得集体土地使用权，在集体土地上进行基础设施和房屋建设，然后再从其建设成果的有偿转让中获利这样一种商品化的房地产开发模式。

那么，农村地区的集体土地是否有可能同城市规划区内的国有土地一样，进行商业性的房地产开发呢？在这一问题上，有关法律在其调整范围内采取的是绝对禁止的态度。《城市房地产管理法》第九条规定“城市规划区内的集体所有的土地，经依法征用转为国有土地后，该幅国有土地的使用权方可有偿出让”①，这就从土地使用权的来源上杜绝了集体土地进行商业性开发的可能。在《城市房地产管理法》的草案说明中亦明确表示，第九条的目的就在于禁止在集体土地上进行房地产开发，如果须要进行开发必须通过征收转变土地性质。通过限制土地使用权来限制集体土地上的房地产开发行为这一立法技术，在《土地管理法》体现得更为明显：该法第四十三条规定，建设活动原则上应当申请使用国有土地，但乡镇企业、村民住宅和乡（镇）村公共设施和公益事业建设等三类乡（镇）村建设无须转变土地性质，可以直接使用农民集

① 城市房地产管理法第九条使用的征用，在物权法颁布以后，严格地讲应该是土地征收，因为在征地过程过程中发生了所有权的移转。后文中除直接引用法条外，均使用征收这一概念，特此说明。

体所有土地，取得集体土地使用权。《土地管理法》第五十九条还规定上述集体土地使用权的取得一般为无偿，只须办理审批，无须缴纳土地出让金。从上述规定中可以看出，能够取得集体土地使用权的建设活动多带有公共福利性质，且其取得和转让均为无偿，法律不允许在集体土地上进行商业性开发行为。

随着农村经济的发展，部分有条件的地区资本和土地市场发展较快，已经初步具备进行市场化的条件。在这样的背景下，农民和农村的利益应当在集体土地开发环节得到体现。对此，《决定》中做了重要突破，规定“城镇建设用地范围外，经批准占用农村集体土地建设非公益性项目，允许农民依法通过多种方式参与开发经营并保障农民合法权益。”这一突破的意义在于，开创了农村集体土地上进行经营性房地产开发的先河，集体土地使用权无须通过征收这一中间环节就可直接进行有偿转让，农民集体可以直接享受集体土地在开发环节带来的增值收益。

与中央的《决定》精神相一致，最新的《土地管理法》（征求意见稿）中也新增了有关条款，专门规范“集体建设用地流转形式及其范围”。该条款规定，在城镇规划区范围外，农村集体建设用地使用权经所在地县级人民政府批准，可以出让、租赁、入股、作价出资等方式，用于非公益性项目；但对于在城镇规划区范围内的集体建设用地，只有在企业破产或被兼并时才能转让。这意味着，新《土地管理法》框架下，在城镇规划区以外，除了公益性项目以外，农民都可以自己享有使用权的“集体建设用地”参与开发经营，其土地使用权可出让，可租赁，可入股，也可作价出资。

《决定》允许集体土地直接进行经营性开发，必然带来伴随着开发之后的房地产交易行为。因此房地产登记制度必须抓紧落实。此外，由于我国实行房地一体流转的制度，因此房地产交易与土地使用权的流转也必然互相牵制。现行法律法规对土地使用权流转的限制同时也构成对房地产交易的限制，或者至少是房地产交易中无法绕过的问题。本次《条例》修订中应当对二者的关系做出协调。

第五节 《条例》与《土地管理法》的关系

1993 年 5 月 7 日国务院颁布的《条例》是与 1988 年修订的《土地管理法》相适应的。然而在《条例》通过之后的十几年里，《土地管理法》经历 1998 年和 2004 年的两次修改，于是出现了《条例》与现行的《土地管理法》不协调的局面。而党的十七届三中全会又确立了"统筹城乡，建设社会主义新农村，促进城乡一体化发展的政策"。于是推进农村规划建设体制改革，维护农民利益，促进城乡建设一体化发展成为村庄和集镇规划建设管理条例新的历史使命。因此，有必要从理论上明确土地管理法和村镇规划建设管理条例的关系，协调二者的相关规定，共同促进社会主义新农村建设。

一、立法目的

《土地管理法》与《条例》在立法目的上既有趋同性，也有差异性。《土地管理法》是法律，《条例》是行政法规。虽然二者的制定主体不同，表现形式有异，但二者都是广义上的行政法，都是为了实现国家管理社会的职能而制定的规范性文件。二者的立法目的都是以法律的形式规范国家的管理行为，使国家管理社会的行为有法可依，进而保障公民的合法权益。只不过一个侧重于土地用途管理，一个侧重于建设规划管理。尽管管理的领域不同，但二者在落实国家建设社会主义新农村的国家政策上是一致的。二者都是以规范性文件的形式将党的十七届三中全会确立的发展农村的政策确定下来，上升为法律，进而成为指导国家机关和人民行为的规范。使土地管理部门和建设规划部门在规范管理、维护社会整体利益的同时，更好地为人民服务。

虽然二者具有上述趋同性，但《土地管理法》第一条规定的立法目的是："加强土地管理，维护土地的社会主义公有制，保护、开发土地资源，合理利用土地，切实保护耕地，促进社会经济的可持续发展"。第四条规定："国家实行土地用途管理"。《条例》第一条规定条例的目的是："加强村庄、集镇的规划建设管理，改善村庄、集镇的生产、生活环境，促进农村经济和社会发展"。由该两条规定可以看出，二者的具体立法目的具有差异性，但由于村镇建设行为要使用土地，两个法在使用建设用地方面发生联系，两个法要从不同的层面对村镇建设中使用的土地通过规划进行管理，两个法在立法目的上因为合理利用建设用地发生关联。于是，可以将合理有效利用村镇建设用地加入条例之中，使之与土地管理法连接起来。

二、调整对象

村镇规划管理是集体建设用地使用的前置程序。实施最严格的土地管理制度，防止乱占集体土地，须以土地管理和城乡规划管理等各司其职、通力合作、严格管理、规范制度为前提和保障。土地部门负责确定哪块地可以开发建设，村镇规划建设部门负责确定到底建什么房子，建多少面积，多大容积率等具体开发强度。

尽管二者都是规范国家管理行为、维护人民利益的根据，但是二者的调整范围不尽相同。土地管理法专门调整土地的利用，负责确定那块土地可以用于开发建设，凡是涉及土地利用的，都要符合土地管理法确定的土地用途。而《条例》是调整村镇建设行为的，通过对建设规划的规范达到调整村镇建设行为的目的。然而，要实施建设行为就必须使用土地，因此《条例》也要涉及建设用地的规划。但是建设规划除了涉及用地规划外，还要涉及建筑设施的建造规划。于是，《土地管理法》与《条例》交叉的地方就在于建设用地的规划上。但是这两种规划又有区别。土地规划是高度抽象的，仅仅是土地用途规划。至于在某项用途之下土地怎样使用，就是其他规划的事情了。具体到村镇建设领域，《土地管理法》确定的村镇建设用地具体如何用于建设，就要由村镇规划决定了，村镇规划是集体建设用地使用的前置程序。于是，为了切实落实国家的土地管理制度，防止乱占集体土地，土地管理和村镇规划管理应当各司其职、通力合作、严格管理，共同规范集体土地上的建设行为。具体而言就是在涉及建设用地的使用时，条例应当规定村镇规划在与

《土地管理法》确定的土地用途相一致的前提下，可以根据实际情况确定如何具体使用建设用地进行建设，也就是确定具体可以建设什么，建设多大面积和以多大的容积率进行开发建设等问题。

三、效力等级

《土地管理法》是由全国人大常委会通过的法律，《条例》是国务院通过的行政法规。根据法律效力等级的一般理论和《立法法》第七十九条的规定，法律的效力高于行政法规。所以，《条例》与《土地管理法》在调整同一对象时，《条例》的规定应当与《土地管理法》的有关规定相一致。

同时，《土地管理法》和条例都是规范政府社会管理行为的规范性文件，尽管二者调整重点有所不同，但在涉及建设用地使用时，二者从不同层面、不同程度规范建设用地规划，规范建设用地的具体使用。由于《土地管理法》的效力等级高于《条例》，所以《条例》应当在符合《土地管理法》的前提下，具体化《土地管理法》的抽象规定、填补《土地管理法》的空白和漏洞。两个规范性文件共同调整村镇建设用地上的建设行为。一项村镇建设行为既要符合土地管理法设定的土地用途，又要符合村镇规划确定的使用方案。

四、制度关联

（一）规划区的设置

土地规划与村镇建设规划都是综合性行政规划，是依据相关法规的授权制定的，具有法律约束力，直接影响到人民的利益。所以，要严格遵循行政规划的一般理论，从制定程序上进行严格控制（比如在通过规划时引进听证程序），以防止规划制定主体滥用裁量权，侵害人民的利益。同时，还应赋予行政相对人有效的救济手段，以保证行政相对人的利益受到侵害时能够得到有效的补救。

《土地管理法》没有专门设定规划区，国土范围内的一切土地都要纳入《土地管理法》的调整范围，进行用途管理，这一做法有效地防止了规避土地用途管理的行为。而条例第二条明确规定：“在村庄、集镇规划区内进行居民住宅，乡镇村企业，乡镇村公共设施和公益事业等的建设，必须遵守本条例”。这就使在规划区外进行的建设是否要遵守条例产生疑问。同时，也使《土地管理法》确定的村镇建设用地，如果没有在村镇建设规划区内，具体如何用于建设无法明确。造成了《土地管理法》和《条例》的脱节。为了有效统一《土地管理法》和《条例》的适用范围，建议要么取消规划区的限制，要么将规划区划定为村镇一切建设用地之上，使得村镇建设用地上的所有建设行为都有法可依。

（二）村镇建设规划应当与土地利用规划相互协调

《土地管理法》第二十二条第二款规定：“城市总体规划、村庄和集镇规划，应当与土地利用总体规划相衔接，城市总体规划、村庄和集镇规划中建设用地规模不得超过土地利用总体规划确定的城市和村庄、集镇建设用地规模”。第二十条规定：“县级土地利用总体规划应当划分土地利用区，明确土地用途。乡镇土地利用总体规划应当划分土地利用区，根据土地使用条件，确定每一块土地的用途，并予以公告”。《条例》第十条规定：“村庄、集镇规划的编制，应当以县域规划、农业规划、土地利用总体规划为依据，并同有关部门的专业规划相协调”。上述规定有效地将《土地管理法》和条例衔接起来，明确规定村镇规划应当与土地利用总体规划相互协调。

（三）土地规划变更对建设规划的影响

《土地管理法》第二十六条规定：“经批准的土地利用总体规划的修改，须经原批准机关批准；未经批准，不得改变土地利用总体规划确定的土地用途”。根据该条规定，土地利用总体规划在批准的情况下是可以修改的。但是，土地利用总体规划修改后村镇建设规划应如何处理，《条例》没有作出规定。出于法律协调的考虑，建议《条例》修订时应当对这一问题作出规定。

（四）土地用途改变对村镇规划的影响

《土地管理法》第十二条规定：“依法变更土地权属和用途的，应当办理土地变更登记手续”。土地权属和用途是村镇建设规划制定的前提和基础，土地权属和用途的变更势必影响到已经制定的村镇建设规划。对于因土地权属和用途变更导致原村镇规划无法实施应如何处理，《条例》没有作出规定。出于法律协调的考虑，建议《条例》修订时应当对这一问题作出规定。

（五）土地规划期限

《土地管理法》第十条第二款规定：“土地利用总体规划的规划期限由国务院规定”。《土地管理法实施条例》第九条规定：“土地利用总体规划的规划期限一般为15年”。村镇建设规划应当与土地利用规划相协调，但是《条例》并没有明确村镇规划地期限。出于协调一致的考虑，建议《条例》修订时应当对村镇规划的期限作出明确规定。

（六）集体土地的使用主体

《土地管理法》第四十三条规定：“任何单位和个人进行建设，须要使用土地的，必须依法申请使用国有土地；但是兴办村镇企业和村民建设住宅经依法批准使用本集体经济组织农民集体所有的土地，或者乡镇村公共设施和公益事业建设经依法批准使用农民集体所有的土地的除外”。根据该条规定，只有村民建设住宅、兴办村镇企业、乡镇村公共设施和公益事业才能使用集体土地。而《条例》第十八条规定：“城镇非农业户口居民在村庄、集镇规划区内须要使用集体所有的土地建住宅的，应当经其所在单位或者居民委员会同意后，依照前款第（一）项规定的审批程序办理；回原籍村庄、集镇落户的职工、退伍军人和离休、退休干部以及回乡定居的华侨、港澳台同胞，在村庄、集镇规划区内须要使用集体所有的土地建住宅的，依照本条第一款第（一）项规定的审批程序办理。”根据该条规定，除了村民之外，城镇非农业户口居民，回原籍村庄、集镇落户的职工、退伍军人和离休、退休干部以及回乡定居的华侨、港澳台同胞都可以使用集体土地。这样的规定明显与《土地管理法》的规定相冲突，在修订时应加以协调。

（七）土地利用原则的统一

《条例》第九条第三款规定：“合理用地，节约用地，各项建设应当相对集中，充分利用原有建设用地，新建、扩建工程及住宅应当尽量不占用耕地和林地;”。此乃建立在十六年前对土地利用的理解基础之上所做的规定；而在《土地管理法》中，已经对土地利用的原则有了更符合现实、更明确的规定。《土地管理法》第三条规定：“十分珍惜、合理利用土地和切实保护耕地是我国的基本国策”；第四条规定：“……严格限制农用地转为建设用地，控制建设用地总量，对耕地实行特殊保护”。因此建议《条例》第九条第三款修改为：“珍惜、合理利用土地；严格限制农用地转为建设用地；提高土地利用率，控制建设用地总量；对耕地实行特殊保护”，这样可以更突出对保护耕地的重视以及提高建设用地利用率的要求。

（八）《条例》规定的农用地转用审批程序与《土地管理法》相关规定的协调

《土地管理法》第六十二条第三款规定：“农村村民住宅用地，经乡（镇）人民政府审核，由县级人民政府批准；其中，涉及占用农用地的，依照本法第四十四条的规定办理审批手续。”第四十四条规定：“在土地利用总体规划确定的城市和村庄、集镇建设用地规模范围内，为实施该规划而将农用地转为建设用地的，按土地利用年度计划分批次由原批准土地利用总体规划的机关批准”。第二十一条第四款规定：“本条第二款、第三款规定以外的土地利用总体规划，逐级上报省、自治区、直辖市人民政府批准；其中，乡（镇）土地利用总体规划可以由省级人民政府授权的设区的市、自治州人民政府批准。”因此，农村居民住宅用地，涉及农用地转用审批问题的，应报省、自治区、直辖市人民政府批准；其中，乡（镇）土地利用总体规划可以由省级人民政府授权的设区的市、自治州人民政府批准。

《条例》第十八条第一款规定：“须要使用耕地的，经乡级人民政府审核、县级人民政府建设行政主管部门审查同意并出具选址意见书后，方可依照《土地管理法》向县级人民政府土地管理部门申请用地，经县级人民政府批准后，由县级人民政府土地管理部门划拨土地”。这一规定与现行《土地管理法》的规定并不符，应当加以协调。

（九）乡镇企业和乡村公共事业、公益设施用地审批的协调

《土地管理法》第六十条规定："农村集体经济组织使用乡（镇）土地利用总体规划确定的建设用地兴办企业或者与其他单位、个人以土地使用权入股、联营等形式共同举办企业的，应当持有关批准文件，向县级以上地方人民政府土地行政主管部门提出申请，按照省、自治区、直辖市规定的批准权限，由县级以上地方人民政府批准；其中，涉及占用农用地的，依照本法第四十四条的规定办理审批手续。"而《条例》第十九条则规定："……建设单位方可依法向县级人民政府土地管理部门申请用地，经县级以上人民政府批准后，由土地管理部门划拨土地。"《土地管理法》中的"有关批准文件"，在村镇规划管理《条例》中仅体现为"选址意见书"，而无规定核发建筑用地规划许可证的要求，在现实中造成了混乱。在修改《条例》时，应对"有关批准文件"进行严格规定。同时，在审批程序上，《条例》的十九条应与《土地管理法》的规定保持一致。同理，《条例》第二十条应做同样的修改。

（十）因土地整理节约出土地的利用

2009 年中央 1 号文件中规定："农村建设用地和宅基地整理所节约的土地，要首先复垦为耕地，调剂为建设用地的，必须符合土地利用总体规划，纳入年度土地利用计划管理，优先用于农村公益事业建设。"充分合理地利用土地资源既是社会现实的须要，也是《土地管理法》的指导思想。中央在充分考察我国城市化进程之现实情况的基础上，结合珍惜、合理利用土地这一基本国策，提出了农村集体建设用地整理节约土地的利用方针。而《条例》作为专门调整农村具体建设行为的法规，在修改时应当对中央 1 号文件的上述精神加以反映。结合我国土地利用的现实状况、城乡一体化进程和城镇住房保障制度的实施状况。修订《条例》可以规定，农村建设用地和宅基地整理所节约的土地，优先适用于农村宅基地、公共设施、公益设施和乡镇企业等的建设。在保证村镇建设用地须求的前提下，将富裕的土地用于支援城市建设，解决城市建设用地紧缺问题，以实现国家的住房保障等公共政策，促进农村和城市的协调发展。

五、十七届三中全会《决定》对农村土地管理制度的重大影响

《决定》从制度层面上要求建立城乡统一的建设用地市场，规范农村建设用地管理，2009年中央1号文件也提出“集体用地有条件地进入市场”。集体用地在建设领域主要涉及集体建设用地和宅基地，而建设用地使用权和宅基地使用权是我国《物权法》明文规定的两种用益物权。但是《物权法》第一百四十三条规定：“建设用地使用权人有权将建设用地使用权转让、互换、出资、赠与或者抵押，但法律另有规定的除外”；第一百五十三条规定：“宅基地使用权的取得、行使和转让，适用土地管理法等法律和国家有关规定”。这两个法律条文中都存在授权性规范，将建设用地使用权和宅基地使用权能否最终流转，交由其他法律规定。而能够对土地用途进行管理，决定农村建设用地能否流转的其他法律主要指《土地管理法》和《条例》。而现行《土地管理法》第六十三条规定：“农民集体所有的土地的使用权不得出让、转让或者出租用于非农业建设；但是，符合土地利用总体规划并依法取得建设用地的企业，因破产、兼并等情形致使土地使用权依法发生转移的除外”。但《条例》第十八条第二款、第三款规定：“城镇非农业户口居民在村庄、集镇规划区内须要使用集体所有的土地建住宅的，应当经其所在单位或者居民委员会同意后，依照前款第（一）项规定的审批程序办理；回原籍村庄、集镇落户的职工、退伍军人和离休、退休干部以及回乡定居的华侨、港澳台同胞，在村庄、集镇规划区内须要使用集体所有的土地建住宅的，依照本条第一款第（一）项规定的审批程序办理。”允许城镇非农业户口居民、回原籍村庄、集镇落户的职工、退伍军人和离休、退休干部以及回乡定居的华侨、港澳台同胞在履行一定程序的条件下适用农村集体土地进行建设。结合现行中央关于农村集体土地流转的精神，农村集体用地应当有条件进入市场，以建立统一的建设用地市场。而这一中央精神与国家政策的落实就要通过《土地管理法》和《条例》关于集体建设用地流转的规定加以落实。

因此，结合修改《土地管理法》和《条例》的契机，同时考虑

《土地管理法》和《条例》在规范农村集体建设用地使用方面相互协调、各司其职的角度考虑，并借鉴《城乡规划法》第三十五、三十八、三十九条等关于国有土地出让、转让之规定的立法经验，在明确村镇规划作为农村建设用地使用前置程序这一前提下，在修改《条例》时，村镇规划应明确村镇建设用地的具体用途，并将集体建设用地纳入村镇规划作为农村集体建设用地出让的前提条件，将村镇规划条件纳入农村集体建设用地出让合同的内容，以充分落实中央精神和国家政策。

《决定》提出的允许直接使用集体土地进行非公益性项目开发，这一改革要求给现有的集体土地使用权制度带来了极大的冲击和挑战，在集体建设用地使用权取得的问题上产生了两方面的影响：一是，可以直接使用集体土地进行建设的项目范围不再限于宅基地建宅、乡镇企业建设和乡村基础设施和公益事业建设，而是扩大到所有“经批准占用集体土地的非公益项目”；二是，土地强制征收的范围限缩，对于非公益性项目的建设不再强制征收集体土地，将集体建设用地的配置留待市场解决。体现在本次《条例》的修订过程中，就是须要对以下相关的问题做出配套规定[①]：

（一）集体建设用地使用权的有偿取得[②]

房地产开发是一种商业行为，其目的是为了从最终的出售或出租行为中获取收益。因此，进行房地产开发必然包含着建设用地使用权的有偿取得和流转。十七大的《决定》中放开了集体土地经营性开发的口子，其带来的影响就是须要有关的法律法规对集体建设用地使用权的有偿取得作出规定，明确其权利主体、流转方式、审批机关及资金使用等一系列问题，否则经营性房地产开发就无从谈起。

---

① 这里仅是对下列问题做以宏观表述，具体分析将在后文中展开。

② 我国实行土地用途管制制度，按照土地利用总体规划土地用途被分为三类，即农用地、建设用地和未利用地。这里讨论的集体土地使用权，主要是指使用集体土地进行乡镇企业、农民住宅、公益事业和基础设施及其他建设活动时所涉及的“建设用地使用权”，不包括利用农用地时产生的农地承包经营权。须要指出的是，虽然宅基地在我国被单独调整，但其性质上应当属于建设用地的范围，因此文中使用“集体建设用地使用权”的概念，一般均包含宅基地使用权。

1. 现有集体土地上建设用地使用权的取得条件

首先，从土地的范围上看，在农民集体土地上进行非农业建设，应当符合国家有关产业政策及当地土地利用总体规划、城市规划或村庄规划。涉及农用地转为建设用地的，应当落实土地利用年度计划的农用地转用指标。简而言之，只有在符合土地用途规划和建设规划、已被划定为建设用地的土地之上，方可设立集体建设用地使用权。

其次，从土地的用途上看，使用集体土地进行建设活动还必须符合法律规定的用途。《土地管理法》第四十三条规定原则上建设项目必须使用国有土地，但是有三种建设活动可以直接使用集体土地，即：(1) 乡镇企业建设；(2) 公共设施或公益事业建设；(3) 村民住宅建设。《土地管理法》第五十九条还规定上述集体土地使用权的取得一般为无偿，只须办理审批，无须缴纳土地出让金。

最后，从取得方式上看，除上述三类乡（镇）村建设项目外，建设项目须要占用集体土地的，必须通过土地征收改变土地性质为国家所有之后才能够取得建设用地使用权。

2. 明确“非公益建设项目”的含义

《决定》中使用的“非公益建设项目”这一概念的含义比较模糊，其外延至少包括乡镇企业建设和其他经营性项目的建设，但是否包括宅基地上的居民住宅建设可能有所争议。有的观点认为：(1) 宅基地的申领均为无偿，其取得带有明显的公共福利色彩，因此应当属于公益性建设项目；(2) 为了将土地上的利益留在集体内部，保证农村居者有其屋，宅基地上不能进行商品房建设，宅基地的使用和流转仅限在集体组织成员内部进行。这一问题上，笔者持相反观点，宅基地上的村民住宅建设活动应当属于此处所说的“非公益性项目”，在保留土地和不动产转让环节的限制的同时，不妨允许对宅基地的集中开发和宅基地使用权的区分所有，具体理由如下：

首先，宅基地上建设农民住宅的活动并不具有公益性。在宅基地上建设居民住宅，其目的是为了供居民自己居住使用，并非为了供公共使用。房屋所有权体现的是所有者个人的私益，并非公共利益。因此，宅基地上建设住宅不属于公益性建设。

其次，宅基地使用权的无偿取得并不意味着其公益性。宅基地使用权在《物权法》中加以调整，其本质是一种私权。宅基地所利用的土地本来是归农民集体所有，而农民集体是由单个农民的集合所组成，所以农民（作为一个集体）本来就享有宅基地的所有权。农民（以户为单位）取得宅基地使用权的行为与其说是宅基地使用权在不同主体之间进行流转，倒不如说是一个权利主体和标的特定化的过程。在这一过程中，宅基地使用权的权利主体由农民集体特定化为具体的农民，权利标的由抽象的集体土地特定化为四至明确的具体土地。既然宅基地使用权的取得不过是农民本来就享有的利益的具体化和特定化，并不涉及利益的转让，因此其无偿是必然的，这一过程不具有公益性也不存在更多的福利。

再次，对宅基地使用权流转的限制不应构成对宅基地利用形式的限制，建议允许宅基地使用权的区分所有和在宅基地上集中建设居民住宅的行为。事实上，对宅基地使用权流转的限制与对宅基地利用形式的限制是两个问题，不应加以混淆。为了达到保证居者有其屋，防止城市资金和项目侵占农村土地的目的，完全可以在流转环节对房屋及宅基地使用权的申请人和受让人的资格进行限制，而没有必要在开发环节直接堵死。事实上，在有条件特别是城市化发展较快、基础设施建设较好的地区，依据自愿原则允许农村宅基地使用权进行区分所有，能够更加有效地利用集体土地：一方面，建设多层住宅，实行宅基地的区分所有，能够满足农民集中居住和享受更好的公共服务的须要，提高农村居住质量；另一方面，节约出来的本来用作宅基地的土地，可以进行土地置换，用来从事公益性建设及其他有利于地区发展的建设，缓解本来就紧张建设用地指标。

最后，应当区别对待商业性开发行为和非商业性开发行为，将宅基地建宅划入“非公益项目”的目的是为了给农民集资建宅留下活动空间。对于商业性开发行为，如果允许房地产开发商在集体土地上集中开发商品房住宅小区进行商品房出售，在后果上将有侵占集体土地的嫌疑。因为受利益驱动，开发商总是倾向于将房屋出售给有着较高支付能力的城市居民或其他集体组织以外的人，而现有的监管手段主要集中在登记环节，如果集体成员以外的受让人不进行房屋流转，似乎就存在不受监管的可能。但是，如果是农民自愿的基础上由集体出面组织集资建房呢？这样的行为能够保障初次分配时利益仍然留在农村，具有一定的合理性。事实上，《决定》在措辞上使用“非公益性项目”而没有使用“经营性项目”，就是在禁止（经营性）商品房开发的同时，为在宅基地上（非公益性）集资建房保留了一定的发展空间。这一部分具体的开发模式和配套的监管制度，将在本课题“开发模式”部分进行展开。

3. 建议对使用集体土地进行非公益项目的审批要求作出原则规定

尽管集体土地经营性开发的口子已经放开，但其改革步伐在开始的时候却不宜迈得太大。我国目前农村金融市场尚未完全建立，农民利用自有资金从事地区开发尚存在许多困难，如果一下子完全开放农村房地产市场，将会使得城市优势资金和项目大量涌入，使得对集体土地的利用无法体现农民和农村的利益，农村建设成为城市的附庸，不利于农村地区的长远发展；另外，农村地区房屋产权登记、管理制度尚未完善，不像城市房地产市场那样具备相应的制度环境，贸然进行农村房地产的交易只会带来更多的争议和问题。

因此，考虑到农村地区的经济和发展情况，在改革伊始必须对开发建设项目的种类和内容进行控制，这种控制主要体现在项目的批准环节，具体而言对于批准通过的非公益建设项目应当做出如下两方面的要求：一方面，批准的建设项目应当有利于提高当地农民生活水平，促进农村经济发展，比如各种工厂、商业区、文化活动场所等；另一方面，严格控制城市用地向农村的扩张，避免农村建设附庸化，不得利用农村集体土地建设商品住宅、高尔夫球场及其他违反国家产业政策和土地供应政策等法律法规规定的项目。

（二）集体建设用地使用权的流转

1. 现行集体土地使用权流转的法律框架

《城市房地产管理法》第九条规定，“城市规划区内的集体所有的土地，经依法征用转为国有土地后，该幅国有土地的使用权方可有偿出让。”对于农村规划区内的集体土地使用权，其流转是否必须经过征收、改变性质这一步骤呢？事实上，是否必须经过征收，须要取决于流转的对象是否符合法律对集体土地使用权主体的限制。《土地管理法》第六十三条对集体土地使用权的流转做了原则规定：“农民集体所有的土地的使用权不得出让、转让或者出租用于非农业建设；但是，符合土地利用总体规划并依法取得建设用地的企业，因破产、兼并等情形致使土地使用权依法发生转移的除外。”同时，《土地管理法》第四十三条又规定只有乡镇企业可以直接使用集体土地。因此，如果六十三条中继受取得土地使用权的企业不属于主要由本集体经济组织投资设立的企业（即“乡镇企业”），则该企业不能直接取得集体土地使用权，必须办理国家土地征收和国有土地出让的有关手续，将土地性质变为国有后才能取得土地使用权。综上所述，在现有法律框架内，集体土地使用权原则上不得进行流转，例外时允许其在集体组织内部无偿流转。当发生外部主体可能取得土地使用权的情况，集体土地使用权必须经过征收，变其性质为国有土地后才能流转至集体组织外部，此时通常须要支付土地出让金。

2.《决定》发布后集体土地使用权流转制度的新突破

我国目前的农村集体土地使用权流转模式使得农民作为集体土地的所有者，无法充分享受土地流转中带来的增值收益。对此，《决定》中就农村集体土地使用权的取得与流转这一问题做了突破性的调整，规定“城镇建设用地范围外，经批准占用农村集体土地建设非公益性项目，允许农民依法通过多种方式参与开发经营并保障农民合法权益。”“对依法取得的农村集体经营性建设用地，必须通过统一有形的土地市场、以公开规范的方式转让土地使用权，在符合规划的前提下与国有土地享有平等权益。”《决定》要求：第一，允许符合条件的集体建设用地使用权直接进行有偿转让，进而将特定土地在流转中产生的价值增值直接分配给农民；第二，对集体经营性建设用地使用权的流转做了规定，强调其必须通过统一有形的土地市场以公开方式进行转让。对于后一要求，建议《条例》修订中按照《决定》的精神仅做原则性表述，具体制度留待日后经过深入研究和实践后再加以规定，本次修订的重点应当是对集体建设用地使用权的流转作出调整，具体建议如下：

关于农村宅基地使用权流转方面。由于宅基地关乎农民切身利益和社会稳定，因此宅基地使用权单独作为一种类型加以规范。宅基地使用权的取得不须经过征收，一般均为无偿；宅基地使用权虽然可以流转，但一般不允许转让给集体组织成员以外的人，并且按照一户一个宅基地的原则，一旦转让即不得再次申领。宅基地不得进行商品房开发，但可以允许村民在自愿基础上集资建房，房屋建成后由村民取得房屋的区分所有权并由此形成宅基地的立体利用。节约出来的本来应用做宅基地的集体土地可以考虑优先复垦为耕地、其次可以用来进行基础设施和公益性事业，如果须要置换为经营性建设用地的必须进行审批控制，审批机关可以考虑设置在市、县一级。

关于非公益性集体建设用地使用权进入市场后带来的新问题。经营性集体建设用地使用权进入房地产市场流转，是前所未有的新事物，在其流转程序和利益分配上存在很多立法空白，本次《条例》修订过程中可以考虑对其中已经具有一定现实基础和可操作性的内容作出指导性的规定，具体而言包括以下几个方面：

（1）审批机关和条件。《决定》只规定了占用集体土地进行非公益项目开发建设须要经过批准，却没有规定审批机关和条件，综合考虑各级政府的职能，建议将项目批准权设置在县、市一级较为妥当，同时鉴于改革伊始操作尺度上可能不够合理，建议规定项目的审批意见还应当报省级政府有关部门备案。批准的条件应当以符合土地利用总体规划、农村建设规划，并有利于农村地区经济社会发展、充分体现农民利益为限。同时可以考虑在批准过程中加入村民会议多数同意这一环节，以便更好地体现农民集体的具体利益。

（2）执行机构和对土地使用权出让行为的监督。经营性集体建设用地使用权出让时，出让人是农民集体自无疑问，但是谁来代表集体进行具体的出让操作呢？由于涉及执行机构是否能够以符合集体利益的方式进行出让行为，这一代表机构的选任就十分重要。在这一问题上，能够代表集体行使所有权的机构，自然能够代表集体进行土地使用权的出让，《物权法》第六十条和《土地管理法》第十条就规定了不同情况下集体土地所有权的行使主体：农民集体所有的土地依法属于村农民集体所有的，由村集体经济组织或者村民委员会代表集体行使所有权；已经分别属于村内两个以上农村集体经济组织的农民集体所有的，由村内各该农村集体经济组织或者村民小组代表集体行使所有权；属于乡（镇）农民集体所有的，由乡（镇）农村集体经济组织代表集体行使所有权。因此《条例》修订中应当按照《城市房地产管理法》第十五条的形式，规定土地使用权出让应当使用书面形式，土地使用权出让合同应当由有权代表农村集体行使所有权的组织、机构同土地使用人签订。同时，为了避免村民自治机关的独断专行，在有关机构在执行土地使用权出让事务时侵犯集体或其成员合法权益时，应当赋予集体成员必要的救济权。一方面，可以考虑参照《物权法》第六十三条，规定在集体成员合法权益受到侵犯时，受侵害的集体成员可以请求法院撤销有关行为；另一方面，可以考虑规定在集体利益受到侵犯时，任何集体成员可以以集体的名义提起代表诉讼。

（3）出让方式及土地出让金使用。《城市房地产管理法》第十三条规定，“土地使用权出让，可以采取拍卖、招标或者双方协议的方式。商业、旅游、娱乐和豪华住宅用地，有条件的，必须采取拍卖、招标方式；没有条件，不能采取拍卖、招标方式的，可以采取双方协议的方式。采取双方协议方式出让土地使用权的出让金不得低于按国家规定所确定的最低价。”和城市中的房地产开发行为相比，开发使用集体土地的时候更应当保证农民的利益在开发活动中得到充分体现，因此对经营性集体建设用地使用权出让方式应当更加严格，建议《条例》修订中规定“经营性集体建设用地使用权的出让，有条件的，必须采取拍卖、招标方式；没有条件，不能采取拍卖、招标方式的，可以采取双方协议的方式。采取双方协议方式出让土地使用权的出让金不得低于按国家规定所确定的最低价。”同时，对于有偿出让土地获得的土地出让金，其用途也应当受到《条例》调整，以防止政府或个人从中寻租、侵蚀农民集体利益。《城市房地产管理法》第十九条规定，城市房地产开发中取得的“土地使用权出让金应当全部上缴财政，列入预算，用于城市基础设施建设和土地开发。土地使用权出让金上缴和使用的具体办法由国务院规定。”对于占用农村集体土地进行非公益性项目的，农民集体出让集体土地使用权取得的土地出让金也应当列入上级财政预算，并作为专项拨款专门用于农村基础设施和公益性项目的建设。有关款项使用应当受集体成员和审计部门的监督。

（4）其他问题。对于非公益性集体土地使用权出让的最高期限、变更土地用途、权利终止和收回以及权利续期等问题，基本可以参照《城市房地产管理法》第十五条到第二十二条的有关规定作出调整。

（三）缩小征地范围，划定政府征地权的边界

《决定》发布后制定的《土地管理法》（征求意见稿）第六十八条明确规定了国家强制征收土地的范围，本次《条例》修订过程中可以考虑借鉴该意见稿中的相关规定，即：“为了公共利益的须要，进行下列建设，须要使用集体所有土地的，依法征收为国有：(1) 在土地利用总体规划确定的城镇建设用地范围内，国家实施城市规划进行建设；(2) 在土地利用总体规划确定的城镇建设用地范围外进行基础设施、公共管理和服务设施、军事设施等公益性项目建设。”同时，“公益性项目用地目录另行制定。”

在征收与土地利用的关系上，须要明确的是，法律未列举可以征收集体土地的项目建设绝对不得进行征收；法律列举为可以征收集体土地的建设项目，也不是必须征收，而是仅在公共利益须要时才可以进行征收。这里，公益性建设用地继续保留征收手段，是由于考虑到公益性项目的非盈利性质，在公共利益须要时，在土地使用权取得的环节由政府出面进行征收，可以适当降低门槛、减少阻力、鼓励地区发展。另外须要指出的一点是，“征求意见稿”第六十八条最后一款指出：“对在土地利用总体规划确定的城镇建设用地范围外，为了公共利益的须要进行

非公益性项目建设须要征收土地的，依法定程序由国务院或者省、自治区、直辖市人民政府批准。”该条款事实上是在承认，非公益性项目建设可能是为了公共利益须要。这究竟指的何种情况，哪些项目，应该明确列举。否则该条款一旦通过，容易给地方政府借机扩大征地权提供便利，对农民土地权利保护极为不利。

（四）国家强制征收集体土地范围的限缩调整

根据现行《土地管理法》的规定，除三类乡（镇）村建设项目外，建设项目必须使用国有土地。对于须要占用集体土地的，必须通过土地征收改变土地性质为国家所有之后才能够取得建设用地使用权。但是，随着《决定》的发布，非公益性项目已经可以直接取得集体建设用地使用权，此时就须要对现有的土地征收的范围进行调整，对于非公益性项目不得强行征收集体土地。这样，通过保障经营性项目集体土地使用权的有偿出让，就可以将土地开发中产生的增值利润更多地留给农民，在一定程度上也能够避免开发商通过土地征收攫取集体土地的价值。

第六节　《条例》与《物权法》的关系

作为一部旨在改善农村生产、生活环境，促进农村经济和社会发展的行政法规，《条例》修订中最基本的问题在于修订的理念。根据《决定》，此次修订必须以稳定和完善农村基本经营制度和健全严格规范的农村土地管理制度为前提，而且要“始终把实现好、维护好、发展好广大农民根本利益作为农村一切工作的出发点和落脚点”，因此管制和自治的平衡是修订理念和核心。在法律法规制度方面，要求修订工作立足于既有上位法已确立的基本框架，以实现农民利益为出发点确立管制和自治的范围与方式。同时，这也是分析《条例》修订与《物权法》及其他相关法律法规之间关系的基础。

《物权法》属于民事基本法律，根据《立法法》第七条第二款的规定，由全国人民代表大会制定。《条例》属于行政法规，根据《立法法》第五十六条规定，由国务院制定。就法律性质而言，《物权法》属于私法，旨在调整平等主体之间的物权法律关系；《条例》隶属行政法律法规体系，属于公法，调整的是行政主体和行政相对人之间的法律关系。虽然二者的制定机关和法律性质迥然不同，但由于《条例》中规划方案涉及农民利益的自主表达，会触及农民的财产权益，《物权法》的规范并非与其截然无关。此外，由于《物权法》涉及土地、建筑物等不动产物权，所以在制定规范村庄和乡镇建设用地规划建设的《条例》时，必然会面临二者的协调问题。

从宏观上看，最重要的当属《物权法》所确立的价值理念对于《条例》的影响。毋庸置疑，《物权法》作为财产基本法，在平等保护不同主体的财产权利和私权保障具体化方面具有重要意义。《物权法》第三条第三款规定："国家实行社会主义市场经济，保障一切市场主体的平等法律地位和发展权利。"第四条规定："国家、集体、私人的物权和其他权利人的物权受法律保护，任何单位和个人不得侵犯。"比如对土地承包经营权的保障、土地使用权费用支付、宅基地使用权的保护以及防止滥用征收、征用手段侵害合法财产权利人利益方面，《物权法》都提供了更为具体的手段和措施。《物权法》这一平等保护财产利益的价值立场是《条例》修订时须要着重考虑的。因为无论是《条例》的制定阶段、实施阶段还是具体的管理环节中，都会触及集体和农民一些重要财产权益。可以说，从保护农民利益的角度看，《物权法》所确立的价值立场也是《条例》修订时必须遵循的。下面就《物权法》与《条例》的一些关联制度之间的协调问题进行整理：

一、相邻关系的处理

《物权法》第七章相邻关系也就此作出了规定："不动产的相邻权利人应当按照有利生产、方便生活、团结互助、公平合理的原则，正确处理相邻关系。""法律、法规对处理相邻关系有规定，依照其规定；法律、法规没有规定的，可以按照当地情况。"

在村庄和集镇规划建设方面，《条例》确立了有利生产，方便生活，合理安排住宅的规划编制原则。该原则与《物权法》的规定理念相同。因此，在规划编制过程中，应当考虑公平合理的相邻关系；如果相邻不动产权利人之间因此产生纠纷，可以依《物权法》的规定寻求法律救济。对此，《条例》不妨可以作指引性规范。

二、产权产籍登记

在产权产籍登记方面，《物权法》和《条例》均认同规范和完善产权产籍登记的必要性。《物权法》第十六条规定："不动产登记簿是物权归属和内容的根据。不动产登记簿由登记机构管理。"此外，《物权法》就土地承包经营权、建设用地使用权、宅基地使用权和地役权的登记问题作了相应规定。《条例》第二十八条规定："县级以上人民政府建设行政主管部门，应当加强对村庄、集镇房屋的产权、产籍的管理，依法保护房屋所有人对房屋的所有权。具体办法由国务院建设行政主管部门制定。"

须要注意的是，《物权法》第一百三十五条规定建设用地使用权是权利人依法对"国家所有的土地享有占有、使用和收益的权利，有权利用该土地建造建筑物、构筑物及其附属设施"，第一百五十一条规定"集体所有的土地作为建设用地的，应当依照土地管理法等法律规定办理"。该两条规定的本意旨在说明《物权法》有关建设用地使用权的规定并不适用于《条例》适用范围中十分重要的农村集体所有建设用地使用权问题。而根据中央决定的要求，"逐步建立城乡统一的建设用地市场，对依法取得的农村集体经营性建设用地，必须通过统一有形的土地市场、以公开规范的方式转让土地使用权，在符合规划的前提下与国有土地享有平等权益"是健全严格规范的农村土地管理制度的一个重要部分。因此，集体建设用地使用权问题的产权产籍管理问题，是《条例》修订应予关注的方面。

依《物权法》第十条第二款规定的"国家对不动产实行统一登记制度。统一登记的范围、登记机构和登记办法，由法律、行政法规规定"，村庄和乡镇的宅基地使用权登记，以及宅基地上房屋的所有权登记应当纳入将来统一的登记制度中，建议在《条例》中不要详细规定对村庄和乡镇宅基地的使用权登记和宅基地上房屋的所有权登记，但可以进行原则性规定，具体办法留待统一的《不动产登记法》进行具体规定。

农村的房屋权属登记，主要是集体土地范围内房屋权属的登记，包括村民个体所有的住房和农村集体经济组织所有的房屋。农村房屋权属登记与城市房屋权属登记既有共性，也有差异。

两者的共性体现在价值层面和制度层面。就登记的价值而言，都是为了实现私人或集体组织财产权的保护，完善房屋产权管理进而促进交易安全，有助于制定宏观调控政策。在制度层面，除了前述《物权法》的相关规定，根据2008年7月1日施行的《房屋登记办法》，不管是农村房屋还是城市房屋，权属登记均须依照第二章“一般规定”进行；此外，依第九十条的规定，在办理集体土地范围内房屋地役权登记、预告登记、更正登记、异议登记时，可以参照国有土地范围内房屋登记的有关规定。

两者的差异性同样存在于价值层面和制度层面。价值层面，除了前述的共同制度目的，由于目前我国大部分农村房屋建设管理相对滞后、农村违法占地和违法建房放任自流、农村房屋产权管理不到位，不仅造成了许多农村房屋买卖的产权纠纷，而且增加了农村房屋拆迁的成本，引发了补偿安置费因权属不明被冒领、补偿数额因房屋面积无法判断而难以确定等问题。因此，农村房屋权属登记制度的确立具有更为具体的意义。在制度层面，《房屋登记办法》第四章针对集体土地范围内的房屋登记作出了一系列规定。农村集体经济组织所有并用于房屋建设的土地，包括宅基地和建设用地。除了必要的申请程序和提交相关材料外，第八十三条第二款、第三款规定：“申请村民住房所有权初始登记的，还应当提交申请人属于房屋所在地农村集体经济组织成员的证明。农村集体经济组织申请房屋所有权初始登记的，还应当提交经村民会议同意或者由村民会议授权经村民代表会议同意的证明。”结合第二十七条和第八十四条的规定还可以看出，集体土地范围内的房屋登记，涉及公告程序，即登记机构受理房屋所有权登记申请后，应将申请登记事项在房屋所在地农村集体经济组织内公告，经公告无异议或异议不成立，方可予以登记；村民住房权属证书遗失、灭失的，登记机构在补发前也必须就补发事项在房屋所在地集体组织内公告。此外，第八十六条第二款规定，申请村民住房所有权转移登记的，除了须提交第一款列明的材料，还应当提交农村集体经济组织同意转移的材料；集体组织申请房屋所有权转移登记，则还须提交经村民会议同意或者由村民会议授权经村民代表会议同意的证明材料。

基于以上差异性，笔者认为，农村集体土地范围内的房屋产权登记管理，在制度构建上仍有待进一步完善，必须继续按照同一平台、预留接口、独立编码、分类登记、共同指导的原则协调农村房屋产权登记管理工作，推进农村房屋登记发证工作，以保护农民财产权益，完善农村房屋产权管理，促进农村房产交易安全有序的发展。

三、规划方案实施中的征收问题

规划方案的实施，必然涉及征收集体和农民不动产的问题。《决定》指出："改革征地制度，严格界定公益性和经营性建设用地，逐步缩小征地范围，完善征地补偿机制。依法征收农村集体土地，按照同地同价原则及时足额给农村集体组织和农民合理补偿，解决好被征地农民就业、住房、社会保障。"《物权法》第四十二条对此也作出明确规定："为了公共利益的须要，依照法律规定的权限和程序可以征收集体所有的土地和单位、个人的房屋及其他不动产。征收集体所有的土地，应当依法足额支付土地补偿费、安置补助费、地上附着物和青苗的补偿费等费用，安排被征地农民的社会保障费用，保障被征地农民的生活，维护被征地农民的合法权益。征收单位、个人的房屋及其他不动产，应当依法给予拆迁补偿，维护被征收人的合法权益；征收个人住宅的，还应当保障被征收人的居住条件。任何单位和个人不得贪污、挪用、私分、截留、拖欠征收补偿费等费用。"第一百二十一条规定："因不动产或者动产被征收、征用致使用益物权消灭或者影响用益物权行使的，用益物权人有权依照本法第四十二条、第四十四条的规定获得相应补偿。"此外相关规定还有《物权法》第四十三条、第四十四条。

因此，《条例》修订的过程必然面对以下几个问题：（一）公共利益的界定问题，这涉及征收的正当性基础；（二）各种补偿费的标准和支付程序；（三）规划方案中对个人住宅被征收的农民的居住问题应予以重点考虑；（四）规划方案实施过程中涉及贪污、挪用、私分、截留、拖欠征收补偿费的行为应确立责任追究的基本规定。但是，由于《土地管理法》中也有相关规定的细化，建议征收、征用制度由《土地管理法》具体规定，《条例》可以设置参引性条款，但有必要就规划方案中有关被征收农民的居住问题加以规定。

四、设计施工标准

《物权法》第八十九条规定："建造建筑物，不得违反国家有关工程建设标准，妨碍相邻建筑物的通风、采光和日照。"

在规划的设计和施工管理方面，《条例》涉及设计资质、设计标准、施工资质、工程质量等问题。因此，违反设计、施工方面标准的建设行为，不仅须依《条例》规定承担责任，依《物权法》也可能承担民事责任。这一点类似环境污染不仅可能须依环境保护规定承担行政责任，也可能须依民法承担民事责任。

五、公私设施的管理和村容镇貌的维护

《物权法》第七条规定："物权的取得和行使，应当遵守法律，尊重社会公德，不得损害公共利益和他人合法权益。"《条例》第二十九条规定："任何单位和个人都应当遵守国家和地方有关村庄、集镇的房屋、公共设施的管理规定，保证房屋的使用安全和公共设施的正常使用，不得破坏或者损毁村庄、集镇的道路、桥梁、供水、排水、供电、邮电、绿化等设施。"由此可以看出，在房屋、公共设施的管理方面，《条例》与《物权法》第七条具有共同的价值基础。

在村容镇貌的维护方面，《条例》规定了"任何单位和个人都应当维护村容镇貌和环境卫生，妥善处理粪堆、垃圾堆、柴草堆，养护

树木花草，美化环境。”如果违反类似规定，可能构成须依第三十九条缴纳罚款，若侵害了其他私人利益，《物权法》的规定可以作为私人之间寻求救济的依据。同理，就第四十条中规定的“擅自在村庄、集镇规划区内的街道、广场、市场和车站等场所修建临时建筑物、构筑物和其他设施的”行为，除了可以“由乡级人民政府责令限期拆除，并可处以罚款”外，若侵害私人权益，可以依照《物权法》寻求救济。

综上，虽然《物权法》是一部私法，但由于规划方案的制定、实施和管理牵涉农村集体组织和农民的具体财产权益，《条例》的修订过程必然无法回避《物权法》所确立的财产权益保护的价值立场。在具体的制度设计中，在产权产籍登记管理、相邻关系、建设标准、公益征收中的补偿和安置等方面，《物权法》可以作为私人救济的根据。目前，《物权法》的司法解释尚未出台，所以《条例》修订有必要明确上述设计私人救济的方面，并将其留给《物权法》司法解释加以详细说明和调整，《条例》本身可以通过确立参照性条款，不应具体规定，否则可能造成公私法调整对象的混淆。

第七节 《条例》与其他法律法规的关系

根据《条例》第二条的规定，其调整范围是农村地区规划活动的制定、实施，以及居民住宅、乡（镇）村企业、乡（镇）村公共设施和公益事业等农村建设活动，其范围上与《建筑法》、《防震减灾法》、《民用建筑节能条例》、《环境保护法》等一系列法律法规有所重叠。为避免在提供服务、进行监管过程中出现各主管部门事权冲突或无法可依的问题，应当明确《条例》与其他法律、法规之间的适用关系：对农村地区的建设活动，其他法律、法规已经有所规定的内容，《条例》不应与其发生冲突，并且对须要加强监管的部分可以在《条例》做出相应的指示性规定；其他法律、法规未作调整的，《条例》应当做出独立的、符合农村特色的制度设计。

一、《条例》与《防震减灾法》及防震工作有关行政法规的关系

2008年修订的《中华人民共和国防震减灾法》(2009年5月1日起实施，以下简称《防震减灾法》)第二条规定，“在中华人民共和国领域和中华人民共和国管辖的其他海域从事地震监测预报、地震灾害预防、地震应急救援、地震灾后过渡性安置和恢复重建等防震减灾活动，适用本法。”《房屋建筑工程抗震设防管理规定》第二条规定，“在抗震设防区从事房屋建筑工程抗震设防的有关活动，实施对房屋建筑工程抗震设防的监督管理，适用本规定。”第二十九条规定，“本规定所称抗震设防区，是指地震基本烈度六度及六度以上地区。”因此，农村地区的一切建设活动均应当符合《中华人民共和国防震减灾法》的有关规定，抗震设防区进行的建设活动还应符合《房屋建筑工程抗震设防管理规定》的要求。对于上述法律、法规中的有关内容，《条例》在修订中可以制定相应的提示性规定，具体而言：

(一) 新建、扩建、改建建设工程，应当达到抗震设防要求

《防震减灾法》第三十五条规定，新建、扩建、改建建设工程，应当达到抗震设防要求。具体而言：1. 建筑活动在设计、施工各环节应当按照地震烈度区划图或者地震动参数区划图所确定的抗震设防要求进行抗震设防；2. 对于学校、医院等人员密集场所的建设工程还应当按照高于当地房屋建筑的抗震设防要求进行设计和施工，增强抗震设防能力；3. 重大建设工程和可能发生严重次生灾害的建设工程，应当按照国务院有关规定进行地震安全性评价，并按照经审定的地震安全性评价报告所确定的抗震设防要求进行抗震设防。《房屋建筑工程抗震设防管理规定》第六条也有类似规定。此外，《防震减灾法》第三十八条还规定了抗震设防工作中各建设主体的责任，其中：建设单位对建设工程的抗震设计、施工的全过程负责，设计、施工、工程监理单位就各自行为负责。

(二) 重点建筑的抗震性能鉴定与抗震加固措施

《防震减灾法》第三十九条规定，已经建成的下列建设工程，未采

取抗震设防措施或者抗震设防措施未达到抗震设防要求的，应当按照国家有关规定进行抗震性能鉴定，并采取必要的抗震加固措施：1. 重大建设工程；2. 可能发生严重次生灾害的建设工程；3. 具有重大历史、科学、艺术价值或者重要纪念意义的建设工程；4. 学校、医院等人员密集场所的建设工程；5. 地震重点监视防御区内的建设工程。鉴定工作的具体要求和操作办法，《房屋建筑工程抗震设防管理规定》第十二条、十三条、十四条、十五条、十六条有更详细的规定。

（三）地方政府在农村住宅和公共设施抗震设防工作上的职责

《防震减灾法》第四十条规定，县级以上地方人民政府应当加强对农村村民住宅和乡村公共设施抗震设防的管理，组织开展农村实用抗震技术的研究和开发，推广达到抗震设防要求、经济适用、具有当地特色的建筑设计和施工技术，培训相关技术人员，建设示范工程，逐步提高农村村民住宅和乡村公共设施的抗震设防水平；国家对须要抗震设防的农村村民住宅和乡村公共设施给予必要支持。《房屋建筑工程抗震设防管理规定》第二十一条的规定与此类似，此处不赘。

二、《条例》与《节约能源法》及节能工作有关法律法规的关系

2008 年国务院发布的《民用建筑节能条例》第二条规定了该《条例》的适用范围：“本《条例》所称民用建筑节能，是指在保证民用建筑使用功能和室内热环境质量的前提下，降低其使用过程中能源消耗的活动。本《条例》所称民用建筑，是指居住建筑、国家机关办公建筑和商业、服务业、教育、卫生等其他公共建筑。”《民用建筑节能条例》并未对农村地区及农民自建低层住宅做出例外规定，并且从第十二条的用语“城乡规划主管部门”可以推知，该《条例》对于农村地区同样适用。此外，直接指导节能工作的《节约能源法》和《可再生能源法》对农村工作也做了相关的规定。对于上述法律法规中同农村建设活动直接相关的内容，建议《条例》在修订过程中加入相应的指示性条款，具体而言：

（一）国家鼓励、支持在新建建筑和既有建筑节能改造中使用节能

技术、可再生能源

《节约能源法》第四十条规定，“国家鼓励在新建建筑和既有建筑节能改造中使用新型墙体材料等节能建筑材料和节能设备，安装和使用太阳能等可再生能源利用系统。”

《民用建筑节能条例》第四条规定，“国家鼓励和扶持在新建建筑和既有建筑节能改造中采用太阳能、地热能等可再生能源。在具备太阳能利用条件的地区，有关地方人民政府及其部门应当采取有效措施，鼓励和扶持单位、个人安装使用太阳能热水系统、照明系统、供热系统、采暖制冷系统等太阳能利用系统。”第八条第二款和第三款规定了建筑节能方面的政府支持：“政府引导金融机构对既有建筑节能改造、可再生能源的应用，以及民用建筑节能示范工程等项目提供支持。民用建筑节能项目依法享受税收优惠。”第二十条规定，“对具备可再生能源利用条件的建筑，建设单位应当选择合适的可再生能源，用于采暖、制冷、照明和热水供应等；设计单位应当按照有关可再生能源利用的标准进行设计。建设可再生能源利用设施，应当与建筑主体工程同步设计、同步施工、同步验收。”

《节约能源法》第五条规定，“国务院和县级以上地方各级人民政府应当将节能工作纳入国民经济和社会发展规划、年度计划，并组织编制和实施节能中长期专项规划、年度节能计划。”第五十九条规定，“县级以上各级人民政府应当按照因地制宜、多能互补、综合利用、讲求效益的原则，加强农业和农村节能工作，增加对农业和农村节能技术、节能产品推广应用的资金投入。国家鼓励、支持在农村大力发展沼气，推广生物质能、太阳能和风能等可再生能源利用技术，按照科学规划、有序开发的原则发展小型水力发电，推广节能型的农村住宅和炉灶等，鼓励利用非耕地种植能源植物，大力发展薪炭林等能源林。”

（二）建设活动不得使用禁止使用的高能耗技术、工艺、材料、设备或违反建筑节能标准

《民用建筑节能条例》第十一条第三款规定，建设单位、设计单位、施工单位不得在建筑活动中使用列入禁止使用目录的技术、工艺、材料

和设备；第十四条规定，建设单位不得明示或暗示设计单位违反民用建筑建设节能强制性标准进行设计，不得明示或暗示施工单位违反民用建筑建设节能强制性标准进行施工或使用与设计文件不符的材料、设备；第十五条规定，设计、施工、工程监理单位应当按照民用建筑节能强制性标准进行设计、施工、监理；第十六条规定了施工单位、工程监理单位的监督职责；第十七条规定了建设单位的监督职责："建设单位组织竣工验收，应当对民用建筑是否符合民用建筑节能强制性标准进行查验；对不符合民用建筑节能强制性标准的，不得出具竣工验收合格报告。"

《节约能源法》第三十五条规定，"建筑工程的建设、设计、施工和监理单位应当遵守建筑节能标准。不符合建筑节能标准的建筑工程，建设主管部门不得批准开工建设；已经开工建设的，应当责令停止施工、限期改正；已经建成的，不得销售或者使用。建设主管部门应当加强对在建建筑工程执行建筑节能标准情况的监督检查。"《可再生能源法》第十七条第二款规定了，房地产开发商使用可再生资源的义务："房地产开发企业应当根据前款规定的技术规范，在建筑物的设计和施工中，为太阳能利用提供必备条件。对已建成的建筑物，住户可以在不影响其质量与安全的前提下安装符合技术规范和产品标准的太阳能利用系统；但是，当事人另有约定的除外。"《节约能源法》第三十六条还规定了房地产开发商对节能信息的公示义务，"房地产开发企业在销售房屋时，应当向购买人明示所售房屋的节能措施、保温工程保修期等信息，在房屋买卖合同、质量保证书和使用说明书中载明，并对其真实性、准确性负责。"

（三）县级以上人民政府有关部门履行对节能工作的监督职能

《可再生能源法》第三十四条规定：国务院建设主管部门负责全国建筑节能的监督管理工作。县级以上地方各级人民政府建设主管部门负责本行政区域内建筑节能的监督管理工作。县级以上地方各级人民政府建设主管部门会同同级管理节能工作的部门编制本行政区域内的建筑节能规划。建筑节能规划应当包括既有建筑节能改造计划。

三、《条例》与《消防法》的关系

2008年新修订的《中华人民共和国消防法》并未排除其在农村建设活动中的适用，按照国家工程建设消防技术标准须要进行消防设计的建设工程均须要受《消防法》调整。事实上，按照现行《建筑防火设计规范》和《高层民用建筑防火设计规范》的规定，几乎所有的建设活动都须要进行消防设计，同时有关法律法规和技术标准均未对农村建设活动做例外表述。因此，农村建设活动均应当按照《消防法》的要求，进行消防设计备案或设计审批，并严格按照经过备案或审批的消防设计进行施工。根据《消防法》第九条、十条、十一条和十二条的规定，对于按照国家工程建设消防技术标准须要进行消防设计的建设工程：

（一）原则上采取备案制

建设单位应当自依法取得施工许可之日起七个工作日内，将消防设计文件报公安机关消防机构备案，公安机关消防机构应当进行抽查。建设工程的消防设计、施工质量由建设、设计、施工、工程监理等单位负责。建设工程取得施工许可后经依法抽查不合格的，应当停止施工。

（二）例外地采取审核制

对于国务院公安部门规定的大型的人员密集场所和其他特殊建设工程，建设单位应当将消防设计文件报送公安机关消防机构审核。公安机关消防机构依法对审核的结果负责。未经依法审核或者审核不合格的，负责审批该工程施工许可的部门不得给予施工许可，建设单位、施工单位不得施工。

四、《条例》与《环境保护法》及环境保护方面有关行政法规的关系

《中华人民共和国环境保护法》第三条规定，“本法适用于中华人民共和国领域和中华人民共和国管辖的确其他海域。”《建设项目环境保护管理条例》第二条规定，“在中华人民共和国领域和中华人民共和国

管辖的其他海域内建设对环境有影响的建设项目，适用本《条例》。”因此，农村建设活动中可能对环境产生影响的建设项目，应当受到《环境保护法》和《建设项目环境保护管理条例》的规制，具体而言：

（一）建设污染环境的项目应当进行环境影响评价

《环境保护法》第十三条规定，“建设污染环境的项目，必须遵守国家有关建设项目环境保护管理的规定。建设项目的环境影响报告书，必须对建设项目产生的污染和对环境的影响作出评价，规定防治措施，经项目主管部门预审并依照规定的程序报环境保护行政主管部门批准。环境影响报告书经批准后，计划部门方可批准建设项目设计任务书。”具体的实施办法参见《环境影响评价法》第六条、第七条和第九条的规定。

（二）污染单位必须建立环境保护责任制度并采取有效措施防止、治理环境污染

《环境保护法》第二十四条规定，“产生环境污染和其他公害的单位，必须把环境保护工作纳入计划，建立环境保护责任制度；采取有效措施，防治在生产建设或者其他活动中产生的废气、废水、废渣、粉尘、恶臭气体、放射性物质以及噪声、振动、电磁波辐射等对环境的污染和危害。”《建设项目环境保护管理条例》第三条规定，“建设产生污染的建设项目，必须遵守污染物排放的国家标准和地方标准；在实施重点污染物排放总量控制的区域内，还必须符合重点污染物排放总量控制的要求。”第四条规定，“工业建设项目应当采用能耗物耗小、污染物产生量少的清洁生产工艺，合理利用自然资源，防止环境污染和生态破坏。”第五条规定，“改建、扩建项目和技术改造项目必须采取措施，治理与该项目有关的原有环境污染和生态破坏。”

（三）防治污染设施必须与主体工程同时设计、施工、投产使用

《环境保护法》第二十六条规定，“建设项目中防治污染的设施，必须与主体工程同时设计、同时施工、同时投产使用。防治污染的设施必须经原审批环境影响报告书的环境保护行政主管部门验收合格后，该建设项目方可投入生产或者使用。防治污染的设施不得擅自拆除或者闲

置，确有必要拆除或者闲置的，必须征得所在地的环境保护行政主管部门同意。”第三十六条规定，“建设项目的防治污染设施没有建成或者没有达到国家规定的要求，投入生产或者使用的，由批准该建设项目的环境影响报告书的环境保护行政主管部门责令停止生产或者使用，可以并处罚款。”

第三章 我国县以下村镇规划建设管理体制研究

第一节 县以下村镇规划建设管理体制建设的重要性

党的十六届五中全会通过的《关于国民经济和社会发展十一五规划建议》，明确提出了建设社会主义新农村的伟大历史任务。为完成这一历史任务，《建议》强调“必须搞好乡村建设规划”。也就是说，乡村建设千头万绪，必须以规划为先。目前在推进新农村建设过程中，我国绝大部分村庄尚未制定科学合理的建设规划，农村环境“脏乱差”和基础设施、社会事业发展滞后状况仍没有得到有效改变。到2020年即使城镇化、工业化达到一定水平，全国仍将有6亿多农民生活在农村，农村村庄规划建设任务仍很艰巨。乡村规划建设涉及面广、内容复杂，包括建设目标的确定、空间布局的设计、重大项目的资源配置、各种利益关系的调整等等，这一切都离不开科学的规划。缺少规划或规划制定不科学、规划实施不到位，必然会使乡村各项建设处于盲目、无序、自发状态，造成资源浪费和非可持续发展。

一、新农村建设的重要内容

新农村建设的二十个字“生产发展、生活宽裕、乡风文明、村容整洁、管理民主”中，每个环节都离不开乡村规划。新农村建设不能简单地理解为村庄建设，但毕竟包含了村庄建设这一重要内容。目前农村人居环境普遍较差，其中一个重要原因就出在规划上。加强村庄规划、改善农村生活环境、整治村容村貌是农民的普遍要求。合理的规划管理体制将有利于农民建立经济安全适用、节地节能节材的住宅，解决住宅与畜禽圈舍混杂问题，同时改善农村环境卫生。新农村建设的区域主要是村镇，村镇建设的重点是加强基础设施建设。建设生产、生活基础设施完备、生态环境美好的文明村庄，是社会主义新农村建设的重要目标。

二、农业和农村发展新阶段的客观须要

农村税费制度改革取消了农业税，县乡某些管理部门职能发生了变化，如何逐步建立支持、保护和促进“三农”发展的新型乡村建设管理体制，使乡镇管理体制更好地服务“三农”，成为新阶段须要首先考虑的问题。因此，须要及时研究县以下村镇规划建设管理体制和新村建设发展问题。

三、提高土地资源的利用效率

土地是我国最宝贵、也是最紧缺的重要资源。乡村建设必然要占用和使用土地，问题是应该如何科学合理地使用土地。过去由于不少乡村缺少建设规划的指导和约束，对土地占用、使用存在较大的主观随意性，大量占用土地、浪费土地的现象十分严重，造成了农村土地面积不断减少，土地使用效率不断下降。节约土地、提高土地的使用效率须要多管齐下，采用多种措施，而搞好乡村建设规划是其中不可或缺的途径和手段。科学制定和实施乡村建设规划，用规划指导村庄整治和农村各项基础设施建设，能从源头上排除政府、集体和个人用地的随意性，促使政府、集体和个人都必须按照规划要求和相关制度的规定，实行严格的土地使用审批，把农村经济建设用地、社会公共事业用地、农民居住用地结合起来，最合理地安排好农村基础设施的空间布局，最大限度地用好农村每寸土地。

四、促进城乡空间结构布局优化

中央在“十一五”规划建议中，按照城乡统筹、科学发展的要求，提出了因势利导、适时推进新时期新农村建设的基本方针。城乡统筹发展是指充分发挥工业对农业的支持和反哺作用、城市对农村的辐射和带动作用，建立以工促农、以城带乡的长效机制，促进城乡协调发展。在

城乡统筹中解决规划建设管理体制方面的问题，有利于将城乡统筹政策落在“三农”发展的实处。以科学合理的规划为依据，优化城乡空间结构布局，是加速实现城乡统筹发展的必由之路和必然要求。搞好乡村建设规划，统筹城乡建设，对加快建设现代农业、发展农村非农经济、增加农民收入、提高农民生活质量都具有十分重要的意义。

第二节　县以下村镇规划建设管理体制的现状和问题

中央政府多次强调要搞好城乡统筹，从区域规划上看，乡镇规划明显落后于城市规划，1990 年 4 月 1 日国家实施《城市规划法》以来，这个问题受到国家高度关注，1993 年国务院发布了《条例》，1995 年建设部发布了《建制镇规划建设管理办法》，1994 年建设部联合国家质量技术监督局共同颁布了《村镇规划标准》。与此同时，各地方政府也根据当地情况制订了一系列行政法规和技术标准。国家希望通过法律的形式强化乡镇规划，但效果并不显著。近年来中央进一步强调，建设社会主义新农村，必须搞好总体规划和具体部署，坚持规划先行。

通过对北京、江苏和辽宁的实际调研，以及对其他省份的情况了解，发现我国县以下规划建设管理系统存在机构设置不尽合理，规划管理力量薄弱，业务经费没有保障等问题。

一、县以下村镇规划建设管理体制现状

县规划建设管理部门设有平级的建设局、规划局和建筑工程管理局，部分县还设有规划建设局、建筑工程管理局和城市管理局等，业务上接受省辖市垂直专业管理局的指导，乡镇政府设置建设行政主管部门，业务上接受县规划管理部门的指导，村庄专职规划管理人员几乎为零。

1996 年以来，部分省份在乡镇成立了村镇规划建设管理机构，负责宣传村镇规划建设管理政策、法规，规范村镇规划建设行为，在促进村镇建设健康发展中起到了重要作用，在乡镇事业单位机构改革中得以保

留，所须经费自收自支，来源于建筑市场管理费及其他有关服务费用。但有些省份，乡镇一级并未设置专门的规划建设管理机构和配备相应的管理人员。

二、县以下村镇规划建设管理体制存在的主要问题

就管理体制而言，县级建设系统将村镇规划建设管理所作为派出机构，对其垂直指导、监督管理；就职权范围而言，村镇规划建设管理所更愿意自我掌控，以便在依法行政的同时，不失时机地钻法律的空子，打擦边球。执法主体在县乡两级处于盲区，造成有利的事抢着做，执法得罪人的事互相推诿。

（一）县级规划建设管理机构职能交叉，工作效率低下，不利政府职能转变

县级建设系统缺乏统一的协调部门，结构平行设置，工作相互干扰，行政效率不高。每个县的建设系统均设置有两个以上的政府组成部门，几个政府直属事业单位均为平级建制，相互协调困难，增加了县域规划管理的统筹难度，影响工作效率。十六届三中全会指出：增加政府服务职能，首要的是深化行政审批制度改革，将政府职能从“全能型”转向“服务型”。但是，因县级建设系统诸平行部门各自为政，审批事项分散、缺乏衔接，难以形成合力，加大了依法行政、监督管理的难度，不利于方便投资者，扼制腐败和减少行政成本。

（二）县以下规划建设管理机构职能定位不清、经费短缺、管理不力、专业人员缺乏

1．机构职能定位不清，管理体制不顺

2000年全国新一轮乡镇事业单位改革后，各地乡镇规划建设管理机构职能定位大致分为三类：一是单纯的从事行政管理的机构，二是单纯的服务型机构，三是两者兼而有之。全国乡镇机构职能大都以第三类为主。大部分乡镇规划建设管理均采用条块结合，以块为主的管理体制，行政上隶属于当地政府，业务上受上级建设行政主管部门指导。该管理模式使工作人员在编不在岗，在岗不在编现象普遍，严重影响垂直管理

力度。一些乡镇领导急于出政绩、树形象、引外资，违反规划和法规的现象屡见不鲜，使得按规划实施建设成为空话。另外，在乡镇一级出现管理断层，无法实施对违法建设的处理。

2. 经费短缺，管理不利

乡镇村镇规划建设管理机构成立之初，按国家规定可以收取建筑工匠管理费、村镇规划选址意见书、村镇工程建设许可证和村镇房屋产权证工本费，维持机构的正常运转。近年来，国家实施减轻农民负担政策，有关农民建房的收费几乎全部取消。2002 年国家又陆续取消农民在镇区内自助建房的基础设施配套费、村镇规划选址意见书工本费和村镇建设工程许可证工本费，经费来源断流。部分发达地区的乡镇规划管理机构，依靠乡镇财政积累，基本可以维持运转，一些贫困地区则处于瘫痪状态。由于费用收取太少，机构经费严重不足，拖欠人员工资现象普遍，乡镇规划管理人员严重流失。个别乡镇为维持生存，出现一些违法、违章行为，如巧立名目乱收费、乱罚款，挤占市政公用基础设施配套费等。

3. 工作人员素质低，缺乏专业人员

据调查，某经济发达省份全省乡镇规划建设管理人员中，中专以上文化程度不到2000 人（含非规划建设专业人员），占总人数27% 弱，正规院校毕业的专业人员更少。以江苏省镇江市为例，全市村镇建设管理人员虽 50% 以上是大专以上学历，但仅有 1/3 具有技术职称，10% 左右具有中级以上职称，真正与村镇规划建设相关专业的人才少之又少。有的村镇建设管理部门负责人身兼数职，根本无精力过问村镇建设工作。同时，由于工资不能正常发放，造成技术人员外流，使原本技术素质就不高的乡镇规划建设管理队伍雪上加霜，极大地影响了村镇建设各项工作的开展。

（三）县以下规划缺乏科学指导，盲目无序，村庄建设混乱

1. 盲目规划，建设混乱

规划是政府优化各种资源配置的重要手段，但一些地方干部出于对新农村建设的片面理解，把须要全盘考虑、综合协调的规划工作变成了

拆房子、搬村子、改门脸、盖屋顶的简单建筑行为。由于缺乏科学指导，这种大拆广建的情况不仅劳民伤财，更造成对一些历史文化、传统遗存的建设性破坏。为实现城乡一体化，不考虑农户的实际须求，盲目拆迁改建楼房，由于农业劳动力大量外流，使农村成为了空村，造成极大的浪费。

2. 规划雷同，缺乏特色

农村与城市不同，城市人文景观是一大亮点，而农村的特色在于自己的田园风光和历史古迹。许多平原村镇，道路街容、建筑式样、绿化景观千篇一律，鲜有创新，自身资源条件、乡风民俗、历史人文得不到体现。如果把农村也改建成高楼林立，那与农村的概念不符，也失去农村存在的价值。规划是为了更好地发展，发展的基点在于创新，而不是一味地模仿。乡镇出特色的前提是规划有特色，能体现当地独特的风貌。这样才能促发展，否则规划就失去了意义。

3. 重视效益，忽视发展

有的地区把乡镇规划的重点放在了非农业产业，从土地规划上扩大非农产业的建筑用地，造成耕地大量流失，影响国家的粮食安全，同时，由于工业排放的废物，对农村环境造成极大的破坏，影响生态平衡；在开发农村旅游资源时，由于保护意识不够，人为污染及对自然的破坏更为严重；在规划建设资金上，出现盲目乱用，未能用于改善农民生活条件和生存环境的建设中；在资源利用上，没有进行合理规划，未能将不可再生资源达到可持续利用。

第三节 国内外村镇管理经验和做法

从国际农村发展状况看，我国农村发展建设落后于韩国和日本。主要原因是这两个国家提出和实施了几个重大的规划，在促进农村经济发展中起到了重要作用。欧盟制定了“2007～2013 年的农村发展政策”，其中许多内容值得我们学习和借鉴。我国江苏等地的规划管理体制建设也取得了一定进展，他们的经验和做法也值得总结和推广。

一、欧盟农村发展政策

（一）欧盟农村发展政策的演变及现状

1. 欧盟农村发展政策的财政支持情况

欧盟农村发展政策是从地区政策和共同农业政策发展演变而来的，自2000～2006年财政预算年度开始为欧盟农村发展政策提供财政支持，2003年通过对共同农业政策的改革进一步加大了农村发展政策的金融支持力度，2005年底欧盟决定2007～2013年财政年度将成立独立的农村发展基金，专门作为支持农村发展政策实施的金融工具。从金融支持规模来看，欧盟共同农业政策支出大体在每年500亿欧元，大约占欧盟预算的49%，占欧盟GDP的比例也一直呈下降趋势，从20世纪90年代初占0.54%下降到2004年的0.43%，预计到2013年将继续下降到0.33%。其中，用于农村发展政策的大体在10%左右，即每年50亿欧元的规模。从区域分配上看，农村发展政策比较明显地向新成员国倾斜，在2000～2006年财政预算年度期间，欧盟15国的农村发展政策预算为580亿欧元，欧盟25国为760亿欧元。预计2007～2013年期间，欧盟老成员国农村发展政策的预算有所下降，用于欧盟15国的为450亿欧元，欧盟25国为600亿欧元，而总体预算有所上升，欧盟27国为780亿欧元。

2. 欧盟农村发展政策的演变

从发展理念上看，早期共同农业政策的重点在于解决农业本身的结构性问题，此后逐步发展为全面认识农业在社会中所承担的多重角色，将农业放在广义的农村发展框架下加以解决的农村发展政策。

20世纪50年代后期和60年代初期是欧盟共同农业政策的初创阶段，其主要功能是一方面通过农产品直接补贴鼓励战后农业恢复性生产，一方面通过结构性政策促进农业现代化。20世纪60年代中期，共同农业政策重点转向支持农产品结构调整和提高农产品加工水平，主要对实物资本进行投资，通过促进食品从生产到市场加工链的整合，改善农业结构，提高农业竞争力。自20世纪70年代早期，欧盟共同农业政策通过提前退休和职业培训等方式，逐步开始对人力资本进行投资。20世纪70年代中期欧盟农业政策开始从单纯的产业政策逐步增加地区政策的分量，针对大批人口脱离农业生产和离开农村地区，有可能造成某些农村地区的荒芜，从而影响环境和自然景观的现象，欧盟制定了相应的地区扶持政策。20世纪70年代后期，农村发展政策开始与市场支持政策一起成为共同农业政策的两个组成部分。丧失市场竞争力的老年农民有权享受退休津贴，落后地区农民获得一定的补偿。进入20世纪80年代之后，农村发展政策并入地区发展政策，统一由地区结构基金予以支持。而在进入20世纪90年代之后，市场支持政策的问题越来越突出，共同农业政策改革后加强了提前退休、改善农村环境和植树造林的支出；20世纪90年代中期，欧盟通过采用各种政策工具支持农业结构调整、农村发展以及环境保护等政策目标，由于政策目标和工具过多，对其进行整合的要求越来越迫切，兼顾以上几个方面的农村发展政策呼之欲出。

3. 农村发展政策的运作框架

自2000～2006年欧盟财政年度开始，农村发展政策正式成为欧盟共同农业政策的两大支柱之一，由主要用于地区政策的结构基金和用于共同农业政策的基金共同支持。作为第一支柱的市场政策，主要通过直接补贴来提供农民最低收入保障；农村发展政策作为第二支柱，将农业作为环境和农村地区社会功能的公共物品提供者看待，主要用于农业结构调整、环境和土地保护以及广义的农村保护三个方面。在对共同农业政策进行中期回顾之后，2003年6月，欧盟农业理事会通过对其作出重大改革的决议，改革的一个重要内容是将用于补贴大农场的直接支付资金进行重新定位，转向农村发展，主要用于解决环境问题，提高农产品质量，加强动物福利和支持农户达到欧盟标准等。为了简化运作框架、减轻管理负担并增强政策之间的协调性，欧盟理事会于2005年6月通过有关执行共同农业政策的财政指令，欧盟的指令是适用于所有成员国的法规和指导原则，对所有成员国都具有约束力，不须要通过成员国立法就可以在成员国直接实施。该指令确定，在2006～2013年财政年度期间，成立欧洲农业担保基金（the European Agricultural Guarantee Fund（EAGF））和用于农村发展的欧洲农业基金（the European Agricultural Fund for Rural Development（EAFRD））作为运作共同农业政策的基本金融工具，后者成为专用于支持农村发展的基金。

目前，欧盟共同农业政策和农村发展政策还是相互借重，共同农业政策仍是解决欧盟许多农村地区经济、社会和环境问题的重要政策工具。农业生产是农村地区主要的经济活动，决定着农村地区的生活质量和生存环境，如果农业生产的经济绩效不好，农村地区的生活质量和环境保护就无从谈起，但提高农业生产的经济绩效必须以自然资源的可持续利用为前提，其中包括提高垃圾处理水平、保护生物多样性、保存生态系统和防止荒漠化等。市场政策和农业发展是共同农业政策的两大支柱，共同农业政策要通过鼓励生产健康和高质量的产品，鼓励采用保持环境可持续性例如有机产品等生产方式，采用可再生原材料和保护生物多样性等措施来实现提高农业绩效和环境保护的综合目标。

（二）欧盟目前农村发展中存在的主要问题和政策目标

1. 农村地区经济社会发展滞后

欧盟农业和农村地区在经济社会中仍占有相当大的比重，根据OECD的农村地区定义，农村地区面积约占欧盟25国国土总面积的92%，农村地区人口约占欧盟25国总人口的56%，其中有19%的人口居住在以农村为主的地区，有37%的人口居住在农村比重较大的地区。农村地区国民生产总值占欧盟25国的45%，提供就业占53%。农村地区经济社会发展水平低于城市地区，人均GDP（以购买力评价指标计算）要比城市地区低大约1/3，新成员国城乡收入差别更为显著，失业率较高，其他经济社会指标，如妇女参与率、服务业水平、高等教育水平以及宽带网络入户率等，均低于城市地区。缺乏机会，人际交往和培训设施不足成为影响妇女和年轻人发展的重要障碍。

欧盟农村地区除经济社会整体表现低于城市地区外，其经济社会所面临问题的表现形式、性质、特点和发展趋势也呈现出很大差异。人口密度较低的边远地区面临的主要问题是收入低、基础设施落后、公共服务缺乏、难以吸引年轻人留在该地区发展，从而导致人口不断减少。而在一些靠近大城市的农村地区，主要问题则是在城市中心压力不断增加后出现的城市化趋势，其农用土地面临工业、居民、娱乐用地的激烈竞争，从而导致其环境、社会和文化遗产遭遇生存危机。

2. 农村地区环境问题不容忽视

欧盟25国接近77%的土地面积用于农业和林业，农林业对欧盟环境和自然景观的影响不能低估。农业对环境的影响具有双重性，一方面不合理的农业生产方式，如肥料和杀虫剂的过度使用将会污染土壤、水和空气，不合理的土地利用将造成野生动物栖息地的碎片化，影响野生动物的生存；另一方面正是广大的农业用地为动植物提供了半自然的生存环境，欧洲大量物种都是依赖这种环境生存的，废弃农业生产和农业用地，将使动植物失去半自然的生存环境，导致与之相连的生物多样性和自然景观的丧失，危及欧洲国家的环境遗产。

欧盟专门制定了水源监管的指令，对所有地表水和地下水的生态、质量和数量状况进行评估、监测和管理，为了保护地表水，指令要求采取措施减少或消除有害物质，如杀虫剂的排放和泄漏。欧盟老成员国自1990年以来水质没有明显变化。但其他环境问题，如氨的排放、水的富营养化、土壤退化和生物多样性减少等依然存在。

由于鸟可以反映其他生物多样性，例如动物和植物的变化状况，对环境的变化比较敏感，欧盟委员会将鸟的生存状况作为广义环境状况和人类活动可持续性的参考指标，研究表明，过去20多年来，森林中生活的普通常见鸟类的数量没有明显变化，从1980~2002年间，仅下降了2%，数量波动主要是由冬季情况变化引起的。而农田中生活的普通常见鸟类数量在1980~2002年期间下降了29%，在一定程度上反映出农田栖息质量的下降。

3. 经济、社会和环境并重是欧盟农村发展战略的重要特点

由欧盟国家目前的经济发展水平和社会文化价值所决定，欧盟农业的多功能性和它在社会生活中所承载的多重角色，主要表现在保护地貌和自然景观的丰富和多样性，保障食物供应和食品安全，保护人文和自

然遗产等。在这一背景下，农村在面临特殊的经济增长、就业和环境问题的同时，也蕴藏着巨大的增长潜力，在提供野外休闲和旅游，提供具有吸引力的休息和工作场所，保护自然资源和高价值的自然景观等方面都可以发挥重要作用。

农村发展政策必须提高政策的预见性，加强农村地区的人力、技术和实物资本投资，采用新的方式提供双赢的环境保护政策，通过经济多样化发展提供更多更好的就业机会，特别是针对妇女和年轻人的就业机会。帮助农村地区抓住新型商业模式和技术带来的机遇，通过创新满足欧洲和全球市场的变化发展。帮助农村地区发挥经济潜力，使农村成为对投资、工作和生活有吸引力的地区，真正实现可持续发展。

（三）欧盟农村发展政策的主要内容

欧盟在农村发展政策方面有较为完整成熟的政策框架和实施机制，从发展理念上看，其特点是全面认识农业的多功能性和农村所承载的多重角色，主要包括保护地貌和自然景观的丰富和多样性，保障食物供应和食品安全，保护人文和自然遗产等。从政策框架上看，欧盟农村发展政策主要有三个组成部分：一是提高农林业竞争力，是行业性措施，针对农业、食品和林业领域的人力资本和实物资本投资，加速知识和创新转换，提高产品质量和附加值，实现产业升级。二是土地管理和环境保护，提供各种措施加强保护自然资源，保护高自然价值的农业和林业系统，保护欧洲农村地区的文化景观。三是实现经济多样化发展，提高生活质量轴心，包括改善基础设施建设，加强各种行业培训，提高经济多样化程度。从运作方法上看，欧盟在农村地区发展的长期实践中，形成一种题为 LEADER 的以地方政府为主的自下而上的管理创新运作机制，投入比例较低但成效显著。

1. 提高农业和林业的竞争力

这一部分政策的指导思想是欧盟的农业、林业和农产品行业在进一步发展高质量高附加值产品方面具有巨大潜力，以满足欧盟消费者和国际市场不断增长和发展变化的须求。有关政策资金支持主要指向食物链的创新和技术转让，并向关键产品倾斜，加大关键产品的实物和人力资本投资。

主要措施包括：第一，鼓励创新和促进研发技术转让。欧盟大的农产品企业具有创新和研发优势，鼓励大企业与中小企业之间的技术转让，可以有效提高小企业和农户的竞争力。第二，提高农产品质量，增加花色品种。通过推广欧盟农产品新标准，提供咨询服务和技术支持，鼓励农户开发新的农产品，提升欧盟农产品海外市场形象。第三，推广应用信息通信技术。农业在信息通信技术应用方面处于落后地位，特别是小企业的电子商务应用水平较低，农村发展基金应积极支持中小企业提高电子商务的应用水平。第四，培养企业家精神。通过欧盟共同农业政策的改革，为农户创造了更加面向市场的竞争环境，为农户带来了新的市场机会，要培养农户的战略意识和组织能力来实现这些潜在的机会。第五，发展农产品和林产品的新用途，增加农产品和林产品的附加值。支持非食物产品的投资和培训，发展可再生能源材料、生物燃料和加工能力。第六，改善农场和林区的环境质量。消费者对食物生产和加工的环境标准要求越来越高，进行环保基础设施投资，可以在提高农产品收益的同时改善农村的生活环境，实现双赢。第七，开展农业结构调整。提高政策的预见性，加强对农民的培训和再培训，促进农业结构调整。

2. 改善农村环境

这一部分政策的核心是落实欧盟层面农村环保的三个重点领域：保护生物多样性和具有高自然价值的农业林业生态系统，保护水资源，防止气候变化。具体措施包括：第一，加强环境服务，营造动物友好的农业生态环境。在提高农村环境标准的同时，农民应得到相应的报酬，政府也应主动提供相应的环境服务，特别是在水和土地的保护方面。第二，保护农业的自然景观。欧洲许多有价值的野外环境都是农业耕作的产品，合理的农耕系统有助于保护自然景观和动物栖息地，包括湿地、牧场和山地草原。这些都是文化和自然遗产的重要组成部分，是吸引人们居住和工作的重要因素。第三，防止气候变化。农业和林业是发展可再生能源的重要领域，是生物能源的重要原材料。生物能源的发展，有助于减少温室气体的排放，保护森林吸收二氧化碳的效应，增加土壤中的有机物成分。第四，巩固有机耕作的成果。有机耕作代表了可持续农业的发展趋势，同时对环境保护和动物福利也具有重要作用。第五，鼓励环境和经济双赢的项目模式。通过农业环境技术提供环境产品，可以提高农村地区和食品的质量，突出其特点从而提升其价值。将环境项目与农村经济多样化，如农村旅游和工艺品生产等结合在一起，可以为农村地区经济增长和增加就业奠定基础。第六，促进城乡平衡。农村发展政策可以有效提高农村地区的吸引力，从而保持城乡之间在发展有竞争力的可持续的知识经济上保持平衡，有助于提高经济活动在空间分布上的均衡性，加强区域协调。

3. 改善农村地区的生活质量，提高经济活动多样性

这一部分政策的核心是围绕就业展开的。主要解决农村地区提高经济活动多样性所面临的能力建设问题，要注重技能培训及传输，注重具备战略发展能力的地方组织建设，以保证农村地区对年轻一代具有吸引力。特别强调提供培训、信息和鼓励企业家精神，尤其针对青年和妇女。具体措施包括：第一，增加农村地区的经济活动和提高就业率。经济活动多样性对农村地区的经济增长、就业和可持续发展都发挥着重要作用，有利于在经济社会方面实现城乡平衡。目前，欧盟国家许多农村地区旅游、手工艺品制造和提供乡村娱乐设施等都成为增长性的产业，这些经济活动不仅为提高个体农户的经济多样化程度提供了机遇，也为农村经济中微观组织的发展创造了机会。第二，鼓励妇女进入劳动力市场。发展农村地区的儿童托管设施，可以增加就业机会并促进妇女进入劳动力市场，还可以促进农村地区小企业发展。第三，鼓励农村小企业发展。经营建立在传统手工艺基础上的手工艺品制造，通过购置新设备，进行技术培训和请来教练，并展开企业家的相关培训，可以大大提高农村小企业的经济能力，有效改善农村经济结构。第四，对青年进行农村传统技能培训，以适应旅游、休闲、环境服务和提供高质量产品的市场须求。第五，提高信息通信技术的应用水平。个体农户和农村小企业通过电子商务方式可以实现经济规模，在农村社区采用电子培训方式

可以大大提高培训效率，支持农村地区网络和宽带通讯基础设施建设，可以有效克服农村地区的区域弱点。第六，发展新能源材料，鼓励采用新能源的创新技术。支持将农产品和林产品开发为新能源材料的新用途，促进农村经济多样化。第七，鼓励发展旅游业。旅游业在许多农村地区都是主要的经济增长点，提高旅游业的信息通信技术应用，在旅游的预约、推广、市场开发、项目量身定做服务、娱乐活动介绍等环节引入信息通信技术，可以有助于增加旅游人数，延长停留时间，特别对较小型的旅游设施和农业旅游项目，使用信息通讯技术的效果更为明显。第八，特别针对欧盟新成员国，加强农村地区基础设施建设。在这一财政周期中，要对电子通信、交通、能源和水等基础设施进行较大规模投资。这些投资与农村地区经济多样化和提高农业竞争力等项目结合在一起，将发挥重要作用，并对就业和经济增长产生重要影响。

4. 加强农村地区提供就业和经济多样化的能力建设

这一部分政策的重点在于提高农村地区行政部门的治理能力，培育和激发其内生增长潜力。欧盟在农村地区发展的长期实践中，形成这种题为 LEADER 的以地方政府为主的自下而上的管理创新运作机制，投入比例较低但成效显著。

这部分投入主要鼓励地方政府从本地区的须要和优势出发，与以上三个欧盟农村发展政策目标相结合，建构自己的发展战略。这种将各种利益相关者结合在一起的方法，有助于保存和维护地方的自然和文化遗产，增强环境意识，确保向具有地方特色的工艺产品、旅游项目、可再生资源和能源进行投资。政策支持的领域包括：第一，加强地方能力建设，提高地方技术水平，有助于发掘地方潜在优势。第二，促进政府企业合作。第三，促进合作创新。LEADER 这类自下而上的地方政府动议和加强农村经济多样化项目可以有效发挥资源整合作用，将各种相关人力资源整合在新的思路和方法之下，鼓励创新和企业家精神，加强参与。农村发展政策支持的网上社区可以传播有关技术知识，开展先进经验和地方产品服务创新的交流。第四，改善行政部门治理水平。通过加强农业、林业和地方经济的联系，开展创新活动，可以奠定农村地区经济多样化的基础，改变社会经济结构。

5. 加强政策评估

为了更好地发挥政策作用，农村发展政策建立了一整套相应的评估体系，其基本框架是以各成员国的进度报告为基础，对政策实施状况进行监测和评估。这一评估体系有一套共同的指标和方法体系，也包括一部分针对特定项目的指标，以反映特定项目的具体情况。建立共同指标体系，有助于在欧盟层面上对农村发展政策的产出、结果和影响进行统计综合，以便对欧盟政策目标的落实状况进行评估。在项目的起始阶段确定基准指标，可以明确项目的起始状况，并以此为基础对项目的进展情况进行评估。除在项目的前期、中期和后期进行定期评估外，如果有对项目管理进行改进和对项目影响进行及时评估的须要，则随时可组织评估。除此之外，在欧盟层面上还要进行专题研究和综合评估。欧盟关于农村发展政策的联系网络作为活动平台，用于各成员国之间交流信息并进行评估能力建设，交流经验和共享评估结果对加强农村发展政策的效果贡献很大，欧盟的联系网络在加强成员国联系方面发挥核心作用。

（四）欧盟农村政策的借鉴之处

1. 充分认识和发挥农村地区的独特优势，作为农村地区经济社会环境可持续发展的基础。在城乡差距逐渐拉大的背景下，农村地区所特有的生活和文化氛围以及自然环境景观，其经济潜在价值逐步显现，欧盟农村政策的突出特点就是要保护和开发这种独特的经济优势，使其成为农村地区可持续发展的基础。欧盟国家的经验表明，与经济全球化大规模标准化的商品生产形成对立和反差，区域的个性和其独特性越来越具有商业价值和竞争优势。我国在社会主义新农村建设中应认真汲取这一经验，以突出地方特点为前提，避免整齐划一的“现代化”建设。

2. 强调利用经济环境发展的双赢机制。根据欧盟和国际食品市场的发展趋势，环境标准高的有机食品市场逐步成熟扩大，通过改善农村环境，在提高农村地区生活质量的同时提高食品的环境质量标准，可以突出食品的地域和环境特点从而提升其价值，实现双赢。将环境改善项目作为农村经济多样化的前提和基础，为农村旅游和工艺品生产发展奠定基础，实现双赢。

3．加强资源整合和政策之间的协调，整体提高农村地区的发展能力。欧盟针对农村地区的特点，以农村地区经济社会的可持续发展作为农村发展政策的主要目标，将农业林业等产业政策与环境保护、就业和经济活动多样化等地区政策有机地结合起来，重新整合资源，加强人力资本投资，提高农村地区的技术水平、管理和战略发展能力，为农村地区内生性的增长奠定基础。

4．明确政府政策的核心，为提高和实现农村地区产品服务的潜在经济价值提供必要的公共服务。提供环保设施和技术，改善农村地区生存质量，着重保护和发掘地区的独特文化和自然遗产，提高农业林业产品的附加值。同时加强农村地区的基础设施建设，提高信息通讯应用水平，打通农村地区产品服务与市场之间的通道，使农户和小企业产品服务得以走向市场。

二、日本和韩国新农村建设

（一）日韩新农村建设的背景与概况

自20世纪60年代初至今的40多年间，日韩两国虽然面临着不同的国情及国际形势，分别走过一段曲折的道路，但是推进农业及农村现代化的决心和规划始终未变。从韩国的“新村运动”到“汉江奇迹”，从日本的“国民经济倍增计划”到目前推行的各项农政改革，日韩两国政府都付诸巨大精力和财力解决农业、农村和农民问题。工业反哺农业是实现农业和农村现代化的牵引车。以国民经济的强劲增长和雄厚的财力为后盾，最大限度地支持和保护农业，是工业化国家扶持农业的通常做法。日本与韩国也不例外，在以工促农和以城带乡的实践中取得了明显的效果。

日本国家财政对农业的支持力度和保护程度是所有发达国家中最高的。若再加上地方政府预算支出，日本财政支农资金超过农业GDP总额。2003年日本用于农业的预算23667亿日元，约折人民币1690.5亿元，比我国2001年农业预算1457亿元高16%。而当年日本耕地面积为

476万公顷，农户298万户，若将此预算折摊到耕地和农户，则每亩达2368元，每户达56728元。日本农业政策本身的含金量高，国家每推行一项政策必然配备一定量的资金，这也是农业政策兑现率较高的主要原因。

韩国政府自1962～1971年实施第一、二个经济发展5年计划，重点扶持产业发展和扩大出口，结果是工业和农业发展严重失调。并且，城市居民和农民的年平均收入也拉大了差距。结果是农村人口大量无序迁移，农村劳动力老龄化、弱质化，农业后继无人，加上农业机械化发展滞后，部分农村地区的农业濒临崩溃的边缘。为此，韩国实施第三个5年计划时（1972～1976年），把"工农业的均衡发展"、"农水产经济的开发"，放在经济发展三大目标之首位。1970年，发起"新村运动"，设计实施一系列开发项目，以政府支援、农民自主和项目开发为基本动力和纽带，带动农民自发的家乡建设活动。自此开始了"新农村建设"运动的历程。

（二）韩国新农村建设的主要阶段及内容

1. 基础建设阶段（1971～1973年），改造基础村落，改善农民居住条件。由中央内务部直接领导和组织实施，建立全国性组织"新村运动中央协议会"，作为指导建设的机构。所谓基础村落，主要的标准是：尚未修建进村道路，没有治理环境，没有组织合作作业班，村落基金不足50万韩元，户均储蓄不足1.5万韩元。改造基础村落，重点是组织村民互助合作改善基础条件。如修建进村道路，治理本村范围内的小河流，修建农用水井等等。据统计，基础村落在1971年时占全部村落的53%，经过5年改造，1976年下降为1%，1977年改造任务全部完成。

2. 扩散阶段（1974～1976年），改造自助村落。自助村落是比基础村落发展水平稍高一点、基础稍好一些的村落，其标准是：村落基金在50万～100万韩元之间，户均储蓄在1.5万～2.0万韩元之间，基础建设已经开始但尚未完成。改造自助村落重点是提高农村社区的自助能力，主要内容包括继续改善生存和生活环境，建设农用道路，改造住宅屋顶，提高农业质量，发展非农业，扩大收入来源。到1977年，全国所有农民都住进了换成瓦片或铁片房顶的房屋。1980年之时全部改造完成。

3. 充实提高阶段（1977～1980年），这一阶段主要是改造自立村落。自立村落的标准是：村落基金超过100万韩元，户均储蓄超过2万韩元。新农村运动的重点转变为鼓励发展畜牧业、农产品加工业和特产农业，积极推动农村保险业的发展；同时，改造农村社区的社会结构，完善自立的基础条件，积极推进新农村建设的现代化水平和精神文明建设的制度化进程。期间由于国内政局动荡，新村运动受到责难，后从政府主导的"下乡式运动"调整为民间自发。

4. 国民自发运动阶段（1981年至今），主要的工作就是自营村落和福利村落，其标准就是70%～90%以上的开发项目已经完成，村落基金占到村落总收入的2%～3%，旨在提高农民收入的非农产业部门已经发展起来，从事农业的劳动力比重已经大大发展起来。这一阶段工作的重点是把农村生存环境和生产发展的现代化水平推向一个新的高度，把韩国农村建设成类似发达的福利国家的农村。随着经济的快速发展，繁荣气象从城市开始逐步向四周农村扩散，新村运动也带有鲜明的社区文明建设与经济开发特征，国民伦理道德建设、共同体意识教育和民主与法制教育等方面成为运动的主要内容之一。经过十多年的努力，第四阶段的任务基本上完成了，韩国大部分村落已经迈入了现代化的历史门槛。

（三）日韩新农村运动的借鉴之处

1. 农民是建设新农村的主体。必须让农民充分参与，见到利益，得到实惠，切忌把长官意志强加给农民。日韩两国在建设农村中最成功的经验是政府适时推行优惠政策，将工业引入农村，为农民提供兼业机会，提高农民收入。要尊重农民的意愿，以农民为主体。农民须要什么就搞什么，不搞韩国学者批评的"下乡式"运动。对政府而言，他们不是大包大揽，甚至都没列入该国政府1972年第三个五年经济开发计划的事业经费。韩国基本运作模式是，以农民为主体，政府公务员起扶持作用。运动的开展，由村民选出的新村指导员进行领导，这些民选的指导员有热情、有干劲也有能力，并且还有些泥瓦匠的技能。他们带领农民，制订计划然后去实施。

要注意避免各部门或地方政府只看到本部门或地区的利益，只知道要钱而实事做得很少的情况。韩国新农村建设过程中假大空的东西少一些，他们可以充分发挥市场经济个体的积极性，再通过新村运动发挥集体主义合作精神，争取将事情办好。避免形式主义，各级政府坚决不能大包大揽，为农民做主，要更多地发挥农民的自主性。

2. 要引导社会各方面力量共同参与农村建设。日韩两国十分重视城乡互动和交流，城里不少的企业、机关、学校等都与农村建立了合作关系。韩国继“新农村运动”后，又于2004年开始推行“一厂一村”运动，即城里的公司企业自愿与乡村建立合作交流关系，对其进行“一帮一”支援，正在迅速扩展成为全社会参与的支农运动。这项运动得到了卢武铉总统的首肯，并由农林部列为2005年的重点方针，现已列入五年规划。目前，“一厂一村”逐步由人员交流向资金物资援助为主转变，并计划将“一厂一村”逐步扩大为“一校一村”、“一小区一村”、“一店一村”、“一机关一村”，更大范围加大反哺农村的力度。我国辽宁省大连市正在开展的“厂村结合”也收到了良好效果。

3. 要建设具有田园特色的新农村。日韩两国在推进农村建设中，尤其注意如何将农村的优良传统与现代化有机结合起来。我国在建设新农村过程中，必然将对旧村进行重新规划，而在制订规划时，必须力戒将城市规划原封不动地进行复制，要充分吸取小城镇建设中的教训，力求使新农村保持现代田园景色。要尽快培养新农村的管理人才。农村建设既包括诸如基础设施等方面的硬件建设，又包括教育、文化、卫生、管理等软件建设。日韩农村建设中除重视提高农民素质外，还十分注意对村级干部的培训，以提高其管理水平。日本通过政府及农协两个途径培养大量农村管理干部，从而使农村管理井然有序。

4. 要着重解决山区农村建设问题。中日韩三国均有相当数量的山区农村。而与平原地区农村相比，山区尤其是深山区农村建设相当滞后，难度更大。日韩两国在进行山区农村建设时，着重抓通路、通水、通电，为山区农民改善自然环境，打造发展山区特色经济的平台。在我国新农村建设中，中西部尤其是山区农村是重点和难点地区，如何加大对山区农村的建设力度，使这些农村既改善了条件，又发展了经济，是摆在我们面前的重大课题。

5. 要为新农村建设提供有力的制度保障。为了推进农村建设，日韩两国均出台了许多法律与政策，为全面推行农村建设保驾护航。日韩农业经济学家普遍认为，农村建设比城市建设更为复杂，是一项艰巨的系统工程，必须有相应的制度保障，否则，农民会认为政府只是在空喊口号。在日本和韩国，把农户连起来的组织就是农业协同组织（简称农协）。农协是日韩农业经营体制的一大特色和骨干力量，在发展农村经济，提高农业、农村及农民地位，推进农业现代化等方面，起了举足轻重的作用。日韩农协制度有以下五个突出特点：一是法律引路；二是政府扶持；三是组织严密；四是功能齐全；五是实力雄厚。通过中日韩三国对比可以看出，在农村合作经济组织建设方面，我国与日韩两国相比存在巨大的差距。虽然我国已确立了农户家庭承包经营的合理体制，但我国农户户均经营规模还不及日韩的 1/3，如此超小规模的经营，如何进一步发挥组织保障体制和机制作用，至今仍未破题。实践证明，农村合作经济组织的作用，基层政府不能替代，农业产业化的龙头企业也难以取代。虽然我国相继建立了一些农民专业合作经济组织，但目前还远远不成气候。农业经营体制长期未能理顺，已成为推进农村各项改革和发展的瓶颈，必须增强我们的忧患意识，加快农村合作经济组织建设步伐。这也是日韩推进农业和农村现代化经验给我们的最大启示。

三、江苏省县以下村镇规划建设管理体制改革经验

（一）江苏省县以下村镇规划建设管理体制的基本情况

1. 县级规划建设管理体制

在 2001 年机构改革后，江苏省各县规划建设管理体制基本设有平级的建设局、规划局和建筑工程管理局，部分县还设有规划建设局、建筑工程管理局和城市管理局，业务上分别接受省辖市垂直专业管理局的指导。机构改革加强了建设系统各条线的力量，进一步提高了对建设系统诸行业的政府管理力度，同时，也将规划建设管理的诸环节、诸方面

分置于多个平行部门，埋下部门协调难和效率提高难的隐患。截至2005年底，江苏省有县级规划建设管理机构94个（见表3-1），其中建设局53个，占全省总数的56.4%，苏南、苏中均为15个，苏北23个，分别占建设局总数的28.3%、28.3%和43.4%；建筑工程管理局17个，占全省总数的18.1%，苏南1个，苏中9个，苏北7个，分别占建工局总数的5.9%、52.9%和41.2%；规划局16个，占全省总数的17.0%，苏南9个，苏中5个，苏北2个，分别占规划局总数的56.3%、31.2%、12.5%；规划建设局5个，建筑工程管理局2个，城市管理局1个，分别占全省总数的5.3%、2.1%和1.1%。就数据而言，相形之下规划局中苏南最多，占其总数的56.3%；建工局中苏中最多，占其总数的52.9%；而建设局中苏北最多，占其总数的43.4%。

2005年江苏省县级规划建设管理体制情况表　　表3-1

地域	部门	建设局	建筑工程管理局	规划局	规划建设局	建筑工程管理局	城市管理局
苏南	苏州市	吴江、昆山、张家港、常熟		常熟、昆山、张家港	太仓、工业园区		
	无锡市	宜兴、江阴		江阴			
	常州市	溧阳、金坛		溧阳、金坛			
	南京市	溧水、高淳	高淳				
	镇江市	丹徒区、丹阳、扬中、句容、新区		句容、扬中、丹阳			
苏中	扬州市	江都、高邮、维扬区、仪征、宝应		高邮、仪征		仪征	
	南通市	海门、启东、如东、如皋、通州、海安	如东、启东、通州、海门、如皋、海安				如东
	泰州市	兴化、泰兴、靖江、姜堰	靖江、兴化、姜堰	泰兴、姜堰、靖江		泰兴	

续表

地域		建设局	建筑工程管理局	规划局	规划建设局	建筑工程管理局	城市管理局
苏北	徐州市	铜山、新沂、睢宁、沛县、邳州、丰县	铜山、新沂、睢宁、沛县、邳州、丰县	邳州、新沂			
	连云港市	赣榆、灌云、东海、灌南					
	盐城市	滨海、阜宁、响水、宁湖、建湖、盐都			东台、大丰、射阳		
	淮安市	涟水、金湖、洪泽、盱眙	涟水				
	宿迁市	沭阳、泗阳、泗洪					

2. 县级以下村镇级规划建设管理体制

自1996年以来，各县认真贯彻执行省编委、省建委、省财政厅联合下发的《关于稳定和健全全省乡镇建设服务机构的通知》，江苏省每个乡镇都成立了村镇规划建设管理机构。截至2003年底，全省成立乡镇村镇规划建设管理机构1152个，配备人员7404名，其中村镇建设助理员1222个（属国家公务员编制）。随着乡镇撤并和调整，到2005年底乡镇村镇建设管理机构1049个，配备工作人员7303人，其中村镇建设助理员1053个。该队伍在宣传国家和江苏省村镇规划建设管理政策、法规，规范村镇规划建设行为，促进村镇建设健康发展中起到了重要作用，因此，在上一轮乡镇事业单位改革和撤销工作中，村镇规划建设管理机构均得以保留。峰值最高的2002年，全省建立乡镇规划建设管理机构1256个，配备人员7421名（含临时聘用人员），其中村镇建设助理员（属国家公务员编制）1279人（见表3-2）。

2002年各市乡镇管理机构及配备人员情况表　　表3-2

地区	机构数（个）	配备人员（人）	地区	机构数（个）	配备人员（人）	地区	机构数（个）	配备人员（人）
苏州市	115	702	扬州市	90	396	盐城市	135	1115
无锡市	77	358	泰州市	91	465	连云港	86	577
常州市	70	307	南通市	138	752	宿迁市	108	367
南京市	59	365	徐州市	109	1182			
镇江市	67	200	淮安市	111	635			

乡镇一级规划建设管理机构主要职责是：（1）贯彻和执行国家及地方有关法律、法规、规章；（2）负责编制村镇的规划，并负责组织和监督规划的实施；（3）负责县级建设行政主管部门授权的建设工程项目的设计管理与施工管理；（4）负责县级建设行政主管部门授权的房地产管理；（5）负责村容镇貌和环境卫生、园林、绿化管理、市政公用设施的维护与管理；（6）负责建筑市场、建筑队伍和个体工匠的管理；（7）负责技术服务和技术咨询；（8）负责建设统计、建设档案管理及法律、法规规定的其他职责。

（二）江苏省县级村镇规划建设管理体制存在的主要问题

江苏省县级和基层村镇级规划建设管理体制之间存在的主要问题是依法行政与地方利益关系问题。就管理而言，县级建设系统要求将村镇规划建设管理所作为派出机构，便于垂直指导、监督管理；就利益而言，村镇级规划建设管理所更愿意自我掌控，以便在正面依法行政的同时，不失时机地钻钻法律的空子，打打擦边球。利弊在于：执法主体在县级，乡镇级处于盲区，造成利己利民的事抢着做，执法得罪人的事互相推。两级自身问题则各有不同。

1. 机构职能交叉，工作效能低下

江苏省县级建设系统缺乏统一的协调部门，结构平行设置，工作相互干扰，行政效率难以提高。每个县的建设系统均设置有两个以上的政府组成部门，几个政府直属事业单位，且均为平级建制，横向协调脆弱，垂直协调低效，加之几位县长分管部门工作，遇事往往须要县长们亲自协调，甚至还要召开县政府常委会议协调，增加了县域规划建设管理工作的统筹难度，影响工作效能。另外，综合部门建设局与专业部门建工局、建业管理局等之间的分工交叉；综合部门职能不全，覆盖率不高，整体组织、协调能力不足等，都直接影响依法行政的效能。

2. 难以形成合力，不利政府的职能转变

十六届三中全会指出：增加政府服务职能，首要的是深化行政审批制度改革，将政府职能从“全能型”转向“服务型”。县级建设系统诸平行部门都要从原来对微观主体的指令性经济管理转换为市场主体服务，但因各自为政，审批事项分散、缺乏衔接，难以形成合力，加大了依法行政，方便投资者，监督管理，扼制腐败和减少行政成本等转变政府职能的难度。

（三）江苏省县级以下基层村镇级规划建设管理体制的主要问题

江苏省基层村镇规划建设管理机构面临十分严重的困难，苏北部分地区的机构已经瘫痪，对江苏省村镇规划建设管理工作产生了严重影响。

1. 机构职能定位不清，管理体制不顺

1996 年，江苏省省编委、建委、财政厅联合下发的《关于稳定和健全全省乡镇建设服务机构的通知》，规定各乡镇的规划建设管理机构性质为全民事业单位，其工作职能是对乡镇村镇规划建设进行管理服务。所须经费主要通过自收自支方式解决。在 2000 年全省新一轮乡镇事业单位改革后，各地乡镇规划建设管理机构职能定位大致分为三类：一类是单纯的从事行政管理的机构，一类是单纯的服务型机构，一类是两者兼而有之。全省乡镇级机构职能大都以第三类为主。绝大部分乡镇村镇规划建设管理机构承担相应的行政管理职能，但部分地区却将机构性质定为服务性机构，如盐城地区将乡镇的村镇建设机构名称改为“××镇（乡）村镇建设服务中心”，淮安地区机构的名称为“××镇（乡）村镇建设服务站”。就管理体制而言，江苏省大部分乡镇规划建设管理均采用条块结合，以块为主的管理体制，乡镇建设管理机构在行政上隶属于当地政府，业务上受上级建设行政主管部门指导。该管理模式县乡分割，使乡镇建设管理机构受制于乡镇中心工作，工作人员在编不在岗，在岗不在编现象普遍，严重影响垂直管理力度。一些乡镇领导急于出政绩、树形象、引外资，违反规划和法定建设程序，村镇建设管理人员如不听“指挥”即被挪“位”，使得按规划实施建设成为空话。另一方面，有关建设方面的政策措施，在乡镇一级出现管理断层，有关法律、法规的执行主体为县级建设行政主管部门，执行难以到位，使违法建设的处理无法实施。

2. 经费严重匮乏，管理工作举步艰难

（1）经费来源递减，管理工作艰难。乡镇村镇规划建设管理机构成立之初，按国家规定可收取建筑工匠管理费，村镇规划选址意见书、村镇工程建设许可证和村镇房屋产权证工本费，因此维持机构的正常运转。近年来，国家实施减轻农民负担政策，有关农民建房的收费几乎全部取消。2002 年国家和省又陆续取消农民在镇区内自助建房的基础设施配套费、村镇规划选址意见书工本费和村镇建设工程许可证工本费，经费来源基本断流。鉴于省内区域经济发展状况不一，苏南部分地区乡镇规划建设管理机构依靠乡镇财政积累基本可以维持，苏中地区难以为继，苏北部分地区已处于瘫痪状态（如盐城市的滨海县、响水县；淮安市的淮阴区、涟水县等县（区）的乡镇的机构）。2001 年底，省物价局、建设厅等 6 个部门联合发文取消“个体工匠管理费”，对整个苏北、苏中地区以及部分苏南地区的村镇建设管理工作影响极大，以盐城市为例，每年管理经费减少达 2000 多万元，主要的经费渠道已被切断；若单纯依赖工本费来维持工资和机构运转将是杯水车薪，如镇江市 2003 年全市可收取工本费 21.15 万元，每个乡镇平均仅有 3200 元；同年，盐城市收取的三项工本费全部用于发放工资，人均月工资仅 54.2 元，阜宁县20个乡镇村镇建设管理机构仅有5个镇正常发放基本工资，9个镇发放部分工资，6个镇未发工资，而响水、滨海等县乡镇的机构则已近瘫痪。此外，苏北地区、苏中部分地区乡镇，以经济基础差，财政收入少，上级没有明确村镇建设管理经费渠道为由，在乡镇政府不予安排经费的情况下，仍然布置工作，将村镇建设管理机构视为“不吃草的马”。至此，乡镇级规划建设管理机构还有：1）新的收费办法、标准与保障村镇建设管理机构维持基本运转的配套政策没有及时出台；2）部分地区招商引资无序竞争，没有在服务质量上下工夫，只是在减免政策性收费方面不合理地做文章；3）免征农业税等因素的困扰。

（2）收得费用甚少，经费缺口很大。目前江苏省乡镇规划建设管理机构经费严重不足，人员工资无法发放，很多乡镇规划建设管理人员已有三年多未领取工资。以盐城市部分县为例，建湖县2002年村镇建房约1200户，收取证书工本费约5万元，扣除证书成本就所剩无几了。全县乡镇村镇规划建设管理人员198人，人均年收取费用仅252元，大部分乡镇管理人员工资至今尚无着落。阜宁县20个乡镇村镇规划建设管理机构2006年1～5月份正常发放基本工资的只有6个镇，8个镇发了部分工资，6个镇未发工资，全县各镇累计拖欠人员工资达143万元。据统计，全省2002年村镇建房户31.76万户，按照每户收取45元的工本费测算，全年收取费用1429.2万元（含证书成本费），平均每个乡镇仅1.1万元，而全省乡镇村镇规划建设管理人员7421名，即使将全部收费用于发放人员工资，人均月工资也只有160.5元。仅工资这一项，如按每人每月1000元计算，全省乡镇管理机构经费缺口就高达7476万元（见表3-3）。

各市工本费收取情况表　　　　**表3-3**

地区名称	建房户数（万户）	工本费（万元）	人均月收入（元）	地区名称	建房户数（万户）	工本费（万元）	人均月收入（元）
苏州市	3.79	125.55	149	南通市	4.25	191.25	211.9
无锡市	0.61	27.45	63.9	徐州市	4.29	193.05	136.1
常州市	1.49	67.05	182	淮安市	2.46	110.7	145.3

续表

地区名称	建房户数（万户）	工本费（万元）	人均月收入（元）	地区名称	建房户数（万户）	工本费（万元）	人均月收入（元）
南京市	1.55	67.75	154.7	盐城市	3.24	145.8	109
镇江市	1.27	57.15	238.1	连云港市	2.1	94.5	136.5
扬州市	1.97	88.65	186.6	宿迁市	3.6	142.2	322.9
泰州市	2.58	116.1	208				

注：1. 此表为2002年数据；2. 人均月收入是指工本费平均分配给乡镇管理人员月工资。

（3）江苏省乡镇规划建设管理机构经费情况分析。通过调查、分析，当前江苏省乡镇规划建设管理机构运转和经费现状情况基本可以分为四类（见表3-4）：

乡镇规划建设管理机构运转经费现状情况分析表　　表3-4

机构运转情况	经费主渠道分类	分布地区	占总机构比例	主要原因
正常运转	财政	苏南及部分经济发展较快的苏中地区乡镇	20%	财政统收统支
	市政设施配套费			建筑量大，配套费收取多
	土地收益			与土管所合署办公
基本维持	财政	少数苏中地区及苏北乡镇	17%	财政收入少
	市政设施配套费			建筑量小，配套费部分被减免
	其他经营收入			从事房地产开发、建筑施工等项目少
维持困难	证书工本费	部分苏中及苏北地区乡镇	43%	财政困难
	乱收费或罚款			配套费大部分被减免
接近瘫痪状态	证书工本费	苏北地区	20%	地方经济贫困，财政无力承担
				建筑量少

一类是机构正常运转，工资正常发放的，主要分布在经济发展较快的苏南地区；二类是机构能基本维持运转，工资水平较低的，主要分布

在苏中地区；三类是机构不能正常运转，工资拖欠比较严重的，主要分布在苏北地区；四类是机构几乎处于瘫痪状态，工资无法发放的，主要分布在苏北地区。

表3-4显示：不足40%的乡镇规划建设管理机构能够正常或基本维持运转，主要原因是经费纳入财政统收统支或在市政公用基础设施配套费中支出，极少部分是与土地所合署办公，工资由县（市）土管部门发放；60%以上乡镇规划建设管理机构运转十分困难，主要是经费主渠道不稳定，费用来源不足。造成乡镇规划建设管理机构经费严重不足，运转困难，除表3-4所列的主要原因外，还有以下客观原因和主观因素：

1）管理人员超编。按照《关于稳定和健全全省乡镇建设服务机构的通知》要求，一类乡镇定编4～5人，二类乡镇定编3～4人，三类乡镇定编2～3人。就2002年而言，全省设置乡镇规划建设管理机构1256个，配备人员7421人，平均每个乡镇配备5.9人，其中，建制镇设置机构1127个，配备人员6772人，平均每镇配备6人。人员配备普遍超出规定要求，调查中还发现，苏北地区部分建制镇超员现象尤为严重，徐州市平均每个建制镇配备人员10.84人，盐城市平均每个建制镇配备人员8.37人，连云港市平均每个建制镇配备人员达7.12人，其他市情况亦不乐观（见图3-1）。原因主要有二，一是乡镇区划调整后，被合并乡镇管理人员没有精简；二是部分乡镇领导把乡镇规划建设管理机构作为安排富余人员场所，人为造成超员。

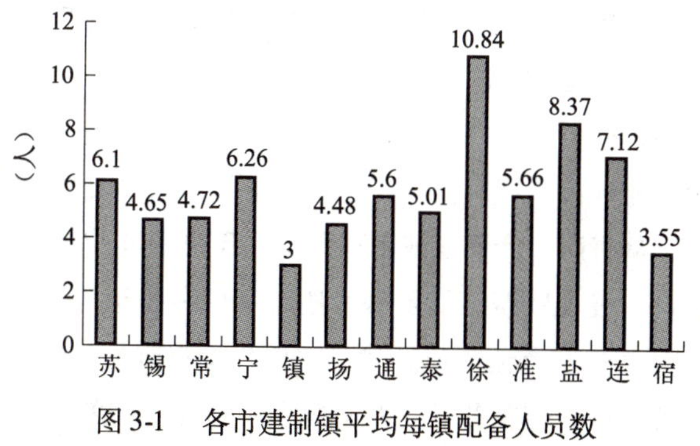

图3-1　各市建制镇平均每镇配备人员数

2）机构雷同，职能交叉。目前很多乡镇除设置村镇规划建设管理服务所（站、中心）外，还设立了集镇管理办公室、建筑管理站、规划办公室、房管所等机构，相关法律、法规授予乡镇规划建设管理的8项职能分解设置，导致机构重叠，职能交叉，收费渠道分散。如房产相关收费由房管所收取，建筑市场管理费由建筑管理站或县（市）审批中心收取，市政基础设施配套费由财政收取，建制镇镇区建设相关费用由县（市）规划建设部门（或审批中心）收取，等等。从调查情况看，凡经费困难的乡镇规划建设管理机构，基本上都是只收取农民建房"一书一证"工本费。

3）机构性质定位不合理。机构改革中，大部分地区都将乡镇村镇规划建设管理机构纳入了经营性服务行业，甚至有些地区已将"××乡镇（镇）建设管理服务所"改名为"××乡镇村镇建设服务中心"，取消了"管理"职能，每年还有创收任务，这不仅与其担负的行政管理职能相矛盾，而且相关收费取消后，没有新的收费办法和标准出台，经营服务无法进行。

4）政策不配套。一是相关收费取消后，没有相应制定保障乡镇规划建设管理机构维持基本运转的配套政策；二是部分地区招商引资无序竞争，没有在服务质量上下工夫，只是在减免政策性收费方面不合理做文章。

（4）江苏省乡镇规划建设管理机构经费不足带来的主要问题。乡镇规划建设管理机构经费严重不足，造成不少地方出现损害农民利益、有碍经济发展和地方稳定等问题，主要表现：

1）放弃管理搞经营。相关收费被取消，人员工资得不到保障，部分乡镇村镇规划建设管理机构放弃主要管理职责，利用手中掌握的规划建设审批权，从事房地产开发或工程建设，政企（事）不分，既做裁判员又当运动员，极大地损害了乡镇房地产市场和建筑市场的健康发展，由此，造成很多开发商无资质开发、建设，工程质量令人担忧。例如，江都市武坚镇建设管理服务所，为了维持机构运转，临时组建了一个无资质的建筑队，使相关人员的主要精力投入到工程建设上，根本无暇顾及应尽的管理职责。

2）挤占市政公用基础设施配套费用于维持机构运转。相关文件规定，建制镇市政公用基础设施配套费只能在建制镇规划区收取，收取的费用主要用于“建制镇规划区内市政公用基础设施的建设和改造，主要包括道路、路灯、给排水、环卫设施、污水处理等”。目前大部分建制镇，特别是苏南、苏中地区建制镇收取的市政公用基础设施配套费除上缴上级财政部分外，留存部分主要用于乡镇规划建设管理机构人员工资和机构运转，市政公用基础设施的建设和维护则无钱打理。全省大约40%的建制镇都有挤占市政设施配套费现象。

3）技术人员流失严重。全省乡镇规划建设管理人员中，中专以上文化程度不到2000人（含非规划建设专业人员），约占总人数28%左右，正规院校毕业的专业人员更少。然而，由于工资不能正常发放，不少技术人员已外出打工，使原本技术素质不高的乡镇规划建设管理队伍“雪上加霜”，管理质量和服务水平得不到保障。

4）以罚款和乱收费补贴工资。由于人员工资不能发放到位，个别地区乡镇规划建设管理机构为维持生存，利用职权，巧立名目乱收费，甚至出现乱罚款现象，个中案例已被电视、报纸等新闻媒体频频曝光。例如，某镇规划建设管理人员，在农民建房时要求缴纳数千元的规划保证金，平时故意放松检查、监督，等建房户违规时给予重罚，这在群众中造成了极为恶劣的影响。

5）违法、违章建设开始上升。由于乡镇村镇规划建设管理人员工资和工作经费得不到保障，造成不少机构人心涣散、工作无人管的尴尬局面。2002年进行的全省村镇建设工程安全质量大检查中，普遍出现违反基本建设程序的项目，不少村镇建设工程甚至是全无工程（无规划许可证、无建设许可证、无用地许可证、无设计图纸、无施工企业资质、无质量监督、无安全管理责任制等）。

6）村镇建设工程质量事故呈上升趋势。由于乡镇村镇规划建设管理人员的技术水平偏低，加之工作经费不足等因素严重影响其工作积极性和责任心，从而，导致村镇建设工程和农民建房质量安全管理薄弱。

仅2003年下半年，全省村镇建设工程连续发生三起重大质量安全事故，10人死亡，4人重伤，给人民生命财产造成了重大损失，同时，还影响了事故发生地的招商引资环境和社会稳定。

3. 机构臃肿，人员配备严重超额

《关于稳定和健全全省乡镇建设服务机构的通知》要求，一类乡镇定编4~5人，二类乡镇定编3~4人，三类乡镇定编2~3人。就2003年而言，全省设置乡镇规划建设管理机构1152个，配备人员7404人，平均每个乡镇5.9人。人员配备普遍超出规定要求，其中苏北地区部分建制镇超员现象尤为严重。一些乡镇为消化富余管理人员，把乡镇规划建设管理机构作为安排富余人员场所，人为造成超员。例如：镇江市丹徒区姚桥镇村建所共有22人，其中6人是退养的大队书记；辛丰镇村建所8人7个编制，其中4人退养，2人在编不在岗，实际工作岗位的2人中，只有1人在编。另外，乡镇领导频繁更替，调进人数水涨船高，造成人员严重超编。

4. 人员素质偏低，专业人员匮乏

就2003年而言，全省乡镇规划建设管理人员中，技术人员严重缺乏，中专以上文化程度不到2000人（含非规划建设专业人员），占总人数27%左右，正规院校毕业的专业人员更少。以镇江市为例，全市村镇建设管理人员虽50%以上是大专以上学历，但仅有1/3具有技术职称（包括乡镇职称），10%左右具有中级以上职称，真正与村镇规划建设相关专业的人才少之又少。有的村镇建设管理部门负责人还要兼任村支部书记、建管站站长、建筑公司经理、开发公司经理等职务，牵扯着村镇建设管理的精力。同时，由于工资不能正常发放，造成人心不稳，人员外流，不少技术人员在外打工，给原本技术素质不高的乡镇规划建设管理队伍“釜底抽薪”，如涟水县40%左右的村镇建设管理人员由于工资没着落，外出打工谋生，管理质量和服务水平得不到保障，极大地影响了村镇建设各项工作的开展。

（四）加强全省县及县以下村镇机构建设的建议

江苏经济发展迅速，各地农民收入稳步增长，县及县以下村镇建设正处新一轮建设高潮，紧紧抓住当前有利时机，研究相应的政策措施，切实加强县及县以下村镇的规划建设管理体制建设，为江苏省实现“两个率先”服务，具有重要的作用和意义。为此建议：

1. 设立县级建设委员会，统一协调县域规划建设管理

（1）县级设立建设委员会

各县设立建设委员会，为政府组成部门中负责统筹县域建设系统工作的综合协调和监督管理部门。

（2）赋予县建委相应职能

赋予县建委组织编制县域建设年度计划和建设资金收支计划，综合平衡县域维护和建设资金，负责检查、监督规费的征收和资金的使用的职能。赋予县建委编制并组织实施县域建设中长期发展规划，指导和参与编制城乡规划、国土规划和区域规划。

（3）明确乡镇规划建设管理所为县建委的派出机构

2. 通过改革逐步完善村镇级规划建设管理体制

针对江苏省村镇规划建设管理机构现状，研究出台相关政策措施，明确机构职能，落实经费渠道，通过改革，积累经验，矫正偏差，逐步完善村镇规划建设管理体制。

（1）出台政策措施，改革村镇建设管理机构

1）理顺管理体制。逐步完善各地乡镇规划建设管理机构改革试点的模式，将其由原来的条块结合、以块为主的管理体制改变为条块结合、以条为主的管理体制。将乡镇规划建设管理机构作为县（市、区）建设行政主管部门的派出机构，实行县级以下垂直管理，促其严格执行村镇规划，减少乡镇政府不恰当的干预，控制人员膨胀，使之逐步适应行政许可法加强村镇规划建设管理的须要。

2）明确乡镇建设管理机构管理的职能。按照该机构工作性质和《条例》、《江苏省村镇规划建设管理条例》的规定，在分清行政管理职能和技术服务职能的前提下，将行政管理的职责具体化，以解决从事行政管理部分的人员经费渠道。

3）统筹解决乡镇建设管理机构经费。根据各地实际，将机构性质

由原来的自收自支事业单位调整为全额拨款事业单位，部分地区也可调整为公务员。建议根据《国务院关于加强城乡规划监督管理的通知》（国发〔2002〕13号）中："各级人民政府要健全城乡规划管理机构，把城乡规划编制和管理经费纳入公共财政预算，切实予以保证"的精神，将村镇规划建设管理机构的人员经费、工作经费纳入乡镇公共财政预算。如县以下实现垂直管理，则由县（市、区）、乡（镇）两级政府财政共同解决机构的运转经费问题。

4）加强改革，精简人员，提高效能。在全省三大区域选择典型地区进行改革试点的基础上，积累经验，矫正偏差，逐步完善，全面推开。各地根据省有关规定，改革现行乡镇规划建设管理体制，严格执行核定人员编制所规定的数量，对现有人员通过考试，择优录用，彻底清理、分流超编和临时聘用人员，并逐步实行持证上岗。新增人员一律采取公开考试招聘的办法，吸引规划建设管理专业大中专毕业生加入乡镇规划建设管理队伍。

5）出台政策，解决机构问题。建议由省编办、财政厅、建设厅等有关部门联合起草文件，以省政府名义下发，明确政策，解决乡镇村镇建设机构的问题。

（2）多渠道解决村庄规划编制经费问题

就调研情况而言，乡镇规划建设管理机构经费严重不足已阻碍了村镇建设的健康发展。2002年，全省乡镇规划建设管理机构收取证书工本费1429.2万元（相关管理收费取消后，乡镇规划建设管理机构对农民、单位建房只允许收取规划选址意见书、建设许可证、房屋产权证工本费），即使将所收费用全部用于发放人员工资，人均月工资也只有160.5元。仅工资一项，全省乡镇规划建设管理机构经费缺口就高达7476万元（全省乡镇规划建设管理机构1256个，配备人员7421名，按每人每月1000元计算）。近年，全省乡镇规划建设管理机构能正常运转或基本维持运转的不足40%，60%以上的机构运转困难，其中约20%已接近瘫痪。由此引起全省村镇建设工程违法、违章建设明显增多，工程质量事故也呈上升趋势。随着江苏省城市化进程的快速推进，乡镇规划建设管理工作任务日趋繁重，采取切实有效措施，解决乡镇规划建设管理经费，保障全省村镇建设工作正常开展已刻不容缓。可参照浙江省、广东省的做法（浙江省自2004年省财政拨出5000万元经费支持村庄规划编制，广东省每年由省财政拨出2500万元用于重点中心镇规划的编制），省财政连续三年每年拿出5000万元专项经费用于扶持经济薄弱地区村庄规划的编制；对于县域人均GDP超过2万元的经济发达地区，村庄规划经费因由县（市、区）、乡镇、村负责解决。

1）进一步精简乡镇规划建设管理机构，优化管理人员。按照相关法律、法规和文件，进一步合并乡镇规划建设管理职能范畴的相关专业管理部门，清理超编和临时聘用人员，通过考试录用专业技术人员，并逐步实行持证上岗。鼓励各地制定优惠政策，吸纳规划建设管理专业大中专毕业生从事乡镇规划建设管理工作，改善江苏省乡镇规划建设管理队伍的知识结构，提高管理水平和服务质量。

2）由县（市、区）解决乡镇规划建设管理机构经费。参照工商、土地等管理部门和浙江省、广东省部分地区做法，将所有乡镇规划建设管理部门作为县（市、区）规划建设行政主管部门派出机构，明确资金解决渠道，保障乡镇规划建设管理工作正常开展。

3）按区域乡镇经济发展的差异性分类解决。如乡镇规划建设管理部门不能作为县（市、区）派出机构，建议进行分类解决。对苏南、苏中地区，按照《国务院关于加强城乡规划监督管理的通知》（国发〔2002〕13号）要求，参照《省政府批转省编办等部门关于加强和改进农技推广服务体系建设有关问题意见的通知》（苏政发〔2002〕147号）做法，明确村镇建设管理人员工资、工作经费由乡镇财政全额拨款解决。对苏北及革命老区贫困乡镇，省财政每年安排4000万元左右资金，用于乡镇规划编制和规划建设管理人员工资补贴，以确保这些地区村镇规划建设的健康发展和地方稳定。

（3）深入开展“完善体制、提高素质”活动，支持社会主义新农村建设

要重点加强村镇规划建设管理所的建设。按照村镇规划建设管理所

为县级建设主管部门派出机构的规定，进一步理顺管理体制，落实基层村镇所的机构、编制、经费，减轻村镇的负担。要加强基层规划建设管理体制的管理，严格执法，强化监督和服务，充分发挥村镇规划建设管理所在支持新农村建设中的作用。县以下规划建设管理各部门都要深入开展“完善体制、提高素质”活动，都要进一步转变观念、转变职能、转变作风，不断提高为社会主义新农村建设服务的能力。

（4）成立领导小组，加强对村镇规划建设管理的领导

搞好村镇规划建设管理工作对于加快江苏省“两个率先”步伐、解决好全局工作重中之重的“三农”问题具有十分重要的意义，而村镇规划建设管理面广量大，涉及部门多，建议参照浙江省“千村示范、万村整治”的做法，成立由省政府领导任组长、各有关部门负责人参加的领导小组，加强对全省村镇规划建设管理工作的领导，尽快改变江苏省农村面貌，推进社会主义新农村建设工作的健康发展。

（五）江苏省村镇规划建设管理机构改革试点实践

2005年，省委、省政府统一部署，针对苏南、苏中和苏北区域经济发展差异性对村镇级规划建设管理体制的不同反响，选择具有典型意义的常熟市、泰兴市、启东市、新沂市、宿迁市宿豫区等5个县（市、区）的基层村镇规划建设管理机构，实施乡镇机构改革试点，积累经验，矫正偏差，以利推广。

1. 苏南常熟市

该市经济实力雄厚，改革前后全市10个镇及1个林场的村镇规划建设管理机构工作人员基本没有变化，平均每个乡镇10人以上。工作人员的工资及日常管理经费全部由当地镇政府负责。

2. 苏中泰兴市和启东市

（1）泰兴市。改革将全市各乡镇所配备的规划建设管理人员的编制按乡镇人口、地域面积等元素分类明确：一般乡镇3～5人，最多的黄桥镇配有9人。因改革前人员编制控制较严，使改革后实际减员在10%左右。主要方法：1）对乡镇超编人员通过考试淘汰一批；2）让部分年龄偏大的工作人员按规定退休。目前，全市约有100多

名工作人员。

（2）启东市。全市各乡镇成立了社会事务管理办公室，下设建设管理服务站（所）等。原有人员编制基本不变，人员工资由乡镇财政支付。实际操作中，因部分乡镇的建设管理服务站的站长升职为社会事务管理办公室主任，或部分超龄人员退休，全市 24 个乡镇的村镇规划建设管理工作人员由原来的 70 余人减为 50 余人。

3．苏北新沂市和宿迁市宿豫区

（1）新沂市。通过改革，全市各乡镇规划建设管理机构统一更名为建设管理服务所。人员工资从 2006 年元月 1 日起，全部由市财政负担。工作人员均须参加市人事局统一组织的考试，成绩合格者方予分配。全市 16 个乡镇计 197 人参加考试，考得最好的乡镇有 12 人被录用，也有乡镇无一录用者。报考人如受过省、市级及以上部门表彰的，可有 2～3 分不等的加分。被录用的 51 人按王庄镇 5 人，新安镇 4 人，其他乡镇各 3 人统一分配。没被录用者中，在半年内办理退休手续的人员可直接退休，其他人员给予少量的经济补偿费下岗分流。

（2）宿迁市宿豫区。该区现有 16 个乡镇，在编的村镇建设管理站工作人员 40 余名。计划通过改革，各乡镇成立 5 个职能办公室，其中城建规划环保办公室将承担村镇规划建设管理的职能。全区拟通过统一考试招收 39 名工作人员，镇域人口超过 5 万人的乡镇建设规划环保办公室配备 3 人；5 万人以下的乡镇配备 2 人，人员工资将全部纳入区政府财政。

4．机构改革试点实践中存在的问题

目前，各试点市改革已基本到位。实践中发现：（1）因乡镇规划建设管理机构承担着各乡镇较多的规划、建设、房地产、拆迁等繁重的实际任务，现有人员很难兼顾镇区的正常管理工作，新农村建设更是无人问津。（2）部分市在明文规定改革后人员工资、办公等经费由政府全额拨款的同时，也作出按各镇实际情况逐步解决的承诺，实际上，多数工作人员的工资短期内仍然不能纳入各乡镇财政，因此，各地违规收费现象仍然存在。

四、沈阳市县以下村镇规划建设管理体制改革经验

（一）沈阳市农村地区概况

沈阳市国土面积12980km^2，行政区划为九区一市三县，户籍人口693万人，城镇化率71%，2004年GDP1900亿元，全地区财政收入130亿元。农村地区国土面积12450 km^2，行政区划为东陵、苏家屯、于洪、新城子区（简称四区）、新民市（县级）、辽中、康平、法库县（简称一市三县），三个县城关镇、61个县以下建制镇、55个乡、8个街道办事处、1534个行政村，户籍人口251.77万人，建成区970.84 km^2。其中，位于中心城区面积986 km^2，户籍人口45万，建成区186 km^2；一市三县所在地户籍人口32.62万人，建成区56.08 km^2；县以下建制镇户籍人口38.51万人，建成区132.96 km^2。2004年农村人口年人均纯收入4347元，村镇完成建设投资14.84亿元，人均建设投资589元，其中公共基础设施投资3.91亿元，人均公共基础设施投资155元；新改扩建公共建筑20.13万m^2、生产建筑38.29万m^2、新建住宅194.35万m^2，新改建黑色路面374.56万m^2，实有高级、次高级道路4060.53万m^2，新建排水管道56km，实有排水管道509km，发展饮用自来水人口5万人，实有饮用自来水人口127.07万人，新安装路灯4180盏，实有路灯1.61万盏。

（二）沈阳市县以下村镇规划建设管理体制现状

1．机构设置

四区：市规划和国土资源局在各区设分局，实行人事、经费、业务三方面垂直管理。党组织关系隶属各区。各区设城乡建设管理局、房产局、城市管理行政执法分局。

一市三县：市规划和国土资源局在县（市）设分局，实行分局负责人、部分经费、土地垂直管理。党组织关系隶属各县（市）。各县（市）设城乡建设管理局，城乡建设管理局下设房产处、城管大队。

村镇建设管理机构：区、县（市）均设置村镇建设管理办公室。其中，有两区两县为城乡建设管理局内设科（股）室，有两区一市一县为

城乡建设管理局所属行政事业单位。乡镇政府的建设管理机构大体分为三种情况，一是乡镇政府（街道办事处）内设村镇建设办公室、建设土地股或城管股；二是乡镇政府（街道办事处）下设行政事业编制的村镇建设办公室或土地所；三是助理员制，将村镇建设纳入农业股、政法股合署办公，设专人负责村镇建设工作。

相关管理部门：浑南新区、铁西新区、农业高新区、棋盘山风景旅游区等市政府派出机构、农垦总公司、军警司单位、辽河油田、铁路、公路、民航、水利、林业管理部门。

2. 职能分工

规划和国土资源分局：根据《城市规划法》、《土地法》、《矿产资源法》，县（市）的规划和国土资源分局负责县（市）国土规划、土地利用总体规划、城镇体系规划、城关镇总体规划、专项规划、详细规划、建设用地计划、矿产资源保护利用规划编制工作的组织、审查、报批，县（市）所在地规划区、独立工矿区及辖区内国家重点工程、区域基础设施项目、房地产开发项目的建设工程规划审批、土地和城市规划监察、勘察测绘行业管理，地籍、土地出让、转让、抵押、收购、拍卖、征用、划拨管理，市以上审批的建设用地的初审、报批，收缴土地出让金、管理费和耕地占用税。四区规划和国土资源分局负责区内的国土规划、国土利用总体规划、矿产资源保护利用规划、建设用地计划、耕地保护规划编制工作的组织、报批，建设用地的初审、报批，地籍、土地出让、转让、出租、抵押的审查、报批，土地征用和划拨管理，收缴土地管理费、城建配套费和专项资金、耕地占用税，监测区域规划、建筑和用地动态。

城乡建设管理局：根据《建筑法》、《工程质量监督管理条例》、《条例》、《爱国卫生运动管理条例》、《建制镇规划建设管理办法》，负责 3000 m^2建筑面积或200 万元投资以下建设项目招投标、丙级建筑设计单位施工图审查，施工、监理、房屋拆除、燃气经销企业资质受件报审，建筑施工质量、安全监督、区、县（市）所在地公共基础设施建设、管理、村镇公共建筑、生产建筑、两层以上或占用耕地新建住宅的建设规划审批、村镇建设试点示范、村镇房屋产权登记、村镇集体土地房屋拆迁、村镇规划建设管理执法、城乡环境卫生、建设档案管理。一市三县同时还根据《房地产法》和其他法律、法规，管理国有土地房屋产权登记、国有土地房屋拆迁管理、县（市）所在地建设管理执法、收缴基础设施建设配套费。

四区房产局：根据《房地产法》，负责城市规划区国有土地上的房屋产权登记、房屋拆迁、直管公房、代管房屋、二三级房地产市场、房屋租赁、房地产经营、供暖、房产中介服务管理和监察，物业公司资质初审、窗改门初审，参与住宅小区配套计划编制和验收，组织指导住房制度改革、危房险房的防灾抢险，归集和管理房改资金，参与房地产开发规划的编制。

四区城市管理行政执法分局：根据《城市综合执法管理条例》，集中负责城区规划实施、市容环卫、市政设施、园林绿化、工商行政、环境保护、建筑市场、建筑施工、国有土地房产、房产开发、公用事业、人防工程、文化市场、民政殡葬等方面的行政处罚。部分管理延伸至较大的建制镇。

乡镇政府（街道办事处）建设管理机构：根据《条例》和《建制镇规划建设管理办法》，负责组织编制和实施村镇总体规划、建设规划、村镇空闲用地单层住宅、建制镇临时建筑的建设规划审批、公用设施、公益设施建设管理、村容镇貌和环境卫生管理、集体土地房屋产权登记受件报审、建设档案管理。

相关管理部门：公路路政管理部门牵头管理公路两侧建筑控制区规划和临时建设规划审批，负责公路运输和路政管理方面的违法、违规行为处罚；军警司单位、铁路总部、油田总部、煤矿总部、国营农场主管部门已征用地、经济技术开发区、风景旅游区、城市新区在规划建设管理方面实行封闭管理。

3. 人员编制

规划和国土资源分局：内设机构为行政办、地籍科、耕保科、规划科、监察科，全市合计 38 个科（室），行政编制 100 人，实有 113 人；

下设城市土地所、土地监察中队、土地储备中心、矿管办、土地有偿使用费征稽所，全市合计60个事业单位，事业编制541人，实有617人。

城乡建设管理局：内设机构为党办、行政办、财务科（股)、城建科（股)、建工科（股)、爱卫办。有四个区（县）设村镇建设科(股)。全市合计48个科（股)，编制146人，其中事业编制19名，实有人员159人；下设市政处、环卫处、燃气办、墙改办、质量站、安全站、设计院。有的区、县（市）还设有村镇办、自来水公司、园林处、拆迁办、城管大队、城建档案馆。合计107个事业单位，事业编制4251人，实有6077人，其中，财政全额拨款单位29个，差额拨款单位18个，自收自支单位60个。全市的区、县（市）村镇建设办公室编制39名，实有人员70人。其中，内设科（股）编制17人，实有人员15人；城乡建设管理局二级事业单位编制20人，实有31人。人员最多的新民市村镇建设办公室，事业编制7人，实有20人。有七个区、县（市）村镇建设办公室属于财政全额拨款单位，一个属于差额拨款单位。但由于区、县（市）财力、财政体制的原因，目前，仍有四个区、县（市）村镇建设办公室的经费依靠收取规划、房屋产权登记、村镇基础设施建设配套费的管理费。

四区房产局：内设机构为行政办、产权科、房管科、财务科、拆迁办，全市合计16个科室，行政编制38人，实有38人；下设房管维修处、市场办、供暖办、危房办、供暖所（供暖公司)、危房险房鉴定所、房产经理公司，全市23个事业单位，事业编制1080人，实有939人。

四区城市管理行政执法分局：内设机构为行政办、法纪科、查处科、政教科、指挥调度中心，全市合计36个科（室)，下设专项执法大队、市容管理勤务区（按街道划分)，编制289人，其中，行政编制16人，行政事业执法专项编制273人，实有252人。

乡镇政府（街道办事处）建设管理机构：有32个乡镇（街道办事处）将村镇建设管理列入政府内设机构，66个乡镇在其他科（股）设专人管理，全市合计行政编制138名，实有146人，单独设置事业单位管理村镇建设的乡镇26个，编制40人，实有91人。其中，财政全额拨款单位48个、差额拨款单位25个、自收自支单位40个。

（三）沈阳市县以下村镇规划建设管理体制现状分析

1. 组织结构适应性

现行的县以下村镇规划建设管理体制属于传统组织结构，城乡建设管理局、城市管理行政执法分局为直线职能参谋式结构，规划和国土资源分局、乡镇政府的建设管理为事业部结构。结构类型与农村的规划建设管理相对简单、管理体制处于动态环境相匹配，基本适应村镇建设向推进城镇化和实施社会主义新农村建设的阶段性转换。但仍然存在一些不适应的问题，一是规范化程度不高，目前尚无城乡规划区外建设、村容镇貌、环境卫生、村镇建设档案管理规定，公路建筑控制区规划管理体制不顺，缺少建制镇规划、村镇房屋产权登记、村镇集体土地房屋拆迁管理许可制度；二是村镇建设机构定位不准确，村镇建设管理机构是城乡建设管理局和乡镇政府的基本职能部门，但部分区、县（市）和乡镇将村镇建设机构列为派生部门，人员、人员编制和经费管理不规范；三是城乡建设分割，规划和国土资源分局负责的低层农宅规划审批、城市管理行政执法分局负责的建制镇规划建设管理执法、城乡建设管理局负责的村镇规划建设管理处罚、村容镇貌和环境卫生管理存在行政不作为问题；四是控制系统薄弱，区、县（市）城乡建设管理局与乡镇政府的建设管理机构之间属于业务指导关系，无监管能力。

2. 统一指挥性

县以下规划建设管理政出多门，达不到统一指挥的要求。规划和国土资源分局属市以下垂直管理部门，是市规划和国土资源局派出结构。乡镇政府的建设管理机构是乡镇政府的职能部门，仅对乡镇政府负责，接受乡镇人代会的监督。交通局属纵向强化部门，公路规划、路政管理相对集中于省交通厅和市交通局。在公路、铁路、电力、通信等区域性基础设施的规划建设管理中，区、县（市）只是配合部门和执行部门，在地位上与相关管理部门是不对称的。

3. 责权对等性

规划和国土资源分局、城市管理行政执法分局、县交通局的责权是对等的。但城乡建设管理局、乡镇政府存在责权不对等的问题。城乡建设管理局是当地村镇建设管理部门，缺少公路建筑控制区、改变建筑使用性质和电力、通信、水利等基础设施的规划管理权限，各项管理的控制环节与处罚环节脱节。目前乡镇政府职能不完善，责权不对等的问题更为突出，乡镇政府无交通、电力、通信、城市规划区内建筑等方面的规划管理参与权，无车辆、交通指挥、建设档案管理权和村镇建设行政处罚权。

4. 分工协作性

依据现行法律、法规，规划和国土资源分局、区房产局、城市行政执法分局的职责分工是比较清楚的。城乡建设管理局与交通局在公路建筑控制区的临时建筑的规划管理方面存在交叉问题。各单位之间的协调、配合机制不健全，存在越权行政、本位主义和权力之争，存在城乡建设管理局审批城市规划区内建筑、规划和国土资源分局不经村镇建设管理部门选址先批土地、区房产局办理集体土地上的房屋产权登记、规划和国土资源分局审批建设项目和公路路政管理不执行村镇规划的问题。

5. 精简高效性

沈阳市农村地区规划建设管理人员比例偏大，截至 2004 年底，全市农村地区规划建设管理部门编制 7686 人，实有 9221 人，含工人 4395 人，实有管理人员占全市农村地区人口的万分之十九。其中，从事城市核心区、副城区、县城的规划建设管理人员约为 4777 人，占 93.8%，从事村镇规划建设管理的人员为 297 人，占 6.2%。各部门管理人员比例凸显计划经济条件下吃财政饭的特点，城市房产管理人员实有 630 人，占城市核心区、独立城区、县城关镇人口的万分之五点八，城市环境卫生管理人员 714 人（未含雇工），占城市核心区、独立城区、县城关镇人口的万分之六点六。但城市规划管理人员仅有 98 人，占中心城区和县城关镇规划区人口的万分之零点二，城市管理行政执法人员 292 人，占城市核心区、独立城区、郊区建制镇人口的万分之三点二，村镇建设管理人员 248 人，占县以下建制镇、集镇、村庄人口的万分之一点七。另外，县以下规划建设管理协调关系多，内耗比较大，工作效率受到影响。村镇建设管理人员的文化、业务素质偏低，目前，具有建设类工程师职称的人员仅占 12 %，经过正规培训并取得建设类技术业务职称和村镇建设岗位合格证书的人员仅占 35 %，工作效率和服务质量普遍不高。

第四节　县以下规划建设管理体制改革的指导原则

抓好县以下规划建设管理工作，是推进城乡统筹发展、全面实现小康奋斗目标的重要环节，也是推进农村现代化进程，解决“三农”问题的切入点，是政府推进社会主义新农村建设工作的重要职能。因此，重视和加强县以下规划建设管理体制建设，应遵循以下指导原则。

一、城乡统筹规划

科学发展观、城乡经济社会协调发展、以城带乡，必然涉及城乡统筹规划问题。不论城市、乡村，都处在城乡二元结构转变的背景下，城市规划要考虑乡村，乡村规划是工业化、城市化内涵的扩展和延伸。城乡规划要充分体现城乡统筹、区域协调，抓城乡规划的本身就是城乡统筹、区域协调。科学规划、统筹安排才能提高投资效益，节约资源，改善环境。城乡协调发展，经济社会协调发展，有利于农业、农村经济发展，人居环境持续改善。

二、促进农民增收

乡村规划建设应按照“生产发展、生活宽裕、乡风文明、村容整洁、管理民主”的要求，协调推进农村经济建设、政治建设、文化建设、社会建设和党的建设。生产发展是建设新农村的物质基础，是解决农村一切问题的基本前提。只有发展好农村经济，建设好农民的家园，让农民过上宽裕的生活，才能保障全体人民共享经济社会发展成果。路要通，灯要亮，让群众喝上清洁安全的饮用水，让农民的子女都能上学，让更多的农民子女上大学，保证农民能看上电视，有地方娱乐等，这一切都是建立在生产发展的基础之上的。

三、多部门协调

目前，村镇规划建设与管理涉及多个部门：国土资源部门负责村镇土地规划与管理，建设部门负责村镇规划与管理，交通部门负责村镇道路规划与管理，具体工作由乡镇政府抓，这些部门之间缺乏协调沟通，只是“各行其是”，同时，也将规划建设管理的诸环节、诸方面分置于多个平行部门，部门协调难，效率提高难，不可能实行统筹规划建设。因此，整合各相关部门的职能，建立“村镇规划建设专门机构”，实行统一管理非常必要。由于原乡镇机构改革没有考虑机构的人员编制，可以将乡镇的建设、国土、交通、水利等部门的技术力量，通过整合进行优化组合，建立“村镇规划建设指导站”，配备相关工作人员，负责村镇规划建设与管理工作。

四、民主规划

农民群众是村庄的主人，是新农村建设的受益者，也是新农村的主体，要充分调动农民群众广泛参与、民主决策、民主管理的积极性，依靠广大农民群众切实搞好保持乡村田园风光的工作。村庄规划要干部、专业人员与村民结合，并经过村民大会通过，既体现村民自治，又使规划更多体现农村特点。政府对村广义上有依法行政的关系，但村务包括村庄建设规划要由村民做主、通过，政府与之是引导和指导的关系。

五、因地制宜

县以下乡镇和农村经济社会发展具有很大的不平衡性。这种不平衡性，有水平的，也有结构的。城市郊区、发达地区与不发达地区之间，乡村经济产业、就业结构不同，农民收入、社区经济实力、县乡政府的财力及对农村发展建设的投入能力，有很大差异。乡村发展的阶段、所要解决的发展任务、乡村建设和规划的内容与水平，政府和社区的公共投入比重，都差异很大。特别是政府和社区的公共投入比重将直接影响规划监督管理和实施。由现行的规划建设体制向县以下延伸，应区别发达地区、不发达地区的不同情况。机构、权责分工要因地制宜，不强求一律。要深入调查研究，因地制宜，因乡镇制宜，因村制宜。在村镇规划上，要根据当地客观条件，科学编制规划，体现以人为本和可持续发展的理念；要根据不同区域、不同条件编制不同的规划建设标准，条件好的要高起点规划建设，其他地方的规划也要适度超前。规划建设模式力求形式多样，既可生态庄园式，也可农村社区式；既可分散村落式，也可城郊集中式。

六、切实保障经费

乡村规划管理既是农村公共服务，也是政府的重要职能之一。县乡村各级领导要充分认识当前加强农村村庄规划建设的重要意义，把镇村规划建设工作列为政府工作的一项重要日程。要建设社会主义新农村，规划是龙头，经费是保障，没有一个高质量的规划，社会主义新农村建设就是一句空话。各级政府应把规划的编制经费列入政府预算，保障规划有充足的经费来源。在取消各项规划行政事业收费后，规划管理工作经费也应纳入各级政府预算，保障人员工资和经费，确保规划管理工作顺利开展。政府应采取切实措施，加大对村镇规划建设管理的资金支持和技术指导，理顺管理体制，加强村镇基层规划建设管理工作。

七、节约和集约土地

土地是农民赖以生存的基础，新农村建设应高度重视节约集约用地，保护耕地。要充分发挥土地利用总体规划的统筹协调作用，以保护耕地为前提，节约集约利用为核心，做到新农村建设总体规划要与土地利用总体规划、土地开发复垦专项规划有机结合起来，单宗建设用地应服从村庄整体规划，村庄建设规划服从乡镇土地利用总体规划，不得突破建设用地规模和擅自改变土地用途。要加强村镇建设用地管理，依据土地利用总体规划和村镇建设规划，积极引导农民充分利用山坡地、空闲地和旧宅基地建房。要严格控制宅基地审批程序，加大土地执法监管力度。县以下农用土地转为非农建设用地，受法律约束，采取农民集体土地股份化的方式进入市场，除了税收，收益应主要归农民，其分配方式由社区群众当家做主。农业用地的经营权、收益权、处分权归农民。加强宅基地规划和管理，大力节约村庄建设用地。要本着节约原则，充分立足现有基础进行房屋和设施改造，应当尽量不占用耕地和林地，防止大拆大建，防止加重农民负担，扎实稳步地推进村庄治理。

八、依法行政

充分发挥规划职能部门的作用，加大规划管理的执法力度。长期以来，村镇建设实行的是以乡为主，以县为辅的管理体制，因此，县级规划部门把主要精力集中用在县城建设上，面对点多面广的村庄建设无力顾及。各乡镇没有专门的规划管理机构，而是由其他人员兼管。县以下没有专职的规划监察执法队伍。规划审批与监察分离，使得广大农村违法建设比比皆是。因此在规划建设管理工作中，应健全各种规章制度，使管理有法可依，开展依法行政。

第五节　县以下规划建设管理体制建设的对策建议

为促进农村的可持续发展，加强县以下规划建设管理，建立和完善乡村规划管理体制，是新农村建设的当务之急。

一、加强机构和队伍建设

加强乡村规划建设管理机构乡村规划建设管理是一个庞大的社会系统工程，与广大农民的切身利益直接相关。因此，要加强乡村规划建设管理机构，努力造就一支适应发展要求的高素质管理队伍。一是要进一步建立健全乡镇一级的乡村规划管理所，做到机构、编制、人员、经费等的落实。最好是县级以下的乡村规划建设管理机构实行垂直管理，以减少地方和部门利益以及各种关系对乡村规划建设和管理的干扰。二是建议配置村一级的乡村规划建设管理员，纳入村级几大员的管理，以解决乡村规划建设管理中工作量大，管理跟不上的问题，适应目前乡村建设事业迅速发展的要求。在规划建设的过程中，还须要相应的配套机制的完善，如规划执行监督机制、规划运行与农村公共品服务同步机制、宏观与微观协调机制等。只有相应的配套机制完善起来，规划管理体制才能真正得以实行。

二、多渠道解决村庄规划编制经费

在规划体制的建设过程中，应把城乡规划编制和管理经费纳入公共财政预算，切实予以保证，但单靠政府财力难以完成，须要动员社会力量共同参与实施，应积极探索“政府引导，市场运作，多元化筹资”的模式，拓宽筹资渠道。首先，由所在街道、农村社区共同组织实施改造的方式，鼓励所在街道的参与，发挥街道、农村社区组织对村内情况熟悉、有民主决策机制的优势，有利于促进矛盾的内部消化。其次，房地产开发方式。这种方式可以适当调整地块规划的用地性质、经济技术指标及项目布局，从而降低开发成本，提高收益值。但也要注意严格控制和确保房屋质量，维护农户权益。第三，实施财政补贴或土地补偿的方式：对采用优惠政策调控后尚不能实现合理规划的地块，建议采取政府给予适当的财政补贴的办法进行改造，以达到规划目的。

三、加强村镇法规和标准建设

农村建设比城市建设更为复杂，是一项艰巨的系统工程，必须制定切合农村实际的规划建设管理法律法规，使农村建设工作按法制化、规范化的方向发展。目前，县以下规划管理体制的相关法规有《条例》(1993)、《村镇规划标准》（1994）和《建制镇规划建设管理办法》(1995）等，缺乏适应时代的最新的法规约束。而且，现行规划法规中关于农村经济社会发展的内容还存在着某些空白点，如环境保护、文化设施、防灾、供热、道路等。因此，有必要建立明确的法规，让不同的部门明确在乡村规划体制建设中的职能和作用。确定规划应由专门部门牵头，多部门协调。地方政府根据工作须要和当地情况制定一批行政法规和技术标准。提高广大农民和基层干部的法律意识，严格按照条例和规定开展工作。严格管理，把规划建设纳入规范化制度化轨道。

四、强化政府管理责任

按照“科学规划、合理布局、因地制宜、分类指导、逐步到位”的原则，搞好村镇规划建设，严格规划管理。首先，不同经济发展水平和不同文化地区设计规划的标准应不同。其次，在规划布点的指导思想上，应根据总体规划的要求和各功能区块的定位，按照环境优美、设施配套、社区服务齐全、管理良好的现代城市文明社区的理念来谋划，按照地方特色和农民生产生活须求，制定规划设计标准，改善人居环境。第三，在规划布点上，要与当地总体规划各功能区块的功能定位相一致，不应随意变动更改。在规划选址上，应重新整合原农村社区的功能，合理设定新的社区，不应仅仅局限于原有社区的规模，可突破现有行政村（社区）区划界限，并应考虑留有下一步小区发展的空间，使其更有利于与未来城市经济社会发展的衔接。要根据不同区域、不同条件编制不同的规划建设标准，条件好的要高起点规划建设，其他地方的规划也要适度超前。规划建设模式力求形式多样，要提高房屋设计水平，务求新颖别致，美观大方；要提供各种房型供农民选用。结合当地的历史人文环境及村民的生活模式，突出乡村的特色。一方面，在规划过程中，要突出农村特色、地方特色和民族特色，保护有历史文化价值的古村落和古民宅。在旧村落改造中力求注意保护原来风貌，保留原有的城墙、街巷、树木及传统的建筑形式，增加碑、坊、亭、廊和住宅里弄等，并依据历史原貌修建具有标志性的传统古典建筑，在一定程度上延续旧村落的历史文脉，使得建成后既体现出一种文化传统的沉积，又具备了现代化的生活环境，满足了人们对乡村人文氛围和社区功能的要求。另一方面，加强基本农田的保护。要把规划区内基本农田保护范围作为强制性内容，在图纸上详细标明。还有，生态环境是影响乡村规划的关键因素。所以，在规划设计时应充分考虑地形、地貌和地物的特点，尽可能在不破坏建设基地原有的河流、山坡、树木、绿地等地理条件的同时，加以利用，创造出建筑与自然环境和谐一致、相互依存，富有当地特色的居住环境来。

五、尊重农民主体地位

规划建设要以政府为主导、农民为主体，鼓励多方参与。首先，以政府为主导。乡村建设按照“生产发展、生活宽裕、乡风文明、村容整洁、管理民主”的目标要求，政府部门应搞好对各项建设的宏观调控，优化配置建设资源。近期建设规划要与经济社会发展长期规划、房地产业和住房建设发展规划相互衔接，统筹安排规划年限内的空间分布和实施时序。其次，以农民为主体。村庄建设规划要由村民做主，充分体现新农村建设中农民的作用。村庄规划要由村干部、专业人员与村民一起参与，经过村民大会通过才能实行。这既体现了村民自治的要求，又使规划更多体现了农村特点；乡镇规划要由镇人代会通过。第三，鼓励多方参与。要重视城乡互动和交流，城里的企业、机关、学校等要与农村建立合作关系，对其进行“一帮一”支援，形成全社会共同参与新农村建设的氛围。

第四章 我国乡村治理结构的完善与社会主义新农村建设

第一节 新中国成立以来乡村治理结构的演进

《中共中央国务院关于推进社会主义新农村建设的若干意见》（即2006年中央“一号文件”）中明确指出：“加强农村民主政治建设，完善建设社会主义新农村的乡村治理机制”，文件第一次用了“乡村治理”这个概念，凸显了乡村治理在新农村建设中的重要地位和作用，建设社会主义新农村，必须加强乡村治理，建立健全乡村治理机制。目前我国正处在改革的历史新起点。建设社会主义新农村，统筹城乡发展，完善乡村治理结构是迫切须要解决的重大课题。

从中央到地方，中国的政权组织共有五个治理层次，它们是中央、省（直辖市）、市（地区）、县和乡镇。乡镇是国家在乡村地方设立的基层治理单位。所谓治理（governance），就是多元主体的协同公共管理过程。治理结构的基本特征就是“多元共治”。乡镇治理的组织结构，包括乡镇党委、乡镇人大与政府、上级政府在乡镇的职能派出机关（所谓七所八站）、各类协会及社团组织等等。乡镇的“多元共治”，就是以乡镇党委为治理中心的，政府组织与社会组织的协同运作，在保障国家职能实现的同时，促进乡村社会的全面发展和进步。所谓的“乡村治理”，其内涵不仅限定了地域，而且明确了治理主体的构成及其特征。所谓乡村治理，就是性质不同的各种组织，包括乡镇的党委政府、“七站八所”、扶贫队、工青妇等政府及其附属机构，村里的党支部、村委会、团支部、妇女会、各种协会等村级组织，民间的红白喜事会、慈善救济会、宗亲会等民间群体及组织，通过一定的制度机制共同把乡下的公共事务管理好。“乡村治理的制度”是一种制度化的治理结构。这种治理结构的基本要素，一是权力在乡与村两个层级的纵向与横向配置，即乡村权力结构；二是制度规范，也就是分别约束乡级组织和村级组织的那些法律、法规和自定的规章制度等；三是政策与制度的结合情况。政策与制度的结合，其实就是治理的动态过程，是政策通过一定的制度框架或制度平台得以实施的过程。建设社会主义新农村，要积极探索乡村治理的新模式、新机制。

乡镇政权是国家在乡村基层设立的政权组织，是整个国家政权行使政治与行政管理的基础。乡镇政权组织机关，既是乡村社情民意向上表达的基本渠道，也是党的方针政策和政府法律法规的输出终端。国家的各项农村政策、工作任务必须通过乡镇党政组织才能得以贯彻落实。毫无疑问，建立乡镇的良好的治理结构（good governance），是国家政权建设的基础，也是巩固党的执政地位和国家长治久安的战略工程。新中国成立以来，中国的乡镇政权设置多有变动，乡镇基层治理结构也随之变化。我国的乡镇政权制度大致经历了乡－村政权并存、乡政权制、人民公社制和乡政村治这四个发展阶段。就国家政权组织结构来看，中国的政权组织设置到乡为止，其下的“村委会”或“生产大队”、“生产队”等组织形式，都不属于国家政权组织的范围。乡镇人员一般是国家干部，其工资及福利待遇由国家财政负担；而村级干部保持农民身份，一般不脱产，其办公经费、工作补贴和有关待遇主要由村提留负担。这是区别乡－村两级干部从而区分乡政与村政的一个重要标志。同时也表明，现代的乡镇治理结构也具有传统的“官民共治”特征。

一、乡－村政权并存：1950～1953年

按照1950年12月政务院颁布的《乡（行政村）人民代表会议组织通则》和《乡（行政村）人民政府组织通则》的规定，1. 乡与行政村并存，同为农村基层行政区划，其规模由一村或数村构成，户数在100～500户之间，人口在500～3000人不等。这种乡建制可以视为“小乡制”。2. 乡、行政村的人民代表大会一般由直接选举的乡村人

民代表构成，任期一年，可连选连任；一月开会一次，不设常设机关，只由会议选举主席1人，正、副乡长当选后可兼任，其职务主要是主持会议，联系代表，并协助乡人民政府筹备下届会议。人民代表会议的职权为听取、审查政府工作报告，向政府反映人民群众的意见和要求，建议和议决本乡兴革事宜。审议本乡人民负担及财粮收支事项。3. 乡、行政村政府是本行政区域行使政府职权的机构，它由同级人民代表会议选举的正、副乡（村）长和若干名委员构成，任期一年，可连选连任。选举产生的正、副乡长须经县政府批准，乡长主持每十天或半月召开的一次乡政府委员会会议，领导全乡工作。乡政府设文书一人，承乡长之命办理文书事宜。乡政府还可视工作须要设立各种经常的及临时的工作委员会，其主任委员由乡政府委员兼任。乡政府的职权主要有：执行上级政府的决议和命令，实施乡人民政府会议通过的决议，领导和检查乡政府各部门的工作。4. 在这一过渡阶段，县以下大多置区，区为政权实体或为县的派出机构，由它们领导乡（村）政府的工作。这种乡政体制有助于政府集中管理和对乡村社会的政治控制。

二、乡政权制：1954~1958年

1954年，新中国颁布了第一部《宪法》。这部《宪法》对中国的乡村基层政权建制作了原则规定：乡、民族乡是农村基层行政区划，乡政权是农村基层政权，是国家政权的有机组成部分。这样以宪法形式确立乡建制的法律地位，在中国宪政史上还是第一次。1954年初，国家民政部门（当时的“内务部”）为适应农业合作化和集体化的须要，发布了《关于健全乡政权组织的指示》，对调整、加强乡政权作了新的规定，即乡人民政府一般应按生产合作、文教卫生、治安保卫、人民武装、民政、财粮、调解等方面的工作，分设各种经常的工作委员会。各地可依据具体情况合并或调整，但最多不能超过7个。居住集中而无必要设立工作委员会的乡，亦可以不设，由乡人民政府委员会分工进行工作。宪法和地方组织法，肯定了内务部指示的精

神，更全面地规定了乡人大和乡人委（即政府）的职权、组织结构和工作制度。

从互助合作到人民公社，这一时期乡政权的基本特征是：1. 撤销原有的“行政村”建制，乡、行政村统一为乡建制，设立乡政权。2. 在少数民族聚居地区按一定条件设置民族乡。3. 乡、民族乡的权力机关是乡人民代表大会；行政机关是乡人民委员会，它既是本级人民代表大会的执行机构，又是上一级人民委员会的下级机构，须要同时对两者负责并报告工作。4. 具体规定乡人民委员会组成人员为 3 ~ 13 人。5. 原则规定了乡人民委员会职能部门的设置、构成、工作制度和 11 项职权。6. 规定乡人民代表和乡人民委员会每届任期为两年。

乡政权以下的治理单位是自然村，治理的组织包括村党支部、合作社、青年团、妇女会等。村庄社区治理的公共权力主要由村党支部和上级下派的工作组来行使。这种治理结构是乡 - 村政权“共治”结构的发展。然而这种比较合理的结构只运行短短 5 年就被人民公社的新治理结构所取代了。

三、人民公社制：1958 ~ 1983 年

人民公社的治理是全能主义的治理结构。按照“一大二公”和“党、政、军、民、学统一”原则建立的人民公社，是一个集政治、经济、文化和社会管理事务为一体全能主义治理模式。人民公社下设生产大队和生产队两个治理层次，从而形成“公社 - 生产大队 - 生产队”三级治理组织体系。这个组织体系建立在“三级所有、队为基础”之上。公社是农村各项工作的领导和管理机关；大队是公社的执行机关，也是一个上传下达的中介组织；生产队是社员集体经济生活和政治活动的基本场所，是农民集体劳动、集体分配的基本单位。

公社管理委员会履行乡政府职权。从理论上说，公社的权力机关是公社社员代表大会，大队的社员代表大会和生产队的社员大会分别是大队和生产队的权力机关。公社的管理机关分别是公社、生产大队和生产队的管理委员会（管委会），这些“管委会”在 1967 ~ 1978 年称为

"革命委员会"。各管委会分别由主任、副主任和委员，大队长、副大队长和委员，生产队长、副队长和委员组成。按人民公社的条例规定，这些成员都应该由社员代表大会或社员大会选举产生，任期2年，连选连任。而在实际上，大多数公社以及生产（大）队干部，由公社党委领导培养、任命而来。尽管当时也强调"民主办社"，试图建立健全"社员代表大会"、"社员大会"等农民政治参与制度，但受"一元化"领导体制和"以阶级斗争为纲"政治路线的支配，"民主办社"一般流于形式。农民的政治参与一般是被发动参加各种"斗私批修会"或"政治大批判会"等。这种治理结构下的管理体制，强化了国家对农村的政治、经济、文化和社会控制。

四、乡政村治

1983年10月，中共中央和国务院作出了政社分开，建立乡政府的决定，由此建立了"乡政村治"的治理结构。20世纪80年代的中国乡村治理结构的改革，归纳起来大致有三种形式：1. 一社一乡制，即把原来的一个公社改变成一个乡建制，设立乡政权，采取这种形式的乡政权占全国建乡总数的55.33%。2. 大区中乡制，即把一些较大规模的公社撤分为两三个乡，然后在县乡之间设立若干个区公所，区公所为县政府的派出机构，领导、协调各乡政府的工作，这种形式占13.84%。3. 大区小乡制，即把原来的公社改为区，大队改为乡。区设区政府或区公所，名为县政府的派出机关，实为一级政权实体。由区政府领导与协调各乡政府及各下派机构的工作，采取这种方式占32.83%。

作为当代中国乡村的基础性治理结构，"乡政村治"模式就是"乡镇政权+村委会制"。其特征，一是乡（镇）为国家的一级政权机关，其组织设置与县（或县级市）级组织相一致，采取上下对口、条块结合的组织原则。二是在乡镇以下的村庄，国家不设政权组织，而是依法设立"村委会"，由村民直选村委会组成人员。当然，村委会成员不吃"皇粮"，其活动经费和工作报酬和由村集体经济收入供给。村委会不是一般的群众性自治组织，而是一个综合性的社会治理单位。

第二节　改革开放后乡村治理结构的现状

一、从人民公社“三级所有，队为基础”向“乡政村治”过渡

1978年11月24日，安徽省凤阳县小岗村的18户农民，以敢为天下先的胆识，按下了18个手印，搞起“大包干”，从此解开了中国农村改革的序幕。小岗村的改革，推动了联产承包责任制在全国农村的推广，乡村生产体制发生了重大变化。广大农村普遍实行联产承包责任制，改变了农民在集体经济组织中缺乏经营自主权和管理自主权的状况。人民公社体制下高度集权的行政干预体制已经不能适应形势发展的须要，“三级所有，队为基础”的格局宣告终结。然而，乡级以下的组织没有及时建立起来，农村因此而一度出现了公共事业无人管、公益劳动无人理的局面。随着人民公社体制的解体，原来的“三级所有、队为基础”开始被打破。但是，相应的管理体制改革却没有跟上。受人民公社体制的影响和束缚，面对一家一户的生产方式，一些村社干部不知道如何管理才好，还有一些抽调到公社工作的农民不再去上班，而是帮助家庭管理承包地。随着分田到户，原先生产队的凝聚力和约束力逐渐减弱，村队干部对村里日益严重的赌博、偷盗、乱砍滥伐集体山林等现象束手无策，有的干脆撒手不管。一些地方的公社、生产大队、生产队陷入了瘫痪、半瘫痪状态，不能正常的发挥作用，其结果是乡村治安混乱，偷盗、赌博、斗殴等现象时有发生，公共服务和公共设施缺乏管理，严重影响了农民群众的生产生活。为了能维护村庄良好的秩序和加强对公共设施的管理，1980年，广西河池地区宜山、罗城两县农民自发建立一种全新的基层组织形式——村民委员会。其最初功能只是协助乡政府维护社会治安和集体水利设施，后来逐渐扩大到村民对农村社区政治、经济、文化和社会生活多方面事务的自我管理，最终演化为一种基层群众性自治组织。与此同时，四川、河南、安徽、山东等地也陆续出现了与此相类似的组织形式。这种农村管理模式受到了中央领导的肯定，并在全国加以推广。1982年8月，中共中央和国务院肯定了广西等

地农民自发组织和设立的各种形式的基层群众自治的经验，并把村民委员会的性质、地位写入了新宪法。可以说，我国实行村民自治的初衷，就是意图将处于分散状态下的农民重新纳入国家力量的范围，通过村民自治重建农村基层政权的合法性基础。1986 年 9 月 26 日，中共中央、国务院发出《关于加强农村基层政权建设工作的通知（草案）》，开始把注意力集中到乡以下的村级组织建设。1987 年 10 月，十三大报告进一步提出，“要充分发挥基层群众性自治组织的作用，逐步做到群众的事情由群众自己依法去办。”同年 11 月，第六届全国人大常委会第 23 次会议通过的《中华人民共和国村民委员会组织法（试行）》，标志着我国实行“村民自治”进入了制度化运作的阶段。此后，全国有 25 个省级行政区制定了实施办法，有 7 个省级行政区制定了村委会选举办法，各级政府对村民自治发布了许多指导性文件。在国家民政部和地方各级民政部门的指导下，1990 年以来，全国农村广泛开展了村民自治示范活动，基本形成了省抓村民自治示范县、地区抓村民自治示范乡镇、县抓村民自治示范村的格局。根据 10 年左右的试行与示范，第九届全国人大常委会在广泛征求意见的基础上，于 1998 年 11 月正式颁布了《村民委员会组织法》。从此，农村原来的生产大队开始以自治的形式由村民选举自己的当家人。

家庭承包经营的出现直接动摇了人民公社体制的根基。国家原来运用政权的力量，以人民公社的形式组织农民、治理乡村的方式面临严峻挑战，国家面临的突出问题之一是以何种形式将分散化的农民重新组织到国家体系中来，实现对乡村的有效治理。也就是说，人民公社体制的终结，急须另外一种体制来替代。乡镇政府作为人民公社的替代品历史地登上了舞台。家庭联产承包责任制迫切要求改变“政社合一”的农村管理体制，1980 年 5 月下旬，在四川省委的支持下，中共广汉县委在向阳公社进行人民公社体制改革试点，撤销向阳人民公社，恢复建立向阳乡党委、向阳乡人民政府。1982 年 12 月 4 日，五届全国人大第五次会议通过了中华人民共和国宪法。宪法第十五条规定：“省、直辖市、县、市辖区、乡、民族乡、镇设立人民代表大会和人民政府。”为了落实宪法精神，1983年中共中央、国务院发出《关于实行政社分开建立乡政府的通知》，全国开始废除人民公社，实行政社分开，建立乡镇政府。1985年春，建乡工作全部完成，全国5.6万多个人民公社、镇，改建为9.2万多个乡（包括民族乡）、镇人民政府。从此，乡政村治的乡村治理模式基本上在全国确立。

二、县乡综合改革的探索

随后，各地在改革开放过程中，开始探索完善乡村治理结构的新举措，中央也在大量基层实践的基础上予以总结推广。从1986年开始，国家开始探索县乡综合改革试点工作。1986年9月，中央曾明确指出："全国农村人民公社政社分开，建立乡政府的工作已经全部结束。但由于这项改革的时间不长，与此相关的一系列配套改革措施没有跟上去，当前农村基层政权建设中还存在不少问题，主要是党、政、企之间的关系还没有完全理顺，有些地方党政不分、政企不分的现象依然存在，少数地方乡政府还没有完全起到一级政权的作用。……目前县级许多部门在乡设有分支机构，并且统得过多过死，使乡政府难以统一组织和管理本行政区域内的各项工作。这种条块分割的管理体制必须逐步改革。改革的基本原则是简政放权。"（中发〔1986〕22号文件）从1986年下半年开始，山东省莱芜市率先进行县级综合改革试点工作，把市直20多个涉农部门分支机构下放给乡镇政府管理，分流机关干部和事业单位职工多达12874人，取得了明显的成效。随后，山东诸城、河南新郑、山西隰县、湖南华容、内蒙古卓资、福建石狮、四川邛崃、广东顺德、甘肃定西等地都相继开展了县级综合改革试点。据不完全统计，全国已有23个省份确定了290个县级单位进行试点工作。1992年5月23日，时任国务院总理的李鹏同志在"全国首次县乡综合改革经验交流会议"上提出，"进行县级机构改革，一个原因固然是要解决财政问题，因为现在有一半县是赤字县，要减少和消灭赤字，必须依靠改革。但更重要的原因是要转变政府职能，以适应社会主义商品经济发展的须要。……县级机构改革方向是走'小机构、大服务'的路子，减少对企业和基层的行政干预，进一步发展服务体系。……可以设想，把县一级机构分成两类：一类是必设机构，主要承担管理和监督职能，如公安、财政、工商、审计、统计；另一类是非必设机构，中央不作规定，可根据须要由省、县自行决定，上下不要求对口。……在适当的时候，中央编制委员会将根据中央和国务院批准的机构改革方案，对县级机构改革做出全面的部署。”但在事实上，时至今日中央仍没有制定出县级综合配套改革方案。这场自下而上的县乡综合改革试点工作，没过多久也就销声匿迹了。因为没有建立健全相应的体制和机制，从1987年到1997年的10年间，我国县乡机构改革一直处于持续却无法深入的停滞状态，仍未摆脱人民公社组织的影响。

三、全国开展农村“费改税”与乡镇管理体制创新

1998年10月，十五届三中全会通过了《中共中央关于农业和农村工作若干重大问题的决定》，标志着中国农村改革开始步入了正常发展的轨道。2000年3月2日，中共中央、国务院发出《关于进行农村税费改革试点工作的通知》，率先在安徽省进行农村税费改革试点。2001年3月24日，国务院又发出《关于进一步做好农村税费改革试点工作的通知》，要求在“扩大试点，积累经验”的基础上，具备条件的省份可以全面推开试点工作，江苏省依靠自身财力率先开展自费改革试点，其他省份也选择部分县（市）进行局部的试点。2002年3月27日，国务院办公厅发出《关于做好2002年扩大农村税费改革试点工作的通知》，将农村税费改革试点范围进一步扩大到河北、内蒙古、吉林、黑龙江、江西、山东、河南、湖北、湖南、重庆、四川、贵州、陕西、甘肃、青海、宁夏等16个省份，加上江苏、浙江、上海等自费试点和安徽省，全国共有20个省份展开农村税费改革试点工作。据财政部统计，2002年全国共有6.2亿农民参加“费改税”，约占乡村总人口的3/4。2003年3月27日，国务院发出《关于全面推进农村税费改革试点工作的意见》，要求“各地区应结合实际，逐步缩小农业特产税征收范围，降低税率，为最终取消这一税种创造条件”。2003年，全国农民负担下降幅

度一般都在30%以上，中央财政转移支付资金达到396亿元，比上年净增加了91亿元。2004年1月1日，中共中央下发新的“一号文件”，把农业税税率从总体上下降1个百分点，取消除烟叶外的农业特产税。2004年3月5日，温家宝总理在第十届全国人大二次会议上郑重承诺："从今年起，中国逐步降低农业税税率，平均每年降低1个百分点以上，5年内取消农业税”。2006年，全国人大通过决议，在全国范围内取消农业税，原定到2008年取消农业税的目标提前实现。农村“费改税”是一项复杂而艰难的系统工程，而庞大的乡镇机构正成为农民负担反弹的最大隐患。因此，我国从根本上解决农民负担的问题，必须进行县乡机构改革和行政管理体制改革。于是从1998年起，我国一直开展以“撤并乡镇、精简机构、分流人员”为主要标志的乡镇机构改革。到2002年底，全国有25个省份基本完成了第一轮较大规模的乡镇撤并工作，乡镇总数由撤并前的46400多个减少到39000多个，5年撤并了7400多个乡镇，平均每天撤并4个乡镇。从2003年开始，第二轮全国范围内的乡镇撤并工作开始。据民政部公布的数据，2003年全国撤并乡镇950个，2004年撤并956个。截至2004年底，全国乡镇总数为37 334个。目前，各地乡镇撤并工作仍在进行当中。但是，乡镇机构改革预先设定“精简、效能、节约”的目标并没有达到，同时还出现了许多“按下葫芦露出瓢”的社会衍生现象。总体而言，我国目前的县级机构改革基本是“按兵不动”，乡镇机构改革正处于“动荡不安”的变局之中，继续推行村民自治也处于“左右为难”的境地。可以说，农村治理结构正处于凤凰涅槃的前夜。

第三节　当前乡村治理结构存在的问题

一、乡镇职能失位和越位并存

政府的主要公共职能是矫正市场失灵以及提供公共产品，但是，目前乡镇政府的实际工作一是收税费，以前是收费，后来是收税，现在则是变相收费；二是维护社会治安；三是向群众（主要是农民）提供服务；四是进行公共管理和公益事业建设。而前三项占了乡镇政府主要的精力和时间，但这些并不是乡镇政府的真正职能。因为收税是税务部门、工商部门、财政部门的职能，维持治安是政法部门的职能，向农民提供服务是社会中介组织的职能。第四项是乡镇政府的真正职能，因为乡镇财力有限，却无法履行这个职能，有时甚至把这个职能歪曲为向农民集资或者向农民强行乱收费。乡镇部门条块分割，乡镇难以发挥作用。乡镇实行的是“条块”结合的管理方法，但是，上级部门往往把效益好，能收费的部门收归上级职能部门管理，而那些须要花钱的部门则甩给乡镇管理。上级有关部门设置的派出机构，诸如工商所、税务所、派出所、林业站、畜牧站、粮站等10多个，这些机构工作地点在乡镇，而人财物和业务管理权都分属上级政府各部门。这种部门掌权，政府协调的体制，实质上架空了乡镇政府。结果是乡镇不能对一些事务进行协调，如20世纪90年代中期，乡镇对于粮店在收购农民粮食时的压级压价行为无权过问，因为粮店是县粮食局管理的部门；现在，在更换第二代身份证时，一些地方的派出所向农民多收费，乡镇政府也无可奈何，因为派出所虽然在乡镇，但人事权在县公安局。

在改革开放前的总体性社会结构中，人民公社基本上没有自己独立的利益，其角色知觉依附于强大的集权政治系统，是一种“代理型政权经营者”，农民权益也处于一种隐性状态。改革以后，乡镇政府是国家权力机关的组成部分，作为最低一级政府，它代表中央政府行使对地方的管理，从理论上来说，它应该和中央政府保持高度一致，但是，改革使政府间的利益分化，乡镇政府成为具有独立利益的集团，它集多重角色于一身，既是国家利益的代理人，又是谋求自身利益的行动者，成为“谋利型政权经营者”。同时，1994年分税制以后，税种分为中央税、地方税和中央、地方共享税，乡镇必须完成中央税和共享税中的上交部分，此外，由于分税制以后，乡镇必须自己筹集资金养活乡镇干部、教师、兴办公共工程和公益事业以及发展资金，因此，可以说，乡镇也有自己的利益所在，而且这些利益具有扩张性。为了这些利益，某些乡镇将政府权力私有化，成了“掠夺性政府”，农民成了乡镇掠夺的对象，在自身利益的驱使下，一些乡镇不顾中央的三令五申而加重农民负担，农民与乡镇的关系日趋紧张。

农业税减免以后，乡镇工作的任务、范围都发生了新的变化，乡镇政府职能须要重新定位。这就要求改进乡镇工作的方式方法，把乡镇工作从直接办企业、抓生产经营、招商引资、收费罚款、催收催种等繁琐事务中解脱出来，将工作重点放在典型示范引导、提供政策服务、营造发展环境和维护社会稳定上来。但是，很多乡镇的机构设置并没有进行相应的调整，其结果是“该做的工作没做好，不该做的倒做了不少”，使得乡镇职能出现了“错位”和“缺位”并存的现象。再者，免除农业税后，乡镇不再向农民收取农业税费，但是，乡镇也出现了两种倾向：一是以没钱为借口，不再向农民提供必须的各种服务；二是变相向农民收取其他费用。据调查，当前大多数乡镇主要从三个方面向农民乱收费：一是从计划生育方面向农民收取费用。为了达到收取费用的目的，一些地方甚至劝农民多生育，对农民的非法生育熟视无睹，等孩子生下来后去罚款，乡村干部称此为“放水养鱼”，据笔者调查得知，某乡向计生办下达了每月交纳3万元的罚款任务，而计生办则按照全乡人均5元收取社会抚养费，这样，该乡每年因计划生育征收的罚款就高达324万元，乡政府则收取36万元的计划生育罚没款；二是宅基地。农民盖房屋，按照国家政策，只须交纳7、8元工本费的，却被乡镇农房部门以各种理由收取1000多元的费用；三是民政部门对婚姻登记、殡葬的收费。原来婚姻登记在乡镇民政所办理，不超过10元的工本费往往却收到800多元，甚至1500多元。现在婚姻登记上收到县民政局，乡镇在这方面不存在乱收费了。但是，在殡葬改革中，乡镇则大发死人财，对于不愿意火化的农民家庭，往往给予1000~3000元的罚款。这样，乡镇的服务功能完全丧失，代之以收费和变相收费功能，乡镇与农民的关系是“索取”和“给予”的关系，而不是“服务”和“服务对象”的关系，因此，作为乡村治理主体的乡镇，与农民的关系因此而磕磕碰碰，并没有因为免除农业税而趋于和谐。

二、乡村干部人事制度存在缺陷

改革开放以后，人民公社体制被乡镇体制所代替，但是，乡镇机构在很大程度上仍锁定在改革前“党政经”高度一体化的、以行政支配为主导的旧体制上。其突出特点是权力高度集中，并缺少约束和权力制衡。社区的社会权力高度集中于政府，而政府与社会组织的权力又过分集中于党的机构，并表现在“一人化”上。乡镇干部人事制度改革不彻底。当前，农村基层干部人事制度改革中存在的问题有：乡镇干部调动频繁。按照规定，目前乡镇干部是3年一届任期，但是，乡镇干部调动过于频繁，特别是乡镇党政一把手调动太频繁，往往是一届任期未满就被调走，据对河南省Z县A乡的调查显示，该乡1982～2002年期间，乡镇党委书记共调动12次，乡长10次。三年任期太短，很多想干的事情都无法实施，以致一些干部工作中存在短期行为。干部考核机制存在很多问题和缺陷。主要表现在：按照规定，乡镇党委系统的干部由上级任命，政府系统的由乡镇人民代表大会选举产生并对其负责。但是，在现行的干部管理体制下，干部考核是由上级组织部门进行，群众评议走形式和乡镇人代会的权力不能落到实处，使得乡镇干部形成对上负责而不对下负责的现象。因为乡镇官员的“乌纱帽”攥在上级手里，他们要想升迁或保住现有位置，必须全部落实这些指标。作为“压力型体制”的最末端，乡镇干部只能完成上级任务，因此，加重农民负担、乱收费、乱摊派等行为屡禁不止，主要是因为有强大的利益在干部后面起着推动作用。在这种情况下，某些县、乡干部借口农村工作不好搞，包庇违法违纪干部，致使农村干部违法违纪查处难、处理更难。干部交流渠道不畅。当前，乡镇干部来自本乡或者邻乡的比例非常高。按照乡土“熟人社会”的交往规则，这些土生土长的干部比较容易开展工作。但是，因为他/她们与当地有千丝万缕的联系，这种联系往往使他/她们与乡民在某种程度上存在着共栖关系，不可避免地影响到他/她们的工作绩效，有时甚至为熟人办事而违纪违法。

目前的乡镇还没有走出党政高度一体化、以党代政的传统管理误区，乡镇工作基本上是党委直接管理。乡村关系中，乡镇党委领导村支部；乡镇政府指导村委会；村支部领导村委会，这种错综复杂的关系在农村治理过程中诱发了诸多矛盾。根据《村组法》规定，乡镇政府和村委会的关系是“指导与被指导”关系，村委会本来应该是村民自我管理的组织，但是，乡镇往往把它异化为乡镇的“腿”，村委会干部必须按照乡镇的意图开展工作，否则就会被乡镇非法撤免，使得一部分村委会的功能异化，由村民自治组织变成了乡镇的附属物。乡镇在压力型体制下要完成上级下达的任务，必须依赖村干部的协助和支持，因此，乡镇仍然把村委会看做是乡镇的“腿”，在选举中采取种种手段，力争使自己满意的人当选村干部。而村民自治实施后，村干部的合法性来源于村民的选票，因此，他们对于乡镇的不合理收费、摊派予以抵制，导致与乡镇利益发生冲突，乡镇就会对村干部非法任免。据对河南省有关村委会选举的100封上访信的分析，乡政府对选举的违规“控制和乡镇党委不经选举就任命、撤换村委会成员”，分别占26封和18封，占反映信的44%。而湖北省潜江市自1999年9月28日第四届村委会换届选举以来，截至2002年5月1日，全市329位选举产生的村委会主任被乡镇组织及个人违规宣布撤换（含免职、停职、降职、精减、改任他职等）的达187人，占总数的57%。由于乡镇党委、政府片面强调党领导一切，采取支部包办村委会的做法，乡镇党委、政府对村委会成员随意“诫勉”甚至停职，引起民选村官的不满，2001年3月，山东省栖霞市4个镇57名“村官”集体要求辞职。村委会与村党支部之间的权力边界模糊，关系难以协调。目前农村的很多党支部还沿用以前包办一切的做法，把发挥党支部的领导核心作用解释为党支部要掌握村中“钱把子”（财务）和“印把子”（公章），而村民自治又要求村委会干部拥有村级事务的管理权，其目标对象也指向这两者，这就发生了管理权重叠。当村支部和村委会所代表的利益发生冲突时，往往演变为党支部和村委会两者之间的冲突，特别是转化为村民要求民主与村支书的矛盾。据调查，目前“两委”的纠纷主要集中在村级财产管理权、财务管理权和人事安排权三方面，而且，越是选举动员充分的地方，书记和主任之间的冲突越多。

村干部是农村社区的管理者和利益维护者，但是，在目前的管理体制下，乡镇如果不能控制驻村干部，它就无法开展工作，所以，乡镇通常采用决定村干部工资、把村经济收归乡镇管理、给予村干部额外好处等办法来迫使村干部就范。如果村干部不与其合作，就采取刁难、调离、悬空等方法使他们无法工作而被迫辞职。这样，村干部处于两难境地，严格按照村民自治规定工作，则乡镇的许多涉农乱收费是不合理的，应予以抵制，这容易引起乡镇不满；如果按照乡镇的要求开展工作，既与村民自治相悖，又会引起村民的不满和责难，村干部开展工作如走钢丝一般，很难处理好这两者的关系。由于农民和乡镇处于实力不对等地位，乡镇的强势和农民的弱势形成了鲜明对比，大多数村干部的工作天平发生了位移而倒向乡镇，变成了乡镇的"腿"，村干部的"准行政化"倾向开始出现。有的村干部在帮助乡镇乱收费的同时也搭便车，进一步加重农民负担，乡镇为了保证自己利益，只要村干部做的不过分出格，也就睁只眼闭只眼，这就出现了所谓的"官官相护"现象。

三、乡村运转面临重重困境

目前绝大多数乡镇都负债累累，不能按时发放教师工资；没有经费办公，难以正常运转。据四川省委组织部对100个乡镇的调查显示，有各种债务的乡镇占82%，有的县（市、区）负债乡镇达100%。调查的100个乡镇中，负债在100万以上的46个，其中负债最高的镇达到1210万元，按农业人口计算，人均负债219.5元。在某县调查的15个乡镇都负债，其中最少的180万元，最多的700万元。乡镇过度负债，造成了农村党群、干群关系紧张，影响了干部队伍稳定。有的按本乡财力计算，从时间上已经借到2015年，被群众称为"空壳"乡镇。据河南省财政部门2005年的统计，全省2 100个乡镇目前总负债95亿元，平均每个乡镇负债489万元，是负债乡镇当年一般预算收入总额的1.9倍，扣除债务后，每个乡镇净负债341.2万元；全省90%以上的乡镇都有负债，其中负债1000万元以上的有179个。全省乡级财政净负债达66.23亿元。全省拖欠行政事业单位人员工资和离退休金累计约50亿元，欠发时间最长的达十几个月。虽经各级政府多方努力，截至2002年也只是偿还了1998~2000年之间的拖欠工资。以该乡为例，到2005年10月底，累计已经净欠外债680多万元，如果再加上乡镇内部站所之间以及它们与乡镇之间的债务往来，其债务额则高达900多万元。笔者在该乡调研期间，发现每天上午都有少则10多人，多则30~40人在乡长的办公室、门口及附近徘徊，他们绝大多数都是来讨要债务的。乡长的日常工作是安抚和打发这些债权人，其他工作则无法开展。免除农业税使得乡镇原来打算通过多收点税费逐年偿还债务的计划落空，对于大多数以农业税费为主要财政收入的乡镇来说，乡镇债务已经无法偿还，而新的债务还在不断地产生。免除农业税后，乡镇的财政收入锐减。以A乡为例，该乡2000年财政总收入为900.6万元；2002年为758.3万元；2004年财政总收入为534.7万元（含财政转移支付15万元），而到了2005年，预计财政总收入只有74.8万元，而财政支出则预计为229.5万元，收支相抵后还差154.7万元，再加上教师工资287万元、退休乡干部的工资以及乡镇开支约50万元，财政缺口大约在500万元。根据河南省的有关规定，财政转移支付是以2002年税费改革时的农业税为基准，2002年农业税397万元，再加上其他涉农税，大约420万元。即使这部分转移支付全部到位，再加上预计2005年该乡还将得到20万元的上级转移支付资金，仍然有60万元的支出缺口。2005年全部减免农业税将给该省各级财政带来将近29亿元的缺口，为了防止地方财政想出别的办法自己补足缺口，给农民造成新负担，河南省决定这些缺口全部由省财政承担。除了中央财政已经决定补给的18个亿，省财政要消化10.8亿，基层财政一分钱也不用承担，就是说，他们从农民手中少收多少，省财政就补给他们多少。但是，基层的行政运转成本太高了，以该乡为例，5.4万人口的一个农业乡镇，行政运转成本约50万元，使得财政转移支付不能满足乡镇的实际须要，乡镇不可避免地要产生新的债务。

四、乡镇人员超编严重，人浮于事，效率低下

我国已经进行多次机构改革，可是，乡镇人员仍然严重超编，据2001年调查，河南省开封、商丘、周口、许昌、三门峡、洛阳等6市的乡镇站所实有人员均为120~150人，是编制的3~5倍，而开封县、太康县等12县的乡镇有些机构竟然超编7倍以上，庞大的人员无事可干，也无钱办事，整个单位的工作全围绕着“找饭吃”进行。为了生存，一些乡镇机构把目光瞄准了农民，致使向农民收费的单位越来越多，项目越来越复杂，收费标准越来越高。温家宝总理曾经指出，“农村税费改革的实质，是要改革农村不适宜生产力发展的上层建筑的某些环节，最重要的是要精简机构和人员。”据统计，河南省目前财政供养人员比例大体是1:31。截至2004年底，全省2100个乡镇总编制数为16.21万名，实有人员30.23万人，超编86.5%，平均每个乡镇超编66.8人，个别乡镇甚至超编300多人。此外，全省乡镇有临时聘用人员1.25万人。据统计，目前全省超编200人以上的乡镇就有60多个，其中最多的一个乡镇竟然超编400多人。超编人员这么多，在农业税取消、乡镇财政收入大幅减少的情况下，一些地方靠举债和转移支付资金发放工资，长期下去，财政开支和农民负担就很难真正减下来。税费改革使河南省率先免除了农业税，政府由催种、催收，由计划、命令，转向市场经济条件下的市场服务，只向农民提供公共服务、社会管理，不须要那么多人、那么大的机构。而乡镇养活了这么多人，钱从哪里来？只有向农民征收，影响了免除农业税的绩效。

五、乡村干部与建设社会主义新农村的要求严重脱节

改革以来，乡镇干部队伍结构发生了深刻变化。过去的公社干部大多来自农村一线，一般是从生产队长做起，一级一级地提拔起来，通过“转干”成为公社干部，成为“工农牌”干部。也就是说，许多公社干部是“泥腿子干部”，他们熟悉农村、农业和农民，这是他们的优势。撤社设乡以后，原来的公社干部转为乡镇干部，现在他们大多退休，乡

镇干部已经换了好几茬，与本地农村的关系益发不紧密。在推行干部"四化"中，最好把握的就是"年轻化"和"知识化"。年轻化看的是年龄大小，知识化看的是受教育年限或文凭高低，于是"文凭"就成了提拔重用的硬件。随后在推行公务员制度时，大中专毕业生、复转干部不断充实到乡镇公务员队伍中来。过去的"转干制度"被"招聘制度"取代，乡镇干部逐步多层化和年轻化。虽然干部素质有所提高，但是，其服务农民、农业、农村的能力却没有明显提高。农村的发展还须要从农村本身做起，提高农业产业化水平，发挥各地的区域优势，拉长农业产业链条，提高农产品的附加值和科技含量，这些都须要乡镇提供相应的指导和帮助。农民在调整结构中对"种什么"、"种多少"、"卖到哪"、"卖给谁"等问题无所适从。同时，由于缺乏健全的农产品质量标准检测体系，造成农民不能严格按标准从事生产，流通、加工企业也难以进行准确的质量认证，农副产品实现优质优价还存在不少困难。免除农业税后，农民日益重视土地的价值，他们迫切希望乡干部能提供技术、管理和相应的服务，但是，据统计，目前，乡镇事业单位人员中，大专以上的仅占 21.24%，大专以下文化程度的占 78.76%。而且人员混岗现象严重。豫东某县的一个乡镇党政办公室还没有一个人会发电子邮件，乡镇急须的直接为农业农村服务的高素质专业技术人才进不来。由于大多数乡镇干部缺乏服务农民的技术和能力，免除农业税后，一些乡镇干部对自己的工作定位认识不清楚，甚至无所适从。正如安徽省农村税费改革领导小组办公室朱维新处长所言："取消农业税之后，乡镇干部都不知道该干什么了。"

目前，村干部的文化程度有了明显提高。但是，有相当一部分村干部的素质仍然很低。2003 年对四川省巴中市巴州区 50 个乡镇的 618 个村的村干部队伍状况的调查表明，618 个村的 1 035 名村支书和村主任（其中，支书、主任一肩挑的 201 人）中，40 岁以下的 114 名，占 11%；40～45 岁的 238 名，占 23%；45～55 岁的 549 名，占 53%；55 岁以上的 134 名，占 13%；文化程度以小学、初中偏多，且大多数村人才奇缺，后继乏人。由于乡村关系难以协调，村干部的主要任务是协助乡镇政府收取各种费用，这与村干部的民选法的基础相违背，因此，优秀人才不愿担任村干部，一些黑恶势力乘虚而入，窃取了基层领导权，导致基层干部队伍素质下降。据笔者2006年“五一”到豫西某乡调查发现，一位主持工作的村主任是文盲；一位村支书初中还没有毕业，自己没有致富能力，竟然开设赌场，鼓动本村家境较好的村民参与赌博；更有甚者，一位被公安局抓捕的村支书到外地躲避一阵后，回来竟然又自动“官复原职”，这样的村干部，如何能搞好乡村治理呢？

第四节　完善乡村治理结构的建议

一、观点综述

当前国内学术界关于县乡村体制改革的观点主要可简单归纳如下。

（一）“县政、乡派、村治”

“县政、乡派、村治”的主张者是徐勇。他的主要观点是，认为村治必须以强村为基础，即在县乡村三级中，公共财力必须向村倾斜，要保证村级必要的财力，否则，村民自治就难以实现，村庄公共工程和公益事业就无法进行，民主自治变成“空壳”民主。农村税费改革以后村级财力反而下降，与当前县乡村三者利益分配仍然以权力大小为主导有关。他主张重构县乡村利益关系，即“精乡简县”。“精乡”不是取消乡级行政，而是精简乡级行政的职能，将乡级行政真正用于必须由行政解决并只有行政才能解决好的事务方面。“精乡”的一个措施是从体制上改乡级基层政权为县级政府的派出机构，作为县以下的行政组织。“简县”首先是根据“精干高效”原则来设计和构造县级机构。尤其对于农业地区的县来说，机构设置应该主要着眼于提供必要和必须的公共管理和公共服务。其次按照权责一致的原则设计和构造县级治理体制，条件成熟时，可以实现县级领导的直接选举制。“村治”作为基层直接民主形式，由农民群众自主管理村级事务，村委会干部由村民直接选举产生并受村民监督，有利于提高村民的民主素质和干部的服务意识，它改善了干部与群众的关系，有利于社会稳定；为经济发展注入了动力；有利于基层政权的建设和各项工作的开展，因此，它是“现阶段社会主义民主政治建设的起点和突破口之一”，是“伟大的创举”、“农村改革的三项伟大成就之一”，“为中国民主化奠定了一个坚实的农村社会基础”，“基本上可以视为中国现代史上第一次真正的民主实践”。村民通过村民自治，“把一个村的事情管好了，逐渐就会管一个乡的事情；一个乡的事情管好了，逐渐就会管一个县的事情，逐步锻炼、提高议政能力。”他们寄希望通过自下而上的草根民主，最终推动整个国家的政治民主化进程，他们对村民自治的发展前景持乐观态度，这是目前学术界的主流观点。

（二）“乡治村政”

“乡治村政”的主张者是沈延生。他认为：乡类似日本的町村，以小区服务为主，以行政决策为辅，其财政体制与人事制度由上级统一制定，以防范小区恶势力对乡治的操纵。乡镇长由选民直接选举产生，乡镇自治代表机构亦由选民选举产生，乡镇干部均应纳入地方公务员系列，乡镇长等人则应算作政务官，随选举而进退。村政即将政府组织延伸至行政村，在村一级设立乡镇政府的派出机构——村公所。村公所可由1~3人组成，成员均由乡镇政府委派，由地方公务员担任，村公所经费由乡镇财政负担。在行政村还应设立村民代表会议，作为议事机关。因此，沈延生对村民自治完全给予否定，他认为村民自治是一种“理论上的怪胎”、“违背了时代潮流和群众自己的意愿”，必将导致“新形势下的绅治”，并将会“沦为历史的笑柄。”

沈延生主张“乡治村政”，与当前村民自治的发展状况及全国绝大多数学者的意见都很不一致。沈延生主张“村政”的一个主要理由是“随着城市化的进展，中国今后必然会像世界上的发达国家一样，成为一个城镇居民占人口绝大多数的国家。几亿农民将永远地离开曾经养育他们的村庄，村庄的数量将逐年减少，大多数村庄未来的命运注定是消亡”。在这一点上，徐勇认为，虽然今天我们可以用诗的语言预言大多数村庄未来注定消亡的命运，但当前县乡村体制设计必须以现实农村的状况为基础，必须解决当前中国农村存在着的问题。

（三）温铁军、党国英的观点

学术界对县乡村体制改革作了较为系统讨论的还有温铁军和党国英两位学者。

温铁军主要意见有三，一是乡政府改为县财政直接开支的乡公所，二是村一级实行自治，三是镇改建为自治政府，只管镇建成区，不得管辖有自治权的村。

党国英的主要意见是建立大农村小区，其基本想法是，第一，取消村级管理层次，村委会和村支部所承担的经济职能转移到民间经济组织，其所承担的公共管理职能转移到乡镇管理机构。第二，适当缩小乡镇规模，在乡镇小区实行“民主选举、议政结合、两委合一”。所谓两委合一，即政府委员会与党的委员会合一。温铁军和党国英的观点，都试图从整体上把握县乡村体制设计中乡村的方面。以党国印、张小劲为代表的学者对村民自治是乡村民主政治的起点及其未来的发展持怀疑态度，他们认为，很多人士对中国乡村民主政治发展估计过于乐观，而对民主政治发展的种种制约条件估计不足。张小劲认为自治制度下的村民实际的生活状况恐怕不是制度创设者所想的那样单纯。因为没有一个国家的民主政治制度是从农村开始的，更没有在与中国相似的历史条件下从农村开始进行政治改革的经验。乡村政治改革应该是全社会政治变革的最后一个环节，乡村社会很难产生推动全社会政治变革的力量，因此这种特殊的民主制度安排其“结果很难预料。”我国目前乡村“民主政治”的开展并不尽如人意，就是因为支配乡村民主政治发展的那种必然性所赖以存在的社会条件，在乡村社会还远远没有成熟起来，因此，他们提出了“中国乡村民主政治能走多远”的置疑。

（四）其他各种观点

除以上较为系统的关于县乡村体制改革观点（或设计）以外，还有诸多关于县乡村体制改革的分散的意见。以下分别列举。

在村一级，目前占绝对主导地位的意见是坚持并完善当前的村民自治制度。除沈延生等极少数学者主张实行村政外，大多数学者的讨论都集中在村民自治制度如何处理好党支部与村委会关系和建立健全村民代表会议上面。

在乡镇一级，当前学术界占主导的意见有两种，一种是完善当前的乡政，尤其是强化乡政的民主取向，如乡镇长直接选举，加强乡镇人大的地位并引入人大代表的竞争性选举制度；一种是在乡镇一级实行自治。比如于建嵘主张“撤销乡镇政府，建立自治组织；健全和强化县级政府职能部门如公安、工商、税收、计生、教育的派出机构；充实和加强村级自治组织；大力发展农村经济中介组织；开放农会等农民利益代表组织。”“乡镇自治是一种小区自治，它要求以一地方之人，在一地方区域以内，依国家法律的规定和本地方公共的意志，处理一地方公共之事务”。“乡村社会是可以通过民主选举的方式形成有利于社会发展的公共意志并处理好地方公共事务”的。于建嵘主张的乡镇自治与沈延生主张的乡镇自治显然有所不同，即于建嵘更强调乡镇自治是一种小区自治，与上级行政没有关系，而沈延生更强调乡镇自治是地方自治之一种，与上级行政关系密切，以防范小区恶势力对乡镇自治的操纵。以上两种主导意见背后的理念是一致的，即乡镇一级应该进一步扩大民主，强化自下而上对乡镇行政的监督。

另一主张是吴理财提出的“乡政自治”。吴理财认为“乡政自治”就是“在乡镇政府维持国家政权组织的基本前提下，增强乡镇政府的自主性，彻底改变它依附于县政的状况，使之真正成为乡镇小区有效治理的主体单位”，具体办法则是实行乡镇长直选，重新配置乡镇政府的权力，建立和扩大乡镇政府与乡村社会新型的多元的民主合作机制，扩大乡村人民民主参与乡镇政治的渠道，使之有足够的政治权力参与到乡镇政府的选举、决策、监督、治理等诸多层面和各种事务当中，使国家与乡村民间社会在乡镇小区治理中达成全面、积极和有效的合作。不过，如果不考虑“乡政自治”这个叫法，而从吴理财的具体论述来看，他的主张与沈延生的“乡治”和强化乡政民主取向的主张并无本质不同。

在县一级，对县制的前途，现有三种意见：强县、废县、虚县。

《县域论》的作者张春根主张“缩省、撤市、强县”，实行“新郡县制”：减少行政层次，撤销地级市和地区行署，取消“市管县”体制，形成省、县、乡三级体系；改变县级政府“责任重大，权限不够”的状况，进一步放权强县，健全县级政府职能。这种观点是人文地理学和行政学界的主流意见。强县论的依据之一是县制历史悠久。如果减少行政层次，实行地方政府三级制，理应保留成熟和相对稳定的县制，撤销变更频繁的地级建制。废县就是按照现在撤县设市（整县改市）的路子走下去，一直走到“全国一片‘市’”，“废县”的实质是变相实现地方政府四级制，即用省—地级市—县级市—乡镇来取代宪法规定的省—市—县—乡镇。

于鸣超不同意以上两种意见，而主张虚县。即实行都、府、州和坊、市、镇、乡两级地方自治的情况下，县的政区可以继续存在下去，也可以设立必要的政府架构，但不作为地方自治体，即不举行自治选举，不组建自治权力机构和自治行政机构，不设立本级财政。

这些关于县乡村体制改革的建议都有其合理性的一面，当然，不同的观点、建议也都有其片面性或者所谓的“硬伤”，只是多少不同而已。当前关于中国行政区划改革的讨论存在两个方面的问题，一是未充分考虑当前中国经济发展的区域非均衡性，二是较多自上而下的考察，缺少自下而上的考察。在中国农业型地区，如何从农村自身发展的须要和农民未来发展前景设计中国的行政建制，是十分关键的。乡镇改革是必须的，但乡镇改革绝不是简单的撤乡并镇，也不是简单的精简人员和机构就能一蹴而就的。我国目前的乡镇改革，重点应该在于改革不合理的制度，调动起基层干部的工作积极性、主动性和创造性，开展好各项社会服务工作，搞好公共管理工作，加大市场监管，确保基层各项事业顺利发展，为经济稳定快速发展提供一个宽松适宜的大环境。

二、完善乡村治理的若干建议

为此，笔者认为，乡村治理结构的转型不仅仅是乡村体制改革就能解决的问题，必须进行相应的综合改革。

（一）深入推进乡镇职能转变

改革开放以来，乡镇一直以推动经济发展为主要目标，以长期担当经济发展的主体力量为主要方式在运转，乡镇政府犹如“经济公司”充当着经济建设主体，而乡镇干部则相当于“政治企业家”，这种“地方政府法团主义”（Local State Corporatism）使得乡镇政府直接从事具体的经济活动，乡镇政府的职能严重错位。同时，乡镇政府还扮演了投资主体的角色，并动用行政力量干预农民的产业结构调整，乡镇与农民之间是一种管制和被管制的关系。受发展的强大动力驱动，在国家和地方财力有限的情况下，乡镇政府往往采取行政手段来获得发展资金，一些乡镇基层组织变成了“掠夺型国家代理人”（Predatory state agents），其结果导致农民负担沉重，农民与乡村组织关系紧张。在农村税费改革之后，农民与国家的联系变得薄弱，倘不加以重视任其发展，可能会出现某种程度的“政治空白”。为此，2005 年温家宝总理在十届全国人大三次会议上提出“努力建设服务型政府”的目标，这就要求乡镇“从过去什么都管的无限政府转向专心致力于解决和管理公共事务的有限政府；从过去人治的政府转向法治政府；从过去强制管理型政府转向公共服务的政府。”2006 年中央一号文件提出要“积极稳妥地推进乡镇机构改革，切实转变乡镇政府职能，创新乡镇事业站所运行机制，精简机构和人员。”“要按照强化公共服务、严格依法办事和提高行政效率的要求，认真解决机构和人员臃肿的问题，切实加强政府社会管理和公共服务的职能。”为此，要凸显乡镇的服务性职能，并以此为核心进行机构改革，把乡镇承担的经营性服务剥离出去，通过市场化运作来实现其职能。乡镇要进一步强化服务性功能，把那些须要政府提供的公共服务、公益事业、公共设施等真正落到实处。因此，推动乡镇政府职能由汲取资源型转向服务农民型，加快推进以乡镇机构为主的行政体制改革，将是今后农村改革的重中之重。

1. 积极稳妥地推进乡镇机构改革

我国是一个发展不平衡的大国，不同地区的乡镇经济社会发展差异性相当大，不同地区的农村对乡镇政府的要求有很大的不同。乡镇政府改革应根据乡镇所处地域、经济状况、农民组织化程度、宗教信仰、民族习惯等实际情况，因地制宜，分类进行。乡镇政府改革不能搞“一刀切”和“整齐划一”，允许地方根据实际情况确立不同的基层政府体制，赋予省级政府在基层政府体制设置上一定的自主权。

从各地乡镇政府改革的实践看，乡镇政府改革可以根据各地实际情况采取以下几种模式：一是县城驻地及部分城郊结合部乡镇，或工商业基础比较好、群众自组织化程度比较高的地方。可以考虑撤销乡镇政府，改为县级政府的派出机构；二是有一定工商业基础，但农业仍是乡镇经济中重要组成部分的地方。可维持现行乡镇建制不变，重点放在理顺职能、精简机构编制、明晰事权和财权上，通过改革建立精干高效的行政管理体制和运行机制。随着乡镇经济的发展和农民自组织化程度的提高，可逐步将其改为县级政府派出机构；三是以农业为主要产业的地方。这类乡镇一般地处偏僻，可资利用的资源贫乏，乡镇政府负债严重，农民负担重，农民组织化程度低，农村中的矛盾和问题突出。对这类可采取进行有效归并、重组，实行“扩乡、精县”的办法；四是少数民族地区的乡镇。这些乡镇一般地广人稀，民族风俗、语言习惯与其他地区不同，经济上一般比较落后，为此要加强乡镇政府的经济社会职能。

2. 切实转变乡镇政府职能

从目前的实际情况看，“十一五”时期全部完成乡镇政府改革难度相当大。但是可以先完成最重要的乡镇政府职能转变目标。按照乡镇职能的基本定位，应强化社会管理和公共服务职能，转移、合并那些与农村经济社会发展不相适应的职能。在职能界定清楚的情况下，可以将原乡镇政府履行的如保障宪法、法律的执行、保护环境等职能移交给县级政权机关，由县级政权机关或职能部门履行。将原乡镇政府履行的经济管理、经济服务职能，转移给社会中介组织和农民组织。属于为农民提供公共服务的公益性事业单位（所、站），列入县级公共财政，属于经营性单位（所、站），从政府序列划出，实行企业管理，实现政企分开。

3．创新乡镇事业站所运行机制

迄今我国乡村实际上是由乡镇政府及县市下派的“七站八所”共同治理。如果说乡镇政府主要是行政管理的话，“七站八所”更多的是公共服务，它们承担着为农业、农村和农民提供公共服务的重要职责，然而，长期以来，“七站八所”人员工资和事业费纳入财政；工作人员享受国家干部待遇；服务方式是自上而下的、单向的；站所“政事不分”、“政经不分”和“管办不分”。从根本上说，这一体制是在传统计划经济体制下对乡村社会事务实行专业化、部门化、计划化和集权化管理的产物。随着农村改革和市场经济的发展，这一体制越来越不适应，并暴露出严重的问题，如从站所设置上看，机构日益增多、人员不断膨胀；从站所的功能来看，事权不清、管办不分、功能错位、服务无力；从站所的内在机制来看，人浮于事、效率低下、缺乏活力；从事业单位的财政状况来看，筹资渠道单一，经费困难，运转艰难，反映这一体制日益不适应市场经济发展的须要，难以正常运转甚至生存下去，也是造成“条块分割”、县乡及部门矛盾以及当前加重农民负担的制度性根源，必须进行根本性改造。因此，在乡镇机构及行政管理体制改革的同时，也必须大力推进“七站八所”事业单位改革，对““七站八所”进行重新清理、分类和精简”。对于不必要的或业务相近的机构和部门予以坚决撤并，将经营性、技术性和事业性的机构从政府和行政权力中分离出来，实现“政事分开”、“管办分离”，建构与市场经济体制相适应的农村公共服务体系，最大限度地满足农民群众日益增长的物质、文化和生活的须要。

免除农业税后，农民负担主要来自“七站八所”等自收自支单位的收费，因此，要想减轻农民负担，必须规范和约束这些单位的收费。我国的制度变迁是一种强制性制度变迁，实际上是一种国家供给主导型的制度变迁，即在一定的宪法秩序和行为的伦理道德规范下，权力中心提供新的制度安排的能力与意愿是决定制度变迁的主导因素，为此，中央政府和地方政府都必须为这些单位的改革提供相应的制度保证。这些单位改制为企业后，它们既要自主经营，更要自负盈亏，为此，乡镇要把它们的管理职能剥离出来，并为它们提供相应的发展空间，对于这些单位的人员要区别情况对待，对于原来在编制的自收自支人员，要通过社会化养老、医疗保险和失业保险的方式解决其退休、看病和失业问题；今后新增人员由这些单位按照企业聘用人员的方式进行招聘，乡镇既不干预，也不再包起来，真正把它们推向市场；进一步实现这些单位与行政部门的脱钩，让它们的服务和农民购买服务的行为之间真正通过市场来实现，政府的作用是监督和管理；对于这些单位的乱收费等违法违纪现象，要明确规定由纪检、监察、司法等部门予以查处并进行处罚；要发挥工商、税务等部门的监督作用，定期对这些改制为企业的单位进行检查，以约束和规范它们的收费；对于经营不善的单位，允许其按照企业破产程序走破产之路，但对于其在编制的员工要纳入社会保障范畴，以最大限度地推动它们向企业转制。

4. 精简机构和人员

转变乡镇政府职能，必须进行相应的机构改革，要改革就必须分流人员。当前，乡镇机构改革最大的困难就是分流人员再就业渠道狭窄，大部分安排到村支部任职，这种做法也不是长久之计。为此，要拓宽分流人员的就业渠道。首先要围绕农业促就业。免除农业税后，农民种地的积极性空前高涨，他们迫切希望能得到相应的信息、技术和服务，但是，目前乡镇干部的素质远远不能适应农民的须要。我国是一个农业大国，但不是一个农业强国，农业产业结构不合理现象比较突出，农产品缺乏深加工，附加值低，大部分农产品不符合绿色产品标准，农业种植、农产品加工、销售等环节的就业潜力巨大，因此，各地要根据当地的实际情况，确定当地农业发展的总体思路，在此基础上，可以尝试有计划地选派一批分流干部到农业院校进修学习，提高他们的农业技术水平和技能，让他们成为农民所须要的干部，通过干部的技能和技术引导农民调整产业结构，拉长产业链，提高农产品的附加值，帮助农民持续稳定地增加收入，增加干部在农业领域的就业量。其次要选派一批年轻的分流干部到沿海地区挂职，既是对他们个人能力的提高，也促使他们转变就业观念，鼓励他们到企业特别是非公有经济实体就业，同时还要鼓励分流干部自我创业，并为他们创业提供必要的支持和帮助。其三要拓宽乡镇的服务领域，增加分流干部的就业机会。当前，农村打工经济比较发达，导致农村留守儿童、留守老人增多，这些留守的儿童、老人因为服务管理不到位，带来很多社会问题。随着大批青壮年农民向城市流动，农村老人的养老问题更加凸显。目前农村60岁以上的老人有6000多万，只要有1/10的老人参加社区养老，就达到600多万，至少可以提供100万~150万个就业岗位，而且还能拉动相关的产业如饮食业、交通业等行业的发展。随着我国人口老龄化的来临，社区养老市场大有潜力可挖。同时，留守儿童问题也比较突出，为此，乡镇可以有计划地增加对农村留守儿童、老人的服务管理工作，如设立代理家长来照顾留守儿童，周末对留守儿童进行学习督促，平时与学校多联系沟通，确保他们健康成长；设立留守老人联络中心，对留守老人定期回访，以便及时提供必要的服务和帮助。这些措施都将提供就业机会和岗位。其四，从建设社会主义新农村中增加就业机会。当前，我国正在进行的社会主义新农村建设为农村发展提供了重要契机，国家投入大量资金到农村的公共工程和公益事业，急须大批懂技术、会管理的人员，乡镇要有意识地根据本地建设的须要，采取短期培训和长远发展相结合的方式，提高分流人员的自身素质，增加分流人员的就业途径。此外，政府要通过实施开放政策、减免税收、无息贷款、贴息贷款等优惠措施、实行股份制改造等等方式，积极探索农村公共设施投入的新途径，吸引各种资金投向农村的公共设施，推动农村公共工程和公益事业的建设，提高就业吸纳量。目前农村道路建设、校舍维修、厕所改建、自来水建设等公共工程和公益事业急须建设，乡镇干部一般都具有丰富的管理经验，因此，可以通过兴办这些事业来吸纳他们就业。

经济基础决定上层建筑，上层建筑对经济基础具有反作用，这就要求上层建筑一定要适应经济基础。如果上层建筑超越了经济基础的发展阶段，在短时期内对经济基础具有反作用，但是，从长远来看，经济基础是要付出巨大成本的。根据这一原理，在中国的现代化过程中，乡镇逐步建立了庞大的现代国家机构，这些国家机构须要农民负担其成本，但是，中国的小农经济只能维持自身的再生产以及乡村自治的成本，它不能为庞大的国家机构提供农业剩余。以 A 乡为例，机构改革后，乡财政全供人员从 131 人减少到 79 人（领导班子和享受班子成员待遇的共 15 人；一般行政人员 21 人；财政全供事业 43 人），但向财政还要负担分流 51 人的 70% 工资以及退休人员的工资（总计约 80 万元），此外每年还须要约 50 万元的运转经费，如果再加上自收自支单位采取的各种名目向农民征收的各种费，小农经济根本无法提供这么巨大的剩余，因而免税成效很难保证。所以，乡镇治理结构必须改革，必须走乡镇自治之路。实行乡镇自治，乡镇的职能是自我服务，其他经营性职能则通过市场化运作实现，这样，乡镇的党委、政府、人大等机构必将大幅度撤并，人员也将大幅度削减，乡镇逐步实现由“养人”为主向“养事”为主转变，因事设岗，有岗须人则成为乡镇机构设置和人员招聘的原则，惟有如此，乡镇的自治机构才能与目前中国的小农经济相适应，避免了今后乡镇机构超前使得经济基础付出更大的成本。

（二）推动乡村治理结构转型

农村改革有很强的路径依赖，对这种依赖必须有效地加以总结利用。目前的乡村治理结构，基本上是沿袭了人民公社时期党的一元化领导体制。在这种体制下，国家处于强势地位，社会发育不全，国家与社会不能处于良性互动，而是形成了“强国家、弱社会”的局面，不利于社会对公共权力的制约和监督，同时，乡村治理主体单一，阻碍了众多乡村治理主体作用的发挥，因此，加快乡村治理结构转型，实现多中心治理模式，才能推动乡村治理走向善治。

1. 建立乡村多中心治理模式

乡镇职能的转变还必然要求乡村治理结构进行相应的转型。从政治学的角度来看，如何治理是一个自由的问题，而选择谁治理则是一个民主问题。目前乡村治理中出现的问题，主要是这两个问题特别是如何治理没有解决好。乡村治理结构的调整实际是调整国家与社会间的关系，具体说就是调整党、政府、社会组织和农民之间的关系。长期以来，我们在处理党内民主与人民民主的关系、行政权力与基层自治的关系方面存在失误，党的领导实际上成了党委包办一切，同时，行政权力过于强大，强国家弱社会的治理结构导致基层民主无法制约和监督公共权力，公共权力与人民民主之间没有形成良好的制衡关系，乡村治理缺乏农民的参与，其结果是乡村治理中只有乡镇党委政府唱独角戏，不利于乡村社会的建设。民主的实质是制约公共权力，为此，国家与社会关系的调整是改革的重大内容，要建立国家与社会的良性互动必须实现社会民主和国家权威的有机统一。这就要求我们探索乡村治理的多元参与机制途径，建立政府与乡村社会的新型关系，核心是革新基层政府运作，激活乡村民间力量，为此要改变政府对于乡村社会的行政性管理和控制，吸收非政府组织参与管理，让乡村内部的自主性力量在公共服务配给、社会秩序维系、冲突矛盾化解等领域发挥基础性作用，这就要从单一的政府一个中心的管理走向同群众参与管理、自主治理结合的多中心的社会治理。多中心治理模式须要我们探索重构党的领导、依法行政、基层民主三者之间的关系，尝试由党的金字塔式的乡村治理结构走向以党的领导为核心、由行政、社会组织、公民个人共同组成的弧形乡村治理结构，因此，在国家权力向社会过渡的过程中，大力发展各种农民合作组织是调整国家和社会关系的有效途径，要加大政府对农民组织的引导和扶持力度，进一步整合社会力量以便动员全党全社会的力量参与到社会主义新农村建设中去。

村级组织以效率为中心，不必苛求组织健全。现在的农村工作中，苛求村级组织“健全”占去基层政府很多精力。一个村子必须有“两委”，“两委”必得有规定数量的成员；两委之下，得有若干专门委员会，若干群众组织，这些组织还要有若干成员。在各项工作的考核中，建立健全组织成为首当其冲的项目。其实，在一个村庄的公共活动中，如果真正能发挥作用，也就是一两个人。或者说，如果真正有那么一两个人在为村子里的事情奔忙，这个村子的事务基本上就可以“搞定”。村庄里的办事机构，大可不必追求所谓“组织健全”。能健全固然好，不健全也无不可，关键是有人办事，并且能秉公办事。现在的问题是，追求“健全”本身成为重要工作，但是“健全”之后也是形同虚设。在不少地方，这个健全的组织基本上是摆设。为了这个“健全”的摆设，须要花费很多成本，要一本正经地几“推”几“选”，要有模有样地学习培训，要开一些莫名其妙的会议，要发报酬补贴，要诸多统计报表，要逐级工作汇报，凭空多了许多事情。这些事情按部就班地搞下来，村里很烦，乡镇也很烦。问题还在于，健全了以后往往有副作用，如不健全的时候不扯皮，健全以后增加了扯皮。因此，在农村工作中，不妨尝试松散的组织形式，有组织可以，没有组织也可以，只要有人张罗村庄里的事情就可以。政府的作用，主要依据法律监管乡村社会运行，依据法律规制乡村公共活动。

多中心治理模式须要国家、社会、公民共同努力才能实现。在新农村建设中，乡村治理不能忽视乡村精英（能人）的作用。古代是通过农村的能人，比如乡绅来治理农村。改革开放以后，乡村精英发生了严重分化，相当一部分走向城市，留在农村的精英很多都成为体制内的管理者，只有少部分的精英游离于体制之外。在农村税费改革前，由于农民负担沉重，乡村在征收统筹提留时采取了一些不太合适的手段，特别是村干部配合乡镇干部征收，引起农民群众对村干部的不满，一些地方村干部没有号召力和威信，甚至到现在，一些农民群众对这些干部还有抵触情绪，这些村干部仍不能把群众团结起来。而体制外精英不是经过体制程序选拔出来的，他是农民群众自发认同的产物，因此，他们具有强大的群众基础和认同度，通过他们，很容易动员农民群众参与到公共事务和公共工程中来。所以，新农村建设要重视农村这部分能人的作用，鼓励、支持、引导他们把农民群众组织起来，投入到新农村建设中去。要为这些精英和能人发挥作用创造条件，在涉及义务劳动、集资等问题时，要征求他们的意见和建议，并请他们发动农民成立建设小组，农民自己收钱，自己管钱，乡村干部不见钱。通过乡村体制外精英的努力，实现乡村治理的多元化。

2. 完善村民自治，推动乡镇自治

目前的县乡公共管理体制存在着深刻矛盾，主要表现在：一方面是传统农业和农民对公共品低水平的须求，另一方面是“产值”巨大而效率低下的政府对公共品的供应。这种供须间的不平衡才是危机发生的直接原因。解决这个问题，我们应该建立一个公共品供须平衡的乡村治理结构。其根本原则是：在现阶段，乡村公共品的供应必须要依靠乡村社会内部的非货币化制度安排，这种安排在政治上便是乡村社会的高度自治。按照这个基本思路来建立乡村社会的治理结构，必须加快村民自治步伐，并逐步向乡镇自治延伸。“十一五”时期，我国可以在试点的基础上寻求村委会选举的技术改进，制定《村委会选举法》，解决选举过程中的程序公正问题。要完善选举创新机制，健全自治组织体系。民主选举是民主决策、民主管理、民主监督的基础和前提。要进一步完善这一新的选举形式，切实按照选人标准和选人程序，规范选举活动，尊重选民选举权的正常行使，让农村群众选举自己满意的、信得过的人管理村务。完善依章办事机制，加大监督管理力度。完备的规章制度是村民自治工作正常开展的前提，对于村委会依法管理、依章办事，保障村民民主权利的实现具有重要的意义。因此，要进一步完善村民会议、村民代表会议、民主理财、民主评议村干部、村务公开等各项制度。同时，建立健全党组织和村委会联席会议制度、村民自治章程。通过制度的落实，不断加大民主管理、民主监督的力度。在依章办事中，落实村务公开制度尤为重要，凡是群众关注的问题，尤其是与家家户户切身利益密切相关的事情，都要定期向村民公开，接受群众监督。任何权力失去监督必然被滥用，只有强化监督，保证村民对自己选举的“村官”能够依法、依章行使弹劾权、质询权和罢免权，才能不断提升村民自治的水平。完善工作协调机制，多为群众排忧解难。村党支部在村民自治工作中的定位，党的“十六大”报告已作了明确规定，即要确保党支部在村民自治工作的领导核心作用，但主要是对政治思想和组织的领导。因此，要理顺镇与村委会、村党支部与村委会的关系，切实扩大村委会的制度空间，加大村委会的自主性。镇政府要减少对村委会工作的行政干预；村党支部要放手支持村委会的工作，积极探索建立党支部、村委会、村民代表会议三种组织相互制衡的新型关系，形成村民自治的合力。在此基础上，要进一步研究为村民群众排忧解难的方式方法。如农村的土地被征用后，如何解决失地农民的后顾之忧？总之，只有多为老百姓着想，只有充分发挥村委会的作用，才能促进村民自治工作的健康发展，才能加快我市农村全面建设小康的步伐。

不仅要实行村民自治制度，还要把自治制度逐步推进到乡镇一级。没有自治，就无法形成非货币化的公共品交易的社区合作。在村级社区走向衰落的背景下，乡镇一级社区将是农民进行公共品交易的基本平台，如果自治停留在村一级，其意义会大打折扣。在相当长的时期里，乡镇一级自治政府的行政经费要由上级政府通过转移支付解决。“十一五”时期，一些地方实行乡镇自治的时机将逐步成熟。对工商业基础比较好、群众自组织化程度比较高的乡镇如江浙、广东沿海一带的乡镇可以有选择地开展进一步扩大乡镇自主权试点。改革乡镇主要领导产生方式，扩大群众参与选举乡镇干部的范围和渠道，积极探索由选民直接选举乡镇长，形成符合各地实际情况的乡镇自治模式。如深圳的大鹏镇“两推一选”镇长的探索，山西省临猗县卓里镇的“两票”选任乡镇主要领导干部探索，四川省遂宁市市中区步云乡进行的直选乡长的探索，湖北省京山县杨集镇“海推直选”镇党委书记和镇长的探索等，都有很重要的借鉴意义。

3. 培育乡村民间组织

民间组织可以和政府结成良好伙伴关系，共同为社会公共须要服务。在新的社会条件下，我们应该首先将这些组织看着合作伙伴，而不是异己力量。这些组织有许多优势。首先是工作目标明确，能够专门针对某项公共须求开展工作，这些工作往往是政府难以顾及的；其次是与公民的亲和力强，因为这些组织本身存在于民众之中，与民众的互动关系密切；第三是组织形式灵活多样，容易形成强有力的组织运作体系；第四是这些组织依靠公益性、信念来开展工作，在民众中公民具有强大的感召力。民间组织能够广泛地动员社会资本，在许多情况下能够提供政府无法提供的公共物品。在市场经济的条件下，如何建立乡村社会的公共秩序，对于政府的执政能力是一个很大的考验。传统中国农村有一些很好的治理经验，国外新公共管理运动的实践也可资借鉴。这些过去的和外来的治理智慧，可以为现在的乡村治理服务。

大力推动乡村民间组织的发展，开拓农村公共事务方面志愿者活动的空间。大量的公共事务在民间组织那里也可以处理。民间组织不须要农民纳税，其领导职位常常能吸引志愿者充任。民间组织活动越是广泛深入，政府活动的成本就越减少。积极引导和鼓励发展农村新型合作经济组织。当前，农村新型合作经济组织作为分散的农户面对大市场，获取各种社会化服务的重要载体，在乡村治理中扮演越来越重要的角色。积极引导和鼓励发展农村新型合作经济组织不仅有利于农村产业结构调整，实现规模经营，还可以为下一步转变县、乡政府职能创造良好的条件。改革开放以来，各地在发展农村新型合作经济组织方面进行了一些探索。但是这些组织普遍存在规模不大、发展速度不快、稳定性较差等问题，难以满足农村经济社会发展的要求。我国应当尽快改善农村新型合作经济组织的法律和宏观政策环境，为专门的合作社立法。在法律上明确其财产关系和责任形式，明确其与政府的关系，明确政府对农村专业合作经济组织的扶持政策。在其发展初期，应当对农村新型合作经济组织免征所得税和营业税；对农村新型合作经济组织的生产性基础设施建设、技术引进、人员培训、农产品促销等，财政应当给予一定补贴；还应当建立对农村新型合作经济组织的贴息贷款机制。要压缩乃至取消现有的传统集体经济这个层次，代之以农民自愿组成的各种专业合作社。为此，首先要改革土地制度，剥夺村、乡两级干部对土地的控制。这将大大缩小乡村干部的事权范围，有利于精简公务人员的数量。同时，把土地财产权归还农民，还将减少乡村干部岗位的“含金量”，有利于志愿者参与公务活动。其次还要逐步将现有集体经济通过改制转变为股份制经济或其他形式的私营经济，从根本上解决乡村干部集经济控制权和公共管理权于一身的弊端。

4. 村干部从“政府雇员”向“村民雇员”的角色回归

虽然村干部的基本身份是村民，但是，现在基层政府对于他们的激励安排，基本上采取了政府内部的管理办法，或者说是把他们作为政府官员来管理了。乡镇普遍对村干部实行目标责任制考核，村级干部的工资标准，由乡镇政府核定。与前几年相比，目标责任制的工作内容越来越多，而且指标越来越细，激励手段中依靠物质奖励的比重越来越大，与此同时，普遍反映这套办法越来越不管用。取消农业税以后，许多地方依靠转移支付维持基层组织，村干部的工资补贴不仅由政府确定，而且由政府直接支付。从供养的角度看，村级干部已经完全成为“政府的雇员”。从干部本人来说，能拿政府的薪水当然求之不得，但是，从乡村治理大局来看，这样做是有问题的。因为政府为村干部发工资，割断了村干部工资与村民的关系。根据村民自治的规定，村干部拿不拿工资，拿多少工资，应该由村民自主决定。村民应该成为村干部的“老板”，村干部才能认真地为村民“打工”。政府越过村民直接包养村干部是不合适的。这样包养下去，也许将包养出一个脱离村民和乡村社会的“特殊的民间官僚集团”。在政府看来，这是为农民做事的人，在农民看来，则是为政府做事的人。但是很可能，政府的事情和农民的事情都不做，因为政府和农民都管理不了他们。但是，有的地方把村干部报酬集中到县里发，直接由县委组织部管理控制，由县里每月往村支部书记、村主任两个人的存折上划款。对于这些村干部来说，村民直接了解他们，乡镇大致了解他们，但是，对于他们却无从激励；县里对于他们一无所知，却在掌管他们的补贴工资。其实，放在全国 3 万多乡镇、60 多万村庄的具体条件下，村干部拿不拿报酬，可以灵活处理和分散解决。如果村干部应该拿，那么拿多少，或者哪个人拿，哪个人不拿，在什么样的情况下拿，都可以结合本村本人情况，由社区或者基层政府具体处理。现在由上级来个“集中支付”，看上去是统一了行动，其实是制造了矛盾。在“集中支付”的管理下，一些不做事情的村干部照常拿报酬，但是村民没有任何办法，甚至乡镇也没有办法；一些不在工资册上的村干部热心为村里做事情，却得不到任何报酬。从根本上说，自治基础上的社区工作者的报酬工资，应该完全由社区组织内部决定。村干部的工资问题，应该根据村里的情况，由村民来决定。让村民和村庄自己来解决村庄干部的报酬问题，这不仅是基层自治的内在要义，也是解决农村若干矛盾冲突的可行思路。只有让村民决定村干部的工资以及其他激励措施，才能提高村干部服务农民的意识和能力，也才能矫正以前村干部的“准行政化”倾向，促使村干部从“政府雇员”的角色中逐步回归“村民雇员”的角色，也只有这样，乡村治理中才能体现农民的意愿和呼声，也才能把多中心治理模式落到实处。

（三）建立以维护农民权益为核心的现代乡村公共治理机制

我国农村社会利益逐渐多元化，乡村公共治理面临新形势。随着我国市场化改革的深化，广大农民广泛地参与各类市场经营活动，农户已经成为独立的微观经济主体。在这个大背景下，利益多元化已经成为我国农村社会关系变化的基本趋势。从当前农村的利益结构看，数量较多的农民处于相对弱势的地位，往往缺乏能力和渠道来表达他们的利益诉求。利益关系的失衡使得乡村社会出现了较多的利益冲突和利益纠纷，由此乡村社会群体上访和群体事件逐渐增多。从有效地化解乡村社会矛盾，维护农村社会稳定出发，完善乡村公共治理已经成为新农村建设面临的迫切任务。为此，要把维护农民权益作为完善乡村公共治理的主要目标。

1. 维护农民权益，发挥农民主体地位

现代乡村公共治理有多重目标，但是最基础、最现实的目标是能够有效地维护农民权益。“十一五”时期，要着力解决乡村社会最突出的问题：第一，使农村公共治理能够正确处理政府与农民之间的关系，着力解决乡村干部的腐败问题，改善基层政府形象；第二，农村公共治理要着力保护征地过程中农民的土地权益，使土地纠纷不再继续扩大。应当赋予农民永久性具有物权性质的土地使用权，使农村土地可流转、可抵押、可入股；第三，随着农民公共须求的快速增长，农村公共治理必须能够确保农村公共服务供给的有效性；第四，随着大量农村劳动力的进城，城乡公共治理必须能够确保农民工的基本权益不受侵犯。按照现代农村公共治理的要求，优化地方政府职能。实现地方政府的善治是建立现代农村公共治理前提条件。从我国的实际情况看，我国县、乡政府与乡村治理密切相关。在新农村建设中，县乡政府不能用集权手段包办新农村建设，不能用层层下达行政任务的手段来实现农村发展。尤其要防止新农村建设变成地方政府的政绩工程和形象工程。韩国的新村运动经验表明，在新农村建设的初期，政府的直接推动至关重要，包括中央政府的政策推动和资金支持，地方政府的规划和干预，都是新农村建设的“催化剂”。但是随着新农村建设进程的加快，县乡政府的角色要逐步淡出，把主要的职能放在社会管理和公共服务上，使农民逐步成为新农村建设的主体。按照现代乡村治理的要求，加强村民自治。实践证明，加强村民自治是建立现代乡村治理的重要环节。村民自治可以让乡村内部的自主性力量在公共服务供给、社会秩序维系、冲突矛盾化解等多种领域充分发挥基础性作用。

2. 建立公共财政，为乡村治理提供坚实的财政基础

1994 年实行分税制后，上级政府把好的税种、税源都收走了，而乡镇税源少、财政收入少，但乡镇却要承担超过其财政收入的各种支出，从乡干部工资到教师工资、从乡村学校建设到优抚、计生等费用。乡镇财政入不敷出，但在压力型体制下，乡镇必须保证上级税收任务完成、本级人员工资发放足额按时、教育建设、兴办企业等资金到位，因此，乡镇不得不负债运转。而村级组织在农业税取消后，仅依靠上级有限的财政转移支付，这点钱连办公经费都不够，更遑论建设和偿还债务了。据统计，目前中国乡村两级负债高达 6000 亿元之巨。以安徽省为例，平均每个乡镇财政减收 75.46 万元，平均负债却高达 300 万元，部分乡镇政权几近瘫痪，导致公共产品的缺位，其中以义务教育、公共卫生、农村基础设施建设的缺失尤为让人担忧。尽管中央财政已安排农村税费改革和取消农业税转移支付资金，用于支持农村税费改革的巩固和完善，其中中央财政每年通过转移支付补助地方财政就达 780 亿元。从

2006年开始，中央财政每年将安排1000亿元以上的资金。但是，取消农业税，其成本不仅是被取消的600亿（2003年）农业税，还有跟这600亿有关的“搭车收费”。一般说来，纯农业地区的乡镇财政预算外收入所占比重为30%左右，乡镇企业比较发达的地区及市郊乡镇的财政预算外收入所占比重畸高，一般都在60%以上，甚至达到90%。因此，乡镇取消农业税后连运转都困难重重，而以前的债务更无力偿还，因为乡村债务问题，引发了许多社会冲突和纠纷，为此，必须建立公共财政，化解乡村债务，为乡村治理提供坚实的财政基础。首先要合理划分中央财政和地方财政的服务范围，对于义务教育、道路、计划生育、医疗卫生、饮水等公共工程和公共服务要由中央财政负担，而乡镇组织的职能均应定位在公共管理和公共品提供上，其公共支出范围也应是公共管理和公共品（或准公共品）的提供，而不应再进行生产性、经营性活动的投资和经营。要按照权责对等的原则，根据乡镇财政能力合理界定乡镇的职能，对于乡镇财政不能满足本辖区公共服务和公共管理的，上级财政要足额补助，防止产生新的债务。其次，要建立与农村相应的村级财务制度。要根据农村发展的实际情况，合理确定上级财政转移支付的力度，确保村级组织正常运转；同时，对于农村社区兴办的公益事业和公共工程，上级财政要给予适当的资助。其三，对于乡村债务，要寻找妥善地化解途径。乡村债务的产生原因比较复杂，但主要是因为普及九年义务教育、兴办企业、贷款交纳统筹提留、办公费用等。上级财政对于乡村债务要进行梳理分类，属于应该由国家承担而让乡村承担的政策性债务的，如义务教育产生的债务，应该由国家财政偿还；属于上级部门的行政行为导致乡村负债的，如强求乡村兴办企业产生的债务的，应该通过上下级之间协商解决，但原则上应该由上级帮助偿还；对于因为完成上级税费任务而产生的银行借贷债务，应该通过核销、减免利息等方式帮助乡村偿还；对于办公费用等开支形成的债务，由乡村自己偿还。

3．建立科学的干部考评体系，扩大农民群众在干部人事制度中的发言权。

改进干部政绩评价和考核方法，建立科学的政绩考核体系。改进政绩考核评价体系，就要建立能够综合体现经济、社会和人的全面发展实际情况的指标体系，在干部政绩评价标准上，既要看数字，又要看数字无法反映的东西；既要看“显绩”，又要看“潜绩”；既要看主观努力，又要看客观条件。在考核方式方法上要注意实行定性与定量考核相结合，平时考核与集中考核相结合，特别是要树立群众观点，引进社会评价机制，提高群众在政绩考核中的参与程度。同时，要根据不同地区的不同客观条件、不同的岗位要求，有所侧重，实行分类考核，努力使考核结果全面、客观、公正地反映领导干部的实绩。在全面建设小康社会的历史进程中，追求的发展，是全面、协调、可持续的发展，要结合当地经济社会发展的实际，结合职能转变，科学地、客观地考虑政绩评价的多方面因素，同时还应细化为具体的政绩评价指标，从而建立科学的政绩评价体系，避免用不切实际的指标一考了之。乡镇干部考评，关键要用群众高兴不高兴、满意不满意、答应不答应来考评判断，而非所谓的简单的经济指标。乡镇机构改革的最终目的是要为农民增加公共服务，提高干部工作效率。要想提高干部的工作效率，必须建立科学的工作考评体系。免除农业税后，乡镇向服务型政府转变，乡镇干部自然也要向服务农民转变，那么，干部的服务意识和服务水平如何，农民最有发言权。正如萨托利所言：“民主不仅仅是一种政治形式，它首先意味着寻求更多的社会保障和经济福利。”也就是说，农民参与对干部的民主考评，主要是因为这种考评与农民的利益息息相关，所以，农民对干部的评价不仅仅是一种政治参与形式，实际上还是一种理性的经济选择。在这种情况下，农民有参与干部考评的愿望和冲动，引导农民参与对干部的考评，有利于培养农民的民主习惯，推动基层民主发展，“只有民主政治历时长久以至成为传统的地方，它才是稳固的。”通过这种方式，基层民主将会稳步发展并固化为一种参与模式，减少农民的非政治参与可能性，确保农村社会的稳定与和谐。为此，要逐步改变乡镇主要领导在干部考评中的发言权过大现象，实行乡镇领导班子集体考评干部和干部任用的票决制度，加大一般干部的参与力度，真正根据干部的德、能、勤、绩来考核干部，并以此作为干部提拔重用的标准。当前的乡镇干部考评是由乡镇领导、中层干部、一般乡干部和村干部等进行考评的，考评主体来源不够广泛，特别是农民群众没有参与到干部考评中来，为此，要逐步引入干部述职和民意测验机制，让广大农民群众参与到对干部的考评中来，把农民群众对干部的考评成绩作为干部最终考评结果的重要依据；要根据科学发展观的要求完善评价内容，引导干部树立正确的政绩观和发展观，不以GDP作为考核干部的主要量化指标，而是要结合当地的生态环境、可持续发展能力、人民群众的生产生活状况、乡村基础设施建设等多方面进行考核；进一步疏通干部退出机制，对于连续2年考核不合格的干部，要实行离岗培训或者待岗制度；空缺的岗位则根据年度考核成绩从分流干部中进行递补，调动分流干部的工作积极性；逐步打破行政和财政事业编制的界限，在竞争中一视同仁，减少编制带来的竞争不公平，激励所有工作人员平等地进行竞争。

取消农业税之后，新农村建设呼唤新的管理模式和治理结构，管理模式应该从统治型变成服务型。为此，必须解决三个问题：行政部门固化的问题、中央条框的关系问题、传统的考核问题。从宏观角度来看，“三农”问题的最终解决，要取决于整个宏观体制改革。制度安排必须采用自下而上与自上而下相结合。中央必须进行相关的制度创新，进一步完善现有的制度安排，加大中央财政向农民、农村、农业倾斜的力度，让公共财政的阳光普照农村，为新农村建设提供有力的制度保障和资金保障，这是自上而下的制度安排。在统筹城乡发展过程中自下而上的制度安排，比如说，发挥民间资本投身于农村公共品尤其是准公共品的生产。在制度安排的过程中，必须尊重农民的意愿，充分地发挥农民的主观能动性，将内生的改革意愿和外部的改革推动有效地结合起来，以减少制度供给和执行中的时滞，提高效率。

乡镇改革要上下联动，注重综合配套改革。乡镇改革不仅仅是乡镇政府自身的问题，还涉及县以及县以上政府的改革，涉及乡村基层自治组织的改革。因此，必须上下结合，上要有县乃至省、市政体制改革的跟进，着力推进与乡镇对接部门的职能转变和机构调整；下要努力调动农村基层群众和广大乡镇干部的积极性，使乡镇体制与农村自治组织相融洽。我国宪法规定，乡镇的建制权由省级人民政府行使，因此，可以采取“分步走”的改革战略，统一制定规划，由各省按照规划结合实际，扎实有序地推进乡镇体制改革。乡村治理结构改革是一项复杂的系统工程，它不仅仅是机构的合并和人员的分流，更重要的是政府职能的转变、治理理念的转变、乡村关系的重新界定、治理机制的完善，因此，它须要周全严密的改革系统、配套系统、监督系统和评估系统，否则改革是难以奏效。

第五章 农村集体建设用地分类与规划标准研究

第一节 农村集体建设用地分类与规划标准几个基本问题

农村的经济发展是影响我国城乡关系和现代化进程的一个重要问题，也是当前和今后国家宏观调控政策要着力解决的问题。而土地利用方式对农村的建设和发展起着决定性的作用。党的十六大提出了科学发展观，要求实现城乡经济和社会统筹发展，这是确保国民经济持续、健康发展的战略性思路和决策，也为从根本上解决新阶段的“三农”问题，理顺城乡关系指明了方向。2008年10月党的十七届三中全会审议通过《中共中央关于推进农村改革发展若干重大问题的决定》，“允许农民以转包、出租、互换、转让、股份合作等形式流转土地承包经营权，发展多种形式的适度规模经营”，引出农村集体土地的经营性概念。在“科学发展观”与“城乡统筹”的国家宏观政策背景下，关于农村集体建设用地分类的研究，尤其是对经营性用地的分类管理的研究十分重要。此外，从规划建设管理的角度来说，农村集体建设用地分类如何贯彻《城乡规划法》的新要求，为乡规划、村庄规划编制及乡村建设许可制度管理提供科学有效的技术基础，亦是值得深入探讨的问题。在此背景下，为实现农村土地集约的使用和管理方式，不仅要科学地界定公益性、非公益性和经营性建设用地范围和内容，更重要的是针对实施乡村建设规划许可制度和农村集体经营性建设用地流转的规划管理要求，提供农村用地分类的基础性研究。

一、相关概念和定义

(一) 农村土地与农村集体所有土地

农村土地是指农民集体所有和国家所有依法由农民集体使用的耕

地、林地、草地，以及其他用于农业的土地。

农民集体所有土地是指农村和城市郊区的土地，除由法律规定属于国家所有的以外，属于农民集体所有；宅基地和自留地、自留山，属于农民集体所有。根据《土地管理法》的规定，农民集体所有的土地依法属于村农民集体所有的，由村集体经济组织或者村民委员会经营、管理；已经分别属于村内两个以上农村集体经济组织的农民集体所有的，由村内各农村集体经济组织或者村民小组经营、管理；已经属于乡（镇）农民集体所有的，由乡（镇）农村集体经济组织经营、管理。农民集体所有的土地依法用于非农业建设的，由县级人民政府登记造册，核发证书，确认建设用地使用权。

（二）农村集体建设用地

建设用地是指建造建筑物、构筑物的土地，包括城乡住宅和公共设施用地、工矿用地、交通水利设施用地、旅游用地、军事设施用地等。其中，农民集体所有的建设用地称为农村集体建设用地。目前，农村集体建设用地主要有三类：一是农民宅基地；二是村庄公共设施和公益事业用地；三是乡镇企业用地或其他非公益性用地等。示意图见图5-1。

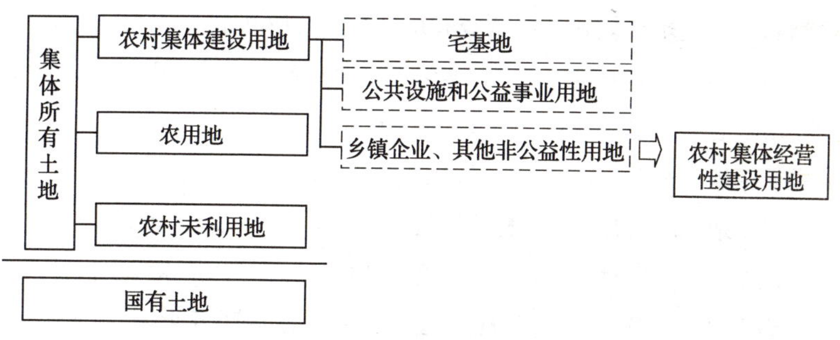

图5-1　农村集体建设用地图示

《土地管理法》规定："国家实行土地用途管制制度"，"使用土地的单位和个人必须严格按照土地利用总体规划确定的用途使用土地"。违反土地利用总体规划和不依法经过批准改变土地用途都是违法行为。乡镇企业、乡（镇）村公共设施和公益事业建设、农村村民住宅等三类乡（镇）村建设可以使用农民集体所有土地。对这三类用地的范围，法律和政策都有准确界定，必须严格执行。

（三）集体经营性建设用地

农村集体经营性建设用地是指农用地、未利用地、农村宅基地、公共利益用地（即公共设施和公益事业用地）以外的用地。农村集体经营性建设用地使用权流转，是指农村集体经济组织通过法定方式，将集体经营性建设用地使用权，转移给集体经济组织以外的其他单位或个人作工商业经营性建设使用的制度。十七届三中全会通过的《中共中央关于推进农村改革发展若干重大问题的决定》明确提出，“对依法取得的农村集体经营性建设用地，必须通过统一有形的土地市场、以公开规范的方式转让土地使用权”。

二、现行用地分类标准相关内容

（一）《城乡用地分类与规划建设用地标准》

《城乡用地分类与规划建设用地标准》（送审稿）将用地体系划分为城乡用地分类、城市建设用地分类两个部分。其中城乡用地分类，是在对《土地利用现状分类》一级类别的基础上进一步甄别，以利于城乡规划和土地利用规划在现状调查和统计上相对应和衔接。

城乡用地分类由建设用地和非建设用地两大类构成。其中，建设用地包括城乡居民点建设用地、区域交通设施用地、公用设施用地、特殊用地和采矿用地5大类，而城乡居民建设用地中又细分为城市、镇、乡、村独立建设用地。由此看来，农村地区建设用地是本次研究的重点。

（二）《村镇规划标准》与《镇规划标准》

为了更好地适应《城乡规划法》相关要求，2007年1月，标准主管部门决定，将镇与村分别制订规划标准，GB 50188—2006《村镇规划标准》更名为GB 50188—2007《镇规划标准》。

《镇规划标准》中规定该标准只适用于除县级人民政府驻地以外的镇和乡的规划，村庄规划另行编制标准。用地分类由原来的9大类28小类调整为9大类30小类，原大类分类体系除名称微调外未作结构上的调整，而在“水域及其他用地”这一类别做了较大的调整，并对部分用地内涵和定义做了细分和延伸，突出保护性用地的规划要求。

例如：单设E4保护区类用地，含水源保护区、文物保护区、风景名胜区、自然保护区等，增强规划空间管理力度；单设E5墓地类用地，加强对其管理和增长控制。E2类用地由农林种植地改为农林用地，用地范围增加打谷场等农业生产建筑用地。E3类用地由牧草地改为牧草和养殖用地，将养殖场用地划归此类等等。《镇规划标准》与《村镇规划标准》用地分类主要变化见表5-1。

《镇规划标准》与《村镇规划标准》用地分类主要变化 表5-1

类别代号		《镇规划标准》类别名称	《村镇规划标准》类别名称	主要变化
大类	小类			
R		居住用地	居住建筑用地	由住宅用地使用权人性质划分变为建筑层数划分
	R1	一类居住用地	村民住宅用地	
	R2	二类居住用地	居民住宅用地	
	R3		其他居住用地	
C		公共设施用地	公共建筑用地	名称调整
	C1	行政管理用地	行政管理用地	
	C2	教育机构用地	教育机构用地	
	C3	文体科技用地	文体科技用地	
	C4	医疗保健用地	医疗保健用地	
	C5	商业金融用地	商业金融用地	
	C6	集贸市场用地	集贸设施用地	
M		生产设施用地	生产建筑用地	名称调整，范围微调
	M1	一类工业用地	一类工业用地	
	M2	二类工业用地	二类工业用地	
	M3	三类工业用地	三类工业用地	
	M4	农业服务设施用地	农业生产设施用地	
W		仓储用地	仓储用地	未作调整
	W1	普通仓储用地	普通仓储用地	
	W2	危险品仓储用地	危险品仓储用地	

续表

类别代号		《镇规划标准》	《村镇规划标准》	主要变化
大类	小类	类别名称	类别名称	
T		对外交通用地	对外交通用地	范围微调
	T1	公路交通用地	公路交通用地	
	T2	其他交通用地	其他交通用地	
S		道路广场用地	道路广场用地	范围微调
	S1	道路用地	道路用地	
	S2	广场用地	广场用地	
U		工程设施用地	公用工程设施用地	名称调整，范围重新界定，将原属于 U1 类的防灾设施用地单独设类
	U1	公用工程用地	公用工程用地	
	U2	环卫设施用地	环卫设施用地	
	U3	防灾设施用地		
G		绿地	绿化用地	名称调整，范围重新界定，将 G2 中的生产性绿地部分划入 E2 类
	G1	公共绿地	公共绿地	
	G2	防护绿地	生产防护绿地	
E		水域和其他用地	水域和其他用地	名称调整，范围重新界定，将畜牧业生产性用地范围扩大，涵盖各类养殖场用地，新设 E4 保护区类和 E5 墓地类
	E1	水域	水域	
	E2	农林用地	农林种植地	
	E3	牧草和养殖用地	牧草地	
	E4	保护区	闲置地	
	E5	墓地	特殊用地	
	E6	未利用地		
	E7	特殊用地		

（三）《土地利用现状分类》

2004 年《国务院关于深化改革严格土地管理的决定》出台，其中明确要求："国土资源部要会同有关部门，抓紧建立和完善统一的土地分类、调查、登记和统计制度"。在《全国土地分类（过渡期间用）》的基础上，2007 年 8 月 10 日国家质量监督检验检疫总局、国家标准化管理委员会正式发布了《土地利用现状分类》，其主要特点和变化趋势主要表现在以下几个方面：一是国土资源调查是以行政为基础覆盖全域。主要目的是在统一的基础标准规划体系下，定期进行土地调查和变更调查。强调用地现状的资料翔实和时序性。二是近年来，土地管理重点由日常管理向资源合理利用、环境保护和调控城乡建设用地转变，明确提出土地管理参与宏观调控。对建设用地的管理不再按照城镇和乡村划分，在用地调查中按照用途分类，在土地利用规划中重点关注于耕地保有量、基本农田保护面积、城乡建设用地总量等的控制指标。注重土地资源的保护和合理利用，统筹管理城乡建设用地。

总的来说，《土地利用现状分类》对应于土地利用规划的编制和管理要求，土地利用规划的核心一是耕地的保护，二是建设用地控制。因此，分类体系的重点是农用地，尤其是基本农田的空间划分和调查统计。《土地利用现状分类》是在原有分类体系的模式上增加了对农村土地提取方法。表5-2给出了《土地利用现状分类》中的农村土地调查分类情况。

《土地利用现状分类》中对农村土地调查分类　　表5-2

类别代号	类别名称	范　围
05	商服用地	指主要用于商业、服务业的土地
06	工矿仓储用地	指主要用于工业生产、物资存放场所的土地
07	住宅用地	指主要用于人们生活居住的房基地及其附属设施的土地
08	公共管理与公共服务用地	指用于机关团体、新闻出版、科教文卫、风景名胜、公共设施等的土地
09	特殊用地	指用于军事设施、涉外、宗教、监教、殡葬等的土地
103	街巷用地	指用于城镇、村庄内部公用道路（含立交桥）及行道树的用地。包括公共停车场，汽车客货运输站点及停车场等用地
121	空闲地	指城镇、村庄、工矿内部尚未利用的土地

注：开展农村土地调查时，对《土地利用现状分类》中05、06、07、08、09一级类和103、121二级类按A2进行归并。

不同的目的会有不同的分类要求。现行村镇用地分类以功能为主，分类重点在于建设用地的规划，而《土地利用现状分类》重调查和现状统计，随着城乡规划法的出台和实施，原有建设用地外的范围，以及资源保护和需要控制的用地愈来愈受到规划重视。规划中不仅要引导土地的开发建设，更要加强自然和历史文化资源的保护。此外《镇规划标准》规定乡规划可参照执行。我国东、中、西部差异性极大，地区发展的不平衡和特殊的地理环境条件，造成各地的用地类别和构成存在地区差异，不同地区的规划用地分类也体现了地方不同的规划诉求。而且，随着经济的发展，用地的综合性越来越强。因此，研究认为要对现有的分类体系进行梳理，体现农村土地利用规律和特点，适应当前农村土地管理的要求，工作重点是分类划分标准的选定：依功能、流转形式、管理需求等等。分类对象应与规划区范围相衔接，尽可能覆盖整个行政范围。在分类的适用性上给地方留有一定的空间。

第二节 现有村镇用地分类标准分析

一、用地分类体系基本要求

用地分类既是土地利用规划控制目标的具体体现，又是实施控制行为的一项依据。建构一个科学、合理的用地分类体系也是各国城市规划控制和用地管理中重要的内容。由于土地利用分类具有很强的实用性和目的性，不同需求条件和控制目标对用地分类的标准和体系设计有着不同的要求。一般来说用地分类应遵循以下几个基本原则：

（一）等级完整原则

从逻辑上说，分类是一个把概念（母项）划分为若干属概念（子项）。划分出来的子项外延必须等于母项的外延。换句话说，属于母项外延的每一个子项都必须毫无遗漏地归入各子项外延中。这里需要指出的是，分类等级完整并不意味着为每一个个体确定好位置，而是随着时代发展的需要和人们认识的深入，原有的穷尽性分类应留有一定灵活性。

（二）排他性原则

这是指在一次分类中，只能根据一个标准进行。即每次划分后，各子项外延范围应不相容或互不交叉。因此，分类中必须注意划分的层次和一次划分只能根据一个标准这两个方面。

二、现行分类标准存在的几个问题

现行分类标准以土地使用功能和特性作为划分标准，具有两个等级层次的分类系统。从科学分类的角度来说，用地分类体系应有一定的动态性，原有的概念和定义应当随着规划工作的发展不断向前推进。分类体系应当有一定的开放性，随着概念外延的拓展，需要有与之对应的措施，否则会出现定义概念的外延与被定义概念的外延不等，犯“定义过宽”或“定义过窄”的错误。只有了解和明确分类对象的客观规律以及分类体系适用的目的，才有可能制定合适的控制策略，并获得满意的控制效果。现行分类标准存在以下几个问题：

（一）时效上的滞后性

分类标准中的概念是在对时下已发生的行业进行调查，结合已有对用地规律的认识和经验归纳和提炼得来的。每一项概念的定义是在所处时代背景下，对各种用地功能活动的分析和解释，是以“已发生”的内容为指导的划分。

（二）主要满足城市建设需求

在现有的分类体系中，用地划分标准是城市的建设活动和项目的用地需求。这不仅表现在分类体系的层次和各类别比例中，建设用地占据了几乎所有的位置，更为突出的是在规划编制的最后一部分工作中，要求建设用地的数量和指标必须控制在一定限度，并由此作为规划审批当中一项重要的内容。

（三）划分标准逻辑不够严密

主要出现在E类，“水域及其他用地”中虽然新增保护区分类，突出了规划中对这类用地的保护与控制要求，但在这一层次中，其他用地类别采用的划分标准为土地使用的功能，而该类别划分是属于政策性和控制性划分。这两种不同的划分标准对应不同的规划目的，出现在统一划分层次中，显然难以避免用地概念子项交叉和跨越的现象，用地归属不明确。

（四）体系构架上的标准化模式

现有的分类标准在等级和内容上是一种单一、固定的体系，对于今后可能出现的用地新类别没有预留空间和位置。分类标准中的各子项表现为一种标准化的、设定好的用地模式，难以满足不同城市用地规划管理工作的需求。

三、国内已有实践与探索

本次针对农村土地分类和土地流转的调研，选取了北京、上海、浙江、成都、闽南和广东等具有不同特点的代表性地区。对各地编制的不同类型的乡村规划和地方技术文件进行了梳理和总结，从调研的实际情况来看，各地编制乡村规划的名称、类型和层次各不相同，但大多参照已废止的《村镇规划标准》中的用地分类，并在此基础上加以调整，有的地区根据当地管理层次和水平制订了规划管理的要求和技术条件。

农村用地大致可以分为两大类：建设用地和非建设用地，也可分为建设用地和农用地等。《村镇规划标准》中将农村建设用地分为居住建筑用地、公共建筑用地、生产建筑用地、仓储用地、对外交通用地、道路广场用地、公用工程设施用地、绿化用地等八大类。并且，村庄这一层次为各地乡村规划的最基本单元，也是政策和措施的着力点，因此研究以村庄规划为基点，结合各地相关政策要求和上位规划加以分析。

（一）北京地区

在2006年《中共中央国务院关于推进社会主义新农村建设的若干意见》文件出台的背景下，结合《中共中央关于制订国民经济和社会发展第十一个五年规划的建议》、《建设部关于村庄整治工作的指导意见》等文件的要求，北京市开展了以新农村建设为背景的村庄规划，并出台了《2006年北京市80个试点村庄规划编制方法和成果要求》，其中对村庄规划重点内容、图纸要求以及用地分类和制图标准等技术要求做了统一规定。在《2006年北京市80个试点村庄规划编制方法和成果要求》中规定村庄规划主要以行政村为单位编制，范围包括整个村域，如是按照村庄体系规划需要合村并点的多村规划，其规划范围也包括合并后的全部村域。一般村庄规划的上位规划主要包括在各个区编制的新城规划、乡镇域规划、土地利用规划等有关规划。例如：海淀区苏家坨镇的新农村建设规划应服从《北京市总体规划》、《北京市村庄体系规划》、《北京市海淀北部新区整合规划》和《北京市海淀区苏家坨镇域规划》的相关要求，并与《苏家坨镇土地利用总体规划》相衔接。

在各区的新城规划和乡镇域规划中，规划重点为统筹该行政区内村庄产业发展、区域生态环境保护以及对域内的行政村进行分类。按北京市新农村建设规划的相关要求，本市行政村分为城镇化整理、迁建和保留发展三种类型。前两类村庄均受到严格的建设控制。后者的保留发展型村庄工作重点仍以环境整治和市政、公共服务等配套设施建设为主。因此在规划名称上称为《××村庄整治规划》、《××村庄建设规划》、等等。具体应视各村庄特点及上位规划的要求而定。

在村庄规划中又可细分为两个层面的工作。一是村域范围内以用地布局、道路系统、市政设施为主的规划，制图比例为1∶10000；二是村庄建设用地范围内的用地布局、建筑风貌、设施配置等内容的规划，制图比例为1∶2000。北京市的农村用地分类标准由三部分构成：《北京市农村用地分类和符号》，《北京村庄公共服务设施项目近期及远期配置表》，《北京村庄公共服务设施占地面积指标表》。在用地分类表中由10大类20中类构成，其中10个大类大致分为三种类型用地：村庄集体建设用地、水域及其他用地（主要为农用地）和国有土地。一般而言，北京市村庄规划用地分类应首先服从于上位规划的用地指引。用地分类图纸应首先标注出在上位规划中明确了需在近期实现的城市用地类型，其余方可按照村庄用地分类予以标注。为了与城市用地分类对应，所有村庄用地分类代码均应以“E6－”起头，因此，村庄用地分类中的大类实际呼应着城市用地分类中的中类和小类，但这一点并不包括水域和其他用地的分类，其对应的是城市用地分类中的大类，因此类别代码也直接被标注为 E。

图 5-2、图 5-3 给出了北京市海淀区的两个土地利用规划图。

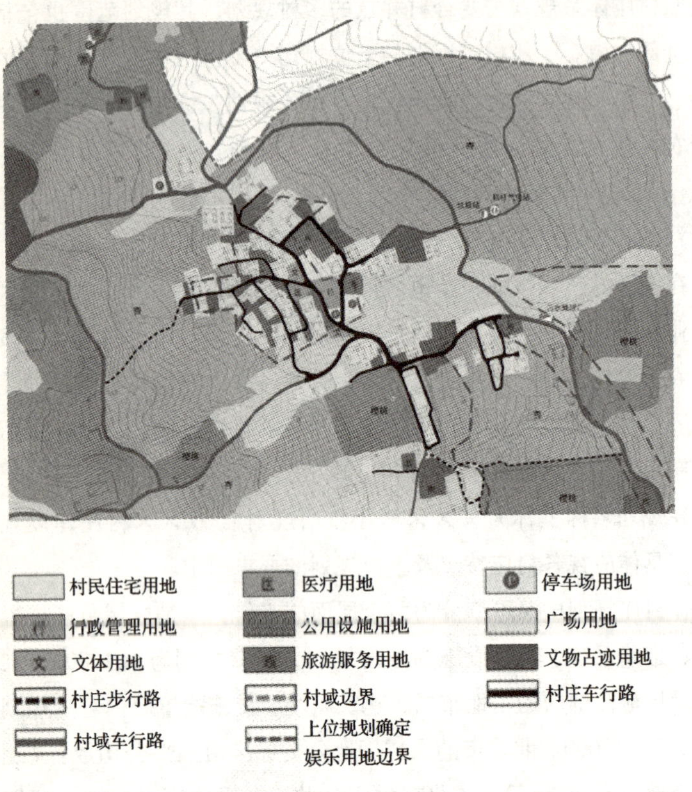

图 5-2　北京市海淀区管家岭村村庄土地利用规划图

此外，北京的农村用地分类中另一个突出的特征是将原有公用设施用地进行细分时，并没有采用单一的功能用途为划分标准。将公共设施用地划分为管理型公益性设施用地和市场型设施用地。而对市政设施进行了简化和归并，将公用设施用地划分为市政公用设施用地和环卫设施用地。可以说北京地区较为规范和成熟的用地分类为村庄规划的管理和编制提供了有利的基础。但在实际运用中，仍存在农业生产设施用地、市场性设施用地和闲置地的划分边界不明确等问题。

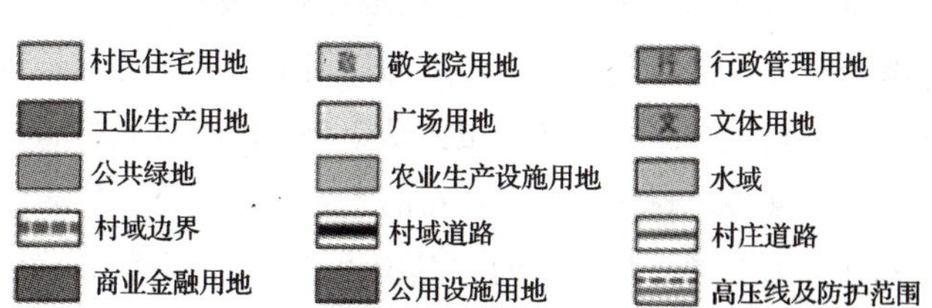

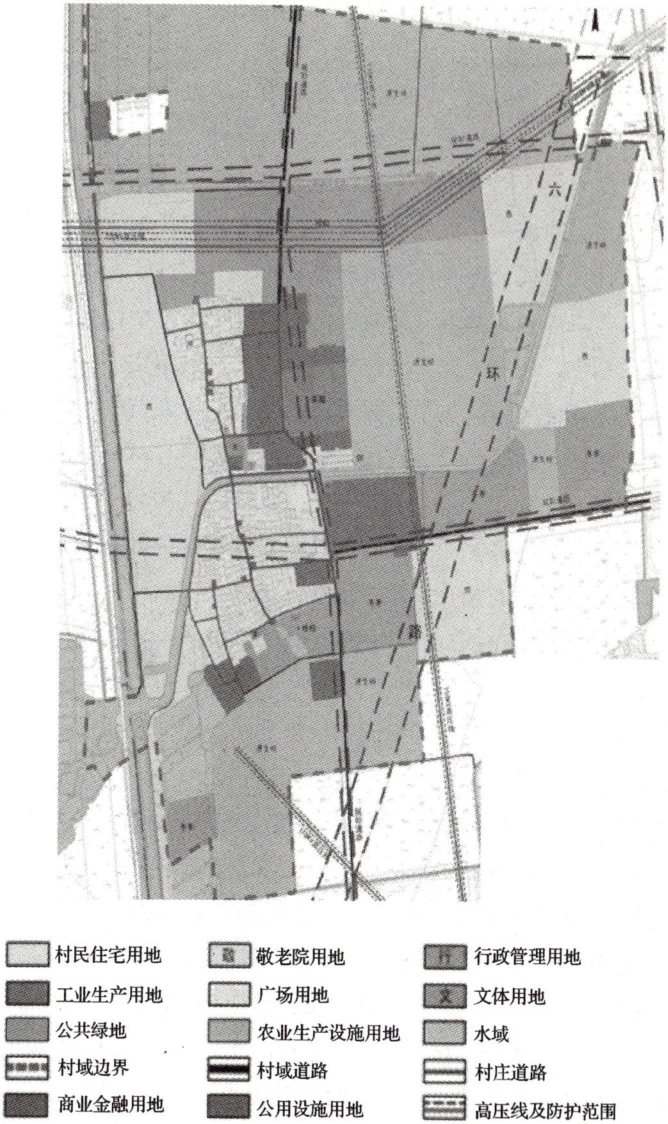

图 5-3　北京市海淀区柳林村村域土地利用规划图

（二）上海地区

与北京以行政村为规划范围不同的是，上海将中心村作为上海市市域城乡体系的“末端”，并将中心村建设视为郊区空间重组和功能整合的重要基础，以及社会主义新农村建设的主要途径。这里的中心村不是一个行政村的概念，是通过建设引导，鼓励改造空心村，撤并自然村，并通过基础设施的相对集中投入，使之成为一定范围的中心，即农村社区中心。规划通过中心村建设来促进人口的转移、土地的流转和产业的提升，并提高农民生活质量和基础设施共享程度。可以说上海的中心村规划和建设是当前城市化进程中农村社区变迁在居住形式上的反映，是农村分散的居住形式的一种过渡或转变。

用地、人口等各要素合理配置的目的是支持理想中的郊区城乡规模体系发展的基础。按照上海市总体规划“人口向城镇集中”的要求，郊区农村人口大幅度的缩减是中心村建设的基本前提和背景。上海市以农民宅基地置换试点为突破口，农民居住向城镇和中心村集中的稳步推进促使其编制了《上海市中心村布局规划（2006—2020）》。因此，上海市中心村规划中的重点和主要指导思想就是对现有的行政村进行重组和合并。通过行政体制上的整合重组，最终形成规模2000人左右的中心村。全市郊区2000个左右行政村最终整合形成600个左右，不再有中心村和基层村的区别。

图5-4给出了上海市中心村的布局规划图，图5-5 ~ 图5-8为上海市南汇区惠南镇的镇域规划。

从实践来看，各区（县）总体规划和镇域的规划是上海村庄规划的上位规划。在这一层次的规划中，先确定规划范围内各村集体用地范围边界与规模，重点选定各村集体居民点用地选址、人口与用地规模界线。各类服务设施配置的等级。在中心村的规划中，工作重点是对现有村域内的居住点进行整理，根据各类服务设施布局、现状居民点分布特征、农村耕作半径来确定村内农村居住点的布置。规划将农村居住点分为保留、控制和新增3类（见图5-9）。其中规模较大、与镇域总体规划确定的各类设施无冲突的居民点予以保留。规模较小，或与镇域总体规划确定的各类设施有冲突的居民点予以控制。所有加建、新建需求应在新增的集中居住点内满足。选取中心村范围内各类条件较好的区域设置集中居住点，并充分考虑远期集中居住点的设置要求。

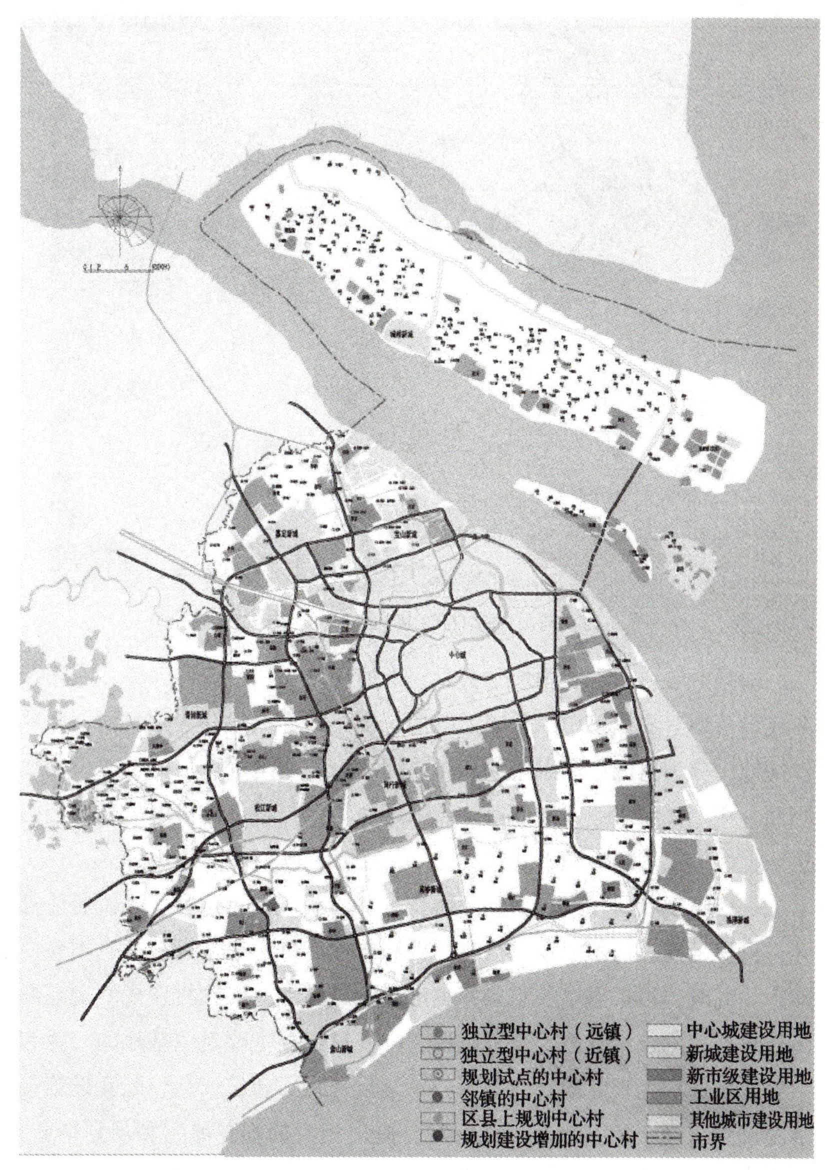

图 5-4 上海市中心村布局规划（2006—2020 年）

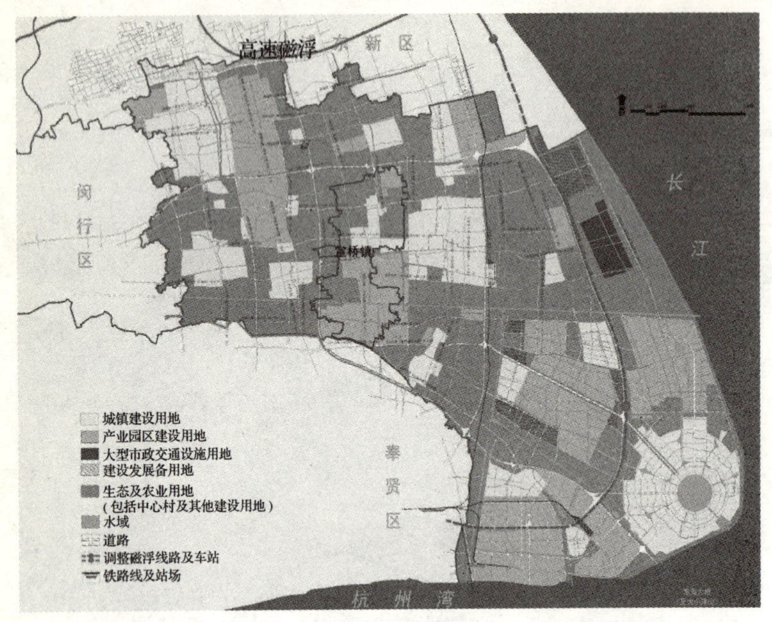

图 5-5　上海南汇区惠南镇镇域规划——用地分类布局

根据中心村的现状用地平衡表，土地使用主要分为两大类：农用地和建设用地。农用地中结合国标增加了畜禽饲养用地和养殖水面；而建设用地中分为村民居民点用地和居住配套设施用地等，与城市建设用地协调补充，其中工业用地、市政设施用地等可与城市建设用地分类相衔接。上海南汇区惠南镇桥北中心村居住点布局规划如图 5-10 所示。

一般将现状居住点分为保留居住点和控制居住点两类。保留居住点允许村民翻建，但不能新建住宅。控制居住点既不允许翻新，也不允许新建。同时，根据需求控制指标确定新增居住点。因此村庄规划也是农民新建住房的审批依据。也可以说，中心村规划主要是宅基地的归并和引导。规划根据现状宅基地的区位、建设规模、建筑质量、配套设施等情况确定对现状宅基地保留或拆除，提出相应的归并原则和规划措施，对宅基地建设进行引导。

图 5-11 ~ 图 5-15 给出了崇明县陈家镇的社会主义新农村规划。

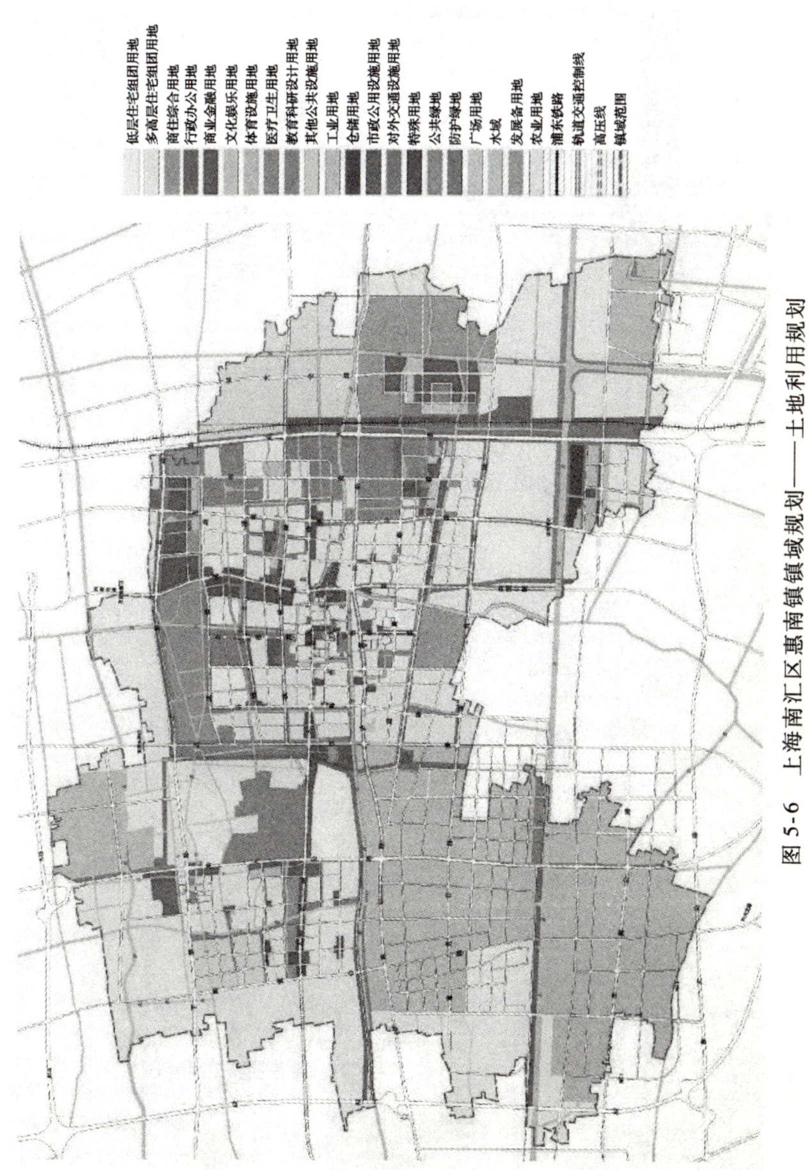

图 5-6　上海南汇区惠南镇镇域规划——土地利用规划

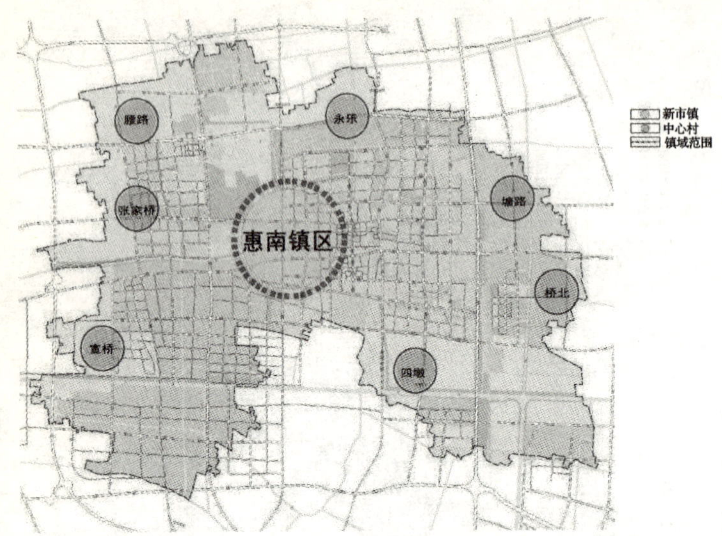

图 5-7　上海南汇区惠南镇镇域规划——镇村体系规划

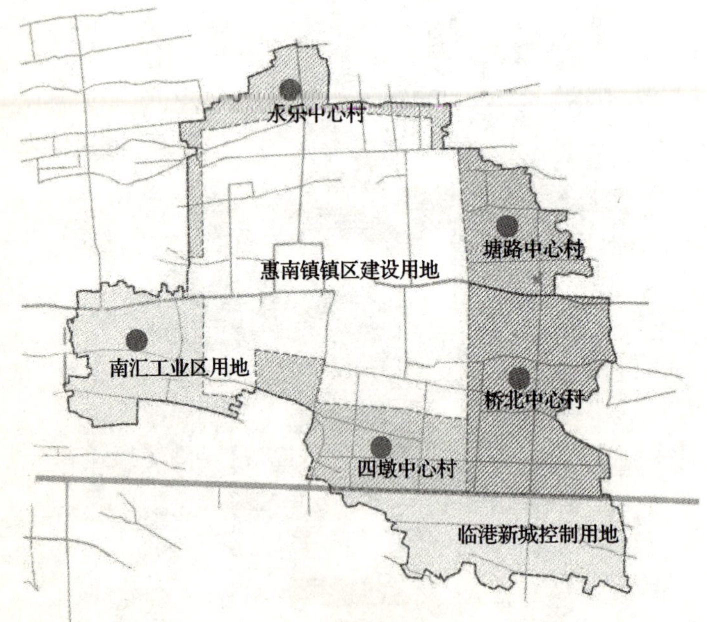

图 5-8　上海南汇区惠南镇镇域规划——居住点布局

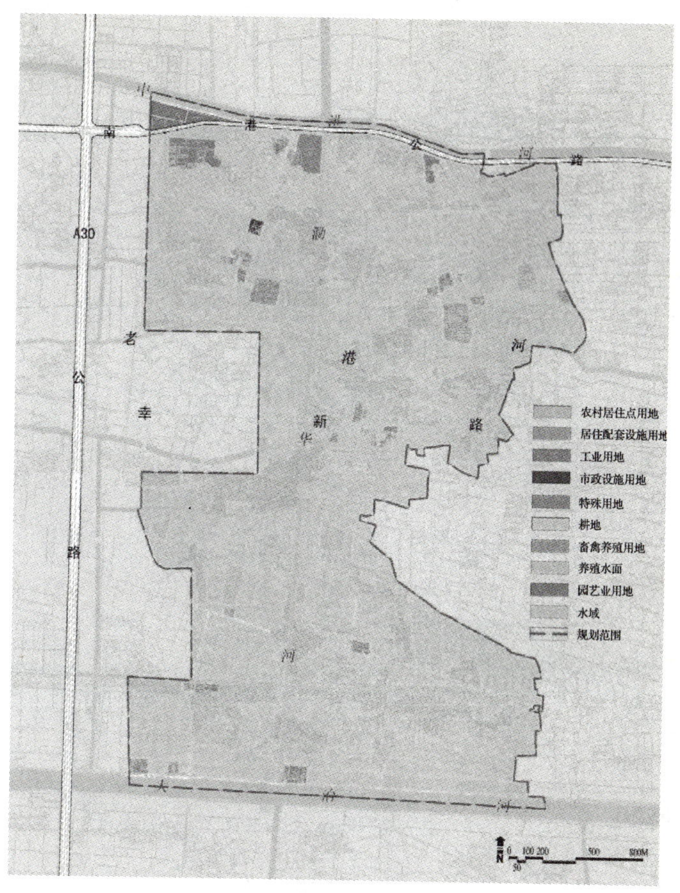

图 5-9　上海南汇区惠南镇桥北中心村规划——土地使用现状

中心村规划的近期目标之一，就是通过宅基地更换，消除规模较小、区位较差的零星居住点，并通过规划手段使中心村的集中居住点初具规模和人气。上海市尚未采取统一的技术标准和规范。从用地分类来看，区（县）总体规划和镇域总体规划中一般分为建设用地和非建设用地两大类型。建设用地中分为城镇建设用地、农村居住用地、道路交通用地、市政设施用地和工业用地 5 大类，非建设用地主要以农用地为主，有时会根据各地不同特征和发展需求，对农用地划分为农业观光、展示等类别。有时也会将农村居住点用地纳入农业用地范围内。

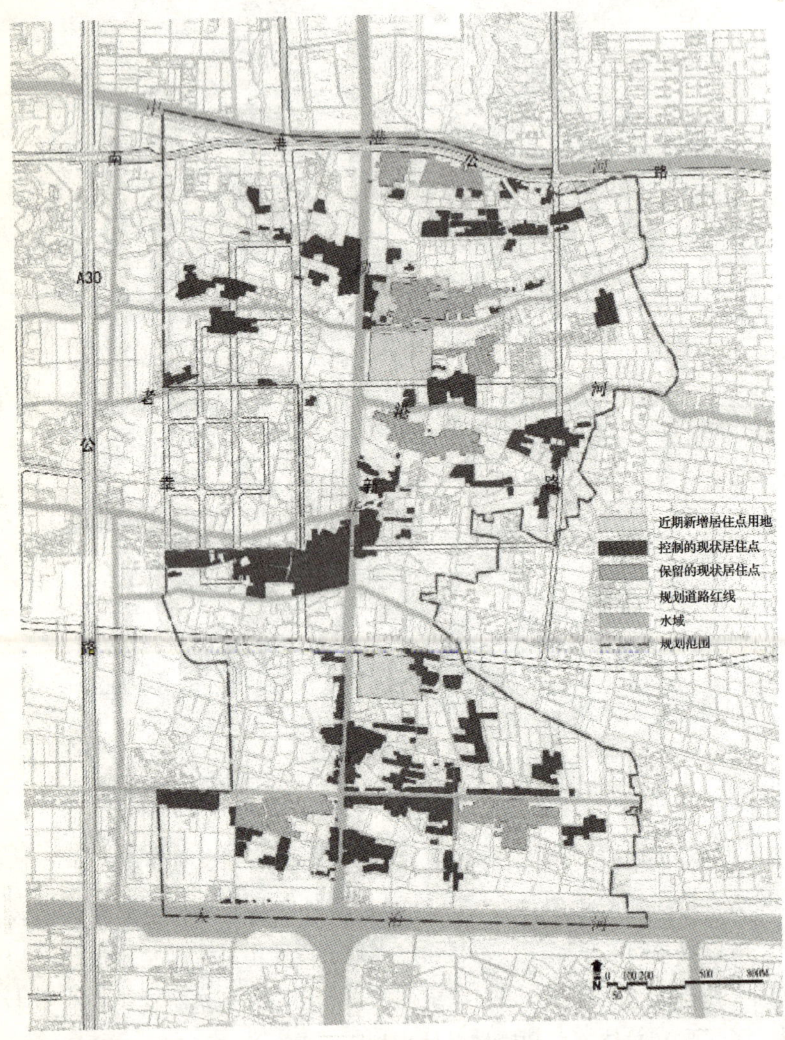

(*a*) 近期

(*b*) 远期

图 5-10　上海南汇区惠南镇桥北中心村规划——居住点布局规划

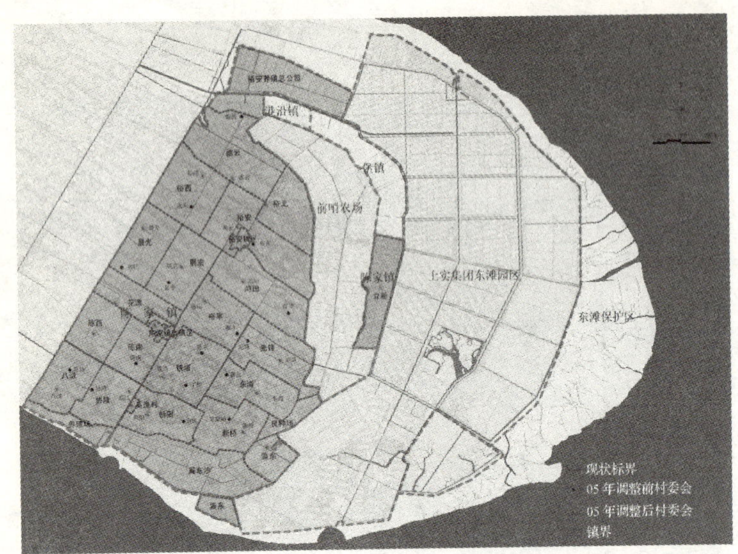

图 5-11　崇明县陈家镇社会主义新农村规划——现状行政村村界

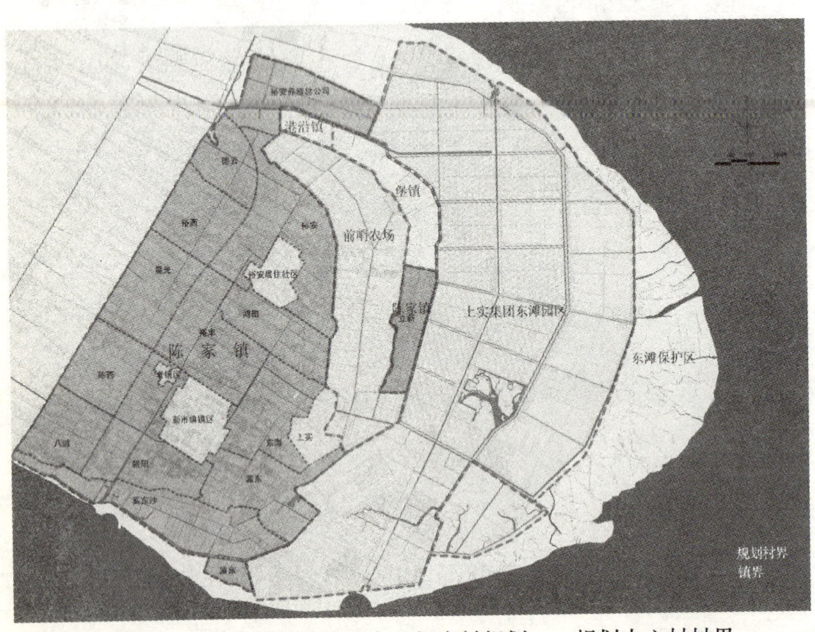

图 5-12　崇明县陈家镇社会主义新农村规划——规划中心村村界

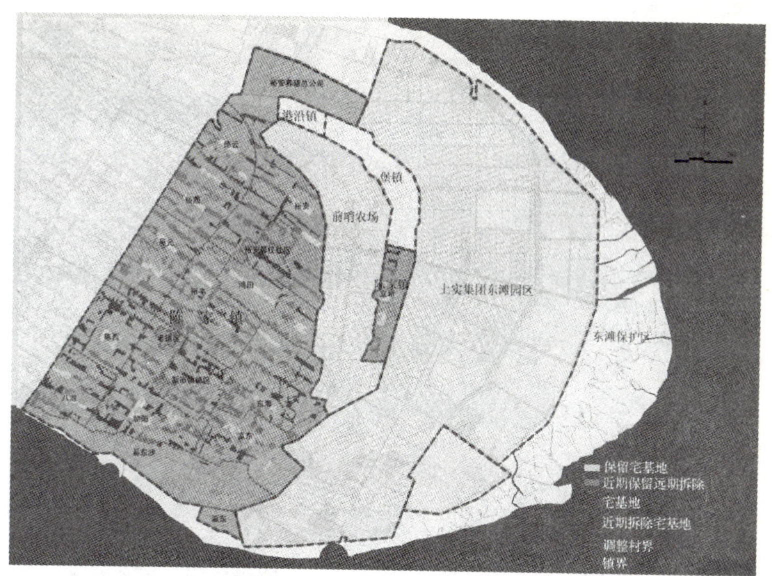

图 5-13　崇明县陈家镇社会主义新农村规划——分类改造

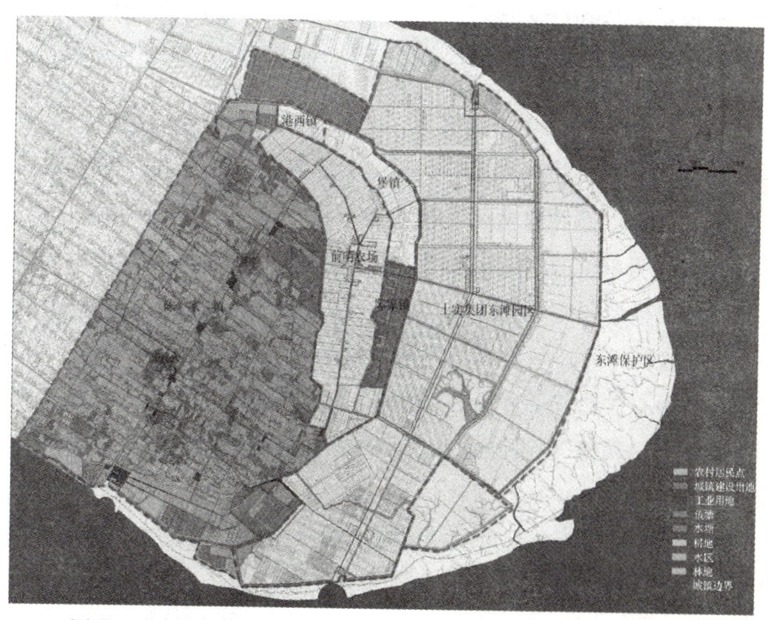

图 5-14　崇明县陈家镇社会主义新农村规划——土地使用现状

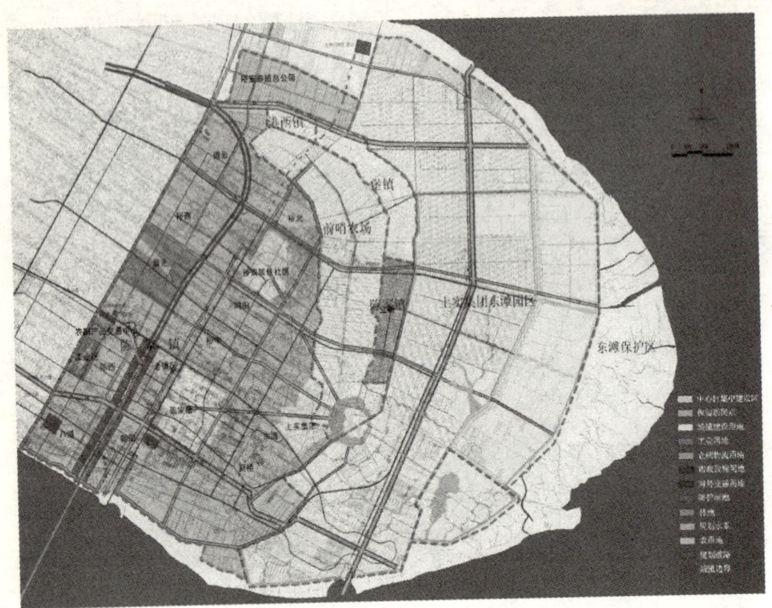

图 5-15　崇明县陈家镇社会主义新农村规划——土地利用规划

（三）浙江地区

浙江省计划通过 20 年的努力，全面完成中心村建设和旧村改造任务，形成完整的“中心城区—中心镇——般镇—中心村”四级网络体系，并提出了“撤并自然村、改造空心村、建设中心村”的目标。至 2004 年以县为单位的村庄布点规划编制完成。基本规划在现有行政村的基础上，调整为“中心村 + 基层村”的架构。这里的“中心村”概念与上海郊区的“中心村”有所不同，它是位于行政村下级，即一个行政村由一个中心村和若干个基层村组成。浙江省通过编制村庄体系调整规划，为“两分两换”① 的土地流转和农村新社区建设做好前期准备。

① “两分两换”是指将宅基地和承包地分开，搬迁和土地流转分开，以农村住宅置换城镇房产，以土地承包经营权置换社会保障。是浙江省农业地区城镇化的一种探索。“两分两换”的目的：一是能够实现农业规模经营，促进农业增效；二是能够盘活农村宅基地，拓展发展空间；三是能够为农民提供更多的就业机会，增加农民收入；四是能够改善广大农民的居住环境，提高生活品质；五是能够扩大农村居民养老保险覆盖面。并结合多种土地承包经营权的流转模式，促进农业和农村经济结构的战略性调整，优化农村土地资源配置。

作为浙江省实施社会主义新农村建设重要环节，“两分两换”需要以村庄规划作为实施的依据。具体包括村庄布局（布点）规划和村庄建设（整治）规划两个层次。为了做好“千村示范、万村整治”工作，加快社会主义新农村建设，浙江省建设厅先后制定了《村庄规划编制导则》、《浙江省村庄整治规划内容和深度的规定》等规范性文件，以指导和督促各地展开村庄规划编制工作。而且开展了“百家规划建筑设计单位下基层、千名规划建筑设计人员进农户”活动，提高村庄规划编制水平。

村庄布点规划是在县级人民政府所在地镇及以上城市的总体规划建设用地范围以外的区域，对各乡镇和村庄建设综合布局和规划协调，统筹安排各类基础设施和社会服务设施。规划打破现有行政村的界限，将村庄分为基层村、中心村、集镇等三个职能级别。再将村庄分为撤并、迁建新建、控制发展、聚集发展等四个基本类型进行整合布局。根据村庄布点规划确定村庄类型后进一步编制村庄建设规划，主要包括新建型村庄规划和整治型村庄规划，作为“两分两换”和土地流转形式的实施依据。

图 5-16 给出了江山市城乡一体化规划图。

同时，为了推进社会主义新农村建设，浙江省部分地区又进行了新的探索和实践。其中以嘉兴地区为代表在已有规划的基础上，对照新农村建设的要求，开展了《农村新社区布点规划》工作。《农村新社区布点规划》是对已有村庄布点规划、村庄建设和整治规划的完善，是对照社会主义新农村建设要求，针对农村设施环境、风貌落后，农村居民点分布“小、散、乱”，村庄建设用地浪费等当前农村社区建设的种种难题，从城乡一体化的角度对农村居民点进行梳理与整合，调整优化空间布局。与原有《嘉兴市村庄布点规划》相比，《农村新社区布点规划》有这样一些特点：1. 参照城市居住社区标准，着力推进农村居民点社区化；2. 与农村宅基地整理工作相结合，按照“定位、定性、定量、定点”的要求对现有居民点作全面梳理，通过宅基地整理节约大量农村闲置用地，实现城乡建设用地转换；3. 规划以市区村庄布点规划为基础，注重各镇土地利用总体规划调整工作相衔接。

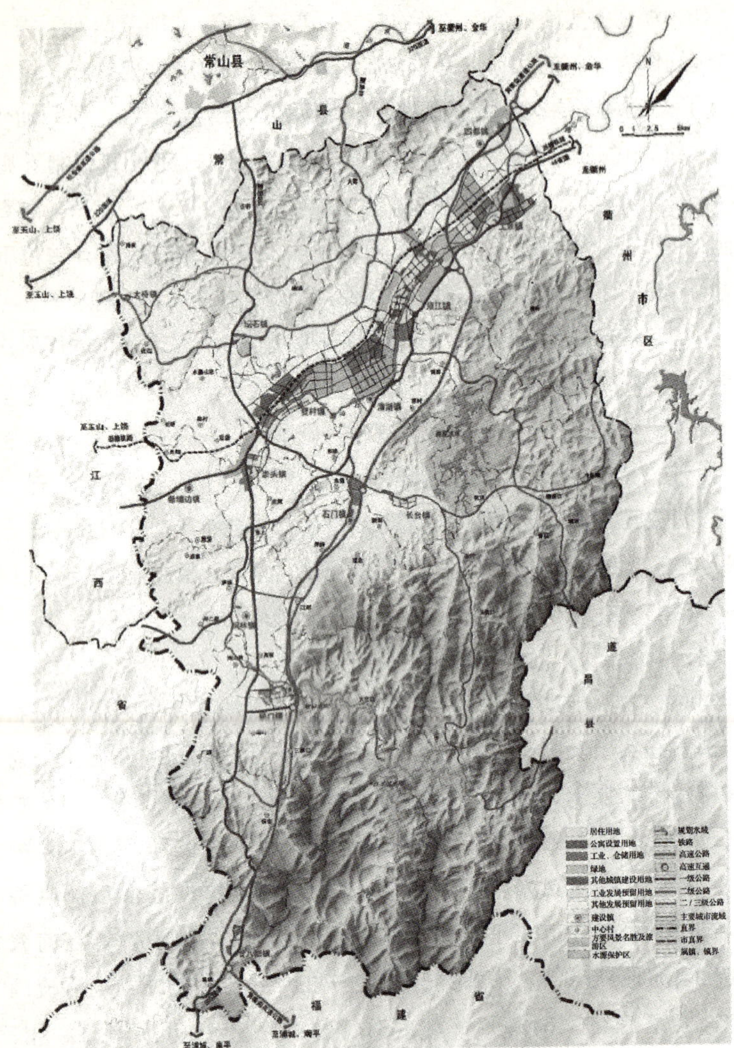

图 5-16　江山市城乡一体化规划——城乡居民点规划

依规划建设的农村新社区将实现人畜分离、居住与生产分离，农村生产生活环境将明显改善；水、电、路、垃圾收集房、社区文化活动场所等基本的市政公用基础设施配套齐全，中心社区还将再建设公厕、社区卫生服务站、幼儿园等，提高农村社区的建设标准，引导农民集中居住；此外部分农村新社区还与小城镇规划与建设相衔接，参照城镇居住社区标准，配套服务设施。

在村庄布点规划确定中心村后，各地对保留发展的中心村进行规划整治，编制《村庄整治规划》。《村庄整治规划》中对村庄的功能定位、用地布局、道路和市政基础设施、村庄整治、古村落保护、旅游发展等做了详细的规划设计，并对村民住宅提出了设计要求。

图 5-17 为江山市大陈乡村庄用地现状与规划图。

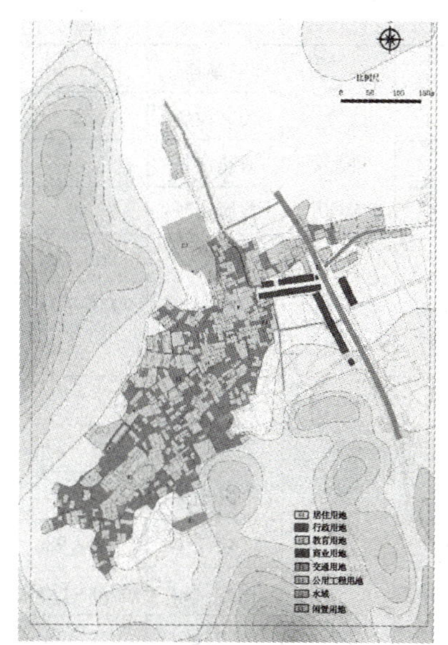

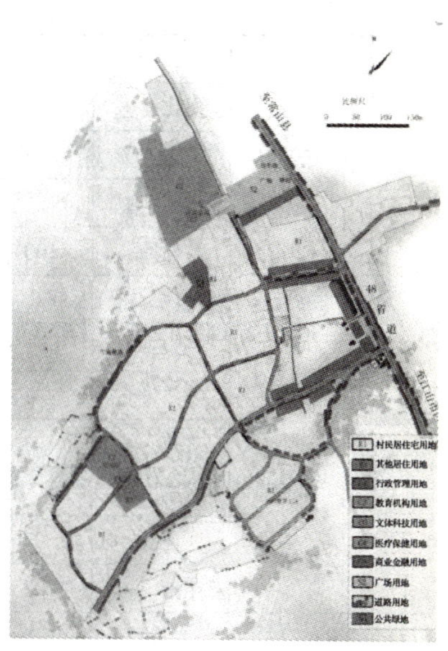

图 5-17　江山市大陈乡大陈村村庄用地现状与规划

根据浙江省《村庄规划编制导则》和《浙江省村庄整治规划内容和深度的规定》，村庄规划编制中用地分类都应采用 GB 50188—93《村镇规划标准》中的分类。而实际工作中，GB 50188—2007《镇规划标准》和《城市建设用地分类与标准》更为普遍地应用在编制工作中，并在此基础上，各地有不同程度的自发性的调整和改动。例如：居住用地不以建筑层数为划分标准，而按使用对象和权限分为 R1 村民宅基地和 R2 居民公寓房用地。

此外，浙江省对城乡建设用地规模与优化布局也进行专门研究和探讨。建设中心村、基层村是浙江省建设社会主义新农村的重要内容，农村居民点建设用地主要集中在中心村、基层村。针对浙江省农村建设用地相对粗放的特点，浙江省制定了在集约节约利用土地要求下，不同地理特征的中心村和基层村合理的建设用地规模（见表5-3）。

浙江省各类不同层次村庄建设用地规模预测一览表　　表5-3

地区	中心村			基层村		
	规模（人）	用地类型	人均用地标准（m²/人）	规模（人）	用地类型	人均用地标准（m²/人）
山区	1000～3000	宅基地	60	300～1000	宅基地	50～60
		公共设施	5～10		公共设施	2
		道路广场	5～8		道路广场	4
		附属用地	40		附属用地	40
		合计	100～118		合计	96～106
		总用地（m²）	90000～336000		总用地（m²）	27000～100000
平原	2000～4000	宅基地	50	1000～2000	宅基地	50
		公共设施	4～8		公共设施	3
		道路广场	3～8		道路广场	3～5
		附属用地	40		附属用地	40
		合计	87～91		合计	96～98
		总用地（m²）	144000～364000		总用地（m²）	96000～196000
盆地谷地	1500～3000	宅基地	45～55	500～2000	宅基地	45～55
		公共设施	4～8		公共设施	3
		道路广场	3～6		道路广场	3～5
		附属用地	40		附属用地	40
		合计	92～109		合计	91～103
		总用地（m²）	138000～327000		总用地（m²）	45500～206000
历史文化保护村	1000～3000	宅基地	50～60	300～1000	宅基地	50～60
		公共设施	8～10		公共设施	5～10
		道路广场	8～10		道路广场	5～8
		附属用地	30		附属用地	30
		合计	96～110		合计	90～110
		总用地（m²）	96000～330000		总用地（m²）	27000～110000

（四）成都地区

成都市的城乡规划体系整体分为三个层次：第一层次是成都市总体规划，起着控制引导全市范围城乡建设的作用。第二层次是在成都总体规划指导下的各区县编制的县（区）域总体规划，这一层次的规划是城乡规划体系的核心，县（区）域总体规划中包含的镇村体系规划部分，突破了将次级乡镇作为“点”来考虑的传统的体系规划模式，而是具体到“面”，对各级乡镇的性质、规模、用地发展方向、城镇形态、空间结构都有具体的控制指标，并指导下一层次规划的编制和实施。第三层次是在县（区）域总体规划指导下进行的各乡镇规划和村庄规划，具体指导城乡建设的进行，这一层次的规划是各自独立的，但需要服从县（区）域总体规划所确定的控制性指标。

在社会主义新农村建设过程中，成都市也有部分地区编制了独立的村庄体系规划，但这部分工作尚未系统全面地展开。目前村庄体系规划需要的有关内容主要还是集中在县域总体规划这一层次中完成的。

成都作为国家“城乡统筹综合示范区”，在新农村建设中提出了“农村新型社区”的概念，即按照成都地方实际情况，在农村区域按照统一规划和统一设计所建设的基础设施和公共服务设施齐全，符合产业发展和人居环境要求，具有社区服务和管理功能，规模较大的农村集中居住社区，深入推进城乡一体化。其工作重点是统筹推进“三个集中”；把农民尽可能从土地上解放出来，转移到城镇从事非农产业，转变为城市居民。即对于仍以农业产业为主、需居住在农村的农民，提高农民聚集度，有效改善农民居住条件。建设农村新型社区是成都市建设社会主义新农村的一项具体内容，是改变农民居住方式的基本形式，也是村庄整治的主要模式和规划重点。

目前，成都市已出台了《农村新型社区建设技术导则》，其中明确提出农村新型社区必须划定规划范围，规划范围内的各项建设必须服从规划管理。农村新型社区的规划区（辐射带动区域）为以新型社区点为中心、1.5～2km 为半径所包含的区域。

成都对农村新型社区建设用地的分类进行了精简和归并，将原有的八大类精简到两大类四小类。两大类建设用地分别为居住用地和生产用地。生产用地指用于修建生产用房（用于养殖、生产经营、农用机具存放的建筑用房）的用地。居住用地划分为四小类：住宅用地、公共用地、道路用地和公共绿地。原国家标准中的道路广场用地和对外交通用地归并为道路用地。仓储用地则按照其仓储物资的属性部分划入生产用地，部分划入住宅用地。公共服务设施主要包括六类用地，即社区管理及综合服务、教育、医疗卫生、文化体育、商业服务和市政公用，其中要特别注意的是市政公用设施被归入了公共服务设施。在成都的实践中这样的精简和归并有一定的道理，更符合成都地区村庄功能较为简单的特点。

成都市是典型的大都市带大郊区的模式，其农村居民点根据所处位置的不同呈现不同的聚落形态。成都市区周边的近郊居民点一般聚居规模较大，而且随着城市规模的扩张逐步被纳入城市建成区的范围之内，这些地区的农村建设一般要服从于城市总体规划的相关要求，建设用地分类标准一般也需要遵从或者参照城市建设用地的有关标准。而城市远郊地区的居民点，特别是平坝、丘陵和山地的农村居民点，基本是典型的乡村聚落形态。这些地区主要以从事农业生产为主，居民点建设用地当以居住用地为主，其他性质的用地相对较少。成都市现行的农村新型社区建设用地的分类标准，正是应对实际情况对传统分类方式进行的一种简化。这种更为简洁明晰的用地分类方式，既适应地方的实际情况，又提高了规划建设实施与管理的可操作性。

成都市农村新型社区建设用地的分类方法和成都土地利用规划的用地分类是一致的。成都市土地利用规划用地划分如图5-18 所示。土地利用规划的一级分类标准是将用地分为建设用地、农用地、未利用地三大类型，在此基础上对每类用地再进行细分。其中，农用地包括林地、农田、园圃等农业生产用地；而由于成都地区土地利用率较高，未利用土地几乎没有；建设用地的二级分类标准则和农村新型社区建设用地的分类方法是统一的，分为居住用地、生产用地等类型。通过相互融合统一

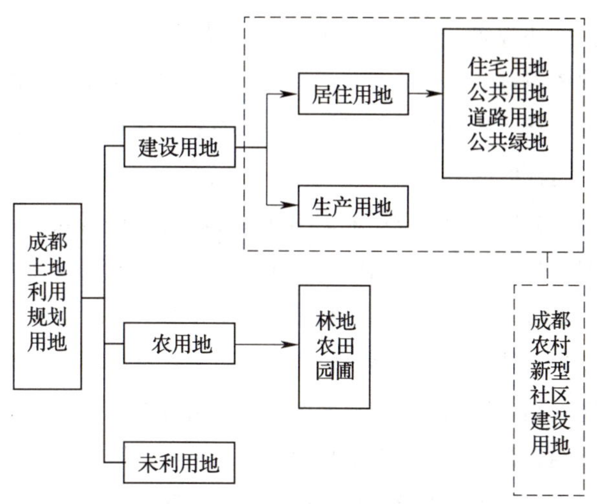

图 5-18　成都市土地利用规划用地划分

的用地分类标准，使得土地利用规划和乡村建设规划取得了某种程度上的一致性，从而化解了我们常常遇到的“两规”之间的矛盾，协调土地部门和规划部门的关系，指导社会主义新农村建设合理有序进行。

目前，成都市乡村规划建设中存在的最大问题是农村集体性质用地的建设与规划缺乏相关的规定，规划、土地、房管等多部门的管理衔接不够，致使建设用地流转方面存在一定的困难。成都地区现有的乡村规划体系不够完善，镇村体系规划涉及的主要问题是乡村居民点的布局，而新型社区规划更多关注的是农村居住社区的问题，两者之间存在很大的盲区，导致建设用地流转缺乏相应规划的指导。而农村集体建设用地的建设、规划、用地、房管等权限分属不同层级的部门，相互之间协调困难，相关手续繁杂，也影响了建设用地流转的顺利进行。

农村新型社区的规模设置体现了“鼓励农民集中居住”和“分类实施”的原则。根据地质条件和耕作半径等情况确定农村新型社区的聚居规模，且不低于相关标准。而成都设定的农村社区规模标准普遍偏高于国家的村镇规划标准中相关规定。除了对人口规模的设置外，成都的农村新型社区还设置了经济规模的标准。成都市新农村建设并不是分散、单一地考虑每个村落的建设，而是在较大的区域范围内统筹考虑，把不宜居村庄迁建和旧村落（场镇）改造及新村建设结合起来，形成人口向农村新型社区的集中。

农村新型社区人均建设用地标准宜分圈层和地形掌握，成都市农村新型社区建设技术导则中提出的人均建设用地指标普遍偏低，大多位于60～90m^2/人的区间内。这个标准的降低有两个原因，一是为集约节约用地，二是农村社区的生产用地根据各乡镇实际情况而定，不计入农村新型社区建设用地指标内。农村社区的生产用地不计入农村新型社区建设用地指标内，是考虑到各个农村社区情况不同，而且国家也不鼓励村村点火办工厂，因此大部分农村社区生产用地非常少。比如在成都双流县煎茶镇高庙村的农村新型社区修建性详细规划中，规划总用地中就只有住宅用地、公共用地、道路用地和公共绿地。

现有的农村地区建设相关技术规范当中，成都并没有对各类建设用地的构成比例进行硬性的规定。

（五）闽南地区

福建省建设厅颁布的《福建省村庄规划编制技术导则（试行）》以下简称《导则》，将闽南的村庄用地分为居住建筑用地、公共建筑用地、道路广场用地、绿化用地、生产和仓储用地、公用工程设施用地等六类。村庄人口规模可结合实际情况和完善配套设施的需要确定。条件受限的山区村庄应逐步改变过于分散的现状。村庄配套设施内容和标准应与规模相适应。

在实际规划编制中，对于某些村庄的特殊情况，现有国家标准在用地分类和指标控制上都显得难以满足发展的需求。例如××村规划用地分类：村庄住宅用地、宅基地用地、统建房用地、规划小学用地、保护建筑用地、商业金融用地、行政办公用地、文化娱乐用地、通用厂房用地、公共绿地、规划道路用地等11类。其中，居住和工业用地的分类和名称与现有国家标准完全不同，与《导则》中相关规定也不一致。这其中主要是因为周边镇区工业的发展，城市周边村庄用地更为复杂。村庄的建设发展已经和城市相近。因此，这类村庄尤其是在大城市周边的村庄的规划可统一到城镇建设中考虑，或者在镇域范围或更大范围内进行统筹安排。

（六）广东番禺地区

2000年番禺撤市建区，番禺进入了快速城市化的发展阶段，城乡格局正处在变化和调整中，同时番禺是广州实施“南拓”的重点地区，省市大型项目在番禺的建设等都影响到农业生产和农村生活的诸多方面，对番禺的农村建设和发展提出了新的要求。为了全面推进村庄建设，更好地完成全区覆盖的村庄规划，番禺区首先组织编制了全区范围的新增村民住宅布点规划，研究制定农村住宅报建管理办法，争取农民建房的审批权限下放，进而编制国家、省、市重点项目安置用地及村经济发展留用地选址规划。2007年选择了30个村庄作为试点村，基本涵盖了番禺城中村、城边村和农业村三种不同类型的村庄。在总结经验、研究发展策略的基础上，编制了全市首创的村庄规划指导手册——《广州市番禺区村庄规划（2007—2010年）编制指引》，该指引明确了村庄规划编制依据、工作程序、编制内容与要求、规划成果制作要求及规范。

番禺区村庄规划的上位规划主要有《广州市番禺区土地利用总体规划（1997—2010）》、《番禺区国家、省、市重点项目安置区及村经济发展预留用地选址规划》、《广州市番禺区水利建设工程拆迁安置用地选址规划》、《广州市番禺区村民住宅布点规划（2006—2010）》，村域内旧村整治、新村用地、各类安置区、发展留用地应严格按照上位规划中确定的内容进行安排，不得突破上位规划中确定的用地范围。村庄规划中首先区分村域范围内各类建设用地的土地利用现状及征地权属，明确国有和集体用地的范围，进而确定村建设用地规模和规划布局及管理要求。在村集体建设用地中大致分为生活用地和经济发展用地，其中对村生活用地进一步划定旧村整治、新村建设和安置及发展备用地。在此基础上，番禺地区的村庄建设用地规划再对各类建设用地进行合理布局，确定相应的规划建设要求，规划道路交通系统，村内各类公共服务设施（主要包括：基层组织活动、文化教育、医疗卫生、商业服务、集贸设施等）和市政设施的规模、位置和用地范围，提出生态环境保护措施和建设控制要求，绿地系统的发展目标和布局，以及划定需要保护的风景名胜、文物古迹、传统街区、传统民居和革命纪念建筑的保护范围，提出保护措施。

根据《广州番禺村庄规划编制指引》对农村建设用地分类的要求，番禺区村庄规划用地先分为集体用地、国有用地和道路用地三大类。其中集体用地内参照目前《城市建设用地分类与标准》中的中类和小类，在用地代码上也参照城市规划用地分类方法，只是在其分类代码前增加E6以示区别。这种做法优点是与城市建设用地容易衔接，实际操作相对简便，更反映了番禺地区在快速城镇化背景下，村庄建设发展带来的巨大变化和需求。缺点是在中类和小类上难与农村用地管理和实际情况相适应；在农村建设用地标准方面，主要是对主要技术经济控制指标及配套公共服务设施设置标准进行控制，对于村庄规模和人均建设用地的标准设定未作相关研究。

四、各地用地分类标准小结

（一）规划层次

通过对各地区的农村建设用地分类的实际调查研究，可以看出在农村地区规划层次上主要分为布局规划和村庄建设规划两个主要层次。布局规划主要涉及大的原则和政策要求，包括具体的一些指标分配与控制，例如上海地区的《上海市中心村布局规划（2006—2020）》、广州番禺地区的《广州市番禺区农村用地布局规划（2006—2010）》都属于这个层次的规划；村庄建设规划主要是以村域为规划范围指导村庄建设的依据，这个规划层次是用地分类适用层级，从调研情况来看，农村用地首先分为建设用地、农用地和其他用地（水域等），这在各地都比较统一，而在建设用地的具体分类上存在一些差别。

（二）分类内涵

从居住功能来看，有的地区表述为居住建筑用地、村民居住用地、村民住宅用地、住宅用地。其中村民住宅用地比较明确地区分出了居住用地中包含的公共服务设施以及位于村域内的居民住宅。从公共设施来看，一般包含了管理性、公益性设施（村委、文化娱乐、医疗、学校等），市场性设施用地（商业店铺、市场、旅游设施等）等。从调研来看，大多数地区沿袭国家标准将这类用地分为公共建筑用地，再按照小类区分。北京市划分为公益性和市场性设施两类，上海中心村用村民居住用地和居住配套设施用地涵盖，成都地区则将这些用地统一安排在居住用地下的小类公共用地，成都地区还将市政公用设施也归入了公共服务设施一类中。从生产用地来看，农村地区包含了农业生产和工业生产两类，一般规划标准中都作为一个大类来考虑，如国家标准中的生产建筑用地，北京地区划分的工业生产用地和农业生产设施用地。但仔细推敲，这两类用地的性质其实完全不同。因此上海地区则单独划分工业用地，与村民居住用地并列；成都地区划分的生产用地指用于修建生产用房（用于养殖、生产经营、农用机具存放的建筑用房）的用地，工业用地不计入农村建设用地范畴。

（三）管理标准与规范

综合来看，各地均是在原有村镇标准的基础上（主要是建设用地的大类）进行了不同程度的调整，包括部分类别的内涵延伸和扩展、小类划分标准的重新选定等。部分地区已出台相应的文件，但由于各地管理水平和需求的不同，相关技术文件成熟度有差异，各地在分类和标准中的规范性也不同，用地分类的总体趋势是内容的简化。另外有的地区还出现了除满足用地功能布局以外的其他政策要求，例如浙江地区用地分类对历史文化村落保护的政策考虑。

因此从实地调查的情况来看，农村建设用地分类应便于村域布局规划和村庄整治规划的编制，相应建设用地分类至少要分为大小两类，如有必要可分为大、中、小三类，其中大类可满足村域布局规划以及农村经营性土地流转的可能，小类满足村庄整治（建设）规划。可考虑将村民住宅用地、公益性设施用地、市场性设施用地、工业用地和农业生产用地等划分到大类中，以便于今后城乡一体化规划和经营性土地的流转。在农村建设用地中，市场性公共设施用地、工业用地是最有可能进行流转的经营性用地，将其划分到大类中，可以通过流转和城市建设用地的分类相衔接。村庄的居住用地和人口规模构成正比例关系，尤其考虑到国家集约节约用地的大政方针以及对宅基地的严格控制，有必要对重要的分项用地给出人均或者户均指标，如宅基地和公共服务设施用地等类别，而另一些特别是市场化程度高、可用于流转的用地则保留较大弹性。

第三节　国内外相关经验比较研究

一、英国

英国规划用地分类体系①可以分为功能性和政策性两种。其中功能性分类为全国统一标准，用来判定是否构成开发行为；政策性分类则是通过用地开发规划来表达土地的政策区划和规划目的，是开发许可审批的依据。

（一）功能性分类

根据《城乡规划（用地类别）条例》（The Town and Country Planning（Use Classes）Order，简称为 UCO），土地和建筑物按基本功能和用途可分为 4 大类，16 小类（见表 5-4），但这些用途分类并不是用于指导用地规划的编制，更非用地规划中所有用地功能的汇总概括。列举这些用地功能的意义在于，在该《条例》中所规定的 16 类土地，同一类别内的变动不构成开发行为，不需要申请规划许可。

除此之外，《城乡规划（一般许可开发）条例》（The Town and Country Planning（General Development）Order，简称为 GDO）还规定，在 UCO 所划定的 16 类用地中，一些类别之间的转换构成一般许可开发行为（General Development），也不需要申请规划许可。

---

① 郝娟. 西欧城市规划理论与实践. 天津大学出版社，1997

英国功能性分类土地使用分类规则（UCO）　　表 5-4

类别	分　类	一般许可开发允许的开发
A 类	A1：商店 shops（包括零售、网吧、邮局、旅行社等 11 项）	不允许变更
	A2：金融和专业服务设施 financial & professional services	沿街界面底层有橱窗展示的可转换为 A1
	A3：餐馆和咖啡馆 restaurants and cafes	转为 A1 或 A2
	A4：饮品店 drinking establishments	转为 A1，A2，A3
	A5：外卖热食店 hot food takeaways	转为 A1，A2，A3
B 类	B1：商务设施 business	可转为 B8（不超过 $235m^2$）
	B2：一般工业 general industrial	转为 B1 和 B8（B8 不超过 $235m^2$）
	B3 ~ B7：特殊工业 special industrial	不允许变更
	B8：仓储 & 物流 storage & distribution	可转为 B1（不超过 $235m^2$）
C 类	C1：旅馆 hotels	不允许变更
	C2：有居住的机构 residential institutions（例如医院的病房、学校校舍）	不允许变更
	C3：住宅 dwelling houses	不允许变更
D 类	D1：无居住设施的机构 non - residential institutions	不允许变更
	D2：集会和休闲 assembly & leisure	不允许变更
	其他 sui generic	不允许变更

资料来源：http：//www. opsi. gov. uk/si/si1987/Uksi_ 19870764_ en_ 2. htm

根据其他法律法规，除了上述两项最主要的界定之外，包括住宅庭园建设活动、市政工程的维修、历史建筑保护等小型开发活动，如国家公园、大型电站等大型项目的开发；皇室土地上的开发、地方规划部门执行的开发项目等默认开发许可的项目也不需要申请规划许可。

总之，UCO、GDO 中围绕用地功能对开发行为以及一般许可开发行为所作的界定共同构成了英国规划许可制度的基础，成为建设者、开发者以及政府机构判断是否构成开发行为、是否需要递交规划许可申请以及是否接受申请的前提条件。

（二）用地政策性分类

与功能性分类相并行的是政策性分类，它是通过编制开发规划（结构规划和地方规划）的用地政策区（policy）来灵活划定。虽然用地政策仍然与 UCO 中的用地分类有所衔接，但两者并不等同。在开发规划的编制中，地方规划部门对用地政策的制定有着相当大的灵活性和自由度，整个英国并没有一个关于制定用地政策区规划的统一标准。

结构规划中的用地分类主要是制定了大量详尽的政策（policy）。是为下一级地方规划搭建框架，如次区域边界及发展政策，重要的自然生态区域，战略性的交通、能源和生活性设施等。

每个用地类别即为用地政策，包括政策名称、内容和补充说明三部分。可以说这里的分类是以文字性描述的方式出现，提供的是一种政策的指引。

相比于结构规划，地方规划中的形态规划或是终极的“土地利用图”，是将用地分类与用地政策组合在一起，通过详细说明和解释每一宗土地用地政策的方式，指导政府部门在土地开发许可时作出决定。相应的，最终的规划总图也由传统的“土地利用图”转变为由一系列土地政策所组成的“土地政策图”，而相应的功能则需要结合规划文本中的政策说明来查询。坎布里亚（Cumbria）郡东部的 Eden 区的地方规划包括 10 组政策专题、40 个具体目标，每一个用地政策包含政策名称、政策内容和政策说明三部分，见图 5-19 ~ 图 5-22 和表 5-5。

不同于结构规划的用地政策，地方规划则更具针对性的对一个或一类具体开发项目作出空间、功能、发展方向等方面的界定。对于具体开发项目的操作，其可行性和针对性更强。

结构规划划分出了重要的生态区域、城市发展节点及战略性的交通网络、国家公园、自然风景区、郡级风景区等。在地方规划中，对结构规划中的自然风景区和郡级风景区完全保留，并进一步细分。而对于结构规划中的重点新建服务中心，则以插图的形式作出更详细的规划。

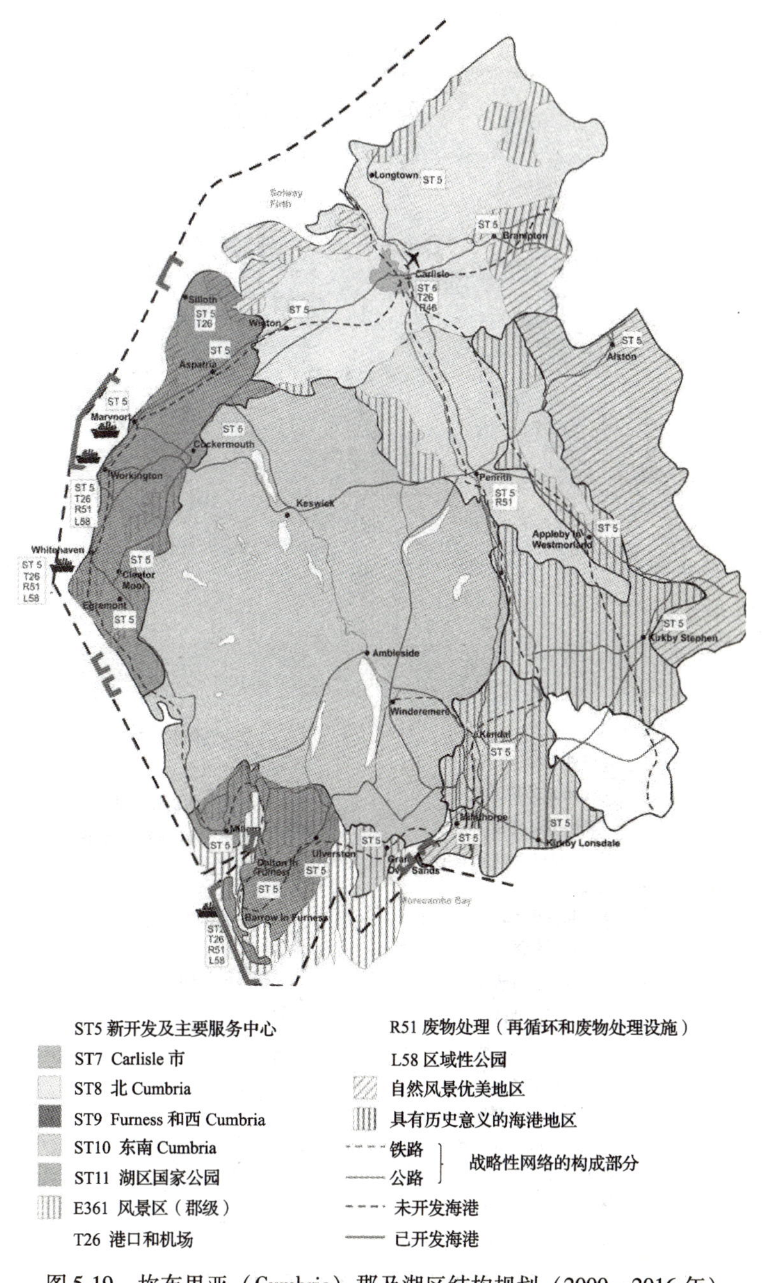

图 5-19　坎布里亚（Cumbria）郡及湖区结构规划（2000—2016 年）

资料来源：Cumbria and Lake District Joint Structure Plan 2002—2016

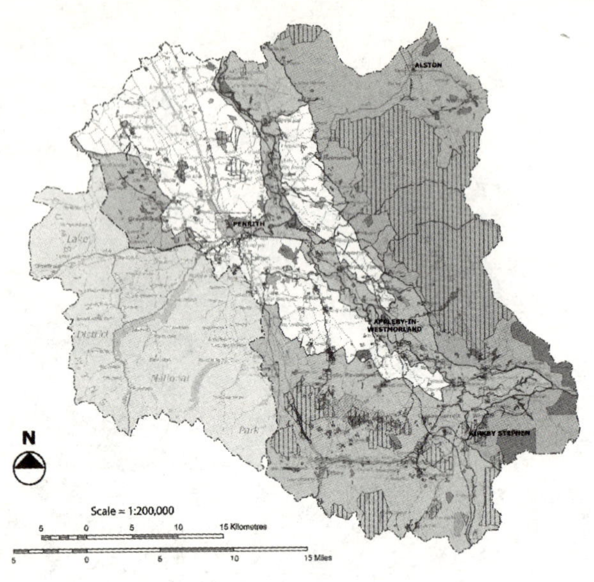

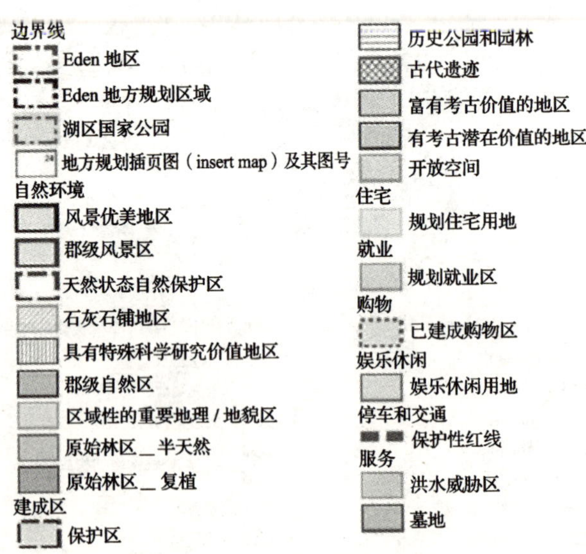

图 5-20　Eden 区地方规划总图及其图例（1996 年）

资料来源：Eden Local Plan

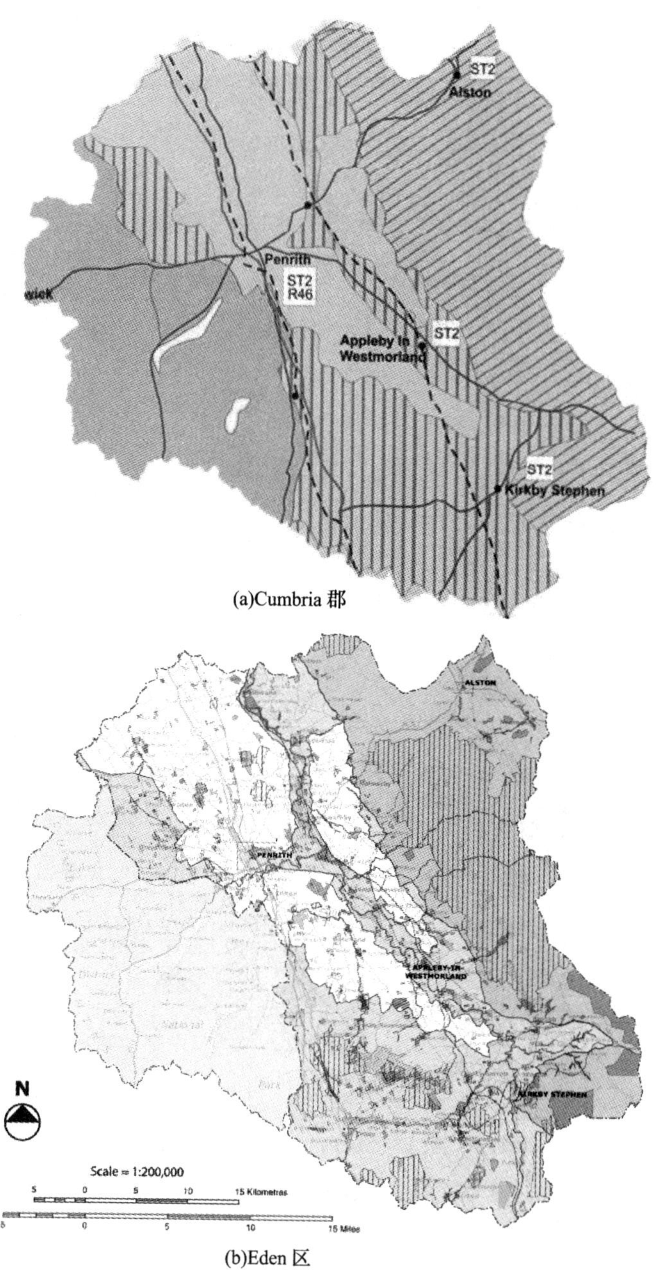

(a)Cumbria 郡

(b)Eden 区

图 5-21 Cumbria 郡结构规划和 Eden 区地区规划中 Eden 地区内的用地政策对比

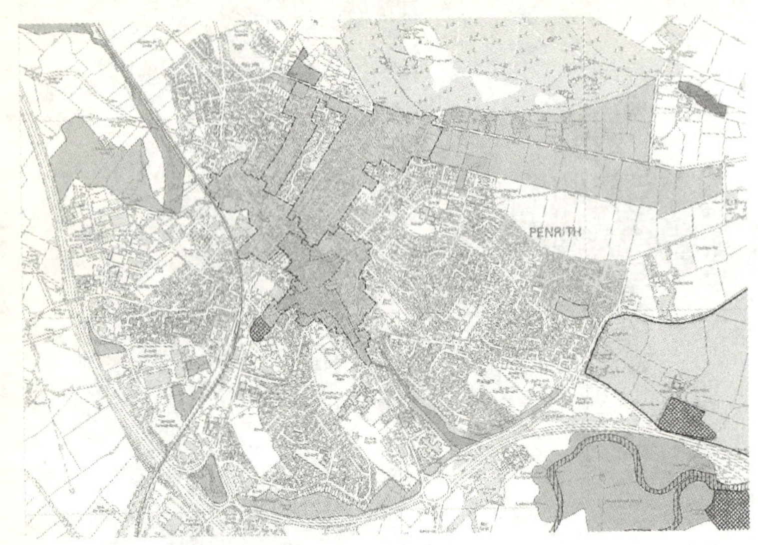

用地	政策编号
建成区	
保护区	BE1,BE2,BE3,BE4,BE5,BE6
历史公园和园林	BE7
古代遗迹	BE8
富有考古价值的地区	BE9，BE10
有考古潜在价值的地区	BE9，BE10
开放空间	BE15
住宅	
规划住宅用地	BE19，BE20，BE21，BE22，HS1，HS3，HS5
就业	
规划就业区	BE19，BE21，BE22，EM1，EM2，EM3，EM4，EM5
购物	
已建成购物区	SH1,SH3,SH4,SH5
娱乐休闲	
娱乐休闲用地	RE2
停车和交通	
保护性红线	PT2
服务	
洪水威胁区	SE
墓地	SE4

图 5-22　Penrith 市用地规划

资料来源：Eden 区地区规划总图 Penrith 插入页

Eden 区地方规划的用地政策表　　　　表 5-5

政策分组	目标	解释	具体政策
NE	1～5	自然环境	NE1 农村地区开发 NE2 北 Pennines AONB 地区开发 NE3 重要的郡级风景区 NE4 有国际重要意义的地区 NE5 有国家重要意义的地区 NE6 有区域重要意义的地区 NE7 野生动物栖息地保护区 NE8 混合农业地区 ……
BE	6～11	建成环境	BE1 保护区内的拆除区 BE2 保护区内的拆除区 BE3 保护区内的新建区域 …… BE15 开放空间 ……
NR	12～13	自然资源	NR1 地表水的保护 NR2 风能利用
HS	14～17	住房	HS1 居住开发规划 HS2 规划外居住点 HS3 在住宅规划点的开发 HS4 非预计的小型住宅开发 HS5 住宅混合 HS6 为残疾人提供的可支付住宅 HS7 农村地区的工人住宅 ……

资料来源：Eden Local Plan

在农村土地利用规划与分类方面，英格兰和威尔士地区以 $1hm^2$ 为基本单元划分方格网，通过测算住宅密度进行城乡划分。一般情况下，英国除独立居住的农户外的所有聚居的乡村居民点，包括村庄和镇的建成区部分，均称为城市地区。因此，在规划用地分类体系中，农村地区与城市地区均融入统一的规划体系中。

英国在全国的政策规划层面，编制了全英国农村发展计划（ERDP）。这个计划主要针对农业地区的环境保护与改善，协助农村社区的发展。在地方规划层面编制有专门针对农业地区的开发规划。以2004年编制的西南英格兰地区乡村规划为例，乡村地区的开发规划类同于前面的结构规划中的政策说明，将建设可持续发展的乡村社区作为规划的目标与任务，并据区域空间与交通规划制定次区域发展策略，规划内容同样涉及住房、就业、旅游、交通、基础设施、休闲娱乐、农业、矿物、垃圾处理等几个方面。

以 Cloughjordan Integrated 村规划（见图5-23）为例，规划中涉及的用地分类包括农业用地、生活服务设施用地、商业用地、居住用地、工业用地和社会公共性事业用地。其中社会公共性事业用地主要包括医疗、教育和社会保障服务等综合性功能。在大多数乡村规划中这类用地往往是列为混合使用，不再进行细分，即作为一个整体大类。而这类用地在农村规划用地政策说明中占有相当重要的地位。

（三）英国土地分类体系的特点

1. 覆盖整个行政范围的城乡规划区

英国对开发控制并不局限于城市建设区部分，而是所管辖的整个行政范围。用地规划包括了大面积的绿带、乡村、农田、各类保护区等，是将整个辖区内所有用地纳入统一的开发控制体系中。无论是结构规划还是地方规划，对于建设用地以外区域都给予同等的重视，有着细致的划分，尤其是对重要非建设用地的强制性规定，为保护自然资源提供了强有力的支持。

2. 分层次控制的用地政策分类

英国用地政策区划中允许不同政策区域相互重叠。这一方面是由政

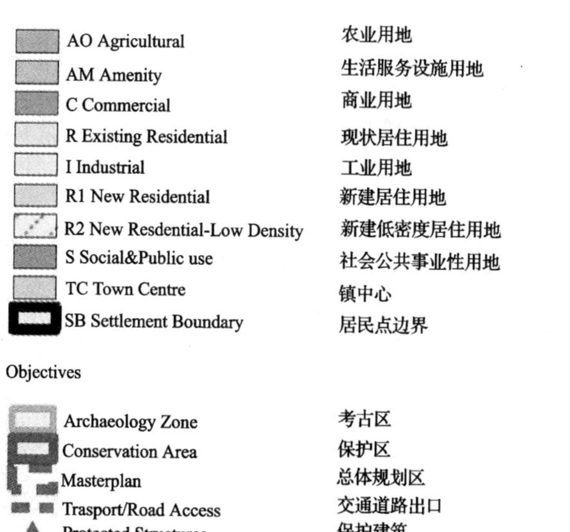

图 5-23 英国 Cloughjordan Integrated 村规划及图例

资料来源：http：//www. tipperarynorth. ie

策区的特征所决定——不同于非此即彼的功能分区，某些政策区之间存在彼此包容、共存的关系。但同时，这也反映了英国用地政策区划的多重层次。例如，在结构规划中往往对于一些关键性空间要素加以限定，如保护区范围、战略性交通网络、森林公园等，这些结构性和战略性的控制在地方规划中加以深化，并进一步落实。

3. 用地功能划分与用地政策区划平行使用

英国将用地功能划分和用地政策区划平行使用是与其规划制度相适应的。一方面，法定的用地功能分类并不直接应用于规划编制过程，而是用于指导规划许可，依据用地功能划分类别可界定出“开发行为”，方便规划许可的申请和审批；另一方面，以用地政策区划为核心的开发规划对基本用地功能的详细描述和限定，表现出更强的针对性和操作性，政府可以引导、控制和审核开发行为，提供法律基础。用地功能分类相对概括，必须与详细用地政策分类相结合，否则就会造成开发管理的漏洞。

二、加拿大

加拿大实行土地私有，但私有土地大部分都集中在城市建成区，而城市建成区外的土地则多为联邦政府、省及市政府所有，称为 Incorporated Area。各级政府对自己的土地拥有处置权。

城市建成区外的农用地通过等级变更限制制度来实施对土地的用途管制。从 1950 年开始，加拿大把全国耕地按现有生产能力分为七大类。根据土地生产质量由第一至第七类依次递减。依据土地等级高低来限制其用途变更，即 1 ~2 类农地不能改变用途；3 ~4 类农地有条件改变用途；5 ~6 类农地可改变用途。

加拿大土地利用规划大体分为省级、地方和市（包括县和乡镇）三级规划①。省政府负责制定总体的规划方针（一般着重于环境、交通、住宅以及对农田、矿山及水资源的保护等），以确保省级层面的基本利

① 参见：加拿大的土地用途管制，http：//www. sooe. cn，http：//www. toronto. ca

益和发展目标。地方规划则是明确区域的总体结构，提出空间发展政策。一般只是对土地功能布局提出概要性的政策引导。其中的用地分类标准不仅局限于功能，更是出于经济、文化等多方面的政策思考。地方规划只是政策性的文件，具有法律效应（legal status）。在区划中，土地分类则主要以土地的功能和用途为标准。

省级规划通常以白皮书形式下发，主要为与省级利益相关的土地利用规划和开发提供政策性和战略性的引导。通常包括三方面内容：如何划分城市和农村地区的界线，控制用地变更和使用绩效，保护环境和公共健康；如何推动社区的精明增长；如何保护农业用地、矿产资源、自然遗产资源、地表和地下水以及文化遗产等资源。

地方规划称为大都市区/市/社区官方规划（Metropolitan/ Municipality/ Community Official Plan），由地方政府制定，省政府批准，是地方的土地使用规划的政策性文件。主要是把省级政策宣言变成行动纲领，建立地方的目标和政策，以控制和管理物质变化给区域内社会、经济和自然环境所带来的影响。主要内容包括：新建住房、工业、办公和商业的分布；道路、给水、排水、公园以及学校服务供给；各个社区扩展的时间和方位。

在官方规划中，所谓的“用地类型”仍然是政策性的分类，而非传统意义上的用地功能分类。每一类型由一组用地政策所界定，与用地功能划分并非一一对应关系。城市地区和农村地区分别对应各自的政策规划图并非与用地功能分类对应。与英国的用地政策（policy）区划所不同的是，加拿大的“用地类型”被更好地落实到了空间规划上，“用地类型”的空间布局和政策引导兼顾，为下一层级的区编制打下了基础。相比城市政策规划，农村地区显得更为概括，以渥太华市为例，农业地区用地政策分类包括乡村、普通农业区、农业发展区、矿区及机场交通走廊与就业区 5 类，其官方规划见图 5-24、图 5-25及表 5-6。

加拿大没有统一的用地类型区，但是界定自然生态用地、就业区、城市用地和农村用地等结构性要素的边界是各个地方规划编制部门共同和首要关注的内容。

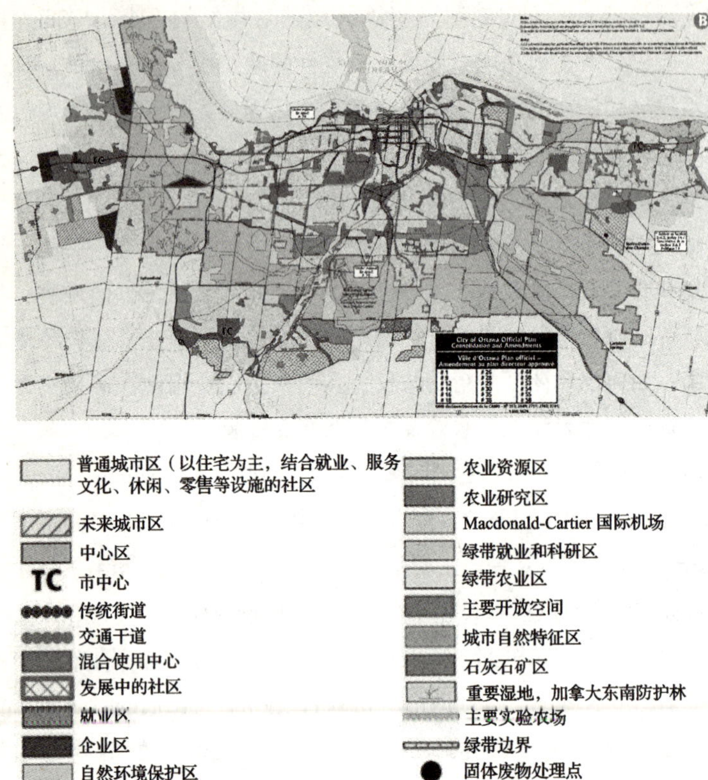

图 5-24　渥太华市官方规划——城市地区政策规划总图及其图例

资料来源：City of Ottawa official plan

加拿大区划（Zoning By－Law）以土地的用途和密度划分市政区，制定“区划法”。区划规划以条文和图则来表达，非常详细和具体，经批准后具有强制性。加拿大区划中的用地划分也没有统一的标准。以渥太华市区划法①为例，用地区划中共分为 9 大类，50 小类。对于乡村地区，主要集中在农业地区，依功能有非常详细的划分与说明。此外，在开放空间中包括了部分以试验为主要目的的农场用地。表 5-7 给出了渥太华区划部分分类。

① 参见：http：//www. ottawa. ca/residents/bylaw/zoning/bylaw/full_ bylaw

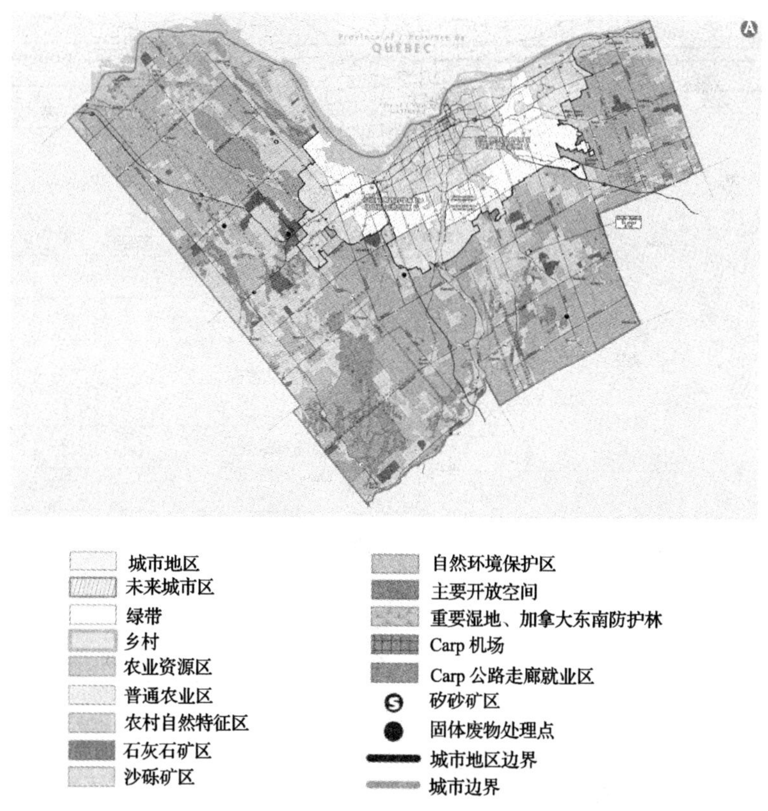

图 5-25　渥太华市官方规划——农村地区政策规划总图及其图例

资料来源：City of Ottawa official plan

渥太华官方规划用地政策分类　　**表 5-6**

大类政策区	中类政策区
一般许可功能（generally permitted uses）	
自然环境	东南部重要湿地
	自然环境保护区
	城市自然特征区
	乡村自然特征区
开放空间	主要开放空间
主要实验农场	农业研究区

续表

大类政策区	中类政策区
绿带	绿带农业区
	绿带就业和科研区
城市政策区	普通城市区
	混合功能中心
	主要道路
	发展中的社区
	就业区和企业区
	中心区
	主要城市设施
农村政策区	乡村
	普通农业区
	农业资源区
	矿区
	Carp 机场交通走廊和农村就业区
固体废物处理设施	
积雪处理设施	
机场	
未来城市区/城市发展备用地	

资料来源：City of Ottawa official plan

渥太华区划分类表节选 **表 5-7**

用地大类	用地中类	用地代码
居住用地 Residential Zones	第一密度居住区	R1
	第二密度居住区	R2
	第三密度居住区	R3
	第四密度居住区	R4
	第五密度居住区	R5
	备用地	R6
	房车用地	RM

续表

用地大类	用地中类	用地代码
机构用地 Institutional Zones	小型机构用地	I1
	大型机构用地	I2
工业用地 Industrial Zones	商务园区内的工业用地	IP
	轻工业用地	IL
	普通工业用地	IG
	重工业用地	IH
交通用地 Transportation Zones	航空运输设施用地	T1
	地面交通设施用地	T2
农业用地 Rural Zones	耕地	AG
	矿产开采用地	ME
	矿产储备用地	MR
	农村商业用地	RC
	农村普通工业用地	RG
	农村重工业用地	RH
	农村机构用地	RI
	农村居住用地	RR
	农村乡土（Rural Countryside）用地	RU
	乡村混合功能用地	VM
	乡村居住第一密度用地	V1
	乡村居住第二密度用地	V2
	乡村居住第三密度用地	V3

加拿大用地分类特点是无论是省级政策宣言、地方级官方规划还是最终的区划，每一项用地布局都附有大量的用地政策、发展目标说明。从这一角度来看，用地功能的空间布局实际上是在省级规划中就已确立的政策目标引导下完成的，从而实现通过用地规划及其相应政策对城市空间发展的全面控制。加拿大各地用地标准不一体现了联邦体制中地方高度自治的政治特点。地方政府制定分类时没有统一的准则。区划延续了“判例法”的法律体系，地方政府往往需要借鉴上版

规划或周边地方区划标准（Zoning Typical），再结合当地现状作为划定区界和制定区内《条例》的基本依据。此外，规划中的政策性用地分类的划分标准不仅是用地功能，更多是采用了地块性质、空间布局、建筑形态等标准。无论是官方规划还是区划法，其规划区都覆盖整个行政区范围。官方规划和区划法对建设用地和非建设用地的规划有一定的职能分工。一般的，官方规划会有专门的规划总图针对非建设用地作出相应的政策引导，而建设用地的功能界定则是区划法的重点工作。

三、美国

美国的土地利用规划体系（见图5-26）总的来说可以分为3大类和6个层次。3大类分别是总体规划、专项规划和用地增长管理规划。6个层次的规划是：国家级、区域级、州级、亚区域级、县级和市级。其中，土地利用总体规划的用地分类分为5大类：公有地、农业用地、林业用地、城市用地、乡村用地。这5大类在各个层次的规划中各有侧重。美国的农业地区的规划在州级、亚区域级、县级这三个层次都有所涉及，根据规划范围的大小包含有不同的规划目标与内容。例如，用地增长管理规划主要是对建设用地加强管理和控制市区规模的一种方法。

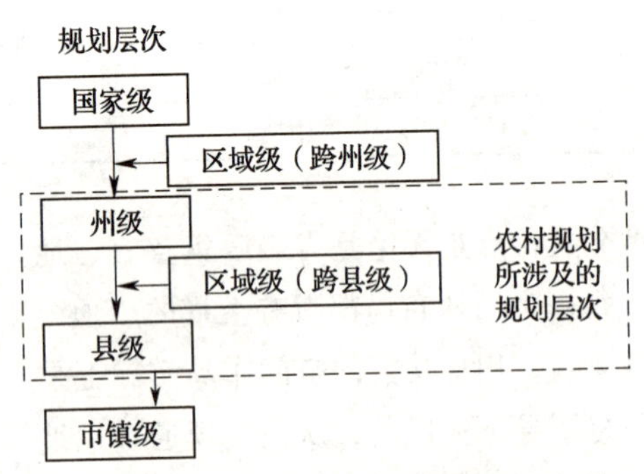

图5-26　美国土地利用规划体系

资料来源：改绘自宗仁，中国土地利用规划体系结构研究，南京农业大学，博士论文，2005

美国土地利用分类以农业部统计用的主要土地利用分类为主，是利用导向的土地利用分类系统。主要包括5个1级分类：耕地、牧草地、林地、特殊用地和其他用地，以及24个2级分类。农业部经济研究局从1945年开始依据这个分类系统每五年发布统计报告系列。2006年的土地利用报告中耕地分为收获耕地、歉收耕地和夏季休闲耕地；牧草地分为耕作用草地、牧草地以及林业用草地；特殊用地分为农村交通、农村公园、野生生物、防护与工业、农庄、道路和小径；林地分为生产木材林、保护林和其他林地；而城市用地并未作为一级用地分类统计。

美国的农村土地分国有和私有。在农村土地政策方面，为了保护耕地、防止城市化对耕地的占用，美国政府采取了向土地所有者购买开发权的做法来保证耕地的用途，如政府要获得农田的开发权，就必须向农民支付一笔现金，以作补偿，补偿额通常相当于土地市场价格的1/2或1/3，农民在出售了土地发展权后可以继续耕种这块土地，但是不能改变其用途。美国还在自愿的基础上实行了土地发展权的转让制度，以适应土地市场发展的需求。美国农村规划的重点是农业地区的环境资源保护与有效利用。

州级的农村土地区划以俄亥俄州为例（见图5-27），按行政管辖权属分为镇区法定农业区划和县区法定农业区划。而县级的农村规划主要是以土地利用的大类分区为主，以马里兰州霍华德县的总体规划为例（见图5-28、图5-29、表5-8），2000年马里兰州霍华德县的总体规划从战略角度对行政区划分原则、乡村地区的保护平衡增长、工作结合自然、社区进步和分阶段发展等6个方面组织规划。具体对西部的农业地区以生态保护为主要原则，将用地主要分为乡村居住地 Rural Residential（RR）和乡村保护地 Rural Conservation（RC）两大类，其中乡村居住地（RR）包括住宅用途（48%）、商业与工业（0.4%）、基础设施（7.3%）、乡村保护地（RC）包括农业保护（31.3%）、森林公园和开放空间（13%），值得注意的是与我国人地对应设定土地控制标准不同，这里的用地标准的控制主要为保护地所占百分比，与人口相关度并不大。

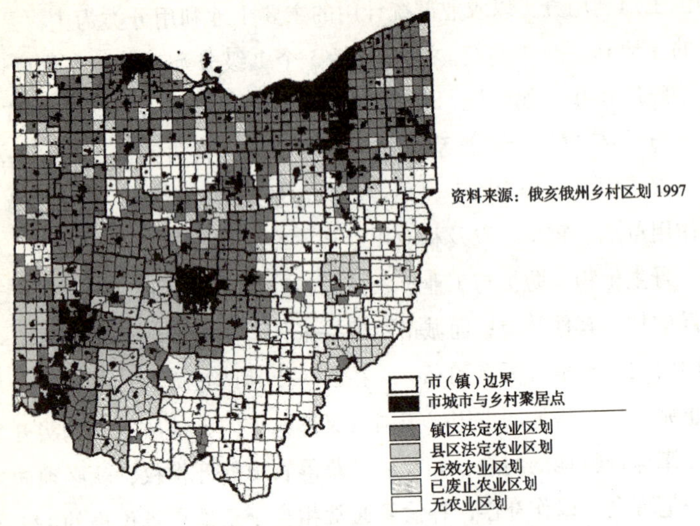

图 5-27　美国俄亥俄州镇区区划 1997

资料来源：http：//www. ohioplanning. org/

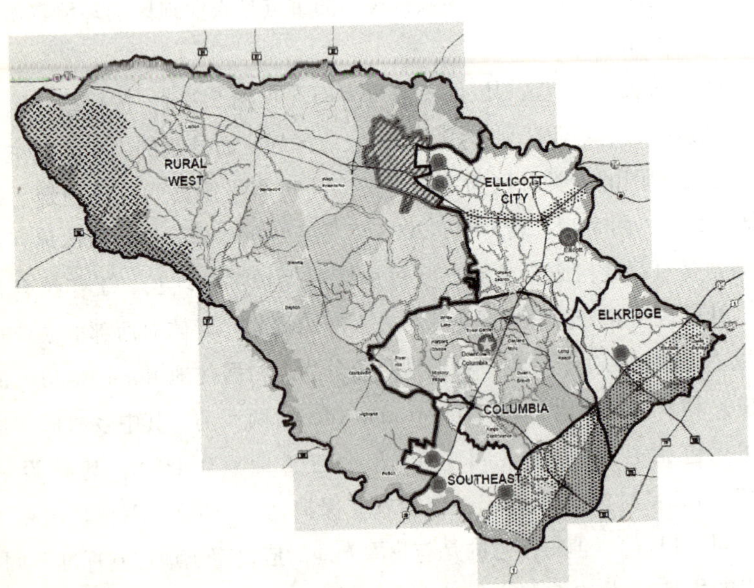

图 5-28　美国马里兰州霍华德县 2000 总体规划

资料来源：改绘自 http：//www. howardcountymd. gov

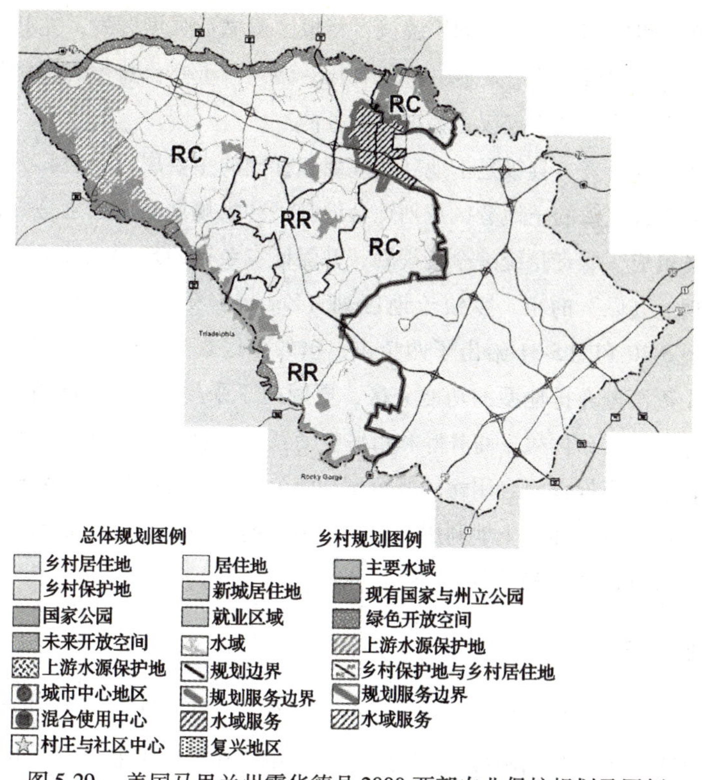

图 5-29　美国马里兰州霍华德县 2000 西部农业保护规划及图例

资料来源：改绘自 http：//www. howardcountymd. gov

霍华德县西部农业地区现状用地分类与面积　　　表 5-8

用地类别	注册的土地					未注册的土地	合计
	已经开发的	已登记未建设	未来开发的	合计	百分比		
居住用地	28000	4700	1700	34400	48. 0%	0	34400
未注册的土地	0	0	0	0	0. 0%	23100	23100
服务设施用地与其他	300	0	0	300	0. 4%	100	400
农业保护地	22400	0	0	22400	31. 3%	0	22400
公园与开放空间	9300	0	0	9300	13. 0%	0	9300
合计	65200	4700	1700	71600	100. 0%	23. 300	94900

资料来源：改绘自 http：//www. howardcountymd. gov

在市级区划中，土地利用强调乡村地区遵循低强度开发，尤其注重农村住宅、农村商业、农业、特色农场、园艺、重要自然生态资源的保护，突出这片区域不仅仅是为城市服务的。

就美国而言，县级是土地利用规划和管理的主要层级，但其大多依据县以下各乡镇的土地分区规划综合编制。县级规划委员会也是由各乡镇委员组成，职责是统编全县规划，并保证本乡镇的规划在县级得以完全体现。县以下的市、乡镇土地区划（Zoning）等同于我国的乡镇规划。图5-30和图5-31给出了两个市、镇的分区规划。美国的土地利用分类中逐渐抛弃排他型的功能分区，更倾向于采用兼容型的功能分类，将工作、娱乐、休憩、商务等和市民生活紧密结合，强调土地利用规划的弹性，除了提倡混合用途的兼容型功能分区外，还提出更具弹性的绩效型功能分区，即在土地利用规划中以最佳的效果为目标，而不过于强调实现目标的过程和手段。

四、日本

日本的土地所有制分为国家、公共、个人与法人所有三种形式。其中国家和公共团体占有的土地大多是不能用于住宅、工业或农业开发的森林地和原野，因此在可以利用的土地中，私有土地比重很高。划定城市规划区（City Planning Area）是日本规划编制工作的首要任务，必须与更高层面的土地使用规划相协调，包括城市建成区以及周围需要保护的农田和森林，一般是城市建成区的4～5倍。图5-32给出了茨城县的城市规划区示意。

在城市规划区的基础上，进一步划分“城市化促进区”和“城市化控制区”，这一工作又被称为划线（Line-Drawing）。划线的法律效应见表5-9。在城市化促进区和城市化控制区之间有非常明确的边界。这样一方面有利于确定建成区计划建设区的开发效率。另一方面，可以防止在森林、农地中出现开发失控。在城市化促进区内，只要土地开发规划符合相关技术标准，农业用地就可以转为城市用地；主要基础设施和公用设施的公共投资建设项目享有优先权；所有地区都将被土地使用

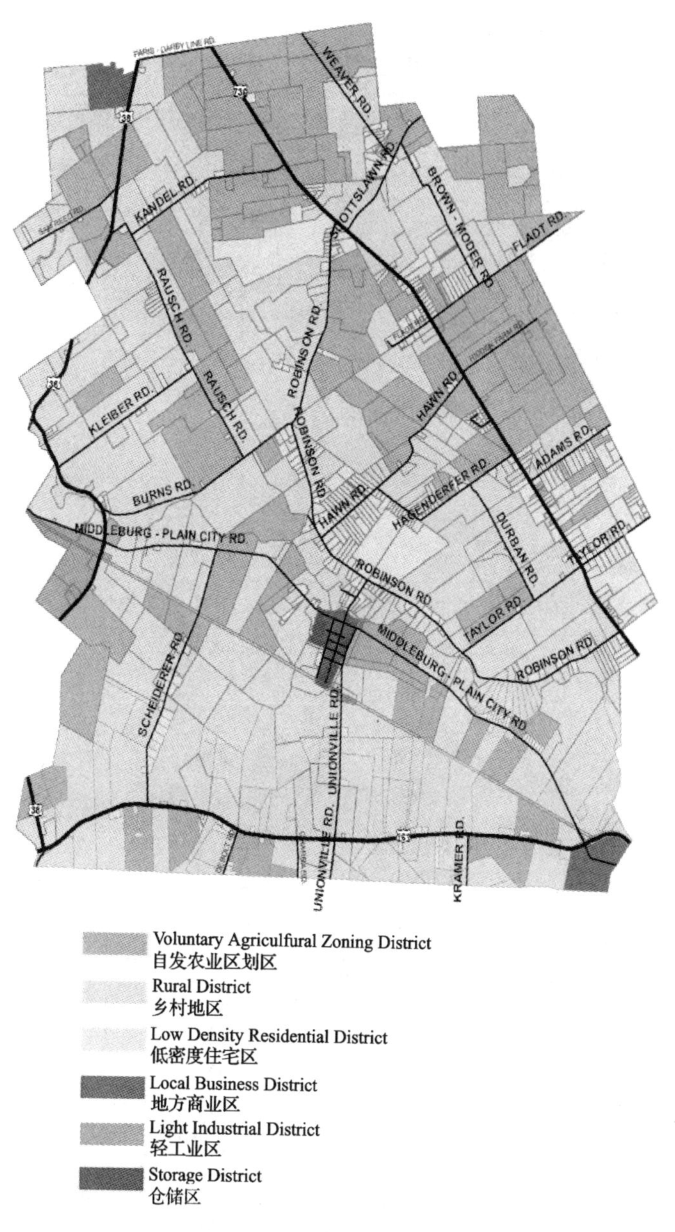

图 5-30 美国俄亥俄州 Darby 镇区分区规划

资料来源：http：//www. ohioplanning. org/

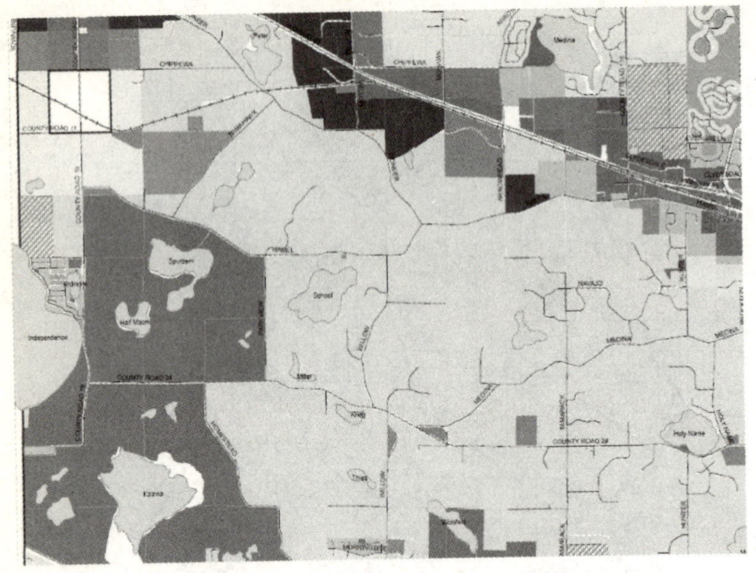

图 5-31　美国明尼苏达州的 medina 市分区规划

资料来源：http：//www. co. medina. oh. us/

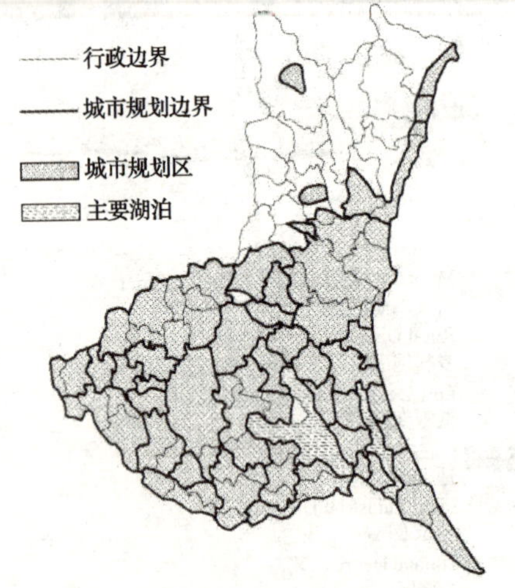

图 5-32　茨城县的城市规划区

资料来源：The Practice of “City Planning” in Japan，1996 年

划线的法律效应　　表 5-9

项目	城市化促进区	城市化控制区
土地使用控制	根据土地使用区划控制土地的使用，保证有序地使用土地	从农业的方面通过规划控制土地使用。不确定土地使用区划
公共投资	批准公共设施建设并积极地实施公共投资项目，如：道路、公园、排水等	用于促进农业的公共投资将被积极地执行
城市开发项目	将积极实施	不得实施
土地开发许可	超过 $1000m^2$ 的建设必须得到道府县官员的批准。应满足技术上的要求	除一些特定的大规模开发项目，开发行为是严格受限的
农田保护	必须有针对保护的必要的报告	必须得到都道府县官员的批准
城市规划征税	可以征收城市规划税，用作城市规划项目的基金	不得被征收捐税

资料来源：Urban Planning System in Japan，1996 年

区划覆盖；可以征收城市规划税。城市化控制区内其他开发活动均不被许可，除了大于 $20hm^2$ 的开发项目和与农、林、渔业发展有关的项目。

这两个区域划定的基础上，城市规划管理部门和农业管理部门通过行使各自的行政管理权限，从而达到共同的目标。城市规划管理部门将土地开发行为控制在城市促进区内，农业管理部门实行农田保护等措施，控制城市控制区内的农田转为其他的用途，对控制区内农业项目的投资予以支持。

“划线”时要与农业管理部门相协调，处理农用地向城市用地转化的问题，这是确定城市化促进区过程中的一个重要程序，对于大面积、连片的（ $>20hm^2$ ）高产优质农田，以及农业基础项目已实施或项目完成未满 8 年的农田不得纳入城市规划促进区。

城市化控制区内的非城市建设用地由农业部门进行管理，城市化促进区内则由城市规划部门负责管理。促进区内的农地大致可分为两类，

一类是可以作为城市用地的税额用地，另一类是作为开放空间功能的用地，具体由农用地所有人选择。见表5-10和表5-11。

城市化促进区内的现存农地统计——以东京为例　　表5-10

<table>
<tr><th colspan="3">分　类</th><th>面积（hm²）</th></tr>
<tr><td rowspan="3">城市化促进区</td><td colspan="2">现状城市用地</td><td>321000</td></tr>
<tr><td rowspan="2">农地</td><td>作为城市用地的税额：具有转作城市用地的可能性</td><td>15500</td></tr>
<tr><td>作为开放空间的农地：不具有专为城市用地的可能性</td><td>8600</td></tr>
</table>

转为城市用地的农地和具有开放空间功能的农地各自的特征　　表5-11

	作为具有开放空间功能的农地	作为城市用地中的农地
转向城市用地的可能性	这类用地必须在30年内作为农地使用，其间不得转为其他的用途	获得开发许可后，可以进行用途的更改
税收（如：房产税等）	土地被视为农用地进行价值评估；税额很少（通常仅有十分之一）	土地被视为城市用地，通常要交纳税款
指定	需要由土地所有人申请	不需要申请

资料来源：Urban Planning System in Japan，1996年

日本对于农业土地的开发作了非常严格的规定，并形成了许可制度、事前指导制度、缔结开发协议、是否事后监督等一套规章制度。对于农业地区的耕地，1hm²以上农耕地都要由专家、部门负责人组成的农业委员会决定。对于土地的开发，农业委员会还要事前指导，并与土地开发者递交协议。同时，政府还要对土地的开发利用状况进行调查，严控土地的发展权。

日本的土地利用规划的整体性比较强，在划线工作基础上，规划分类十分注重当地的发展和建设目标，其中分为A～E五类，在C、D、E中均有农业地区的规划。规划中农业地区用地又细分为自然环境地、农

业地、居住地和景观观光地，以及少量工业和商业地。

图5-33给出了冲绳县玉树村的土地利用导则图，图5-34给出了群马县姬恋村的土地利用规划图。

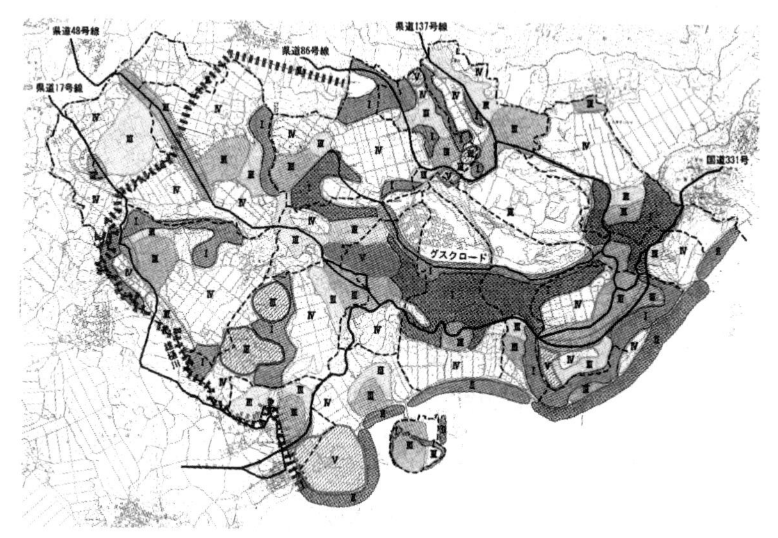

图5-33 日本冲绳县玉树村土地利用导则图

资料来源：http：//tochi. mlit. go. jp

日本实行的是全国统一的用地分类体系。中央政府负责制定和解释分类体系，留给地方政府的灵活度极为有限，反映出在强权中央政府，单一的土地管理体制下的分类特征。日本的用地分类相对粗线条。但通过对每一类别可兼容的不同功能进行详细的约束和限定，从而赋予了更深一层次的功能定义。对于限定的兼容型功能，地方也有权力作出符合本地特征的调整。

在规划中，“划线”这一工作是至关重要的，是规划的首要任务。在这一阶段“划线”一方面有利于确定建成区和计划将要进行集中开发建设的地区，从而提高土地开发效率。另一方面，可以防止在森林、农地中出现开发失控的现象。这一工作也是城市规划和农业管理部门职能权力的划分。“划线”要遵从一定的原则：首先应当与交通等部门规划

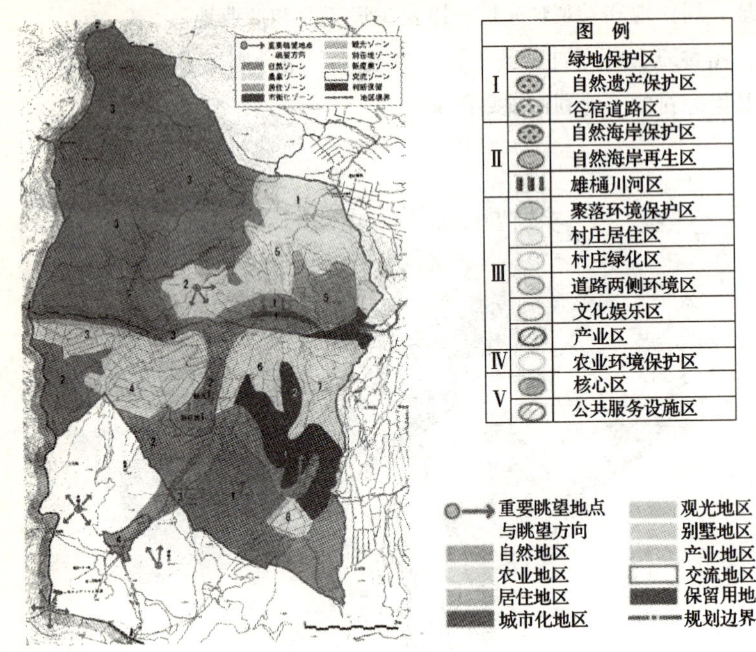

图 5-34　日本群马县姬恋村土地利用规划图

资料来源：http：//tochi. mlit. go. jp

相一致。在“划线”时，应制定道路交通和公共设施规划，以满足城市化促进区内未来增长的需求。其次，纳入城市规划促进区内的土地，通过土地重新调整等措施后，应具有为城市所使用的功能。这一原则是为了防止城市用地的蔓延超出基础设施的建设。最后，其应与农业管理相协调。对于大面积、连片的高产优质农田，以及农业基础项目已实施或项目完成未满 8 年的农田不得纳入城市规划促进区。图 5-35 给出了城市规划和农业用地划分情况。

日本的用地区划分类是不包括公共设施分类的。公共设施、停车场、消防设施等功能规划作为与用地区划相并列的独立规划出现。在所有规划层面中，公共设施等用地规划享有最高优先权，从而体现规划的政策引导性。日本分类体系中的分类单元相对固定。“土地使用用途分类”和“公共设施分类”分别定义经营性用地功能和公共性用地功能；而其他特别用途分类则是若干独立用地分类/分类单元的总称。具体分类

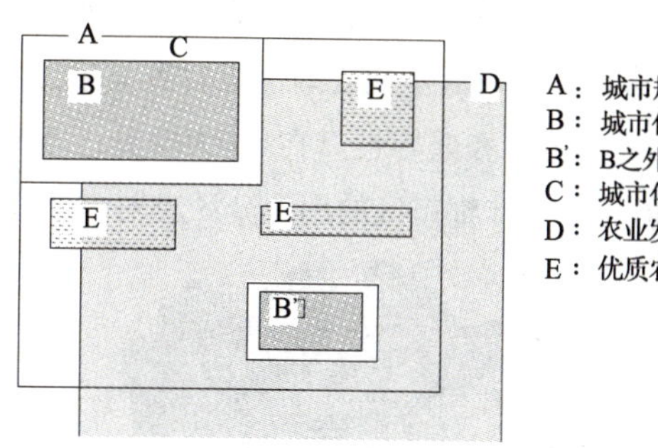

图 5-35 城市规划和农业用地划分

注：1. C与D有大面积的重叠。2. D与B没有重叠的部分。因此，当B向D蔓延时后者需要远离B，或进行必要的调整。3. E不得转为B或B'

资料来源：Urban Planning System in Japan，1996

设置因城市而不同，但基本可归纳为特殊用地功能控制、建筑物形态控制、环境资源控制、配套设施控制等四大类。

五、我国台湾地区

（一）区域规划范围内的土地分类

台湾地区首先将区域规划范围内的土地分为都市土地和非都市土地两种，并分别制订了不同的法律法规实行分区管制。台湾都市土地使用分区管制的内容包括分区规定与管制规则两大部分，主要划定住宅、商业、工业等各种使用分区。管制规则主要是针对各土地使用分区，规定不同的使用管制事项、性质及建筑强度。台湾农村地区的土地基本上都可以划入非都市区的规划范畴。

（二）乡村地区的土地分类

台湾地区非都市用地约占台湾土地总面积的87%，即乡村地区。非都市用地主要有：保护自然生态环境，维持生态体系平衡；保护水土资源，防止灾害发生；维护农业生产环境，确保粮源充足；为都市土地使用提供缓冲空间，调和整体土地利用；提供产业发展空间，以促进经济增长；提供民众休闲游憩空间，以提高生活水准共6项功能。

非都市土地按照土地使用性质划分为10种分区：特定农业区、一般农业区、工业区、乡村区、森林区、山坡地保育区、风景区、公园区、特定专用区与河川区。非都市区用地规划注重对各类生态环境的保护，及各类用地性质之间的转换和兼容性。在 10 大类分区基础上又进一步细分 18 种。图 5-36 给出了非都市区的用地分区规划。

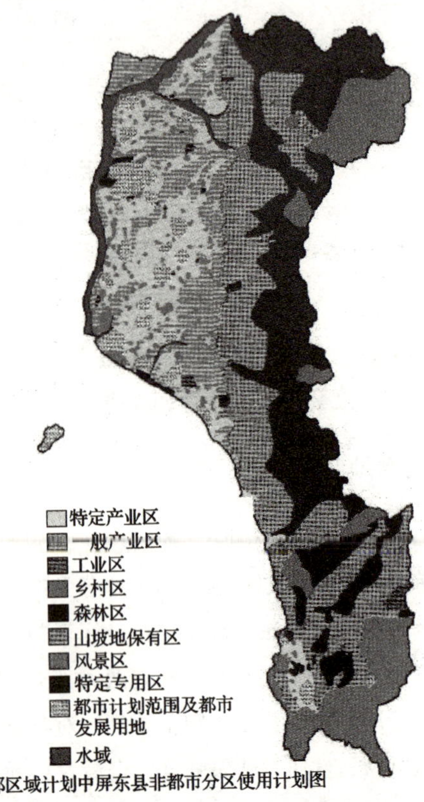

图 5-36　台湾屏东综合发展计划——非都市区用地分区规划

资料来源：http：//gisapsrv01. cpami. gov. tw

各类用地内容及编定原则如下：1. 甲种建筑用地：指供农业区建筑使用者。2. 乙种建筑用地：指供乡村区内建筑使用者。3. 丙种建筑用地：指供森林区、山坡地保育区及风景区内建筑使用者。4. 丁种建筑用地：指供工厂及有关工业设施建筑使用者。5. 农牧用地：指供农牧生产及其设施使用者。6. 林业用地：指供营林及其设施使用者。7. 养殖用地：指供水产养殖及其设施使用者。8. 盐业用地：指供制盐及其设施使用者。9. 矿业用地：指供矿业实际使用者。10. 窑业用地：指供砖瓦制造及其设施使用者。11. 交通用地：指供铁路、公路、捷运系统、港埠、空运、气象、邮政、电信等及其设施使用者。12. 水利用地：指供水利及其设施使用者。13. 游憩用地：指供百姓休闲游憩使用者。14. 古迹保存用地：指供保存古迹使用者。15. 生态保护用地：指供保护生态使用者。16. 国土保安用地：指供国土保安使用者。17. 坟墓用地：指供埋葬骨灰或棺木使用者。18. 特定目的用地：指供各种特定目的的事业使用者。

（三）台湾土地分类的特点

两个并列的规划体系使非都市区土地管制更为严格。台湾通过都市和非都市两个并列的规划体系来实现对城市建设区内土地和周边土地资源的管制及合理利用。非都市土地利用规划不仅涉及了乡村景观及特殊景观的维护、环境敏感地区的保护等环境保育计划，而且还专项列示了加强水、森林等资源经营管理、灾害防止等。相对于都市土地使用，台湾的非都市土地使用管制更加严格。

六、经验小结

以上国家和我国台湾地区用地分类体系的表达形式与构成大致分为：

（一）对应不同层次的规划目标和重点，用地分类划分标准和侧重点也不相同

一般来说，在指导乡村土地开发与建设的规划中，普遍采用土地使用性质与功能为划分标准。而在其上级规划中，从各地的用地分类来看，该层面的规划主要目的在于标示及控制规划区内关系区域利益的要素以及结构性要素的空间布局。此外，需要强调的是，“划界”是这一层面规划的主要任务，如：区分城市与农村、鼓励建设区与抑制建设区、私人开发与公共建设、建成区与非建成区、有时甚至是区分不同部门的权责、管理范围的体现。

（二）树形结构和演绎阐述结构

以我国现行用地分类体系为代表，需要相当高的规范性和稳定性，

一般需要统一制定。演绎阐述结构类以英国和北美为代表。该体系中的用地类别并无统一的规范，而是与特定用地政策相结合。主要体现出不同时空下规划所面临的问题与解决的目标，更强调通过文字性说明和描述来引导用地许可，这一形式比树形体系（见图5-37）更有灵活性。

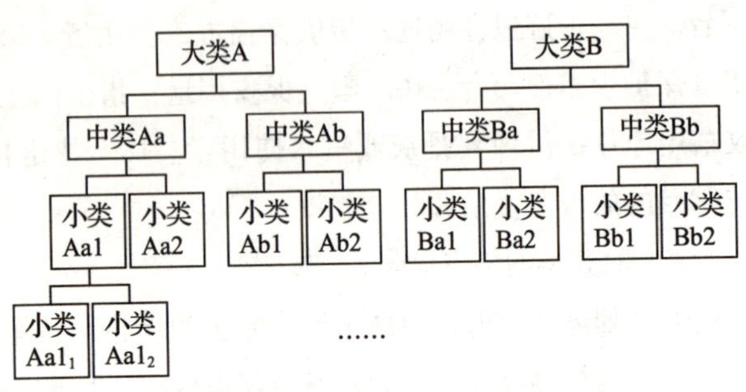

图5-37 树形分类体系示意图

（三）在分类子项中粗略地分为两大类

一类是乡村地区用于建设和开发的土地，这类用地在进一步细分时，有几个特点：一是较城市地区建设用地更为综合，体现为功能的复合和兼容性；二是区分出今后可以转向城市建设成大规模开发的土地类别和特征。另一类则是占有农村地区很大比例的保护和控制类用地，即非建设用地，这种用地的划分和管理在乡村地区更为严格，并通过多层次的规划加以明确。

（四）用地指标

对比案例国家/地区和中国的用地规划指标可以发现，很多地区并没有与国内相似的统一用地指标体系。相对地，在缺乏统一规定的情况下，用地指标的制定显得更为灵活、多样。归结起来，指标主要以以下几种形式出现。

定义性指标：如加拿大渥太华官方规划中的“就业区”分类，就明确规定了只有可容纳2000个以上就业岗位、50%以上的用地可提供就业的地区才可划为“就业区”。作为用地分类定义的构成部分，定义性的指标成为规划该用地分类的羁束性控制。

合理性指标：合理性指标是为了满足某类用地的最基本需求而设置

的。这种指标的设定关系到城市各功能是否能够维持正常运转。因此，也具有较高的羁束性。

优化性指标：规划编制时除了考虑满足城市运转的最基本需求，并且对城市各用地的发展有着更高的目标，这就要求制定相关的优化性指标，更多强调功能的引导，甚至会提供一定的选择范围。

绩效性指标：绩效性指标是针对某项特定的规划目标而言，其目的在于为下位规划或建设行为提出一定的要求。在各案例国家和地区的用地规划中，绩效性指标更多地出现在政策性规划中，作为界定政策目标的必要手段。

第四节　我国农村集体建设用地分类标准修订的指导思想与原则

我国长期以来农村对土地利用是以牺牲土地资源的数量和综合生产能力为代价，是以掠夺开发、粗放经营、低效浪费和生态破坏为特征的不可持续的利用方式。土地资源是农业乃至整个国民经济和社会发展的物质基础，人多地少、耕地不足是我国的基本国情，摒弃落后的土地利用方式，促进村镇土地利用的高效与集约，实现乡村土地的科学化规划管理是今后长远发展的必然选择。

一、工作重点

（一）相关规范衔接——与国家法律法规、其他用地分类标准相适应

以现有的《镇规划标准》为参照，以原有的《村镇规划标准》为基础，总体上考虑制度设定的历史延续性，确立以我国原有的规划用地分类体系为基本框架，同时原则保证与新编的《城乡规划用地分类与标准》和《全国土地分类》相衔接，能够成对应关系，并且在房、地管理的构架上也需要与城市土地规划管理形成内在统一的基础。从而农村土地用途分类能达到与规划的城市用地分类之间辩证统一的思想和一致的操作目的。

（二）规划层次定位——分层次控制，适应乡域及乡驻地、村庄规划的需要

按照城镇和乡村的地域空间关系划分来看，依照建设管理部门的统计分类，城乡建设用地应包括建制市城市建设用地、县城城市建设用地、建制镇镇区用地、集镇镇区用地、村庄用地；而城镇建设用地则包括建制市城市建设用地、县城城市建设用地、建制镇镇区用地；乡村建设用地包括集镇镇区用地、村庄用地。

本研究认为，根据乡村规划体系的两级构成——乡规划和村庄规划，本次分类修订主要满足的规划层次定位在两个层次：一是满足全乡域范围的规划，二是满足乡镇和村庄层面的需要，并充分反映上级规划中相关的目标和控制要求。

从现实情况来看，各地区的乡村规划可以分为乡域层面和村庄点两大类层次。因此，分类体系的设计要满足这个层次的规划要求，同时有助于用地规划管理时提供明晰的许可，且不影响其他的相关规划。

（三）空间范围界定——以建设区为主，可以覆盖行政辖区

本次调整规划用地分类的空间范围界定应考虑两个方面：一方面，由于乡村规划一般以乡域行政边界为编制单位，规划的空间范围应覆盖整个乡域，并能反映上层次规划对村庄发展的政策导向和目标要求；另一方面，乡镇和村庄建设区是用地需求和管理的重点之一，而有些建设区范围与管辖趋于重合。

因此，规划分类的空间覆盖范围应以建设区为主，从类别上可以覆盖行政辖区。

二、指导思想

（一）适应城乡统筹发展的要求

“城乡统筹”是指充分发挥工业对农业的支持和反哺作用、城市对农村的辐射和带动作用，建立以工促农、以城带乡的长效机制，促进城乡协调发展。在用地分类中需要统筹考虑，不能将“建设”和“非建设”割裂开来，通过用地分类上的整合与调整，把建设社会主义新农村

与稳步推进城镇化结合起来，加快建立健全以工促农、以城带乡的政策体系和体制机制，形成城乡良性互动的发展格局。

但是，城乡统筹并非简单的城乡混合，应该客观对待乡村社会经济发展基础与城镇的差异，特别是土地利用模式的差异，包括建设状况、强度、土地所有权属性等的差异，在统筹中强调差别化，是推动城乡统筹原则落实的重要目标。

（二）促进乡村的经济发展

农村的土地利用规划应从农村的经济实力和实际需求出发，从因地制宜、节约用地出发，并能充分发挥地方村民自治组织作用，引导村民合理进行建设，改善农村生产、生活条件。因此，根据不同的地理环境、资源优势、经济发展状况，考虑对应不同的村庄发展模式，规划用地分类应留有充分的弹性，以适应不同地区及不同发展模式中的乡村规划需求。

（三）适应创建服务型政府的要求

2004年以来，我国逐渐实现计划经济时代“管家型”政府向新形势下的“服务型”政府的职能转变，在公民本位、社会本位理念的指导下，把政府定位于服务者的角色，为全社会提供公共产品和服务，重点关注公众和普通老百姓的利益、关心社会的弱势群体、关注社会资源的保护和公平分配，建立和谐社会。因此各类保障性用地成为用地分类需要重点考虑的问题，例如强调生态敏感区域、水系等公共资源保护，强调区域基础设施和服务设施等为实现“基础公共服务均等”的用地类型等等。

三、分类原则

（一）“宜粗不宜细”的分类原则

考虑到我国地域辽阔，人口众多，不仅各地区的城市化程度、自然环境、经济文化状况差异很大，而且各地区内部乡村发展阶段和用地需求具体问题都存在较大的不同。因此，研究确定采用“宜粗不宜细”的原则，力求适用面广、包容量大，使其尽可能运用于各种情况，但针对当前国家具体政策要求和规划管理中必须重视和加强控制的内容，应给予明确的说明和标示。

另外，在该原则下，本研究中的分类体系考虑为地方留有一定的余地；允许地方政府根据本地情况，在不影响统一体系结构的前提下，对一些具体分类作必要调整和扩展。

（二）统筹考虑基础调查与编制管理需要的原则

用地现状的表达强调客观性，以反映用地现状的特点和存在的问题。规划往往带有目的性和针对性，突出强调反映和解决用地中面临的主要问题。用地分类是用地现状调查分析和规划编制的基础，需要反映以上两方面的特征和要求。

（三）把握刚性与弹性相结合的原则

在用地分类体系的构建中，每一种用地类型都应该有明确的定义，然而考虑到实际操作和实施的问题，并非要对所有地类限制得过死，可以根据需要使一部分土地具有几种综合职能。反映在用地分类中，对于某些地类无须设置到非常细的类别，能够满足规划编制和管理需求即可。

第五节　我国农村建设用地分类建议

一、用地分类

（一）基本思路

1. 延续原用地分类的基本构架和分类体系，采用树形分类结构为主体。首先将城乡建设用地和非建设用地分成两大基本面状地域部分，其次为与《城市用地分类与规划建设用地标准（送审稿）》相衔接，将建设用地类别进一步细分为乡村建设用地、区域交通设施用地、区域公共设施用地和其他建设用地4类。其中的乡村建设用地对应城乡用地分类中的H13（乡建设用地）和H14（村庄建设用地）两类，其余区域交通设施用地、区域公共设施用地、其他建设用地均与城乡用地分类一致。非建设用地类别并不完全套用土地部门的分类方法，首先突出非建设用地中对生态环境、自然资源的保护和控制，在城乡一级规划中加以明确，之后在小类的划分中与国土部门的分类相对应。

2. 以土地使用性质和主要功能为基本的划分标准，同时增加政策性分类，以及土地经营性管理类别。

3. 分类表中的大类和中类用于城乡一级规划，尤其是非建设用地要明确其边界与范围。小类用于乡驻地和村庄点的整治或建设规划，根据具体情况选用。

4. 为了更好地适应规划许可制度的要求，分类表格对各类土地用地性质的变更也作了设计。设计中遵循的原则是禁止非经营性土地类型向经营性土地类型变更，允许经营性土地类型向非经营性土地类型变更，允许经营性土地小类间变更。

（二）用地分类，见表5-12。

用地分类 **表5-12**

<table>
<tr><th colspan="3">用地类别</th><th>代码</th><th colspan="2">所包含的用途</th><th>用地性质变更许可</th><th>是否经营性用地</th></tr>
<tr><td rowspan="7">建设用地</td><td rowspan="7">乡村建设用地</td><td rowspan="3">居住用地</td><td>R</td><td colspan="4">乡村住宅和相应设施的用地</td></tr>
<tr><td>R1</td><td>宅基地</td><td>村民户独家使用的住房和附属设施及其户间间距用地、进户小路用地。不包括自留地及其他生产性用地</td><td>不可变更</td><td>否</td></tr>
<tr><td>R2</td><td>其他居住用地</td><td>除R1以外的成片或零星居住设施，含单身宿舍、小型家庭旅馆、敬老院等用地</td><td>可变更为P，U，G</td><td>否</td></tr>
<tr><td rowspan="4">公共管理及服务设施用地</td><td>P</td><td colspan="4">各类公共建筑物及其附属设施、内部道路、场地、绿化等用地</td></tr>
<tr><td>P1</td><td>行政及公共管理设施用地</td><td>政府、团体、经济、社会管理机构等用地</td><td>不可变更</td><td>否</td></tr>
<tr><td>P2</td><td>基础教育设施用地</td><td>幼托、小学、初中、高中、一贯制学校</td><td>不可变更</td><td>否</td></tr>
<tr><td>P3</td><td>其他公共设施用地</td><td>含文化图书、科技、展览、体育等文体科技用地；医疗、防疫等医疗卫生机构用地；宗教用地等</td><td>不可变更</td><td>否</td></tr>
</table>

续表

用地类别			代码	所包含的用途		用地性质变更许可	是否经营性用地
建设用地	乡村建设用地	商业服务设施用地	C	各类商贸、商务、服务业的店铺，及金融服务机构，及其附属设施用地			
			C1	商业零售用地	各类零售及服务业用地，其中集市贸易专用建筑和场地用㊎符号标出	可变更为P或C2，C3	是
			C2	旅馆服务用地	宾馆、旅馆、招待所、度假村等及其相应附属设施用地	可变更为P或C1，C3	是
			C3	其他商业用地	指上述用地以外的其他商业、服务业用地。包括企业、服务业等办公用地，以及经营性的办公场所用地。含影剧院、歌舞厅、俱乐部、游乐场等文化娱乐设施用地	可变更为P或C1，C2	是
		道路交通用地	S	道路运输、交通站场、静态交通设施等及其附属设施等用地。不包括居住用地、工业用地等内部的道路用地		不可变更	否
		公共设施用地	U	各类公用工程和环卫设施用地，包括其建筑物、构筑物及管理、维修设施等用地		不可变更	都
		工业用地	M	独立设置的车间、库房等生产性建筑及其附属设施和内部道路、场地、绿化等用地			
			M1	一般工业用地	可置于居住用地中，对居住和公共环境基本无干扰、无污染的工业用地	可变更为P，U	否
			M2	特殊工业用地	对居住和公共环境有较大干扰、污染和安全危险的工业	可变更为M1，P，U	是
		仓储物流用地	W	仓储企业的库房、堆场和包装加工车间及其附属设施等用地		可变更为P，U	是

续表

用地类别			代码	所包含的用途	用地性质变更许可	是否经营性用地
建设用地	乡村建设用地	绿化广场用地	G	公共绿地、生产防护绿地以及广场等开放空间用地	不可变更	否
		区域交通设施用地	T	铁路、公路、港口、机场和管道运输等区域交通运输及其附属设施用地，不包括铁路客货运站、公路长途客货运站以及港口客运码头	不可变更	否
		区域公共设施用地	Q	为区域范围服务的公用设施用地，包括区域性能源设施、水工设施、通信设施、殡葬设施、环卫设施等用地	不可变更	否
		其他建设用地	O	除上述之外的建设用地，包括军事特殊用地等	不可变更	否
非建设用地	特殊非建设用地		H	包括因生态环境保护、工程防护治理等具有政策属性的规划中必须严格控制、禁止开发建设的用地		
		水源保护区	H1	包括基本水源区和源头补给区必须建立保护区的范围	不可变更	否
		自然保护区	H2	由国家、省、自治区、直辖市人民政府批准划定，包括国家和地方二级自然保护区范围	不可变更	否
		森林公园	H3	由国家林业局以及县级以上人民政府林业主管部门批准划定，包括国家、省级和市县级三级	不可变更	否
		风景名胜区	H4	由国务院以及省、自治区、直辖市人民政府批准划定的范围，包括国家级和省级二级风景名胜区	不可变更	否

续表

<table>
<tr><th colspan="2">用地类别</th><th>代码</th><th colspan="2">所包含的用途</th><th>用地性质变更许可</th><th>是否经营性用地</th></tr>
<tr><td rowspan="7">非建设用地</td><td rowspan="3">特殊非建设用地</td><td>H5</td><td>基本农田</td><td>以乡镇为单位划区定界，由县级人民政府土地行政主管部门会同同级农业行政主管部门组织实施</td><td>不可变更</td><td>否</td></tr>
<tr><td>H6</td><td>工程防护治理用地</td><td>工程防护治理相关用地</td><td>不可变更</td><td>否</td></tr>
<tr><td>F</td><td colspan="4">除特殊政策之外的非建设用地</td></tr>
<tr><td rowspan="4">一般非建设用地</td><td>F1</td><td>一般农用地</td><td>除基本农田外的农用耕地、林地、园地、草地与农业设施用地</td><td>不可变更</td><td>否</td></tr>
<tr><td>F2</td><td>水域</td><td>江、河、湖、海、水库、水渠等水域，不包括公共绿地及单位内的水域</td><td>不可变更</td><td>否</td></tr>
<tr><td>F3</td><td>工程采矿用地</td><td>采矿、采石、采沙、盐田、砖瓦窑等地面生产用地及尾矿堆放地</td><td>一定条件下可变更</td><td>是</td></tr>
<tr><td>F4</td><td>其他非建设用地</td><td>除上述之外的其他非建设用地，包括空闲地、设施农用地、田坎、盐碱地、沼泽地、沙地、裸地、滩涂、冰川及永久积雪等其他土地</td><td>一定条件下可变更</td><td>否</td></tr>
</table>

二、规划用地标准

（一）基本思路

科学合理的用地标准应符合《城乡规划法》对各类用地的要求，有助于真正促进城乡建设和发展的统筹协调以及节约集约用地。然而实际上，由于各地的自然条件和经济发展状况的区别较大，农村集体建设用地的规划标准也存在较大差异。因此对于农村集体建设用地普遍的规划标准的控制，应当重点集中在两大方面。一是基于土地集约节约利用的角度，现实中往往容易被突破和超出标准的用地，如人均建设用地面积、人均宅基地面积等；二是在市场经济下，部分公共物品的用地往往容易被忽视或侵占，如公共绿地、公共服务设施等。

本规划标准旨在为农村建设用地的规划和管理方面提供一个较为统一的研究基础与建议，具体的数值须作专门的研究和论证。但总体上，研究认为这些标准设计应把握的原则是：强调节约用地的政策导向性，强调方案设计的科学合理性，把握标准实施的可接受性，体现成果的继承与发展性，并且注意标准制定的粗细相宜。同时，在制定统一的标准类别和数值区间后，各省市地区须根据自身的自然条件和经济发展状况制定具体的相关指标控制细则。

（二）标准建议

1．人均建设用地标准

农村人均集体建设用地标准，能够基本反映村庄的生态环境承载能力、资源条件、居民生活居住条件等协调发展的状况。确定农村人均集体建设用地标准，以保障严格控制农村建设用地规模，积极促进环境协调发展目标的实现。

此处的建设用地仅指乡域或村域范围内的所有建设用地（既有农村集体建设用地，也包括国有建设用地）。

各地农村人均集体建设用地标准差异极大，具体数值应进行专项研究和论证，但从调研的案例分析来看，总体上仍大致存在如下规律：即平原地区高于山地地区，北方人口稀少地区远高于南方人口稠密地区。

建议农村人均集体建设用地标准如表5-13所示。

人均建设用地指标分类　　　　表5-13

类　　别		平原地区	山地地区
人均建设用地指标（m^2/人）	中心村	75～100	60～80
	基层村	90～110	70～90

注：北方地区可在以上数据指标基础上乘以1.1～1.3系数控制（以上数据为在参考各地采取的指标基础上给出的建议值，具体数值应进一步加以专项研究与论证）

人均建设用地规模和城镇化率之间在总体上存在显著的负相关关系，这对制定能满足规划城乡居民点建设用地标准的普适性规律起到弥补作用。因此，研究建议综合各地城镇化发展水平、南北气候分区以及用地条件等参考因子，加以区别控制，而其中的基本依据应为现状人均建设用地规模和城镇化水平。

2. 户均宅基地标准

通过各省份户均宅基地面积（见表5-14）与户宅基地标准上限值的比较可以发现，各省份农村宅基地面积的超标现象普遍且严重。31个省、自治区、直辖市之中仅河北省的户均宅基地面积现状低于标准上限，浙江和青海两省的超标幅度低于5%，其余省份均大幅度超标，如图5-38所示。目前各地农村人均宅基地的标准基本是按照以户为单位来控制，部分地区是规定了人均指标，但同时也规定了参与计算的每户人口的上限。

1996年、2005年各省、自治区、直辖市户均宅基地面积的变化　　表5-14

省份	户均宅基地面积（m^2/户）		变化率（%）	省份	户均宅基地面积（m^2/户）		变化率（%）
	1996年	2005年			1996年	2005年	
全国	386.19	361.43	-6.41	河南	423.64	381.29	-10.00
北京	385.36	339.99	-11.77	湖北	393.69	389.98	-0.94
天津	385.86	396.34	2.72	湖南	312.84	301.43	-3.65
河北	379.01	376.06	-0.78	广东	262.69	233.10	-11.26
山西	421.80	421.48	-0.07	广西	298.84	259.21	-13.26
内蒙古	1096.29	1089.58	-0.61	海南	652.70	589.24	-9.72
辽宁	577.41	526.78	-8.77	重庆	284.98	296.03	-3.14
吉林	863.79	792.01	-8.31	四川	291.48	285.93	-1.90
黑龙江	971.53	845.82	-12.94	贵州	263.54	233.63	-11.35
上海	229.93	276.22	20.13	云南	286.19	267.14	-6.66
江苏	331.51	322.14	-2.83	西藏	334.48	287.95	-13.91
浙江	183.54	164.26	-10.50	陕西	429.50	408.73	-4.84
安徽	457.43	419.51	-8.29	甘肃	560.02	516.04	-7.85

续表

省份	户均宅基地面积（m^2/户）		变化率（%）	省份	户均宅基地面积（m^2/户）		变化率（%）
	1996 年	2005 年			1996 年	2005 年	
福建	224.83	207.69	-7.62	青海	518.38	464.96	-10.31
江西	337.16	296.58	-12.04	宁夏	764.78	642.44	-16.00
山东	340.85	324.55	-4.78	新疆	1328.41	1178.12	-11.31

资料来源：宋伟，等. 我国农村宅基地资源现状分析. 中国农业资源与区划，2008（3）

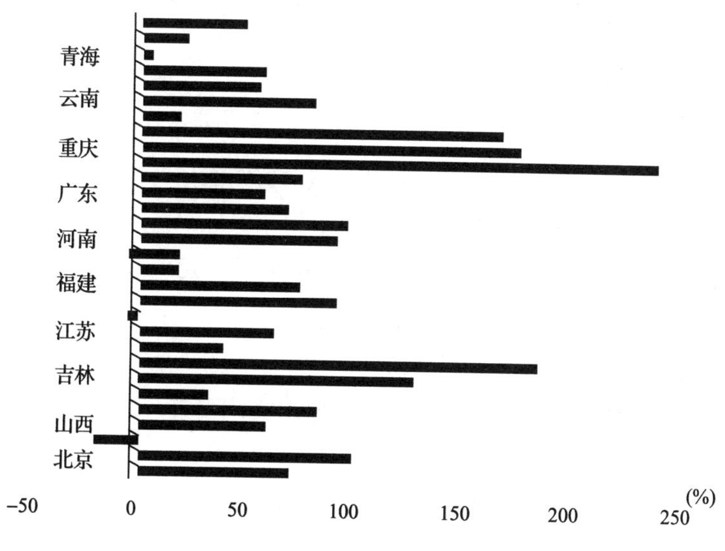

图 5-38　各省份农村宅基地超标幅度

资料来源：宋伟，等. 我国农村宅基地资源现状分析. 中国农业资源与区划，2008（3）

从以上数据可以看出，宅基地的户均用地标准各地区的差异较大，从 80m^2 到 450 m^2 都包括，当然这些差异与各地的气候条件、经济发展水平高低以及民族风俗等相关因素的影响有关。在控制标准上部分是按户均控制，部分是按人均控制，较为混乱，建议统一按户均宅基地标准来控制，并给出人均宅基地标准的参考值。

建议户均宅基地标准如表 5-15 所示。

户均宅基地指标分类　　　　**表 5-15**

类　别	平原地区	山地地区
每户宅基地总面积指标（m^2/人）	130	100
人均宅基地指标参考值（m^2/人）	25～30	20～25

注：北方地区可在以上数据指标基础上乘以 1.1～1.3 系数控制。（以上数据为在参考各地采取的指标基础上给出的建议值）

3. 单项建设用地标准

本项标准是为了引导节约集约使用土地，提高土地的利用率，防止建设用地上的盲目性，促进公共服务设施的合理布局，使每个居民所必需的基本居住、公共服务、交通、绿化权益得到保障。

在农村集体建设用地标准控制上，下述公益性设施用地极易被侵占或忽视，主要是：教育机构、文体娱乐、医疗卫生和绿地广场等几项。所以在单项用地标准的控制上，需要重点对这四部分内容进行控制。另外，由于农村周边绿化环境相对比较好，对于绿地广场这类开放空间用地，可不作严格指标要求，建议与公共服务设施类用地考虑就近安排设置，不宜占地过大。

本标准应是编制和修订乡域和村庄规划时作为远期规划单项建设用地控制性标准的参考，不作为近期规划建设或详细规划的标准。因此，本项标准应在各地具体的开发与建设类规划中再作进一步研究。具体内容参考现有国家标准和各地要求，建议包括人均用地指标百分比与人均建筑面积指标两方面。

第六章 集体建设用地流转与规划管理对策

第一节 集体建设用地流转的动因与现实意义

一、集体建设用地流转的一般概念

（一）集体土地与集体建设用地

集体土地是指农民集体所有的土地。我国实行土地的社会主义公有制，土地的所有制形式包括国家所有（全民所有）和集体所有两种形式。《中华人民共和国土地管理法》第八条“城市市区的土地属于国家所有。农村和城市郊区的土地，除由法律规定属于国家所有的以外，属于农民集体所有；宅基地和自留地、自留山，属于农民集体所有。”第十条“农民集体所有的土地依法属于村农民集体所有的，由村集体经济组织或者村民委员会经营、管理；已经分别属于村内两个以上农村集体经济组织的农民集体所有的，由村内各该农村集体经济组织或者村民小组经营、管理；已经属于乡（镇）农民集体所有的，由乡（镇）农村集体经济组织经营、管理。”长期以来，“集体建设用地”并没有一个确切定义，只是在《土地管理法》有关条文中对与之相关的问题作了相应界定。从这些内容可以看出，“集体建设用地”即指所有权属于农村集体经济组织且农民享有使用权的乡村生活设施和非农生产用地，主要包括乡镇企业用地、村民住宅建设用地、乡村公共设施和公益设施建设用地等。

（二）集体土地流转与集体建设用地流转

集体土地流转是指集体经济组织和农民对集体所有土地享有的占有、经营、使用、收益、处分权等的流转。集体土地流转包括一般集体农用地流转（如集体农用承包地流转）以及集体建设用地流转。集体建设用地流转指乡（镇）、村、组各级集体经济组织及其成员，依据土地所有权和使用权相分离的原则，将农村集体建设用地的使用权，或乡镇企业及农民个人把自己依法享有的农村集体建设用地使用权，通过一定方式，有偿给予或转让给单位和个人的行为，其实质是使用权主体的变动。

二、集体建设用地流转的现实意义

（一）城乡统筹发展的必然选择

1. 增加农民资产性收入

集体土地所有权和国有土地所有权是两种平等的所有权，应当享有平等的土地入市政策。与土地征用制度相比，集体建设用地的流转，可以使农民的集体与个人参与土地用途转换带来的大部分增值收益的分配，不仅享有早期农业用途土地的所有权，而且也可分享后期工业化、城镇化用地转换后的增值收益。

2. 改善农村人居环境

当前，为了改善人居环境，农村面对面广量大的基础设施建设工作，若完全依靠政府财政投入来进行，即便是发达地区也难以为继。农村集体建设用地流转突破了传统农村基础设施建设市场化运作缺失的瓶颈，集体建设用地流转收益可直接转化为建设投入，为农村基础设施建设提供有效的资金支持。另一方面，为提高新农村建设中各项资金的使用效率，促进资金的整合，必须合理布局农村聚落体系，根据规划引导农民集中居住，这些都需要加快农村集体建设用地流转，为乡村空间重构提供必须的用地资源。

3. 推动城镇基础设施与公共服务向农村延伸

伴随城乡经济社会发展一体化工作推进和公共服务均等化发展的需要，越来越多的城市基础设施与公共服务设施向农村延伸。一方面，只有通过集体建设用地流转，协调相关用地权属关系，才能确保农村基础设施与公共服务设施建设用地，从而合理布局和建设城乡综合交通、给水排水、电力电讯、邮政通信、市容环卫等基础设施以及文化、教育、体育、卫生等公共服务设施建设，并有效节约建设用地。

4. 推进农村剩余劳动力向城市转移

通过集体建设用地流转，为其进城置业、务工提供了更加充足的启动资本。与此同时，由于集体土地流转并不改变土地所有制性质，确保土地级差收益留在了村集体内部，帮助农民规避了农村工业化、城镇化过程中的破产风险，预留了退路。必然会促进农村剩余劳动力向二、三产业快速转移，推进农村剩余劳动力向城市转移，加快农民进城进镇步伐，促进城镇化水平的提高。

（二）生产力空间布局调整的客观要求

1. 推动农业生产方式转变

随着农业产业化和机械化水平的提高，农业生产正由传统农耕模式向规模化、集约化的现代生产方式转变。现代化的农业生产方式需要与之相适应的合理集中生产、集中居住，劳作半径的增大和劳作方式的进步，导致村庄建设用地调整与流转成为新农村建设的现实需求。通过土地流转和集中建设，以及农业生产、农村生活空间的统一规划，促进农业生产方式优化，为规模农业发展提供条件。

2. 促进乡村适用工业集中建设

长期以来，分散布局的乡村工业占用了大量农村集体土地。一方面，随着我国市场经济体制的日益完善，大量的乡村企业改制重组，企业所占生产用地需要同步整合、流转，更重要的是，通过乡村工业用地流转，乡镇企业集中布局，改变零散分布的局面，促进了集聚、集约发展。

3. 推动乡村旅游发展

当前，随着物质生活水平的不断提高，越来越多的村庄正在发展以农村风貌、农业生产、农民生活、历史遗存、民俗文化、自然生态等为主要内容的乡村旅游业。旅游点大多通过集体建设用地流转获得用地，随着乡村旅游的发展，对农村集体建设用地的流转需求也日益加大。

（三）提高土地集聚集约利用水平的现实动因

1. 综合提高集体建设用地效率

土地作为生产要素市场中的一种特殊商品，同资金、劳动力、技术、信息等生产要素一样，要通过市场机制来实现竞争性配置。集体建设用地流转使土地资源的价值通过市场得以体现和增长，并可以通过土地市场的价格信号来引导土地资源的调节和分配，从而促成土地利用效率的提高。因此，集体建设用地流转使集体土地资源以政府为主导的配置方式，转变为以价格机制、供求机制及竞争机制为主导的市场配置方式，能够适应市场经济体制下生产要素合理流动与资源优化配置的内在要求，提高了集体建设用地效率。

2. 引导集体建设用地合理布局

我国农民集体建设用地的总量有2.7亿亩，一方面包括大量的空心村、废弃砖瓦窑、晒谷场等处于闲置状态建设用地；另一方面，在产业布局上，常呈现出一、二产业的混杂交叉，不便组织规模生产和保护环境。而当前集体建设用地的管理体制不能够通过推动高效合理的土地流动，来促进产业结构调整与集聚集约发展。通过集体建设用地的流转，改变征地的单一做法，优化配置土地资源，一方面，可以引导生产用地与生活用地合理分离，集聚发展，促进生产、生活方式的高效运行；另一方面，通过对集体土地进行市场化运作，可以充分利用集体存量建设用地而减少闲置土地数量，减少建设用地量的增加。

3. 为工业化与城镇化提供土地支持

随着工业化与城镇化速度的加快，对土地要素的需求不断加大。1996年全国城镇化率首次超过30%，2008年全国城镇化率达到45.7%，城镇化率年均递增1.2%以上，新增城镇建设用地需求加大。不仅如此，城市扩张中存在大量城中村，由于现行集体土地使用制度的僵化，长期以来土地不能流转，而直接征用又涉及大量的安置成本，造成资源浪费。允许农村集体建设用地流转，不仅可以盘活集体存量建设用地，显示集体土地资产价值，实现集体土地资产的保值增值，而且有利于化解城中村带来的各种矛盾。

4. 保护基本农田，增强农民珍惜土地意识

当前，由于集体建设用地流转不畅，农村“空心村”或一户多宅现象随处可见，大量占而未用的用地被闲置，新增建设用地只能通过占用农用地来实现。如果通过土地流转来盘活农村集体建设用地存量，减少

建设用地增量，可以有效地缓解土地需求压力，切实保护基本农田。此外，集体建设用地的流转，能充分实现土地的经济价值，增加农村和农民的收入，使农民真正感触到土地价值的存在，看到土地的珍贵与自身利益的密切相关。从而能充分调动农民珍惜土地的积极性，自觉、主动地利用、管护好每一寸土地，更加集约地利用集体建设用地。

（四）建立公平的城乡征地制度，确保集体土地所有者权益

1. 完善农村土地征用与补偿制度

我国现行征地制度的主要目的是为各项基础设施和各级城镇建设提供国有土地，虽然目前征地政策对征地补偿费用较以前有了很大的提高，但国家征收集体土地后出让给使用者仍然获得高额差价利润，从某种程度可以说是国家忽视了集体与个人的利益。因此，现行土地征用制度对土地增值收益分配中，国家、集体、农民个人三方博弈的结果最终是以国家为代表的公权力获得对利益的垄断。通过建立规范的集体建设用地流转体制，使国家利益、集体利益、个人利益三者兼顾，完善农村土地征用与补偿制度，能有效地消除国家政策对集体非农业建设用地流转的歧视。

2. 实现土地所有权与收益权的统一

在权益属性上看，集体土地的所有权归集体共同所有，在收益上，也应体现出集体收益与个人收益的统一。但在实际运作中，由于农村土地产权关系不完善，使得本属于农民集体及农民的土地流转收益难以得到法律保障。有的以集体名义垄断分配，完全忽视集体内部的个人利益，有的甚至被集体内部的实际控制人或控制团体所垄断，忽视了集体内部大多数个体的利益。因此，规范建立完善的集体建设用地流转制度，明确土地运作过程中的权属主体和收益分配关系，有益于实现土地所有权与收益权的统一。

三、流转过程中可能存在的矛盾

（一）耕地保护问题

集体建设用地使用权大量入市，可能会导致耕地被破坏。受流转利

益的驱动，农地用途转换所带来的巨大经济利益，可能会诱使集体经济组织将大量的耕地转为非农用地，从而对耕地保护带来影响。集体经济组织和农民未经批准随意占用土地并出让、转让、出租用于非农建设，或低价出让、转让或出租农村集体土地，交易行为扭曲，工业用地以联名为名行转让、出租之实，住宅用地则借房屋出租或私自转让进行市场交易。集体建设用地自发无序地流转，使得政府调控土地市场的能力被削弱，直接导致土地利用混乱，对土地利用总体规划和城市规划的实施造成冲击，正常土地市场秩序受到严重干扰。

（二）与国有土地市场秩序的冲突

集体建设用地使用权直接入市后，可能会给城市土地市场尤其是房地产市场带来冲击，导致大量的房地产跌价或者积压，以致银行贷款不能回笼，引发金融危机。同时，国家取得土地进行城市建设的成本将增加，不利于城市化进程的推进。这种担心不是没有道理，但如果据此而反对集体建设用地使用权流转，则无疑是因噎废食，实际上是主张以牺牲农民利益为代价而推进城市化进程，这将是一种扭曲的城市化进程，它带来的结果只能是农民成为城市化的“边缘化人群”，其居住社区成为城市的“边缘化地带”，将给城市的经济、政治和文化带来无穷的困扰和长久的隐患。

（三）流转主体多元化带来的矛盾

由于现行法律对集体建设用地流转基本上持否定态度，即便对于少数几种可以流转的情形，对流转的条件、方式、用途、流转后权益分配等又缺乏明确规定，难以依法进行土地登记；加之流转主体（主要是集体经济组织）法律地位不明确，流转程序失范，对建设投资者也不利，还会波及其他利害关系人，交易安全得不到法律保障；权利设定缺乏合法依据，由此导致流转法律纠纷不断，一旦调处失当，经济损失往往较大，有可能酿成重大社会案件，影响社会稳定。近些年来，农村集体非农建设用地案件呈上升态势，而这些案件都与非法出租土地、厂房有关。

同时，供地的分散化和建设主体的多元化使得开发商以及农村集体组织有机会直接选择经营性用地的区位和开发时间，这对于环境优越的城乡结合部、滨海滨水地带、山前地带、生态环境保护等地区规划管制带来更多压力。如果城乡规划控制不力，规划实施的时序性、连续性、合理性和科学性都将受到冲击；如果规划的前瞻性不够，可能导致政府为公益性建设项目的建设不得不从开发商手中回购土地。趋利性的投资行为又会导致现有基础设施负荷过重，甚至造成难以治理的“城市病”。

第二节　集体建设用地流转的现状分析

一、集体建设用地流转的发展历程与法律规定

（一）集体建设用地流转的发展历程

我国集体建设用地使用权的流转发源于东部发达地区地方工业化的升级。进入 20 世纪 90 年代之后，部分乡镇企业由于规模小、技术含量低，在市场中渐渐失去竞争力。这其中，有的倒闭，有的被实力强的企业所兼并，有的进行了合资、联营。在乡镇企业转型过程中，土地资产处置问题成为一个新的命题。于是，在内在需求激发下，部分地区的集体建设用地制度发生了变迁，一些被兼并或参加联营的乡镇企业采取将企业原有土地抵作固定资产作价入股，企业所拥有的集体土地使用权发生了事实上的流转。

1995 年之前，土地行政主管部门严格按照土地法的要求，规定集体建设用地必须转为国有之后，才能进入二级市场流转。1999 ~ 2000 年间，国土资源部就集体建设用地流转开始进行调研，形成了一系列的报告，并就下一步集体建设用地流转的范围和途径提出了意见。2000 年开始在安徽芜湖进行了试点，其后又在江苏苏州、浙江湖州、河南安阳、广东南海等城市陆续进行了试点。2001 ~ 2002 年，国土部先后三次在苏州、安阳和湖州组织“土地制度创新座谈会”，内容就是研究集体建设用地流转问题，基本上对集体建设用地流转的意义、范围、办法形成了较为系统的认识。

2003 年，中央 3 号文件提出要通过农村集体建设用地流转等方式解

决乡村企业进镇问题。2004 年，国务院出台 28 号文件，重点强调集体用地上的征地补偿与安置问题。同年，国务院关于深化改革严格土地管理的决定对集体土地流转问题进行了明确界定：在符合规划的前提下，村庄、集镇、建制镇的集体用地可以依法流转。2005 年广东省成为中国第一个允许集体建设用地入市流转的省份，集体建设用地流转从省域层面上进行了实质性尝试。广东省农村建设用地使用权直接进入市场流转，结束了以往必须经由政府征收并转变用地性质后统一出让的局面，集体建设用地使用权的市场化进行了实质性的制度创新。

（二）现行法律对集体建设用地流转的规定

1.《宪法》的相关规定

《宪法》第十条第 4 款规定："任何组织或者个人不得侵占、买卖或者以其他形式非法转让土地。土地的使用权可以依照法律的规定转让。"这一条款对土地所有权的流转作出了绝对的限制，而给土地使用权流转留下了空间。宪法这一条款首先尊重了我国社会主义公有制的事实，土地属于国家和集体所有，其次体现了宪法对于土地使用权作为法定权利的固有属性的尊重，土地使用权具有可流转性，这是土地作为资源的价值属性所决定的。

2. 土地法律法规的相关规定

《土地管理法》第 43 条规定："任何单位和个人进行建设需要使用土地的，都必须依法申请使用国有土地。但是本集体经济组织成员使用本集体经济组织土地办企业或建住房除外。"虽然《土地管理法》第 2 条仍有"土地使用权可以依法转让"的规定，且第 9 条规定"……农民集体所有的土地，可以依法确定给单位或者个人使用"，但同时，该法第 63 条又规定："集体土地使用权不得出让、转让或出租用于非农业建设。但是，符合土地利用总体规划，并依法取得建设土地的企业，因破产、兼并等情形致使土地使用权依法发生转移的除外"。以上几个法律条文大致表达了这样几层意思：其一，集体组织成员可以在本集体所属土地上从事建设活动；其二，集体土地使用权可以依法进行转让；其三，集体土地使用权在符合规划和法定程序的前提下，可以转让用于建设活动。

3. 民法的相关规定

（1）《民法通则》的相关规定

《民法通则》没有对土地使用权的流转作出更为细致的规定，这是因为其出台的历史条件所限。由于当时我国正处在计划经济向市场经济转轨的过程中，《民法通则》的出台具有紧迫性，而且必须以《宪法》为依据。1982 年《宪法》并没有“土地的使用权可以依照法律的规定转让”这一规定，因此，《民法通则》也不可能在这个问题上有所突破。在 1988 年《宪法》修正案增加“土地的使用权可以依照法律的规定转让”这一条款内容以后，《民法通则》并未对其进行相应的修改，但同时，《民法通则》也并没有明确禁止土地使用权的流转。根据“法未禁止即为许可”的法治原则，集体建设用地使用权的流转与《民法通则》的相关规定在法理上并未发生冲突。

（2）《物权法》的相关规定

由于集体建设用地流转问题还处于广泛的讨论之中，新颁布的《物权法》对这一问题并没有明确的表态。《物权法》第 151 条规定：“集体所有的土地作为建设用地的，应当依照土地管理法等法律规定办理。”这样的规定，事实上表示对集体建设用地使用权的流转并未禁止，可以理解为一种立法技巧，以便为《土地管理法》等法律的修改留有余地。

二、现阶段集体建设用地流转模式分析

（一）流转的种类

1. 建设用地之间的流转

（1）住宅用地流转

住宅用地流转主要有以下几种情况：一是务工经商的农民逐渐向城镇集聚，将原居住的房屋连同宅基地出售或出租给他人；二是由于农村宅基地审批的严格，部分地区甚至限制宅基地的审批，导致有分户需求的农民只能购买本集体内其他农户的多余房屋；三是集体经济组织通过统建住宅方式将房屋对村民出售；四是因发展效益农业缺少资金而申请

贷款，将房屋连同宅基地抵押。

（2）公共服务设施用地流转

一是村民沿街门面房出租、出售，集体经济组织建设的公共设施以商业性用途转让、出租；二是在集体建设用地上建“山庄”、“农家乐”、“度假村”等旅游娱乐场所；三是农村集体经济组织租赁性经营房屋，集体经济组织商业店铺出租，医疗、幼托等公共设施通过承包方式经营等方式。

（3）生产设施用地流转

生产设施用地包括工业用地和农业服务设施用地。工业用地的流转，包括乡镇企业合并、兼并、重组及股份制改造改组，为规范家庭作坊；地方政府或集体经济组织统一规划、统一建设厂房，出租给农户；集体经济组织利用闲置建设用地出租、出让厂房、仓库；在资源开采中以开采石场、开采沙场、取土建砖瓦窑等为主，流转土地使用权。农业服务设施的流转包括设施农业建设用地出让、转让、出租；农产品加工和服务设施出让、转让、出租等。

2. 建设用地与非建设用地之间的流转

（1）土地整理

土地整理一般可分为两大类，即农地整理与市地整理。根据我国国情，现阶段土地整理的重点在农村地区。农村居民点整理主要是运用工程技术及调整土地产权，通过对农村居民点用地规模、内部结构及空间布局的再调整，使农村建设用地逐步集中、集约，提高农村居民点土地利用强度，促进土地利用有序、合理、科学，并改善农民生产、生活条件和农村生态环境。农村居民点整理的内涵，从宏观上是对农村居民点的数量、布局进行调整，从微观上是对农村居民点用地规模和内部结构、布局进行综合调整，将节约的土地用于复垦。在整理过程中，存在着建设用地与非建设用地之间的流转。

（2）城乡建设用地挂钩试点

农村建设用地减少与城镇建设用地增加相挂钩，是在土地利用总体规划确定的规划用途分区的基础上，通过对一定规划用途分区内（基本农田或一般农田)，将利用不充分、不合理的废弃闲置的农村居民点及农村工矿废弃地等农村建设用地进行复垦整理，并把通过建设用地整理新增的耕地面积，转换为建设占用耕地指标，用于农民集中安置区和城镇建设，从而实现项目区域内用地布局的合理调整，优化用地结构，促进土地节约集约利用的目标。从而形成建设用地与非建设用地之间的流转。

（二）流转的形式

集体土地流转分为初次流转和二次流转。所谓集体建设用地初次流转，实质上是土地使用权与土地所有权的初次分离，通常是建设用地供给总量的增加；二次流转仅限于建设用地之间的流转，是对存量建设用地的重新配置，其结果是使目前利用效率较低的土地资源得到更加充分、合理的利用，不会增加新的建设用地。

1. 初次流转的主要形式

(1) 出让

集体土地使用权出让，是指集体经济组织以土地所有者的身份，将土地使用权在一定年限内让与本集体经济组织之外的土地使用者，并由该土地使用者向集体经济组织支付出让金的行为。这种流转方式完全仿效城镇国有土地使用权出让的办法，出让方主要是乡镇一级的集体经济组织。出让不是出售所有权，而是有期限的使用权，使用权人在此期限内享有对土地的占有、使用、收益和进行相关处分的权利。因此，由出让行为而创设的土地使用权已是一项独立的用益物权，而非简单的使用权，不仅可以实际占有、使用、收益，更重要的是土地使用者可以转让、出租、抵押或用于其他经济活动，实际上享有法律允许范围内的处分权。

(2) 出租

集体建设用地使用权出租，是指集体土地所有者作为出租人，将集体建设用地出租给承租人使用，由承租人向出租人支付租金的行为。使用权出租是集体建设用地流转的主要形式。可分两种：一是集体土地所有者为出租主体。主要表现为村集体将建设用地使用权或厂房出租给企业或个人，搞“招商引资”，由集体收取一定的租金。这在山东、江苏、浙江、福建、广东等省均普遍存在。二是建设用地使用者为出租主体。

如村办企业以全部或部分土地出租；农民出租个人住房，客观包含了土地使用权的出租等。

(3) 作价入股、联营

集体建设用地使用权作价入股是指集体土地所有者将一定年期的集体建设用地土地使用权收益金折作股份，由土地所有者持股，参与分红的行为。这种方式20世纪90年代前期在广东、江苏等地较为常见。由于入股企业经营存在的风险性，这一形式在多数地方已逐步为土地租赁方式所取代。

(4) 抵押

集体建设用地使用权抵押，是指集体建设用地使用权人不转移对集体建设用地的占有权，仅将该集体建设用地使用权作为债权担保的行为。涉及农村集体建设用地使用权抵押的，在经集体土地所有者同意的前提下，土地使用者可将其使用的土地连同地面建筑物作为标的物，向银行进行抵押贷款，并向土地主管部门办理抵押登记手续。抵押集体建设用地使用权相当于准转让土地的行为，一旦抵押权实现，可参照使用权转让方式处置。这种情况多存在于民营经济较发达的广东、浙江和福建一带，由于开办企业或经商的资金不足，企业或个人以取得的土地使用权进行抵押融资。

2. 再次流转的主要形式

(1) 转让

集体建设用地使用权转让，是指集体建设用地使用权人将通过出让取得的集体建设用地使用权再转移的行为。即原建设用地使用者，包括企业或个人，在土地所有者的允许下将一定年期或无限年期的建设用地使用权转让第三方，并由土地所有者收取一定转让金。其中无限年期的建设用地流转主要是农民宅基地的转让。

参照国有土地使用权流转的相关规定，我国法律允许的土地使用权转让的方式有出售、交换、赠予和继承四种方式：1）出售方式。即买卖，指土地使用者将土地使用权转移给他方，他方为此支付价金的行为。2）交换方式。也叫“互易”，指土地使用者双方约定互相转移土地使用权的行为。3）赠予方式。指土地使用者自愿把自己的土地使用权无偿转移给受赠人的行为。4）继承方式。即由继承人依法取得被继承人的集体建设用地使用权。

（2）转租

集体建设用地使用权转租，是指承租人将集体建设用地使用权再次租赁的行为。

（三）流转的管理方式

1．城镇规划建设用地内外同等对待

在保持集体土地所有权不变的前提下，仿照国有土地有偿使用管理的方式，将集体土地使用权按一定年期转让、出租、入股联营，土地收益大部分留给集体经济组织。将集体土地使用权与国有土地使用权同等对待，不分集体建设用地位于城镇规划建设用地范围内、外，不分土地使用者的性质，不分存量、增量建设用地，均可以按照一定程序，在保留集体土地所有权不变的情况下使用规划集体建设用地。

2．城镇规划建设用地内外分别对待

对于城镇规划建设用地范围内的集体建设用地使用权需要流转的，根据小城镇发展的需要，以有利于向城镇建设用地转化和城乡土地统一管理的原则，主要采用转权让利的方式，鼓励或采取将其集体土地所有权转为国有后，再参照国有土地使用权进行管理。

对于城镇规划建设用地范围外的集体建设用地，只要符合规划且经依法批准取得建设用地使用权的，在明确集体土地所有权的前提下，可不改变集体土地所有权性质，由土地所有者将一定年期的集体建设用地使用权以让渡、租赁或作价入股等方式提供给土地使用者使用，土地所有者获取土地收益。江苏苏州及浙江杭州、湖州、台州等多采用此模式。

三、集体建设用地流转的探索与经验

（一）苏州的做法

1．概况

1996 年 9 月苏州市土地管理局依据目前国家土地利用及管理的基本

方针政策、《土地管理法》及省有关的法律法规，出台了《苏州市农村集体存量建设用地使用权流转管理暂行办法》（以下简称《办法》）。《办法》对集体建设用地的流转范围、产权代表、地价管理、审批权限、流转方式、流转程序及流转收益的分配等作了详细规定。《办法》规定除城市规划区、县城所在地、省级以上经济开发区以外的集体非农存量建设用地可以直接进入市场进行有偿流转。其核心内容是，对依法取得的农村集体非农建设用地使用权，可以在不改变集体土地所有权的前提下进行转让、出租和作价入股，但流转的集体建设用地不得进行大型娱乐项目和高档房地产开发。

2. 主要做法

（1）流转对象的限定性

从苏州市的实际运作情况看，集体建设用地流转是指集体建设用地的使用权通过有偿、有限期的转让、出租等方式引起土地使用权属的转移或实际使用人发生变更的行为。流转的标的不是所有的建设用地，而是农村集体土地中已经依法办理过使用手续的非农和农业建设用地，不是农用地，也不包括虽已使用但属非法使用的任何建设用地。因而，苏州的集体建设用地流转对象具有限定性。

（2）流转范围的限定性

1）苏州市城市规划区以外的集体建设土地；2）县级市人民政府所在地的镇以外的集体建设用地；3）国家、省开发区以外的集体建设用地。因而，其流转具有范围的限定性。

（3）流转管理的规范性

苏州市政府自1996年迄今，制定了用以规范集体建设用地流转管理的文件，主要包括：《关于印发〈苏州市农村集体存量建设用地使用权流转管理暂行办法〉的通知》；《关于执行〈苏州市农村集体存量建设用地使用权流转管理暂行办法〉的补充通知》以及《关于严格保护耕地实现耕地总量动态平衡的意见》等。这些文件对流转的涵义、对象、范围、权限、程序、收益分配等都作了明确规定，为集体建设用地流转进行了可贵的探索，打下了重要基础。

(4) 制度体系的完善性

1)"两种市场、统一管理"制度。统一管理的主要表现是"国有集体同价制度",即同质同价。事实证明,单一征地方式,不仅耗费大量资金,而且会导致存量土地的闲置半闲置。而两个市场实行不同的价格,导致集体土地资产流失,也是对农民财产权的漠视。

2)最低保护价制度。苏州市人民政府根据省政府发布的国有土地出让最低保护价,结合本市实际情况,按照不同用途,区别非农业和农业建设用地,确定全市集体建设用地流转的最低保护价。集体存量建设用地转让价不得低于每平方米100元;集体存量建设用地出租价不得低于每年每平方米8元。各县级市可根据本地的经济发展状况和投资环境,确定其最低保护价,但不得低于苏州市政府确定的最低保护价。低于保护价的,市人民政府将不予批准。集体建设用地流转中的实际交易价格低于政府批准确定的流转价格的,县级以上人民政府土地管理部门可责令受让方补足地价。对拒不补足的,县级以上人民政府将撤销批准文件,流转行为无效。

3)土地置换指标有偿调剂使用制度。土地置换指标既具有计划性,又具有价值性,有偿调剂余缺。苏州在土地置换指标上实行了指标有偿调剂制度。其主要内容为:土地置换指标可在本乡(镇)范围内使用,也可跨乡(镇)使用。在使用顺序上,首先安排给土地整理或建设项目调整中原非农建设用地使用者;其次优先安排本乡(镇)经济建设项目;然后安排给其他经济组织使用。土地置换指标常年有效,可实行有偿调剂使用。调进指标的乡(镇)按当年的征(使)用土地税费标准对调出指标的乡(镇)给予经济补偿。县级市政府根据经济建设发展需要,在非农业建设用地指标严重短缺的情况下,也可在全市范围内对土地置换指标进行调剂使用,但必须是对乡(镇)的多余置换指标进行调剂,同时要按当年的征(使)用地税费标准对调出指标的乡(镇)给予经济补偿。在置换过程中,对土地整理或建设项目调整后,原非农业建设用地使用者不再需要新的建设用地,或置换后的土地面积少于原使用面积的,乡(镇)政府要根据原用地者办理征(使)用土地手续时实际支付的费用，以及土地使用状况，给予适当的经济补偿。

（二）芜湖的做法

1. 概况

2000年2月，国土资源部批准安徽省芜湖市作为农民集体所有建设用地使用权流转试点市。芜湖市首先在5个镇进行了封闭运作，后报经省国土资源厅同意并报国土资源部备案，将流转试点扩大到15个镇。在国土资源部政策法规司和省国土资源厅的指导下，芜湖市组织有关人员拟订了《芜湖市农民集体所有建设用地使用权流转试点方案》和《芜湖市农民集体所有建设用地使用权流转管理办法》，并报经国土资源部批准。在此基础上，制定下发了《芜湖市农民集体所有建设用地使用权流转实施细则》等相关配套文件；5个首批试点镇结合各自实际，制定了具体的实施方案和实施细则。试点中，芜湖市本着"改革、创新、规范、有序"的要求，进行了有益的尝试，取得了明显的社会效益和经济效益。

2. 流转的条件

芜湖市规定流转的土地必须符合以下条件：一是流转用地必须符合土地利用总体规划和村镇建设规划；二是权属合法，四至清楚，没有纠纷；三是已经依法批准作为集体建设用地；四是对于新增建设用地，必须是在土地利用总体规划确定的建设用地范围内，并严格按照法律规定办理农用地转用手续。

即使是符合上述条件的土地，流转时芜湖市还从土地利用计划、用途管制等方面进行控制。各试点镇依据土地利用总体规划、村镇建设规划、国民经济和社会发展计划，编制年度土地利用计划报市试点领导小组审批后方能施行。另外，芜湖市还通过用途管制，对农民宅基地、公益事业用地、乡镇企业用地、民营企业用地等分类逐项下达指标，严格要求各地不得突破年度用地计划。

3. 流转的管理

在芜湖市，农民集体建设用地使用权首次流转时，首先应当由土地所有者与流转方签订流转协议；再由流转双方签订流转合同，要求各地无论涉及多少农户，都要尊重农民的意愿，逐户签订同意流转土地协议；再由土地所有者和流转双方共同到市、县国土资源部门办理流转手续，涉及占用农用地的，必须办理农用地转用手续；最后，流转经批准后，缴纳有关费用并办理土地登记。农民集体建设用地使用权再次流转的，须持土地使用权证、前次流转合同、本次流转合同、地上建筑物证明等文件，向市、县国土资源部门申请办理土地变更登记或租赁、抵押登记手续。

4. 流转的收益管理

芜湖市试点办公室委托各县、区试点办公室在试点镇所在的农业银行开设专户，要求每一笔土地流转收益均要缴入专户，市政府收到开户行的资金入库单后，方可批地。镇政府如果使用该项资金，必须专项报告，经县（区）试点办公室审批，行文批复，试点镇凭批复，方能使用该项资金，真正做到专款专用。

（三）广东的做法

1. 概况

2000 年开始，广东省佛山、东莞等地在集体建设用地流转方面进行了探索实践；2001 年 10 月，佛山市顺德区被国土资源部和国务院法制办公室列为全国农村集体土地管理制度改革试点城市；2003 年 6 月，广东省政府在顺德试点经验的基础上，下发了《关于试行农村集体建设用地使用权流转的通知》，该通知明文规定，农村集体建设用地使用权可以上市流转，多年来在隐形市场客观存在的农村集体土地与国有土地一样，按照“同地、同价、同权”的原则，纳入统一的土地市场；2005 年 10 月，出台了《广东省集体建设用地使用权流转管理办法》（省政府第 100 号令），正式允许省内集体建设用地直接进入市场交易，集体建设用地流转在全省推行。

2. 主要做法

（1）推动了集体建设用地使用权与国有土地使用权的统一

广东试点在集体建设用地使用权的主体、流转方式等方面的规定都是比照国有土地使用权的，努力促使集体建设用地使用权与国有土地使用权接轨。首先，在流转方式上允许集体建设用地使用权像国有土地使用权一样采取出让、出租、转让、转租和抵押等多种流转方式。其次，在能取得建设用地使用权的主体的范围方面，国有、集体、私营、个体、外资（包括“三来一补”企业）、股份制、联营等各类企业都可以有偿取得集体建设用地，而不限于以往的乡镇企业，突破主体的限制既是集体建设用地走向市场的前提，也有利于集体建设用地在市场上实现其公平合理的价值。

（2）注重将农民利益的保护制度化

在集体建设用地流转中，与农民利益最密切相关的就是流转价格的确定和流转收益的分配。广东试点在这两方面进行了有创见的探索，有利于切实保护农民的利益。一方面对于流转的价格，要求市、县人民政府土地主管部门制定本行政区域集体建设用地使用权的基准地价，并报市、县人民政府批准后公布。另一方面，对于流转的收益分配要求向农民倾斜，规定出让、出租集体建设用地使用权所取得的收益应当纳入集体财产统一管理。集体建设用地使用权转让发生增值的，应当参照国有土地增值税征收标准，向市、县人民政府缴纳有关土地增值收益。同时，规定将50%以上的出让收益专款用于集体经济组织成员的社会保障安排。通过集体自身的收益为农民提供社会保障，是一种目前值得推广的建立农村社保体系的方式。

（3）农村集体建设用地地价体系的建设

为了确保农村集体建设用地使用权流转的推进，广东省政府要求各地加快推进农村集体土地产权登记的步伐，加强农村集体土地的产权管理，逐步建立与城镇地价体系相衔接的农村集体建设用地地价体系。各市、县要制定和公布农村集体建设用地基准地价，防止借机违法占用耕地和炒买炒卖农村集体建设用地。

（四）成都的做法

1. 概况

2007年6月，国务院批准重庆、成都两地设立全国统筹城乡综合配套改革试验区，7月，成都市国土资源局出台了《成都市集体建设用地使用权流转管理办法（试行）》。2008 年，成都市委、市政府开始启动农村产权制度改革试点。都江堰、温江、双流、大邑等 4 个市、县、区和 14 个重点镇是这次改革首批试点区。成都农村产权制度改革就是对农民家庭联产承包土地经营权、集体建设用地使用权、房屋所有权和林权，进行登记确认，让农民与城镇居民一样享有同等物权。然后，通过农村产权交易市场等形式促进农村土地流转和适度规模经营。

2. 流转的条件

成都市行政区域内，按照城镇建设用地增加与农村建设用地减少相挂钩方式，通过实施土地整理取得集体建设用地指标后所进行的集体建设用地流转；在符合规划的前提下，集镇、建制镇中原依法取得的集体建设用地流转；以及远离城镇不实施土地整理的山区、深丘区农村村民将依法取得的宅基地通过房屋联建、出租等方式进行的集体建设用地流转。

3. 主要做法

成都市提出的“确权是基础，流转是核心，配套是保障”就是对成都经验很好的概括，改革基本思路是加强耕地保护，明晰农村土地和房屋所有权、放活经营权、落实处置权，逐步建立归属清晰、权责明确、保护严格、流转顺畅、符合市场经济规律的现代农村产权制度，充分发挥市场调节和配置资源作用。

（1）开展确权工作

农村土地产权改革的第一个内容就是确权。确权不仅仅确保集体所有制归属，而且要确保农民利益；不是确立一种资源的权利，而是确立农村所有资源，包括山林、耕地、建设用地、宅基地和所有土地资源和房屋的权利。成都在确权过程中，改革农村的治理结构，组建了村庄的平地会，在当地叫长老委员会。就是村庄里岁数比较大的、对公共事务比较了解的人来组成一个集体，对每一块土地到底属于哪一家哪一户，经过公示再确权。这个确权加上流转，才能真正做到同地同价。2008 年 6 月，成都温江区就有部分农民拿到了权属证书——“四证”：《土地承包经营权证》、《集体建设用地使用权证》（即宅基地使用权证）、《房屋所有权证》、《集体林地使用权证》。

（2）土地流转和规模经营

在成都，有三种土地流转和规模经营方式：第一种方式是按照"大统筹、大集中"的思路，对农民"双放弃"（即自愿放弃宅基地使用权和土地承包经营权）后的宅基地和耕地两类土地实施整理，推进土地跨区域流转。这种模式主要针对已在城市找到工作、且家庭收入中有80%以上是非农收入、又有宅基地和耕地的农户，申请"双放弃"后由当地政府部门进行核查批准后获得一定补偿，入住政府出资统一建设的集中居住点，户口变成居民，进入失地农民社保系统。除了"双放弃"方式外，成都市还以农业产业化项目规模化经营为依托，推进土地集中流转，另外，还将集体资产、集体土地股份化后进行统一流转。

在双流县，农业园区是土地流转的主要模式。农民将土地交给村集体经济组织，由村集体经济组织与农业项目公司签订流转协议，农民每年收取相应租金，并可在农业园区务工或到城里打工获得工资收入。这种模式的关键是要有相应的规模化产业来支撑，先发展农业产业园区，通过园区带动乡村旅游业，进而发展餐馆娱乐业等第三产业。

（3）建立农村集体土地流转市场，规范土地流转

相对于其他地区，成都市建立农村集体土地流转市场，规范集体建设用地流转具有以下三个特点：一是规定了农民原有宅基地和非耕地的流转方式，即经整理后变为国有土地，再经市场化途径出让；二是通过"以租代征"的方式进行流转；三是允许"上车补票"，之前因各种原因未履行用地和规划报建批准手续，已经形成的集体建设用地，6个月内按规定依法处罚并完善相关手续，前提是符合土地利用总体规划、城市总体规划和产业布局规划。另外1999年以后占用耕地的，在履行耕地占补平衡义务后，也可按《办法》完善相关手续。

（五）案例综合分析

1. 各地流转制度的相同之处

（1）范围

集体建设用地流转范围一般包括主体范围、客体范围及用途范围，通过对这些范围的合理界定，即可明晰流转的基本条件。首先，对流转土地使用主体范围并未作出明确的限制，其实质上已经突破国家立法将使用主体限于同一集体经济组织内部的规定，反映了集体建设用地流转主体范围的开放性。其次，流转客体范围限定为集体建设用地而非指耕地及其他集体土地，明确了其调整对象仅是集体建设用地使用权流转行为与流转关系。第三，对流转用途范围作出严格限制。一方面，禁止将集体建设用地用于商品房开发建设和住宅建设；另一方面，规定流转的非农建设用地可用于兴办各类企业、公共设施、公益事业、农村村民住宅，但土地使用者不得擅自改变批准的用途。

（2）条件

一是流转的集体建设用地必须符合土地利用总体规划和城镇建设规划，且在流转前须经村委会和镇土管机构确认所有权人，权属无争议；二是流转须通过合同约定使用年限，不得超过同类国有土地使用权出让的最高年限，再流转的年限不超过出让合同约定的剩余年限；三是流转的集体建设用地不得用于房地产开发建设，使用者不得擅自改变原土地用途；四是建立集体建设用地基准地价，由政府定期公布，作为政府向土地所有者核收流转收益金的收据。

（3）程序

集体建设用地使用权流转基本形式包括出让、出租、转让、转租和抵押。这是参照了国有土地使用权流转（出让）的法定形式。就流转程序规制而言，一般设置了两项主要的程序：一是初次流转须经本集体经济组织成员的同意，体现了村民自治原则下的民主、自愿流转的原则，在一定程度上可减少基层政府或村干部滥用权力、强迫流转、“暗箱操作”等侵犯农民集体土地权益的行径；二是规定集体建设用地一切流转行为都需要签订书面流转合同并申办登记确认手续，这既体现了流转集体建设用地使用权的物权性公示要求，亦便于相关主管部门的有效监管，从而对土地市场实施宏观调控、维护农民集体土地权益。

2．各地流转制度的不同点

收益分配

苏州流转方向政府交纳土地流转收益的30%，由市、县、镇三级分成。土地所有权者获得的流转收益由乡镇集体经济组织的资产管理机构进行管理，用于农村基础设施的投资和安置农民。

芜湖将收益在县（区）、镇、土地所有者之间按1∶4∶5进行分配，市级不参与分成，而县（区）的流转收益金被要求主要用于城镇基础设施建设。

广东流转方依法缴纳有关税费和增值收益，流转取得的土地收益纳入农村集体财产统一管理，其中50%以上应当存入银行专户，专款用于本集体经济组织成员的社会保障安排。

成都集体建设用地使用权流转取得的总收入在扣除县、乡各项投入以及按规定缴纳税费后，收益归农村集体经济组织所有，纳入农村集体财产统一管理，实行专户存储，优先用于农民的社会保险。

四、当前集体建设用地流转存在的问题及制度根源

（一）城乡二元的农村土地管理模式

根据法律规定，我国农村的土地属于农民集体所有。集体建设用地的范围包括农民宅基地、乡（镇）村公共设施和公益设施用地、乡镇企业用地，其他建设项目需要使用农村土地的，必须先由国家征收，再由国家进行土地使用权的出让。已经取得集体建设用地使用权的，除法律规定情形外亦不得进入流转程序。由于集体建设用地不能像国有土地一样通过市场转让，而必须通过土地征用进入市场流通，从而导致政府对土地收益的优先权。实践表明，限制甚至禁止集体建设用地流转的现行法律制度是以计划经济体制下农村土地的静态管理模式为背景，以城乡二元经济结构为基础而制定的，并未体现工业化与城镇化发展所应有的城乡统筹、和谐的内涵，其建立的经济基础与工业化、城镇化基本理念相悖。

（二）农民在城镇化过程中未能平等参与利益分配

一是，随着工业化与城市化进程的加快，城市政府常滥用土地征用

权，借“公共利益的需要”任意扩大“征用”范围，将农村集体建设用地转为国有，从而使集体建设用地的权益实现处于不利地位。二是，“农民集体”作为一个泛指的集合概念，虽然从理论上可作为一个利益主体存在，但其在意志表达过程中，常难以保证作为其组成成员的农民的合法权益；同时，由于利益主体的含糊性，广泛存在政府以行政权代替集体经济组织行使土地处置权，或上级农村集体经济组织代下级集体经济组织行使土地处置权的情况，而真正的权属人农民的利益却难以得到保障。从而导致在土地征收过程中，农民不能从土地增值中真正分享收益；三是，我国的社会保障体系不健全，使得农民在集体建设用地流转过程中，不仅失去了赖以生存的土地，而且其微弱的市场竞争力使得他们又一次陷入了另一个生存困境。

（三）集体建设用地流转中管理缺位

一是集体建设用地管理体制不健全。对集体建设用地流转的认识并没有统一，导致相关部门如规划、国土等，以及市县及乡镇地方政府，并没有对集体建设用的流转形成统一协调的管理机制。从而导致集体建设用地流转整体上仍处于无序或自我约定状态，缺乏统筹规划。一些地方的基层政府比较热衷于“管理”集体建设用地流转，而且更多关心的是流转取得的收益，一些地方的市（县）政府也加入到收益分配的行列。有些地方为便于分享收益，甚至上收集体土地所有权，将村民小组的集体土地所有权上收为村集体经济组织或乡镇集体经济组织，造成管理主体的缺失，流转程序失范。二是集体建设用地流转市场体系尚不完善和规范。这种情况直接导致了集体建设用地在使用上的低效与低价，常常体现出集体建设用地对耕地占用的随意性，不仅不利于体现集体建设用地的价值，而且也不利于对耕地的保护。三是一户一宅及进城农民宅基地退出机制难保障。协调城镇化与土地资源配置之间的关系、提高农村集体建设用地利用效率，是规范农村集体建设用地流转的主要目的之一。从目前的情况看，效果并不理想，农村宅基地的存量基本上没有随进城定居农民数量的快速增加而减少，农村集体建设用地的利用效率仍然很低，一户一宅及进城农民宅基地退出机制难保障，闲置的农居数量仍然很庞大，空心房、空心村现象大量存在。

第三节　集体建设用地流转的制度建设与对策建议

一、集体建设用地流转的改革思路与制度构建

（一）改革思路

1. 明确农民在集体土地收益中的主体地位

主体地位的确立是建立公平土地收益分配制度的前提。《土地管理法》第十条规定“农民集体所有的土地依法属于村农民集体所有的，由村集体经济组织或者村民委员会经营、管理；已经分别属于村内两个以上农村集体经济组织的农民集体所有的，由村内各该农村集体经济组织或者村民小组经营、管理；已经属于乡（镇）农民集体所有的，由乡（镇）农村集体经济组织经营、管理。”因此，农民的土地属三个级类的“集体所有”。在这三个级类的集体所有中，作为个体的农民，是各集体组织的实际构成者，也应是收益的主要承担者。针对集体建设用地在市场流转过程中农民的权益容易被虚化的状况，应把所有者的权利归还到农民手中，赋予农民的所有权主体地位，在流转中保护农民的利益：首先要形成作为集体成员的农民对集体经济意志形成的表达机制。可依托乡村行政组织，也可依托合作经济组织，作为集体所有权的代表机构，确保农村集体内的全体成员对有关土地的事务享有平等的意志表达权利。其次，要确保农村集体内的全体成员有权依照法律或章程的规定，公平分享集体财产所产生的收益。

2. 明确细化集体建设用地使用权的用益物权法定属性

集体建设用地的法律权属性质的明确，是保护农民权益，推动交易走向规范化轨道的前提。当前，集体建设用地的物权属性，总体来说是笼统与含混的。从法定属性来看，集体建设用地在本质上是他物权中的用益物权。作为他物权，是对他人财产所享有的权利，内容包括占有、使用、收益处分某一方面对物的支配权。而用益物权是对他人所有之物

享有以使用收益为内容的物权，即对他人之物在“一定范围内”的占有、使用、收益之权利。相对于他物权，用益物权的有限性，表明对其进行法律管理的难度更大，针对性更强。但当前法律体系对用益物权的属性并没有做严格细致的明确，从而导致对其管理的法律体系的不健全。必须通过法律进一步明确了其法定属性，以此为基础，加快法制建设，根据不同类型的用益物权具体情况承认其流转之合法性，明确出让、转让、抵押、出租、土地入股等具体流转形式，加强流转之监督指导，严格限制不法、不当流转。

3. 建立城乡一体化的集体建设用地流转体制

要实现城乡土地市场的协调发展，必须建立城乡一体化的建设用地流转制度，实现城镇土地市场和农村土地市场运行的和谐统一。建立城乡一体化的建设用地流转制度应包括以下内容：第一，城乡土地管理目标的协调。政府在管理城乡土地市场时，必须坚持适度统筹原则，以城乡统筹的规划为龙头，促进城乡土地市场的和谐统一，在确保18亿亩耕地得以维护的前提下，统筹使用城乡建设用地，使城乡建设用地的增减相协调，推进城镇化及建设用地的集约使用。第二，城乡土地资源配置方式的协调。要围绕实现“两种产权、一个市场”的目标，城镇和农村土地资源的配置都应以市场机制为主要的配置手段，发挥市场的基础性作用，提高土地资源的配置效率。因此，进一步提高农村土地的市场化配置水平，不仅要改革征地制度，还要改革农村土地使用制度，促进农用地流转，允许农村建设用地进入市场，以市场的方式进行配置。

4. 建立科学合理的土地流转收益分配机制

集体建设用地流转中的收益分配问题是集体用地使用制度改革即规范流转管理的关键所在，其涉及政府、集体和农民个人三者利益关系的平衡，涉及公平与效率原则的贯彻落实。所谓流转收益即指由土地的承载功能和资源功能带来的，是集体建设用地所有者和使用者因让渡集体建设用地的使用权而产生的收益。2003年广东省政府《关于试行农村集体建设用地使用权流转的通知》原规定将30%左右的土地收益用于农民的社会保障安排，剩余的50%留一部分发展村集体经济，大部分分配给农民。土地收益分配及管理是集体建设用地使用权流转中的关键问题，关系到集体建设用地使用权制度运作的利益保障机制，只有建立合理的收益分配及管理机制，才能最终达到保护农民利益、规范土地流转的目的。一般来说，平等主体的流转如个人之间的流转，可按照市场交易的公平、公正与公开原则实施，收益分配不公的问题并不突出。需要认真解决的是非平等主体，尤其是政府介入到土地流转后，政府、农村集体组织和土地使用权人三者之间的收益分配。收益分配中最核心的问题是农民作为集体土地的产权人与政府作为集体土地增值的投资人，如何形成合理的分配机制。土地收益是土地所有权的经济体现，所以，土地使用权的转让收益首先应归属土地所有权人；其次，按照公平原则，在所有权与使用权分离的情况下，土地使用权人对土地有所投入的，应根据权利与义务相一致及投资与收益合一的原则，将土地使用权转让收益按投资比例分配给土地使用者。因此，原则上，在集体建设用地流转收益分配中，国家（政府）作为管理者、服务者及基础设施投资者，可以税收方式对流转收益进行调整，以及取得一定服务费用与建设用地增值收益分割额；农民集体作为土地所有者，其收益就是建设用地地租加上建设用地发展权所致价值增值收益；农民个人从集体收益中分配，但集体收益分配由村民大会表决。

5. 建立严格公开透明的集体建设用地流转监管制度

建立健全集体建设用地流转的法律法规体系。首先，要尽快制定集体建设用地流转管理的办法，内容包括范围、形式、程序等，以平衡区域范围内的政策，规范面上的工作。其次，应尽快健全完善相应的土地登记制度，实现用前、用中、用后的全程管理，解除用地者使用集体土地的后顾之忧，保障各种权利人的利益。要细化各种权利，完善各项登记，如土地收益收缴情况、抵押情况等。第三，要建立土地所有者对集体建设用地流转中重大事项的监督机制，尤其是对流转对象、流转价格、收益分配方式等重大事项，应形成法定的监督程序与办法，确保集体土地流转的发生行为应向农民公开，接受农民监督。

（二）制度构建

土地产权制度
- ■确立物权化的使用权体系
- ●将农村土地使用权纳入物权法体系
- ●合理界定其内涵、外延及权利属性
- ●健全权利的保护制度
- ■明确权利主体
- ●从财产法的根基上保证使用权的充分实现
- ●避免所有权主体以所有权来干涉使用权
- ■重构权利主体的组织形式
- ●集体组织的经济职能与社会公共职能相分离
- ●赋予集体经济组织的经济职能以明确的法律主体

收益分配制度
- ■形成农民利益保护机制
- ●尊重农民土地财产权
- ●形成科学合理的土地流转分配机制

过程管理制度
- ■确立可行的集体建设用地流转形式、期限、程序与交易方式
- ■设立完整的登记体系
- ●权利登记
- ●变更登记
- ■培育土地权利交易中介组织
- ●农村金融中介服务机构的培育
- ●农村土地评估机构建设
- ■加强政府对土地市场的监管
- ●加强流转前的审批管理
- ●建立流转中的地价管理制度
- ●完善流转后的权属管理

二、建立城乡统筹的建设用地管理体制

（一）城乡建设用地的统筹规划

1．优先推进城镇化

优先推进城镇化是城乡建设用地统筹规划的主要方向。据国土资源部统计，我国人均村庄用地 218m^2，高于城市用地近一倍（国土资源部，刘文甲）。积极推进我国城镇化进程，实现合理有序的城镇化，不仅有利于我国社会经济的快速发展，也有利于土地资源的合理利用和保护。城镇化是各国经济社会发展的普遍规律，发达国家在 20 世纪 80 年代初城镇化水平大多已达 70% ~80%。目前，我国还处于工业化中期、城市镇加速期。党的十六届五中全会通过的“十一五”规划《建议》指出：“坚持大中小城市和小城镇协调发展，提高城镇综合承载能力，按照循序渐进、节约土地、集约发展、合理布局的原则，积极稳妥地推进城镇化。”我们应继续发挥城市规划的引导和调控作用。

2．城乡规划全覆盖

集体建设用地的流转必须以发挥城乡规划的控制和引导作用为基础。《城乡规划法》（2008）的正式实施，为城乡规划全覆盖提出了新的要求，将乡村规划提升到了与城镇规划同样重要的地位。首先，对城乡建设用地进行统筹规划，引导城乡建设的有序开展，并与土地利用规划相互衔接，使流转的每一寸集体土地的利用都在掌控之中；其次，以村庄规划优化农村空间，必须坚持因地制宜，适度集聚，以及有利于农业生产、方便村民生活的原则，合理规划乡村空间，绝不能因流转导致用地的更加粗放使用。

（二）城乡建设用地的统筹管理

1．国有与集体建设用地的动态平衡机制

（1）城乡建设用地增减挂钩机制

城乡建设用地增减挂钩指将若干拟整理复垦为耕地的农村建设用地地块（即拆旧地块）和拟用于城镇建设的地块（即建新地块）等面积共同组成建新拆旧责任单位，通过建新拆旧和土地整理复垦等措施，在保证责任单位内各类土地面积平衡的基础上，最终实现增加耕地有效面积，提高耕地质量，节约集约利用建设用地，城乡用地布局更合理的目标。

——统筹规划。在深入分析当地农村建设用地整理条件、潜力和预测城镇建设用地需求的基础上，依据城市、村镇规划和土地利用总体规划，编制责任单位实施规划，统筹确定城镇建设用地增加与农村建设用地撤并的规模和范围，合理安排建新区的建设用地比例，确保项目区建设用地总量不增加，耕地和基本农田面积不减少、质量不下降，各类用地结构布局更加科学合理。

——先建后拆，迁后必拆。农民住宅迁建房向规划村和乡镇集中，只能先建后拆。建新拆旧要充分考虑与当地风格的生态环境相协调，完善配套设施。农民集中居住后，原有宅基地必需按照"一户一宅"原则，予以拆除。

——挂钩周转指标管理。按照"总量控制、封闭运行、定期考核、到期归还"的原则对挂钩周转指标进行管理，在规定时间内用拆旧地块整理复垦的耕地面积归还，归还的面积不得低于建新时下达的挂钩周转指标，其中新增的耕地面积不得低于建新时下达的挂钩周转耕地指标。挂钩周转指标必须单独使用，并优先用于农民新村和乡村基础设施建设。

——保障农民合法权益。切实保障农民的知情权和参与权，并建立公众参与和监督制度，项目区选点布局全部实行听证、论证，充分吸收当地农民和有关方面意见；实施过程中，涉及农用地和建设用地调整、互换以及集体土地征收，农民补偿安置的，全部实行公示。在推进挂钩工作中，充分尊重当地农民的意愿，拆旧地块原则上控制在一定范围内，严禁大拆大建、不搞强行搬迁。

——复垦的耕地集约化经营。可采取农户入股的方式，将承包经营权转让给农业产业化龙头企业，调整和优化农业产业结构，形成农业的产业化基地，引导和支持当地村民在企业就业，获得租金收入和务工收入。

——保障资金到位。耕地开垦费、土地有偿使用费、农业重点开发建设资金、土地出让纯收益等是城乡建设用地增减挂钩工作的主要资金渠道，是城乡建设用地增减挂钩顺利进行的重要保证，必须足额收缴。为了拓宽城乡建设用地增减挂钩的资金来源，除政府资金以外，也可开辟集体、农民和经济实体共同投资的多元投资渠道，可通过项目招标、合作、合资等形式，广泛吸引社会资金的参与，保障城乡建设用地增减挂钩的运行。

（2）农村一户一宅制度的实施机制

农村集体建设用地的流转，必须坚守"一户一宅"制度的底线，严守集聚集约的原则，不可因土地的流转导致宅基地的管理失控。《中华人民共和国土地管理法》第六十二条明确规定，农村村民只能拥有一处宅基地。但在农村现实生活中，由于各种原因，农村的"一户多宅"现象或多或少存在着。这种情况在旧村改造中暴露的问题和矛盾，尤为突出。要强化农村土地管理，严格执行农村一户一宅政策。各地要结合本地实际，完善人均住宅面积等相关标准，控制农民超用地标准建房，逐步清理历史遗留的一户多宅问题，坚决防止产生超面积占用宅基地和新的一户多宅现象。

——完善现有农村宅基地确权及登记发证手续。组织开展农村宅基地使用情况的调查，特别要对"空心村"、闲置宅基地、空置住宅、"一户多宅"等情况进行清理。符合法定宅基地面积标准的"一户一宅"农民住宅，给予办理确权及登记发证手续；经确权登记发证的农民住宅可以继承、转让、出租、抵押，但不得改变住宅用途。新发生的超过法定面积标准或非法取得的"多宅"的农民住宅，一律不得确权登记发证并依法予以拆除；以前发生的超过法定面积标准或"多宅"的农民住宅，没有申请对违法用地、违章建筑统一处罚给予办理确权及登记发证手续的，一律依法予以拆除。

——加强对土地权属面积的认定。以法定标准对土地房屋权属面积进行的认定。一般以土地证为依据；无土地证的，以土地审批申请表为准；既无土地证，又无土地审批表的，可以20世纪50年代土地改革时的土地所有权证为参考；是违法用地的，视情节轻重，按现行的土地法规处理后给予认定或不予认定。同时，允许拆迁户按规定合法分户。分户后，可以消除拆建户特别是多子女户以后住房的后顾之忧。但应坚持农民住宅的“一户一宅”制度，严格按照规划要求控制分户条件。

——坚决建新拆旧。凡新占土地建房的农户，必须拆除老宅基地上的旧房，其老宅基地由集体统一收回或流转。

2. 国有与集体建设用地转换补偿机制

（1）新增城市建设用地对集体建设用地集聚使用的补偿机制

集体建设用地的集聚为城市建设提供了建设用地指标，城市理应回报农村集体，回报的分配上要对应并落到实处。通过制定相关政策，建立新增城市建设用地对集体建设用地集聚使用的补偿机制，将该建设指标所取得收益的合理比例回报农村集体。建立集体建设用地流转补偿专项基金，主要用于医疗、保险、养老、失业等农村社会保障支出和兴办集体公益事业等，这也从一定程度上解决了农村建设的资金瓶颈，符合当前社会主义新农村建设的要求。

（2）农户放弃宅基地的补偿机制

——鼓励农民自愿放弃承包地。进一步做好农村劳动力和农村人口转移工作，为农村土地规模经营腾出土地，积极支持和鼓励长期外出或户口迁入街镇并有稳定职业的农民自愿放弃承包地，交回集体经济组织统一经营。对全家户口迁入城镇居住，转为非农业人口的，集体经济组织可以依法收回土地。对自愿退出承包地和宅基地，户口“农转非”的农民，有关部门应积极按政策为其办理社会保险，解决农民进城后的养老、医疗等保障。符合享受城镇居民最低生活保障条件的，应与城镇居民享受同等待遇。

——合理处置农村空置房及宅基地。按照统一规划、集中建设、节约集约的要求，在保证农民生产生活方便的前提下，引导农民适度集中居住。鼓励农民自愿放弃宅基地，对自愿放弃宅基地并复耕的，在县城和镇区购房享受优惠政策，降低或减免其购房交易的有关税费。对已在城镇购置商品房定居或愿意进城镇定居，并自愿退出旧宅基地还耕，按政策给予补偿，复耕后的宅基地归村组集体经济组织所有。

三、加强对集体建设用地流转的规划建设管理

(一) 原则

1. 保护农民权益

土地是农民最重要的财产，在集体建设用地的流转过程中，一定要充分尊重农民土地财产权，切实保障农民的经济利益，使农民土地财产权得到切实保障，让农村享受到开展农村集体建设用地流转带来的好处和实惠，让利于民，做到“多予、少取”，提高农民参与集体土地流转的积极性和主动性，完善土地流转收益分配机制以保障农民的基本利益。

2. 保障18亿亩耕地红线

集体建设用地使用权自发入市，受流转利益的驱动，可能会诱使集体经济组织将大量的耕地转为非农用地，从而对耕地保护带来影响。但是集体建设用地是受一定总量规模的约束的，集体建设用地流转不能再走外延扩张的老路，简单地把集体建设用地出租出让，要在严格执行土地利用总体规划和计划的前提下，通过集约用地，盘活存量建设土地，切实保障18亿亩耕地红线。

(二) 明确流转条件、范围与年限

1. 条件

为充分利用各类集体建设用地，利用市场机制合理配置土地资源，对集体建设用地的流转须明确一定的条件。具体来说：

(1) 以土地利用总体规划、城市规划和村镇规划为依据，严格管理。只有土地利用总体规划和城乡规划确定的建设用地，才能作为建设用地使用和流转，不符合规划的集体建设用地不得进入市场。

(2) 取得合法土地使用权，即已依法确权，明确了集体土地的所有者和使用者。权属明确，无纠纷，面积准确，有相应的集体土地所有证。

(3) 已依法批准作为建设用地使用或已依法批准转为建设用地。

(4) 符合用途管制的要求，具体土地用途要符合乡规划，不得擅自

改变用途，只要建设用地的用途符合城乡规划，居住、工业、商业经营性用地项目都允许流转。只要不是必须使用国有土地的，都可保留集体所有性质。其中，农村集体经济组织可对其乡镇企业用地及其他已有建设用地进行转让、出租和抵押，农户可以在法定宅基地标准范围内出租空余房屋。

2．范围

根据城镇化进程的需要，以有利于向城镇建设用地转化和城乡土地统一管理的原则，对于城镇规划建设用地范围内的用地，宜统一征用为国有后，按照国有土地使用权进行管理。对于城镇规划建设用地范围外的集体建设用地，只要符合城乡规划功能定位，且经依法批准取得建设用地使用权的，都可以进入市场。

3．年限

农村集体建设用地使用年限的确定是一个敏感问题。使用年限越长，对用地者越有利，用地者在较长的时间里可拥有稳定的用地环境；使用年限越短，对土地管理者、土地所有者越有利，土地管理者可及时调整土地利用方向，合理配置土地利用结构，土地所有者可依据地价的变化及时调整土地收益，获得土地价值的增量。

目前的流转中的使用年限，各地各不相同，有的3～5年，有的10～15年。允许集体建设用地流转，并作为一种规范的用地方式，需考虑到取得土地使用权的开发建设和长期利用，不宜限制过短的期限。目前可比照国有土地使用权出让最高年期的规定：工业用地不超过50年，商业用地不超过40年，综合用地不超过50年。具体年限由土地所有者与土地使用者协商确定。根据目前全国各地农村集体建设用地使用权流转现状，一次性交清地价的使用年限以20～30年为宜；按期逐次交付租金的使用年限以3～10年为宜。合同约定的土地使用年限届满，土地使用者需要继续使用土地的，除根据社会公共利益需要收回该幅土地的，政府应予以批准。

（三）规范流转方式

1．集体建设用地使用权出让

集体土地的所有者将一定年期的集体土地使用权转让给土地使用者，并向使用者一次性收取该年期内的土地收益，土地使用者取得转让性质的集体土地使用权，类似于国有土地使用权的出让方式。

2. 集体建设用地使用权转让

是指集体建设用地使用权人将通过出让取得的集体建设用地使用权再转移的行为。

3. 集体建设用地使用权租赁

乡（镇）、村集体建设用地所有者或使用者将一定年期的土地使用权出租并按年收取租金。这种方式的区别在于，土地收益不是一次性收取，而是采用定期缴纳租金的形式分批收取的。

4. 集体建设用地使用权抵押

集体建设用地使用权人不转移对集体建设用地的占有权，仅将该集体建设用地使用权作为债权担保。

5. 集体建设用地使用权作价出资或入股

集体土地所有者以一定年期的集体建设用地使用权作价，以出资或入股方式投入企业，并按出资额或股份分红，土地使用者取得作价出资（入股）集体建设用地的土地使用权。

（四）加强规划

1. 规划编制

适应集体建设用地流转的城乡规划，首要将以下四点作为核心理念，一是城乡统筹，在优先推进城镇化、积极引导人口向城镇转移的条件下，统筹城乡基础设施的规划和建设，大力推进城镇基础设施向农村延伸，合理推进城乡规划全覆盖；二是因地制宜，在规划的编制中综合考虑当地工业化、城镇化发展阶段对规划布局的影响；三是适度聚居，根据当地经济发展水平和农业现代化进程，统筹考虑区域基础设施条件、产业结构特点、产业经济规模，确定合理的人口规模与用地规模；四是要注意与土地利用总体规划的衔接。

2. 规划实施

规划的实施是城乡空间协调发展的基础。为保障集体建设用地健康有序流转，保证“城乡规划”在城乡建设中的龙头作用，确定以下必要的规划实施措施。一是将符合城乡规划作为集体建设用地流转的必要条件，同时土地用途和主要控制指标要符合城乡规划，且不可随意更改；二是将办理规划手续作为办理其他相关用地手续的前置条件，没有办理规划手续，任何部门不得批准土地流转，不得供应土地流转指标。

乡村建设规划许可是保障规划实施的重要手段，在规范集体建设用地流转中也应起到重要作用。在乡、村庄规划区内进行各类集体建设用地流转，凡涉及乡村建设的，建设单位或者个人应当先向城市、县人民政府城乡规划主管部门申请规划条件。按国家规定需有关部门审批、核准和备案的建设项目，按照相关规定办理建设项目选址意见书。取得建设项目选址意见书或者规划条件后，方可办理农用地转用手续。之后建设单位或者个人向乡、镇人民政府提出申请，由乡、镇人民政府报城市、县人民政府城乡规划主管部门核发乡村建设规划许可证。

（五）健全管理

1. 交易管理

（1）交易场所

农村集体建设用地使用权市场应与国有土地使用权市场共同组成统一有形的交易市场，为培育公正、公开、公平的有形市场，逐步实现以市场规则来配置集体土地资产的目标，同时也为了拓宽建设用地的供应渠道，缓解用地压力，必须将集体建设用地纳入到统一的市场，充分利用国有土地市场运作的现有机制及信息渠道，真正实现两种产权、一个市场的管理。首先，要做好土地储备，农村集体经济组织对集体土地资产进行经营管理，使存量建设用地达到一定保有量，以供应市场的用地需求，也可通过土地置换、收购等方式储备集体建设用地。其次，积极探索运用市场机制来促进集体建设用地流转的有效途径，在土地有形市场，逐步建立和完善公告、公示等制度，尝试引入招标、拍卖等行之有效的供地方法。

（2）运用市场机制促进流转

集体建设用地流转市场可借鉴国有土地市场建设的经验，将集体建设用地使用权流转市场分为一级市场（首次流转市场）与二级市场（再次流转市场）。一级市场是指土地所有者与使用者之间的流转市场，是集体土地所有者将集体建设用地使用权让于土地使用者的市场，可以采用出让、租赁、作价入股等流转模式；二级市场是土地使用者与土地使用者之间的流转市场，是指依法有偿取得集体建设用地使用权的单位或个人将余期的土地使用权进行转让、出租或抵押的行为，可采用转让、出租、抵押等流转模式。对这两个不同层次的集体建设用地使用权流转应采取不同的运作和管理程序，分别加以规范。

2. 价格管理

逐步建立以基准地价为指导，市场地价为主导，保护地价为补充的价格调控机制。为稳定土地市场，防止集体土地资产流失，集体建设用地使用权价格的确定应由具有资质的土地评估机构进行宗地价格评估。同时建立集体建设用地的基准地价体系，并根据经济发展和土地供求状况作适时的调整。为流转中的税费征收提供量化依据，确保流转中各方的税费负担公平，同时保证价格信号对市场的正确引导，维护市场的稳定。集体建设用地出让地块的标定地价，应以基准地价为基础，根据地块大小、位置、容积率、形状以及土地使用年限和土地市场情况等由土地管理部门会同物价等部门评估确定，并定期公布。在流转中应实行建设用地的最低保护价，对于实际交易价格低于最低保护价的，政府可以优先购买。

3. 收益管理

集体建设用地使用权出让、转让获得的收益，主要在集体建设用地的所有者和使用者间分成。具体建议为：（1）集体建设用地是农村集体经济组织的财产，集体建设用地首次流转中的土地收益绝大部分应归土地所有者，市、县政府可以征收集体建设用地流转税的形式从流转中分享部分土地收益。（2）土地使用者原无偿使用的集体建设用地（包括宅基地）流转中的土地收益应由所有者、使用者分享。（3）集体建设用地再流转中的土地收益应主要归原土地使用者，有增值收益的，应按合同约定与土地所有者分享。

集体建设用地第一次流转时，流转方必须向政府缴纳集体建设用地流转税，流转税实行市、县和乡（镇）政府三级分成。集体建设用地第一次流转后的再次流转，流转方必须向政府缴纳土地流转增值税。增值税实行县级市和乡（镇）政府二级分成。土地管理部门可适当收取部分业务费。根据各地的实际情况，属于当地市政府收取的部分集体建设用地流转税，可考虑减免，留于所在乡（镇）政府，以鼓励各县级市、乡（镇）积极盘活集体存量建设用地，保护耕地资源，促进乡（镇）经济发展。

4. 产权产籍管理

明确农村集体土地所有权的主体为村集体经济组织或村民委员会。由区县按照国家规定的管理程序，对农村土地进行调查、登记、发证、建档等权籍工作。

（1）加快农村集体建设用地的确权登记工作

确权的成果应当对所用权与使用权分别表述，分别发放集体建设用地所有权证和集体建设用地使用权证。其中，所有权的改变依然维持原有路径——只能通过国家的征用，使用权则可以进行符合规定的流转（包括出租、出让、入股、合作等等）。考虑到从20世纪50年代农村集体化以来，政策、人口、土地保有量等等因素都发生了十分复杂的变动，全面确权工作是一项工作量非常大、问题十分复杂、预计耗时很长的任务。现实情况使得我们无法在短期内全面确权，所以我们可以寻求对流转需要迫切的农村集体建设用地先进行确权登记发证的办法。确权的直接结果是建立起农村集体建设用地流转的数据登记系统，它将成为参与流转过程的全部农村集体建设用地的原始基础数据。同时，开展集体建设用地的调查摸底工作，查清各类建设用地的数量、权属、类型、分布，并登记造册，为集体建设用地资本化打好基础。

（2）农村集体土地房屋产权产籍管理

建立健全国家和地方有关农村集体土地房屋产权产籍管理的法律、法规，使对农村集体土地上的房屋管理有法可依，有章可循。明确房产管理部门是登记发放房屋产权证书的唯一部门。《中华人民共和国城市房地产管理法》规定："由县级以上地方人民政府房产管理部门核实并颁发房屋所有权证"；国务院《条例》第二十八条规定："县级以上人民政府建设主管部门，应当加强对村庄、集镇房屋的产权产籍管理，依法保护房屋所有权人对房屋的所有权。"虽然建设部有关文件多次强调一个市、县只能由一个房屋管理部门颁发房屋权属证书，但其他部门或企业颁发非全国统一权属证书现象仍有发生，必须统一管理，建立健全农村乡镇房屋产权产籍管理机构，保障农村产权管理工作的顺利开展。

开展农村房屋的普查登记工作，通过普查登记，建立起较为详尽完整的产权产籍资料，加强农村集体土地房屋的管理基础，先将农村集体土地房屋有序地管理起来，按规定办理专门的农村集体土地房屋权属证书，利用房产管理部门有专业化的房地产测绘、产权登记及房产档案管理队伍，明确房产行政管理部门为农村集体土地上房屋的登记发证机关，有利于城乡一体化管理。改变农村房屋产权混乱、无人管理的现状。

四、农村集体建设用地流转的立法思考

（一）立法的必要性

1. 发达国家集体建设用地流转的法律法规

从世界各国来看，非农用地进入市场流通不是我国独有的现象，而是世界众多国家都存在的普遍性问题。各国根据本国特点采取不同的方式来实现本国非农用地的流通，比如法国，现阶段法国土地流转的特点是将土地市场分为市地市场和农地市场，两个市场严格划开，不得混同，市地市场以建设用地流转为主，农地市场以农业生产用地流转为主。日本在二战后废除了封建农地制度，形成了自耕农体制，国家对土地实行较严格的管制，客观上限制了土地权利的流转。但 1962 年后，日本政府修改了农地法，逐步废除了上述管制，在自耕农体制的基础上，朝着土地自由借贷、自由买卖的方向发展。澳大利亚土地流转制度的特点是土地为英王所有，政府支配，个人使用，租佃持有，个人持有

等。租借是澳大利亚土地流转制度乃至整个土地制度的主要形式。纵观各国土地流转制度，在允许非农用地流通这一点上是相同的，只不过采取的方式不同而已。我国也应在借鉴各国经验的基础上，尽快制定允许集体非农建设用地流转的法律法规，与国际接轨。

2. 我国当前集体建设用地流转立法的必要性

从我国目前的法律体系来看，一方面我国现行法律对集体建设用地流转采取了限制性规定，基本上禁止集体建设用地的流转，规范集体建设用地流转的具体行政法规也理所应当的处于空白状态；另一方面相当一部分省市以试点的形式出台了允许集体建设用地流转的规章制度。例如安徽、广东、浙江、上海、北京、苏州、成都等地均以规章的形式肯定了集体建设用地的流转。从法制建设的角度看，上述地区这种做法并不可取。我国《立法法》明确规定：法律的效力高于行政法规、地方性法规、规章，因而地方政府制定的规章不能与法律相抵触。在法律明确禁止集体建设用地流转的情况下，地方政府以规章的形式肯定了集体建设用地流转，很显然是违法的。解决这一矛盾的根本途径就是要尽快修改相关现行法律，为集体建设用地流转扫除法律障碍，并在此基础上制订新的适合集体建设用地流转的行政法规和规章制度，以保障集体建设用地流转有法可依。

（二）立法空间

尽管现行法律对集体建设用地使用权流转实行严格的限制，但是从中，我们仍然可以找到一些构建流转法律制度的空间。

1. 现行《宪法》为集体建设用地使用权流转制度的构建留下了空间

《宪法》第十条规定："任何组织或者个人不得侵占、买卖或者以其他形式非法转让土地。土地的使用权可以依照法律的规定转让。"由于现行法律将土地分为国有土地和集体土地，并未对"土地的使用权"是否为集体土地使用权或国有土地使用权进行界定，因此，此处的"土地的使用权"应该既包括国有土地使用权，也包括集体土地使用权，而集体土地使用权又包括集体农用地使用权和集体建设用地使用权。同时，此处的"转让"应是一个广义的概念，即包括我们通常所说的出让、转让、出租、联营、作价入股等流转形式。根据该条规定，其他法律完全可以对集体建设用地使用权的流转作出明确规定。

2. 新出台的《物权法》有条件地允许集体建设用地使用权流转

《物权法》第一百八十三条规定："乡镇、村企业的建设用地使用权不得单独抵押。以乡镇、村企业的厂房等建筑物抵押的，其占用范围内的建设用地使用权一并抵押。"在此，乡镇、村企业的厂房所占用的土地必须是集体建设用地，既然允许这部分集体建设用地使用权抵押，一旦抵押权实现，就会出现集体建设用地使用权发生移转的现象。

3. 现行《土地管理法》并未完全否定集体建设用地使用权的流转

《土地管理法》第二条规定："土地使用权可以依法转让"，与《宪法》一样，这里的"土地使用权"，既包含了国有性质的土地使用权，又包含了集体性质的土地使用权，而且这两种性质的土地使用权都可以依法转让，可以有偿地进行流转。《土地管理法》第六十条规定："农村集体经济组织使用乡（镇）土地利用总体规划确定的建设用地兴办企业或者与其他单位、个人以土地使用权入股、联营等形式共同举办企业的，应当持有关批准文件，向县级以上地方人民政府土地行政主管部门提出申请，按照省、自治区、直辖市规定的批准权限，由县级以上人民政府批准。"该条款实际上已经承认集体建设用地使用权可以以入股、联营等方式进行流转。

《土地管理法》第六十三条规定："农民集体所有的土地的使用权不得出让、转让或者出租用于非农业建设；但是，符合土地利用总体规划并依法取得建设用地的企业，因破产、兼并等情形致使土地使用权依法发生转移的除外。"显然，该条款允许符合特定条件的集体建设用地使用权依法转移。这里的"依法发生转移"，应该是依法转让的意思。既然允许转让，就可以不办理征用手续而允许直接办理变更登记手续。特别是此处使用了"等"字，极富利用空间，为今后的立法埋下了伏笔。因此根据这个"等"字，我们可以构建出很多新政策、新制度。

从以上规定可以看出，农村集体建设用地使用权的禁止流转不是绝对的，而且流转的口子并没有完全封死，因此，法律并未完全否定集体建设用地使用权的流转。对以土地使用权联营、作价入股或在破产、兼并等情况下，是允许进行流转的，只不过对流转的对象、条件、范围和方式等有所限制。可见，构建集体建设用地使用权流转的法律制度正是适应现实的需要，是对现行相关的法律的发展和完善，有利于促进集体建设用地使用权的流转由无序到有序，由隐形市场到有形市场的发展。

4. 在国家政策方面的空间

中共中央〔1997〕第11号文件《中共中央、国务院关于进一步加强土地管理切实保护耕地的通知》指出，“用于非农业建设的集体土地，因与本集体外的单位和个人以土地入股等形式兴办企业，或向本集体以外的单位和个人转让、出租、抵押附着物，而发生土地使用权交易的，应依法严格审批，要注意保护农民利益。”

中共中央〔2003〕第3号文件《中共中央国务院关于做好农业和农村工作的意见》明确提出，“各地要制定鼓励乡镇企业向小城镇集中的政策，通过集体建设用地流转、土地置换、分期缴纳出让金等形式，合理解决企业进镇的用地问题。”

国务院〔2004〕第28号文件《关于深化改革严格土地管理的规定》提出，“在符合规划的前提下，村庄、集镇、建制镇中的农民集体所有建设用地使用权可以依法流转。”

国土资源部〔2006〕第52号文件《关于坚持依法依规管理节约集约用地支持社会主义新农村建设的通知》指出，“要适应新农村建设的要求，经部批准，稳步推进城镇建设用地增加和农村建设用地减少相挂钩试点、集体非农建设用地使用权流转试点，不断总结试点经验，及时加以规范完善。”

（三）立法建议

1. 对宪法的修改建议

（1）落实《宪法》第十条第四款的内容，从法律上赋予农村集体所有土地的使用权与国有土地的使用权具有同等的转让权利。《宪法》第十条第四款规定：“土地使用权可以依照法律的规定转让”，而现行《土地管理法》、《城市房地产管理法》等法律将该处的土地使用权限制解释为国有土地使用权。因此，要解决“同地、同价、同权”问题，必须在法律上明确可以依法转让不仅仅是国有土地使用权，也包括集体土地使用权（集体土地使用权包括农地土地使用权以及建设用地使用权），转让的形式应该包括我们一般所说的出让、转让、出租、抵押、租赁、作价入股等各种流转形式。

（2）完善现行的土地征收制度，严格限制土地征收，打破政府对建设用地一级市场的垄断。《宪法》第十条第三款规定：“国家为了公共利益的需要，可以依照法律规定对土地实行征收或者征用并给予补偿。”《宪法》对土地征收限制为公共利益需要，但现行《土地管理法》却对“公共利益”却未作限定性解释，规定“任何单位和个人进行建设，需要使用土地的，必须依法申请使用国有土地”。公共利益是政府在公权限制私权过程中的行为边界，也是公民接受限制的行为边界，法律应以列举或排除的方式对公共利益作出严格的界定，这种严格限制也是各国普遍采取的方式。为了防止国家权力的滥用，我国相关法律也必须对《宪法》第十条所述的“公共利益”作出明确的解释并将土地征收严格限制为公共利益需要。值得一提的是，个别地区的土地管理规范中已经对“公共利益”作了明确规定，如《中山市农村集体建设用地使用权流转管理暂行办法》第八条规定“农村集体建设用地使用权流转必须服从国家为公共利益需要的土地征用，经国家、省、市批准的能源、交通、水利等基础设施建设及其他社会公益设施建设需要征用集体土地的，任何单位和个人不得以农村集体建设用地使用权流转为由予以干扰或阻碍。”根据该规定，中山市将土地征收的目的明确限制国家、省、市批准的基础设施建设及其他社会公益设施建设上，显然符合公用征收的性质，从源头上限制了地方政府滥用征收制度，侵害农民土地所有权的行为。

2. 出台相关行政法规

《立法法》规定，“本法第 8 条规定的事项尚未制定法律的，全国人民代表大会及其常务委员会有权作出决定，授权国务院可以根据实际需要，对其中的部分事项先制定行政法规。”依此规定，若现在制定有关农村集体建设用地使用权的专门法律有困难的，其可以授权国务院先行制定有关农村集体建设用地使用权流转制度的行政法规以及开展试点的具体地区，从而在全国若干试点地区先行开展农村集体建设用地使用权流转制度的试验。考虑到国务院在人财物方面的优势，相信其先行制定有关农村集体建设用地使用权的行政法规要比全国人大及其常委会制定相关的专门法律便捷得多。

3. 制定相关的实施细则

为确保农村集体建设用地使用权流转试点工作的顺利进行，保证相关制度的科学性、广泛性，可以在相关行政法规中允许各试点地区所在的省级人民政府制定相关的实施细则。我国幅员辽阔，历史悠久，各地农村集体土地使用情况千差万别，由国家层面对各地区农集体建设用地使用权规则作出统一规定，是不现实的。因此，为了更好地总结各地相关实践，为将来制定全国性的有关农村集体建设用地使用权流转的法律，可以允许各地制定相关的实施细则，从而在各试点地区适用。

（四）加强相应的配套制度改革

1. 户籍制度、社会保险制度与福利制度建设

土地产权制度改革是集体建设用地流转制度构建的基础，但现实真正的障碍在于和产权有关的户籍制度、社会保险制度与福利制度的改革。随着户籍制度改革的逐步深化，城乡二元结构户籍管理体制将逐渐消失，为打破城乡二元社会保障制度创造了条件，建立城乡统一的社会保障制度势在必行。但在目前不可能一步到位的情况下，采取分步实施的战略不失为明智选择。尽快制定农村养老保险与城镇养老保险相衔接的有关政策，解决已转居农民的社会养老保险问题；制定相关政策，给农转居人员从失去土地到城市就业规定一个过渡期，在此期限内可享受与城镇失业人员同等的失业保险，解除他们的后顾之忧。对于一些城乡结合部地区，经济发展水平较高，农村集体经济实力较强，农民收入水平较高，应制定相应政策允许有条件的农村集体成员纳入城镇社会保障体系。

2. 土地用途管制制度的相应改革

从地权的角度来看，土地用途管制主要是通过对土地所有者和使用者使用土地的权利、义务以及使用条件的规范和限制来实施的。现行用途管制是通过农地转用审批和征地审批两方面进行的。允许集体建设用地流转，现行用途管制制度将会受到较大的影响。首先，大部分农用地转为建设用地无须征用，建设用地将只能通过转用审批进行控制，对用途管制的控制力有可能弱化；其次，征地减少，使原由上级机关审批的占用耕地的建设项目，变为由下级机关审批，使用途管制审批的管理层次降低，会对耕地保护产生不利的影响。因此，要研究用途管制的配套改革问题，设计新的农地转用审批制度，以及配套的建设用地审批、审查管理制度。

3. 建立集体土地储备制度

一方面，这是行使国家优先购买权，增强国有土地市场竞争力，防止非法炒卖集体土地现象发生的客观需要；另一方面，对城市规划区内的集体土地进行规划储备、政策储备，既有利于城市规划的实施，也有利于提高政府对建设用土地的宏观调控能力。城市土地储备制度是通过"征、购、收、转、置"等方式从分散的土地使用者手中把土地集中、整理和储备起来，再根据城市规划和城市土地出让年度计划，有计划地将城市经营性用地通过招标、拍卖等投放到市场中，并用划拨的方式提供非盈利性用地。招标和拍卖制度的引进，健全了城市土地一级市场的市场机制，满足了市场经济发展的客观要求。通过土地储备垄断城市土地一级市场，增强城市政府对土地一级市场的宏观调控能力。集体建设用地市场建立后，也同样需要建立集体土地储备制度，保证集体建设用地市场的平稳运行。

第七章 乡村建设规划许可证制度研究

第一节 乡村建设规划许可证制度的建立

随着社会主义新农村建设的开展，乡村地区建设量迅速增加，加强对乡村地区规划建设管理势在必行。《城乡规划法》确定建立乡村建设规划许可证制度，明确了区别于城镇地区管理的乡村地区规划建设管理制度。

一、乡村建设规划许可证制度的法律依据

乡村建设规划许可证制度是《城乡规划法》规定的行政许可事项之一，主要应用在乡村地区建设行为的规划管理。《城乡规划法》第四十一条规定“在乡、村庄规划区内进行乡镇企业、乡村公共设施和公益事业建设的，建设单位或者个人应当向乡、镇人民政府提出申请，由乡、镇人民政府报城市、县人民政府城乡规划主管部门核发乡村建设规划许可证”；“在乡、村庄规划区内进行乡镇企业、乡村公共设施和公益事业建设以及农村村民住宅建设，不得占用农用地；确需占用农用地的，应当依照《中华人民共和国土地管理法》有关规定办理农用地转用审批手续后，由城市、县人民政府城乡规划主管部门核发乡村建设规划许可证”。明确了乡村建设规划许可制度的法律地位，设定了该项许可的适用范围、基本作用和许可要求等。

《城乡规划法》设定了包括乡规划和村庄规划在内的城乡规划体系，强调了“规划区”内建设活动的各项规划管理要求。“规划区，是指城市、镇和村庄的建成区以及因城乡建设和发展需要，必须实行规划控制的区域”。乡村建设规划许可证是在乡和村庄规划区内的行政许可。

二、乡村建设规划许可证制度的特点

《城乡规划法》第四十一条和六十五条，对乡村建设规划许可证制

度做出基本规定，第五十条和六十条规定了规划许可变更和法律责任。该制度特点可以从六个方面来把握：

（一）坚持“先规划、后建设”原则

《城乡规划法》把“先规划后建设”作为规划编制与实施的一项基本原则，乡村建设规划许可证核发必须依据依法审批的乡规划、村庄规划；

“先规划后建设”是规划法确定的一条基本原则，任何行政许可都必须具有依法批准的城乡规划。在城乡规划体系中，乡规划和村庄规划就是对应于乡村建设进行规划管理的规划前提。

《城乡规划法》第三条规定，县级以上地方人民政府确定应当制定乡规划、村庄规划的区域，在确定区域内的乡、村庄必须制订规划，鼓励区域外的乡、村庄制订规划。城乡规划法要求在县以上地方政府指定的乡村编制乡规划、村庄规划，给地方政府留下是否编制乡村规划的选择空间。针对相对位置偏远、短期内建设量少、管理力量薄弱、不具备即时开展规划管理条件的地区，可以不制定乡村规划；在建设量较多、经济发达地区，特别是东部沿海省区市，原则上要做到乡村规划全覆盖。《城乡规划法》还确定乡村规划由乡镇人民政府组织编制，报县级人民政府审批。只有依法编制并按法定程序审批的规划才能作为法定规划，成为乡村建设规划许可的法定依据。

按照设定，乡村建设规划许可证的发证对象是在乡村规划区内的建设行为。乡村规划区是在乡规划、村庄规划制定时依据实际需要划定的，作为规划必要内容与规划一并批准。没有明确的规划区，乡村建设规划许可就没有依据。

（二）突出乡村建设规划管理的特殊性

1. 乡村建设规划管理第一次成为行政许可

原有的《中华人民共和国城市规划法》规定的规划行政许可适用于城市和建制镇，乡村建设不在其中；

《条例》对乡村建设规划管理只规定了行政审批，农民使用耕地建住宅、乡镇企业、乡村公共设施和公益事业要核发选址意见书；

《城乡规划法》规定发乡村建设规划行政许可证。

2．乡村建设规划许可区别于城镇建设规划许可

城市和建制镇规划区内实行“一书两证”规划管理制度，乡和村庄规划区内实行乡村建设规划许可证制度；

“一书两证”规划管理制度和乡村建设规划许可证制度的区别，主要体现于城镇规划区和乡村规划区的不同，没有提到国有土地和集体土地的区别。

乡规划、村庄规划必须划定规划区，没有明确的规划区，乡村建设规划许可就没有依据。不得对乡、村庄规划区外建设颁发乡村建设规划许可证。

3．乡村地区规划管理体现农事简办原则

乡村地区建设项目类型较多但体量一般不大，管理不易过于复杂，实施乡村建设规划许可证制度，区别于城镇建设规划管理的多道手续，充分体现行政许可遵循农事简办、便民原则。

乡村建设规划许可证只是乡村建设需办手续的一个环节，建设项目要办的手续有立项、规划、土地、施工、房产等，规划只是其中的一个环节，乡村建设规划许可证不能代替施工管理。

（三）明确了乡镇人民政府在乡村建设规划许可证核发中的重要地位

根据《城乡规划法》，县级以上地方人民政府城乡规划主管部门负责本行政区域内的城乡规划管理工作，核发乡村建设规划许可证，县级以上地方人民政府城乡规划主管部门是乡村建设规划许可的管理主体。

《城乡规划法》第四十一条规定：建设单位或者个人应当向乡、镇人民政府提出申请，由乡、镇人民政府报城市、县人民政府城乡规划主管部门核发乡村建设规划许可证。

第六十五条规定：在乡、村庄规划区内未依法取得乡村建设规划许可证或者未按照乡村建设规划许可证的规定进行建设的，由乡、镇人民政府责令停止建设、限期改正；逾期不改正的，可以拆除。乡、镇人民

政府也是乡村建设规划许可的管理主体。

实施乡村建设规划许可证制度，乡、镇人民政府对乡村建设规划许可证管理的作用得到明确和强化。乡、镇人民政府对乡村建设规划许可证管理体现在两头，即对申请资料的受理与初步审查以及对违反乡村建设规划许可证行为的查处，工作量较过去大为增加，需要增加人员和经费，并加强对相关人员的培训。

三、乡村建设规划许可证制度的实践

2008 年 1 月 1 日，《城乡规划法》正式实施后，各地均对实施乡村建设规划许可证程序、对象、核发条件等作出了规定，乡村建设规划许可证制度已初步形成。

（一）省级城乡规划主管部门

各省城乡规划主管部门对乡村建设规划许可证实施都非常重视，在制定各省《城乡规划法》实施办法中都有专门论述，论述重点是乡村建设规划许可证的使用范围、核准程序等。考虑到实施办法须经立法程序，周期较长，一些省份采用文件形式对乡村建设规划许可证制度进行规定，如黑龙江省在《关于贯彻城乡规划法有关乡村规划几个问题的通知》中对《乡村建设规划许可证》核发的范围、程序、条件要求等进行了规定。

《城乡规划法》要求由省、自治区、直辖市自行制定在乡、村庄规划区内使用原有宅基地进行农村村民住宅建设的规划管理办法，各省、自治区、直辖市一般有两种处理方式。一种是单独制定管理办法，如重庆市制定了《重庆市农村村民使用原有宅基地进行住宅建设规划管理办法（试行）》；另一种是与《城乡规划法》其他内容共同制定，黑龙江省在《关于贯彻城乡规划法有关乡村规划几个问题的通知》中对在乡、村庄规划区内使用原有宅基地进行农村村民住宅建设的规划管理暂行办法进行了规定。

（二）县级城乡规划主管部门

县级城乡规划主管部门是核发乡村建设规划许可证的主体，制定具体的管理制度，重点是申请要件、申请程序和审批规程等，即程序性内容，对于管理对象、适用范围等原则性内容多遵循国家规定。

县级城乡规划主管部门制定的制度主要是办理程序和申请表，但也有管理办法，如《江城哈尼族彝族自治县村庄和集镇规划建设管理办法（试行）》等。

（三）乡镇人民政府

乡镇人民政府是实施乡村建设规划许可证管理的基层单位，具体负责乡村建设管理工作。为加强乡镇人民政府对乡村建设规划的管理力度，一些乡镇制定了管理办法（实施细则），如江苏省赣榆县塔山镇制定的《塔山镇城乡建设规划管理实施细则》。

第二节　乡村建设规划许可证制度实践中存在的问题

《城乡规划法》颁布实施以来，国内各地对如何落实新法开展了大量研究和尝试，特别是乡村建设规划许可作为比较新的规划许可制度，《城乡规划法》对此的规定内容表述不够详细精确，而该制度缺少充分的实践经验和基础研究，同时农村集体土地建设政策约束较多，各地在具体应用中没有统一的遵循原则，具体做法各不相同。我们收集了30多个案例，重点分析了河南、云南、北京、福建、广西、江苏、陕西、浙江、新疆、重庆和黑龙江等11个省（区、市）的条例草案以及广州番禺区的做法，有几个典型问题值得深入研究。

一、乡村建设规划许可证发放范围

（一）原有宅基地建住宅发乡村建设规划许可证

《城乡规划法》提出由各省制定农村村民在原有宅基地建住宅的管理办法，除陕西省在《实施办法》中没有关于农村村民在原有宅基地建住宅管理的内容外，在11个省中有10个省规定农村村民在原有宅基地建住宅要发乡村建设规划许可证。

（二）规划区的重合

上下级规划的规划区能否重合，不同地区有不同意见。浙江、江苏等省是大规划区内不再划小规划区，如浙江《条例》草案“城市规划区内的镇、乡、村庄不另划规划区。镇规划区内的村庄不另划规划区”。

北京市全域为规划区，但一个城市规划区不能解决乡村建设规划管理的需要。因此，为有利于明确城乡规划管理的责任分工，各级城乡规划确定的规划区不应重叠，但北京等规模特别大的城市是例外。

（三）乡村国有土地和市镇集体土地建设

广西、云南在乡村国有土地上实行城市的“一书两证”管理；重庆市强调乡村建设规划许可证只用于集体土地。

江苏、黑龙江在城市规划区集体土地上不发乡村建设规划许可证。如江苏“城市、镇规划区内农村集体土地上的农民自建住房的”，核发“建设工程规划许可证”。

城乡规划法明确，建设用地规划许可证和建设工程规划许可证只能用于城市、镇规划区，乡村建设规划许可证只能用于乡、村庄规划区，强调地域划分。建设项目选址意见书没有绝对明确地域要求。因此，对各项城乡规划管理中行政许可前提要准确把握，特别是“两证”管理和“一证”管理在地域上的区别，如果违背上述要求设定管理规定，将会在法律纠纷中陷于被动。

二、发证主体

（一）乡村企业、乡村公共设施和公益事业。乡村企业、乡村公共设施和公益事业建设依法由县级城乡规划主管部门核发乡村建设规划许可证，广西、新疆提出可以委托具备一定条件的乡镇发证，这些乡镇应该有机构和专职人员、有法定规划。

（二）村民住宅。各地村民住宅建设规划管理主体不同。江苏、河南等省村民住宅建设由县级城乡规划主管部门核发乡村建设规划许可证，其他如北京等多数省（区、市）规定由乡镇人民政府核发，或者由县级城乡规划主管部门委托乡镇人民政府核发；特别是村民在原有宅基地上建房，绝大多数地区规定由乡镇人民政府核发许可证。

从农村工作的实际出发，应该在有条件的情况下，适当下放具体的管理权限，把原有宅基地上住宅建设管理有条件地放给乡镇政府，适应该项工作量大面广、相对简单的特点，便民利民且能提高效率。但要把握规划编制和审批，并建立完善的配套监督管理制度，使农宅建设工作正常开展。

三、乡村建设规划许可证的作用

按照城市建设项目管理完整程序，一个项目从开始到结束一般有四个过程：项目管理、用地管理、工程管理、房产管理。项目管理中对比较重要的项目，规划部门的作用是在项目立项过程中，主要通过核发建设项目选址意见书参与管理；用地管理有两部分，先是规划部门核发建设用地规划许可证，后是土地部门核发土地使用证；工程管理也有两部分，先是规划部门核发建设工程规划许可证，后是建设部门核发施工许可证；最后是房产管理，房产局或建设部门核发房屋所有权证。规划部门主要在前三道程序中参与管理。乡村建设规划许可证制度的设立，遵循了农事从简原则，对比城市管理的三道手续压缩为一道手续，放在土地部门办土地使用证手续之前，本质上乡村建设规划许可证主要起到用地管理的作用。从条例中乡村规划管理的选址意见书到《城乡规划法》中的乡村建设规划许可证，应该理解为乡村建设规划管理的加强。另一方面，我们也应该理解一证管理难以起到三证管理的全部作用。

在各地的实践中，多数地区没有加给乡村建设规划许可证过多的任务。但有些地区对乡村建设规划许可赋予了更多的内容。

《浙江省城乡规划条例》草案提出，在乡、村庄规划区内进行乡镇企业、乡村公共设施、公益事业和其他工程建设的，在受理项目中“城市、县人民政府城乡规划主管部门依据乡规划或村庄规划核定建设用地界限，提出规划条件”；“建设单位或个人根据规划条件提出建设工程设计方案，经城市、县人民政府城乡规划主管部门审查，确认符合城乡规划的，核发乡村建设规划许可证”。该规定实质上追求把工程管理的任务也加在一证身上。

《广州市番禺区农村村民住宅建设规划管理规定》，在新增农村村民住宅建设办理流程中，乡村建设规划许可证核发两次，第一次村委会申请办理相当于建设用地规划许可证，然后由村委会或村民申请办理土地手续，之后再办理一次乡村建设规划许可证，作用是进行工程管理。两次许可证用后边标注（用地）和（工程）来区分，充分表达了对乡村建设规划许可证作用的设计。

从规划管理应发挥作用的角度，我们不反对浙江和番禺的做法，特别是在一些特别重要的地区，如风景区、历史文化名镇村保护地段等，需要对建筑物全面进行管理。但对于广大的农村地区，乡村建设行为毕竟不同于城市建设，乡村建设规划许可制度区别于城市规划许可制度本身就说明二者的不同，正确理解乡村建设规划制度的设立和一证的作用，把握好乡村建设规划管理的尺度，在农事简办的基础上，在有条件和有选择的重要项目上加强管理是合理的。为了正确执行城乡规划法，在大城市郊区的农村，当全面实行城市管理的条件具备时，就应当把该地域全部划入城市规划区实行城市的统一管理，应用城市规划管理的模式。

第三节 乡村建设规划许可证的申请

一、乡村建设规划许可证申请的适用范围

按照《城乡规划法》第四十一条规定，乡村建设规划许可证适用范围是乡、村庄规划区内。

（一）乡、村庄规划

乡规划、村庄规划均属于城乡规划范畴。《城乡规划法》第三条规定，县级以上地方人民政府根据本地农村经济社会发展水平，按照因地制宜、切实可行的原则，确定应当编制乡规划、村庄规划的区域。县级以上地方人民政府鼓励、指导规定以外的区域的乡、村庄制定和实施乡规划、村庄规划。

县级以上地方人民政府确定应当编制乡规划、村庄规划区域的乡村，由于各种原因，也可能没有编制规划。

因此，乡、村庄分为两类，即有规划的和无规划的。对于有规划的乡村，实施乡村建设规划许可证制度是必然的。对于没有规划的乡村，从法律上看，是不适宜实施乡村建设规划许可证制度的，而这些乡村又不可能不进行建设，如何对无规划乡村建设进行管理是法律留给我们的一个难题。

从利民、便民的角度出发，应当对乡村建设实施全方位管理。其一，应通过财政支持和政策引导，扩大乡村规划的覆盖面，为乡村建设规划许可证制度实施奠定基础。其二，对于无规划村庄的建设，可以考虑采取项目规划选址审核方式，具体来说，对乡村建设申请项目进行规划选址论证，乡村建设申请项目经论证符合乡村建设发展布局和相关法律、法规规定，由城市、县城乡规划主管部门核发乡村建设规划许可证。当然，对于无规划村庄核发乡村建设规划许可证必须严格控制，原则上以村民在原宅基地建设一层住宅、村庄建设急需的公共设施或市政设施为主，不得新占用地，且必须由城市、县城乡规划主管部门核发。

（二）乡、村庄规划区

根据《城乡规划法》第二条：乡、村庄规划区是村庄建成区以及因城乡建设和发展需要，必须进行规划控制的区域。规划区的具体范围由乡镇人民政府在组织编制的乡规划和村庄规划中，根据城乡经济社会发展水平和统筹城乡发展的需要划定。

乡规划区划定有三种做法：乡驻地今后建设所需用地范围；乡驻地所辖村庄范围；乡域范围。我们建议选取乡规划区范围为乡驻地今后建设所需用地范围。村庄规划区划定也有三种做法：村委会所在居民点今后建设所需用地范围，村委会所在居民点或自然屯所辖范围，村域范围的用地。为方便村庄管理，建议有条件的地区将全部村域范围纳入规划区范围。

一些国有林场、农场、渔场等农业组织，不在城市、镇规划区内，其生活形态与乡村无异，有些与乡村混杂在一起，应比照乡和村庄实施规划管理；在村屯外独立存在的农业、工业、矿业等企业，应划入乡村规划区实施规划建设管理。

城镇规划区内的乡村是否划定乡村规划区，各省规定不同，但有几个问题需要思考。其一，城镇规划能否作为城镇规划区内乡村建设的依据，城镇规划区内的乡村是否需要编制乡村规划，如果城镇规划对规划区内乡村建设有明确规划，可以作为规划管理依据，就不需要编制乡村规划，也就无所谓乡村规划区；如果城镇规划对规划区内乡村建设的规划不足以作为规划管理依据，在城镇规划指导下编制乡村规划无疑是选择之一，如果编制乡村规划则必然划定乡村规划区。其二，根据《城乡规划法》第三十七条、三十八条，在城镇规划区内建设用地规划许可证适用于国有土地，对于乡村建设用地中的集体土地则没有明确说法，城镇规划区内乡村集体土地建设项目用地规划管理无法可依。其三，由于国有土地和集体土地在使用上收费不同，农村村民建设住宅办理乡村建设规划许可证更能体现服务三农、减轻农民负担的原则。

（三）国有土地和集体土地

在乡村规划区内，土地性质和类别不是单一的，按所有权性质有集体土地也有国有土地。如有的地区学校、工商所、林场、农场等是国有土地。

在乡村建设规划许可证上，规定该证适用于“在集体土地上有关建设工程”。这一限定在《城乡规划法》上找不到依据，在实施中事实上造成在同一地区同类项目因用地性质不同（国有、集体）的差异性管理，有违公平原则。

“一书两证”管理对象是城市和建制镇规划区，不能用于乡村规划区。如果强调乡村建设规划许可证适用于集体土地，乡村规划区内的国有土地上建设行为成为规划管理盲区。因此，不应设置用于集体土地的限制。

二、乡村建设规划许可证的申请事项

根据《城乡规划法》第四十一条规定，乡村建设规划许可证的申请事项为在乡村规划区内进行农村农村民住宅、乡镇企业、乡村公共设施和公益设施建设，如占用农用地需先办理农用地转用审批手续。

（一）乡镇企业建设

是指农村集体经济组织或者农民投资为主，在乡镇（包括所辖村）举办的承担支援农业义务的各类企业（《中华人民共和国乡镇企业法》第二条）。乡镇企业包括乡镇办企业、村办企业、农民联营的合作企业、其他形式的合作企业和个体企业五级。乡镇企业行业门类很多，包括农业、工业、交通运输业、建筑业以及商业、饮食、服务、修理等企业。

现有乡镇企业概念强调以农村集体经济组织或者农民投资为主，从我国农村投资多元化趋势看，已不能代表所有农村企业，不利于工业反哺农业、城市带动乡村发展政策的实行，也不符合对乡村建设行为加强管理的立法目的。因此，应扩大乡镇企业的内涵与外延，即在乡镇地区的企业即乡镇企业，强调地域性。

（二）乡村公共设施和公益事业建设

乡村公共设施包括：乡村级道路、乡村级行政办公、农技推广、供水排水、电力、电讯、公安、邮电等行政办公、文化科学、生产服务和公用事业设施。

公益事业包括学校、幼儿园、托儿所、医院（所）、敬老院等教育、医疗卫生设施（中华人民共和国土地管理法释义第43条）。

（三）农村村民住宅建设

对于农村村民住宅建设，《城乡规划法》首先强调农村村民在原有宅基地建住宅的管理由各省制定办法，其次提到农村村民住宅建设占用农用地时需先办理农用地转用手续，再核发乡村建设规划许可证，对于不占用农用地建设村民住宅没有提及，但从立法目的分析，农村村民住宅建设均属于乡村建设规划许可证管理范畴。

《条例》第十八条规定，“回原籍村庄、集镇落户的职工、退伍军人和离休、退休干部以及回乡定居的华侨、港澳台同胞”可以在乡村建设住宅，应纳入乡村建设规划许可证管理范畴。

小产权房是一个模糊的概念，既包括农村村民将自有住宅出卖给城镇居民，也包括在农村地区建设商品性住房，前者不需要办理乡村建设规划许可证，后者与现行土地政策不一致，但往往与村民集体建房难以区分，应由各省市区自行制定管理办法。

（四）农业生产设施用房

农业生产设施用房包括农业生产大棚、养殖用房、看护房等，类型多，建设体量差异大，全部纳入乡村建设规划许可证管理范畴是不可取的。但有些农业生产设施用房体量大，结构复杂，有些看护房实际上就是住宅，如果不纳入乡村建设规划许可证管理范畴，势必造成乡村建设的混乱。鉴于农业生产设施用房的地域性，应由各省市区自行制定管理办法。

三、乡村建设规划许可证的申请人

《城乡规划法》对乡村建设规划许可证的申请人没有明确界定，根据乡村建设规划许可证适用范围、申请事项，申请人可以是单位和个人，建设项目类型不同，申请人也有差别。

（一）乡村企业

申请人可以为乡村集体经济组织、村委会，农民联营、农民个体、农民为主的其他形式的合作企业，也应当包括乡村以外的投资者。

在这里，强调的是地域概念，即在乡村地域的企业即为乡村企业，不论其所有者是否农村居民，是否居住在乡村。按照十七届三中全会《中共中央关于推进农村改革发展若干重大问题的决定》精神，有关部门正在制定农村集体建设用地使用权出让和转让具体办法，经营性和工业用地使用权流转对象没有限定。

（二）村公共设施和公益事业

未明确限定。可以是本地农村集体组织和农民个人，也可以是外地人，可以是城市居民和单位，可以是联合体。

乡村公共设施的建设者主要是乡政府或村委会，各级政府财政补贴项目也需要由乡政府或村委会组织建设。近年来，一些先富起来的农民成为乡村级道路、电讯、邮电等公用事业设施的投资者和建设者。

乡村公益事业建设者呈多元化趋势，学校由各级政府进行建设，幼儿园、托儿所、医院（所）、敬老院等教育、医疗卫生设施建设者则来源多样。

（三）农村住宅

《城乡规划法》提出对农村村民建设住宅实行乡村建设规划许可证制度。

国办发〔2007〕71 号文件明确“农村住宅用地只能分配给本村村民，城镇居民不得到农村购买宅基地、农民住宅或小产权房”；

《条例》第十八条规定“城镇非农业户口居民”、“回原籍村庄、集镇落户的职工、退伍军人和离休、退休干部以及回乡定居的华侨、港澳台同胞”可以在乡村建设住宅。

按照时效，《城乡规划法》和国办 71 号文件有效，但回原籍退伍军人、放弃城镇户口申领农村户口的、回乡定居的华侨、港澳台同胞应允许建设住宅。建议先申请加入村集体，以村民身份建设住宅，与法律规定不矛盾。

综上，住宅建设者身份包括本村村民、联建的村民合伙人、整村改造时的村委会、政府帮扶的部门。

四、乡村建设规划许可证的申请要件

根据《行政许可法》，申请人申请行政许可，应当如实向行政机关提交有关材料和反映真实情况，并对其申请材料实质内容的真实性负责。因《城乡规划法》实施时间较短，各省市区配套法规尚未制定完善，乡村建设规划许可证管理差异性较大，对申请报件要求也有所不同。一般来说，各地均将村民住宅建设与企业、公共设施、公益设施建设分别对待。

（一）各地关于村民住宅建设报件要求

各地对村民住宅建设一般采取从简原则，新疆奇台县对于农村居民建房仅要求申请书、村委会意见、申请人合法身份证明书、土地部门批准文件四项，其他地区要件虽然多一些，重庆市达到十二项，实际上多的主要是两项：周边邻居意见和建筑图（一般为标准图），从总体看，建房者易于准备，也是必须准备的。广东省阳春市更是对没有规划却又急需建房进行了规定，体现了实事求是、为民服务的理念。一些地区规定了更多内容，如苏州市要求提供市级危房鉴定部门出具的危房鉴定书，塔山镇要求交纳建设安全质量保证金，前者意义不大，后者则是将乡村建设规划许可证赋予了与法律要求不符的作用。

1. 新疆奇台县。要求提交申请书；村（居）民委员会意见；申请人合法身份证明书；占用农用地的，需土地部门批准文件。

2. 苏州市。要求提交申请表；户籍证明和身份证件复印件；危房翻建的，应当提供农村居民私有住房房产和土地使用权属证件以及市级危房鉴定部门出具的危房鉴定书。在文物保护建筑和控制性保护建筑范围内的危房翻建，其方案应当先经文物保护部门审批；拟建房屋与相邻建筑毗连或者涉及公用、共用、借墙等关系的，应当取得各所有权人一致同意，并签订书面协议或者在申报图纸上签字确认，协议应当经过当地村委会见证或者依法公证；具有相应资质的建筑设计单位绘制的设计图、图集。申请人应当如实提交有关材料和反映事实情况，并对其申请材料实质内容的真实性负责。

3. 重庆市。要求提交书面申请；申请人身份证明材料；村委会书面意见；土地主管部门出具的原有宅基地范围证明；常住户籍证明；房屋所有权证明；拟建房屋所在地地形图或准确相邻关系图；有效的1:500实测现状地形图（限临界宅基地村民联合建房）；联建协议（限村民联合建房）；建筑设计方案图（二层以上的需提供设计单位资质）；相邻方的书面协议（限需征求相邻方意见的住宅）；消防部门的审查意见（限建筑总高度10米以上的住宅）。

4. 黑龙江省。要求提交申请人要提供身份证件；集体经济组织身份证明；村委会出具的仅有一处宅基地书面证明；宅基地使用证件；建筑设计方案图（平房建议使用通用或标准图集；二层以上的提供有资质单位出具的设计图纸）；其他需要提供的资料。

5. 江苏省赣榆县塔山镇。要求提交申请表；土地使用权属说明；原房屋产权证明；房屋施工图（二层可套用通用图集，二层以上应有资质单位设计的施工图）；居（村）委会或镇人民政府核审意见；根据《行政许可法》规定，提交建房相关利害人关系人意见；交纳建设安全质量保证金。

6. 广东省阳春市。要求提交《乡村建设规划许可证申请表》；身份证明文件复印件；合法的乡村规划图（合法的乡村规划图是由镇政府委托具有相应资质的规划设计单位编制，经村民会议或村长代表会议讨论同意，报市政府批准的规划图）。对没有编制村庄规划又急于建房的村民申请，办理《乡村建设规划许可证》在省规划管理办法出台前必须符合如下条件：(1) 使用原有宅基地；(2) 在原村庄建成区不占用农用地；(3) 属于农民自用住宅并仅限一户一宅；(4) 提供简易的镇规划建设办加盖公章的规划草图；(5) 符合有关法律法规的要求，如交通、环保、防灾、文物保护等方面的要求。

（二）各地关于企业、公共设施、公益设施建设报件要求

各地关于企业、公共设施、公益设施建设报件要求显然高于农村村民住宅建设报件要求，尤其重视是否符合乡村规划、是否符合相关部门要求以及建筑方案是否合理可行，但对于利益关系人意见没有作为申请要件，无疑将增加审查内容。

1. 新疆奇台县。要求提交申请书；村（居）民委员会意见；申请人合法身份证明书；建设工程设计方案的总平面图及建设工程全套施工图；占用农用地的，需土地部门批准文件。

2. 福建莆田市。要求提交审查材料和报备材料两类。审查材料包括：(1) 单位介绍信或法人委托书、经办人身份证明；(2) 申请人承诺书；(3)《乡村建设规划许可证》申请表；(4) 经批准的乡规划、村庄规划（市规划局已存档的，可免提供）；(5) 选址位置的1∶500或1∶1000莆田市统一平面坐标和高程系统的地形蓝图及数字地形图文件。报备材料包括：(1) 发改部门要求批准、核准、备案的相关文件；(2) 法律、法规、规章规定应提供的相关部门审核意见（如园林绿化、

文物保护等部门的审核材料复印件）。并联审批或联合办理时，可由申请人申请，作为“待补件”，待相关部门审核后补上。

3. 陕西省三原县。要求提交建设项目概述和申请报告；建设项目建议书和项目立项批准文件；土地部门预审意见；乡镇人民政府批准文件；环保、公安消防、人防等部门的审查手续；新征建设用地勘察放线成果；建设单位编制的修建性详细规划；总平面图（标明用地位置、范围、坐标、尺寸、高程、建筑红线、主要出入口的位置、拟建筑物的长度、宽度及与相邻单位或建筑物的关系等）；经济技术指标及说明；原址改建申请改变土地使用性质或原址改建需要使用本单位以前土地的，须附土地权属证件，须拆除基地内房屋的，附房屋产权证件等材料，其中联建的，应附联建协议书文件；建设工程设计图（平面图、立面图、剖面图、透视图）；设计单位建筑设计资格证书。

（三）乡村建设规划许可证申请要件分析

乡村建设规划许可证是对乡村建设行为的许可，而乡村建设行为类型不同，许可审查的内容也不一样。因此，应根据申请项目的不同，有针对性地确定申请要件，既要保证获取足够多的审查信息，又要方便申请人获得，体现行政许可便民的原则，提高行政效率。

1. 乡村建设规划许可证申请表

从各地实践看，申请表使用比较广泛，申请表信息明确、简洁，利于审查，是申请要件的首选。一般来说，申请表应反应申请人的基本情况（姓名、年龄、居住地、身份证号码、联系电话；名称、地址、法人代表姓名、代理人姓名、联系电话等）、申请项目基本情况（类型、规模、建筑层数等）、建设用地基本情况（权属、现状）、相关人员和单位的意见（村委会意见、四邻意见、相关部门意见等）等内容，项目类型不同，申请表内容也不一样。

申请表一般有两种，即针对农村住宅建设的申请表和针对乡村企业、公共设施、公益设施建设的申请表。住宅建设的申请表一般比较简单，应有村委会意见和四邻意见。乡村企业、公共设施、公益设施建设的申请表内容要多一些，应对建设项目有更多的描述，并考虑其他部门意见表达。此外，市政设施建设具有特殊性，应考虑单独列表。

2. 项目说明材料

考虑到申请表反映内容有限，对一些重大项目应要求申请人提供项目说明材料对项目基本情况进行说明，以便于审查核发乡村建设规划许可证单位充分了解项目信息。项目说明材料主要包括：项目建设的批准文件，项目建设地点、性质、规模、投资、具体内容等。对于农村村民在原有宅基地建设住宅，可以不用提供说明材料。

3. 申请人及代理人身份证明

申请人及代理人身份证明是必备的申请要件，是用来证明申请人身份，是申请人合法性的依据。一般来说，申请人及代理人身份证明包括身份证、户口本、营业执照、法人证明、授权书等，申请人应携带证明原件和复印件进行申请。

4. 用地权属文件

用地权属文件也是申请乡村建设规划许可证必备的申请要件，是证明乡村建设行为申请合法性、有效性的依据，用地权属文件一般包括土地使用权证、房屋所有权证、农用地转用手续、土地使用权出让出租协议等。

5. 拟建位置的现状图或位置图

拟建位置的现状图或位置图表明建设项目位置或走向、四邻及周边关系，应当在城乡规划图中标出建设项目位置，是审定建设项目是否符合乡、村庄规划的依据，也是乡村建设规划许可的重要内容。因此，拟建位置的现状图或位置图是乡村建设规划许可证申请的必备要件。

6. 规划图和建筑图

是否需要规划图和建筑图，需要什么样的图纸，各地要求不同。一般来说，在原有宅基地建设一层住宅，不需要提供规划图和建筑图；其他项目应提供规划图和建筑图，主要包括建设项目或工程规划图、农村住宅通用图或重点地区的建筑设计总图、工程管线的施工图等，作为乡村建设规划许可证审查、决定的依据。

7. 相关人和单位意见

乡村管理不同于城镇管理，任何建设必须征求相关利益人意见，如村委会意见、四邻和其他利害关系人意见。特别强调的是，不能用村委会意见代替四邻和其他利益关系人意见。

8. 相关部门意见及其他

消防、环保、计划、文物等部门专项审查意见，由县级城乡规划主管部门依据项目情况确定部门范围，主要是相关部门对申请项目给申请人的审查意见，农村住房建设一般不需要相关部门意见。

9. 申报形式

《行政许可法》第二十九条提出：行政许可申请可以通过信函、电报、电传、传真、电子数据交换和电子邮件等方式提出。从乡村建设规划许可证许可内容看，需要申请人携带相关文件到受理机关申请，受理机关需要核对相关材料，因此不适合采取信函、电报、电传、传真、电子数据交换和电子邮件等方式提出申请。

第四节　乡村建设规划许可证申请的受理

根据《城乡规划法》第四十一条，乡镇人民政府是乡村建设规划许可证申请的受理机关，乡、镇人民政府应当将法律、法规、规章规定的有关乡村建设规划许可的事项、依据、条件、数量、程序、期限以及需要提交的全部材料的目录和申请书示范文本等在办公场所公示。申请人要求乡、镇人民政府对公示内容予以说明、解释的，乡、镇人民政府应当说明、解释，提供准确、可靠的信息。

根据《行政许可法》有关规定，乡、镇人民政府对申请人提出的乡村建设规划许可证申请，可以做出不予受理、让申请人更正和受理几种处理决定。

一、不予受理

对于不属于乡村建设规划许可证管理范围或根本不能核发乡村建设

规划许可证的申请，乡、镇人民政府应即时告知申请人不予受理。

（一）申请事项依法不需要取得乡村建设规划许可证

《城乡规划法》第四十一条规定事项并非乡村建设的全部，其他建设行为原则上不用乡村建设规划许可证进行规范，不需要申请乡村建设规划许可证。

农业生产设施是否办理乡村建设规划许可证，应依据各省制定的农业生产设施建设规划管理办法规定执行。

（二）建设项目明显不符合乡村规划

“先规划、后建设”是《城乡规划法》的原则，乡村建设规划许可证颁发的对象是符合乡、村庄规划的建设项目，不符合规划的建设项目不得颁发乡村建设规划许可证。如果建设项目对社会经济发展有重大推动作用，但又不符合经批准实施的乡、村庄规划时，应当对乡、村庄规划进行修改，经法定程序批准后核发乡村建设规划许可证。

（三）乡村规划正在重新制定、或者发生规划变更还未批准

在乡村规划修改期间，应暂时停止办理乡村建设规划许可证，以避免影响规划方案编制或规划变更方案未获批准所造成的损失。其一，规划方案正在编制过程中，依原规划核发乡村建设规划许可证，形成既成事实，有可能影响合理布局；其二，规划变更未获批准时，依据规划变更所做出的规划许可缺乏法律效力，一旦规划变更不获批准，乡村建设规划许可证核发机关应赔偿许可申请者的相关损失。

（四）在可预见时间内，其他重大建设项目对该项目拟用地有较大影响的

当政府正在筹划一些重大项目如高速公路、铁路、区域性市政管线建设以及设立开发区等，为保证项目批准后能顺利实施，应当暂停项目所在区域的乡村建设规划许可证审批工作，待项目明确后，修改或重新编制规划，再启动该区域乡村建设规划许可证核发工作。

二、申请资料更正

申请人申请资料不符合乡村建设规划许可证申请要件要求的，根据

《行政许可法》应允许更正。

1. 申请材料存在可以当场更正的错误的，应当允许申请人当场更正；

2. 申请材料不齐全或者不符合法定形式的，应当当场或者在五日内一次告知申请人需要补正的全部内容，逾期不告知的，自收到申请材料之日起即为受理。

三、受理

申请事项属于乡、镇人民政府职权范围，申请材料齐全、符合法定形式，或者申请人按照乡、镇人民政府的要求提交全部补正申请材料的，应当受理行政许可申请。

乡、镇人民政府受理或者不予受理乡村建设规划许可申请，应当出具加盖乡、镇人民政府专用印章和注明日期的书面凭证。

第五节　乡村建设规划许可证申请的审查

一、乡、镇人民政府的审查

乡村建设规划许可证不属于能够当场做出决定的行政许可，乡、镇人民政府作为受理机关，受理乡镇建设规划许可证申请后，应对申请资料进行审查，形成审查意见。

（一）乡、镇人民政府主要审查以下内容：

1. 申请人申报材料的真实性、有效性；如申请人的身份是否属实，其提供的权属文件是否真实，建设申请是否征得了权属所有人的同意，建设项目的可行性等。

2. 申请项目是否符合乡规划、村庄规划；即是否在乡村规划区内，用地性质是否与乡村规划一致，用地布局是否对乡村规划产生不利影响。

3. 申请项目与利害关系人的利益关系，需取得利害关系人的同意。利害关系人应包括村委会代表的村民集体、其他当地指定的利益关系人。

（二）乡、镇人民政府应当将项目情况告知利害关系人，申请人、利害关系人有权对此进行陈述和申辩，乡、镇人民政府应当听取申请人、利害关系人的意见。

（三）乡、镇人民政府对申请材料的实质内容进行核实时，应当指派两名以上工作人员进行核查。

（四）乡、镇人民政府对乡镇建设规划许可证申请进行审查核实后，应形成审查意见。

1. 经审查不同意建设的项目，乡镇人民政府应及时告知申请人，向申请人说明理由；申请人对此决定不满的，可以提起行政复议。

这里强调的是，乡镇人民政府对乡村建设行为具有一票否决权，任何乡村建设行为必须征得乡镇人民政府同意。

2. 使用原有宅基地进行一层住宅建设的，经审查同意，乡镇人民政府作出许可决定，向申请人发放乡村建设规划许可证。

3. 其他建设项目，经审查同意，乡镇人民政府将项目资料和审查意见报送城市、县人民政府城乡规划行政主管部门。

（五）乡镇人民政府上报资料包括：

1. 申请人申请资料；

2. 乡镇人民政府审查意见。应包括项目概括，建设项目与乡村规划关系，是否会对其他人利益产生重大影响，乡镇人民政府受理与审查过程和情况说明，同意该申请的理由等；

3. 相关补充材料；

（六）乡镇人民政府对乡镇建设规划许可申请进行初步审查时间不应超过二十个工作日。

二、城市、县人民政府城乡规划主管部门的审查

（一）乡镇人民政府在法定期限内将审查意见和全部申请材料报送城市、县人民政府城乡规划主管部门后，城市、县人民政府城乡规划主管部门不得要求申请人重复提供申请材料。

（二）城市、县人民政府城乡规划主管部门主要审查以下内容：

1. 确认建设项目的性质、规模、位置和范围是否符合相关的乡规划和村庄规划；是否符合县城总体规划；

2. 有关建设活动是否符合交通、环保、防灾、消防、电力、水利、文物保护等方面的要求，根据项目性质、规模，城乡规划主管部门征求相关部门意见，作为审查依据。

三、听证

根据《行政许可法》第四十六条、第四十七条：法律、法规、规章规定实施行政许可应当听证的事项，或者行政机关认为需要听证的其他涉及公共利益的重大行政许可事项，行政机关应当向社会公告，并举行听证。行政许可直接涉及申请人与他人之间重大利益关系的，行政机关在作出行政许可决定前，应当告知申请人、利害关系人享有要求听证的权利；申请人、利害关系人在被告知听证权利之日起五日内提出听证申请的，行政机关应当在二十日内组织听证。

《城乡规划法》对规划许可的听证没有明确规定，在各地制定的乡村建设规划许可证制度中，对听证考虑的也不多。我们认为，考虑到乡村建设规划许可管理的特殊性（事实上的两级管理），应当将听证作为审查的手段之一。

城市、县城乡规划主管部门在审查乡村建设规划许可证申请时，应当告知申请人、利害关系人享有要求听证的权利；申请人、利害关系人在被告知听证权利之日起五日内提出听证申请的，应当在二十日内组织听证。

申请人、利害关系人不承担组织听证的费用。

听证按照下列程序进行：

1. 城市、县城乡规划主管部门应当于举行听证的七日前将举行听证的时间、地点通知申请人、利害关系人，必要时予以公告；

2. 听证应当公开举行；

3. 城市、县城乡规划主管部门应当指定审查该乡村建设规划许可申请的工作人员以外的人员为听证主持人，申请人、利害关系人认为主持人与该乡村建设规划许可事项有直接利害关系的，有权申请回避；

4. 举行听证时，审查该乡村建设规划许可申请的工作人员应当提供审查意见的证据、理由，申请人、利害关系人可以提出证据，并进行申辩和质证；

5. 听证应当制作笔录，听证笔录应当交听证参加人确认无误后签字或者盖章。

第六节　乡村建设规划许可的程序

一、乡村建设规划许可的决定

（一）申请人的申请符合法定条件、标准的，城市、县人民政府城乡规划主管部门、乡镇人民政府应当依法作出准予乡村建设规划许可的决定。

城市、县人民政府城乡规划主管部门、乡镇人民政府依法作出不予行政许可的决定的，应当说明理由，并告知申请人享有依法申请行政复议或者提起行政诉讼的权利。

（二）城市、县人民政府城乡规划主管部门、乡镇人民政府作出准予乡村建设规划许可的决定，应当于十日内向申请人颁发加盖城市、县人民政府城乡规划主管部门、乡镇人民政府印章、带有编号的乡村建设规划许可证。

二、乡村建设规划许可的变更、延续、注销

（一）变更

1. 变更的提出

被许可人要求变更乡村建设规划许可事项的，应当向作出乡村建设规划许可决定的城市、县人民政府城乡规划主管部门、乡镇人民政府提出变更申请；

因城乡建设需要，政府可以对已经作出的行政许可进行变更，但需

取得被许可人的同意，并对造成的利益损害给予适当补偿；

因自然条件变化，使原行政许可内容不能继续的，可以由被许可人或政府提出变更。

2. 变更的内容

（1）建设行为人的变更；

（2）建设内容的变更；

（3）用地性质的变更；

3. 符合变更条件要求的，城市、县人民政府城乡规划主管部门、乡镇人民政府应当依法撤销原许可决定，收回并注销已发出的许可证件；如需作出新的行政许可，应按程序要求从新办理。

（二）延续

乡村建设规划许可证被许可人需要延续依法取得的乡村建设规划许可证有效期的，应当在该乡村建设规划许可证有效期届满三十日前向作出行政许可决定的行政机关提出申请。

行政机关应当根据乡村建设规划许可证被许可人的申请，在该行政许可有效期届满前作出是否准予延续的决定；逾期未作决定的，视为准予延续。

（三）注销

申请人自取得《乡村建设规划许可证》之日起一年内，未开工建设，且未申请延续的，发证机关可以依法收回并注销《乡村建设规划许可证》。

三、乡村建设规划许可证的公示、存档与备案

审批结果向社会公告，保证申请人、乡镇政府、村委会、村民、利害关系人被告知。利于社会监督。

乡镇人民政府作出的行政许可，由乡镇人民政府建立档案，并将许可证件和审批附件的复印件向市县城乡规划主管部门备案，备案文件作为办理房产证的规划依据；

市县城乡规划主管部门作出的行政许可，由市县城乡规划主管部门

建立档案，并将许可决定通知乡镇人民政府，送返许可证件和审批附件的复印件。利于市县城乡规划主管部门和乡镇人民政府对建设项目的监督和检查。

第七节　加强和完善乡村建设规划许可制度的建议

一、完善乡村建设规划许可程序

乡村建设规划许可证制度是《城乡规划法》确定的，在办理乡村建设规划许可证过程中应当遵守的办事规程或行动准则。

（一）办事程序

1. 乡村建设项目申请人向乡镇人民政府申请乡村建设规划许可证，并按要求提供相关资料。

2. 乡镇人民政府告知申请人是否需要对申请材料进行更正以及更正内容，并作出受理或不予受理的决定。

3. 乡镇人民政府对申请资料进行审核（利益关系人提出听证申请的，组织听证会）和现场踏勘，形成审查意见。

4. 乡镇人民政府对于村民利用原有宅基地建设一层住宅作出决定，核发乡村建设规划许可证，并报县级城乡规划主管部门备案。

5. 乡镇人民政府将审查意见和申请资料上报县级城乡规划主管部门。

6. 县级城乡规划主管部门对申请资料进行审核，并征求相关部门意见。

7. 县级城乡规划主管部门作出同意或不同意乡村建设规划许可证申请的决定，同意乡村建设规划许可证申请的向申请人核发乡村建设规划许可证。

8. 县级城乡规划主管部门告知乡镇人民政府和申请人关于乡村建设规划许可证的决定，并进行公示、存档。

9. 县级以上城乡规划主管部门、乡镇人民政府对乡村建设规划许可证实施情况进行监督检查，对违法行为进行处理。

（二）申请文书

根据审核要求不同，我们将乡村建设项目划分为三类，分别设计了申请表，并提出了文书要求。

1. 村民在原有宅基地建设一层住宅

（1）《乡村建设规划许可证申请表》3份，存档2份，上报1份；

（2）申请人户口本、身份证，代理人身份证，乡镇政府核对后返还；

（3）土地权属证明，乡镇政府核对后返还；

（4）房屋权属证明，乡镇政府核对后返还；

（5）建设项目所在位置的有关图件2份，乡镇政府提供；

（6）建筑图1份，可采用标准图；

（7）乡镇政府要求提供的其他材料。

2. 市政工程

（1）《乡村建设规划许可证申请表》3份，存档2份，上报1份；

（2）建设申请报告，建设项目计划批准文件各1份；

（3）1:500或1:1000地形图1份；

（4）土地权属证明，房屋权属证明；

（5）单位建设的需法人证书、工商税务登记证。申请人、代理人身份证明；

（6）设计说明1份；

（7）工程设计图纸1份；

（8）场站位置及线路走向图1份；

（9）相关部门及利害关系人意见；

（10）审批部门要求提供的其他材料。

3. 其他

（1）《乡村建设规划许可证申请表》3份，存档2份，上报1份；

（2）建设申请报告；

（3）1:500或1:1000地形图，由建设单位自行解决；农民建房地形图由乡镇负责提供；

（4）土地权属证明，占用农用地、空闲地等非建设用地建设的，原址建设需提供《土地使用证》或宅基地使用证；

（5）房屋权属证明，永久性建筑需提供《房屋所有权证》；构筑物和附属临时建筑需乡镇政府证明并加盖当地政府公章；

（6）相干证件，农民建房需身份证、户口本复印件，原件由镇相关部门审核；单位建设的需法人证书、工商税务登记证。申请人、代理人身份证明；

（7）建设项目所在位置图2份，乡镇政府提供；

（8）规划、建筑设计图1份，建筑可采用标准图；

（9）相关部门及利害关系人意见；

（10）审批部门要求提供的其他材料。

（三）审核依据

1. 法律法规

（1）《城乡规划法》

（2）《行政许可法》

（3）《土地管理法》

（4）《建筑法》

（5）《村庄与集镇规划管理条例》

2. 城乡规划

（1）县城总体规划

（2）乡镇规划

（3）村庄规划

二、加大乡村规划编制力度

乡村规划是实施乡村建设规划许可证制度的前提和基础，由于多种原因，我国大量的乡村没有编制规划，乡村建设无章可循，违法建设时有发生。

因此，必须增加乡村规划的覆盖面，形成覆盖乡村全域的规划体系。考虑到乡村经济实力有限，建议国家、省、市、县四级财政共同支持乡村规划编制工作，用3～5年时间实现乡村规划的全覆盖，夯实乡村建设规划许可证制度的基础。

三、理顺乡村建设规划管理体制

我国的乡村实际上分为两个部分：城镇规划区的乡村、城镇规划区外（乡村规划区）的乡村；我国的土地分为两类：国有土地、集体土地；将乡村两个部分与土地两种类型叠加，形成四个区域：城镇规划区内乡村国有土地、城镇规划区内乡村集体土地、城镇规划区外乡村国有土地、城镇规划区外乡村集体土地。

根据《城乡规划法》，城镇规划区内乡村国有土地建设项目按城镇“一书两证”进行规划管理，城镇规划区外乡村集体土地建设项目用乡村建设规划许可证进行规划管理。城镇规划区内乡村集体土地建设项目如何管理《城乡规划法》没有明确规定；城镇规划区外乡村国有土地建设项目规划管理既不属于城镇“一书两证”管理范畴，又被乡村建设规划许可证“限集体土地”字样排除，成了规划管理的盲区。

从符合法律要求、便于实施操作出发，我们认为乡村地区均应实施“一证管理”，即：城镇规划区内乡村建设用建设工程规划许可证进行规划管理，城镇规划区外（乡村规划区）乡村建设用乡村建设规划许可证进行管理，取消乡村建设规划许可证“限集体土地”字样。

四、明确乡村建设规划许可证期限

目前，乡村建设规划许可证没有明确期限，各地在实践中规定不一，有的规定为三个月，有的规定为一年。考虑到乡村建设管理相对简单，我们认为有效期一年较为适宜。

五、加强乡村建设规划管理队伍建设

我国乡村建设高潮方兴未艾，必须加强规划管理力量，要做好三方面工作：一是增加数量，每个乡镇从事乡村建设规划管理的人员不少于

三人；二是保证经费，乡村建设规划许可证管理服务农民，量大事多，不能收费，必须有充足的工作经费做保证；三是提高质量，加大对乡村建设规划管理人员的培训，鼓励大学生到乡村从事规划管理工作，从整体上提高规划人员素质。

第八章 村镇规划建设管理的基层实践与制度创新

第一节 村镇规划编制与实施（以湖南省为例）

一、村镇规划编制与实施的基本情况

（一）村镇概况

湖南省村镇数量多，村庄密度大，但规模较小。到2007年底，全省共有建制镇1002个，1021个乡，42524个建制村，自然村庄约20万个。湖南省是典型的农业大省，农村数量多，农村人口所占比重大。到2007年底，全省农村总人口4052.79万人，占全省总人口的59.55%。

全省村庄数量众多，导致全省村庄密度比较大，以自然村庄计算，全省村庄密度为1.2个/km^2。自然村庄平均人口为178人，建制村平均人口为1038人，平均每村用地5平方公里。由于历史、自然、地理、民族等原因导致我省村庄布局比较分散，往往“三五”成群，即使是一个村庄，往往真正聚集成团的也较少，大部分成小组聚集，分布在较大的区域范围内，形成“大分散小聚集”的居住格局。我省农村居住相对比较分散是农村空间布局的显著特征。农村建设区域差异明显，由于我省区域面积较大，经济水平发展不平衡，使我省农村在各个方面差异都十分显著。从村庄个数来看，最少的是长沙，共有村庄1234个，最多的为衡阳市共有村庄为64533个，最少的仅占最多的1.9%；从村庄人口来看，最多的是衡阳市共有476万人，最少的是张家界市共有111.22万人，仅占衡阳市的23.36%；村庄密度最大的是衡阳市为4.2个/km^2，最小的是长沙仅为0.12个/km^2，相差42倍；从村庄人口规模来看，最大为长沙市平均人口规模为1649人/个，最小的为衡阳，仅为74人/个，相差22倍；从用地规模来看，最大的为长沙，村庄平均用地规模为

22.66 公顷/个，最小的为衡阳市，平均用地规模为 0.41 公顷/个，相差 55 倍。同一个市州，村庄的差异也十分明显，因此村庄建设调整要因地制宜，这也是区域差异本身的客观要求。

村庄布局分散，规模小。由于历史条件、气候特点、地形地貌及居民的生活习惯等方面原因，农村居民点较分散。按照村镇分类标准，一般基层村规模达到300 人以上，中型中心村人口规模达到500～1000 人，区域村庄基本上处于大中小规模村庄并存，以大中型为主的格局。而我省的村庄平均规模比较小，自然村庄平均人口为 178 人，建制村平均人口为 1038 人，并且我省建制村基本上是以自然村为基础进行行政区域调整而形成的，大多村庄没有进行自然村庄合并，建制村仍表现有松散的自然村结构。按照一般情况，建制村与自然村的比例为 1∶2 到 1∶3 比较合理，我省的建制村与自然村的比例为 1∶5.8，自然村所占比例太大。

（二）村镇规划编制总体概况

到 2008 年底，全省 83% 以上的建制镇编制了各类规划，目前已经调整完善的建制镇总体规划仅为 47%，累积编制村庄规划的占村庄总数的 35%，其中已调整完善的占村庄总数的 3.4%。近年来规划编制的速度明显加快，根据建设厅的要求，加快编制村庄布局规划，到目前 73% 的县编制了村庄布局规划，村庄整治建设规划也在编制之中。

二、村镇规划编制与实施存在的主要问题及原因

（一）村镇规划的技术编制体系不完善

长期以来，由于重视城市规划而忽略村镇规划，使得村镇规划体系不完善。从现有的规划体系来看，各类法律法规对村镇规划涉及的内容相对较少，还没有形成完善的体系。目前对村镇规划内容涉及相对较多的法律法规主要有《城乡规划法》、《条例》（1993 年 6 月 29 日国务院令第 116 号发布）、《村镇规划编制办法（试行）》（2000 年 2 月 14 日建村〔2000〕36 号文发布）、《镇规划标准》（GB 50188—2007），这些规划标准基本形成了镇村体系规划、镇（村）总体规划、镇（村）建设规划。

党的十六届五中全会提出了建设社会主义新农村的重大战略任务，并将其作为我国"十一五"规划的重要内容之一。要求全面落实科学发展观，统筹城乡经济社会发展，按照"生产发展、生活宽裕、乡风文明、村容整洁、管理民主"的要求，协调推进社会主义新农村建设，同时又指出：要加强村庄规划和人居环境治理。因此村庄规划的种类和数量开始增多。建设部于2005年11月10日召开了全国村庄整治工作，接着建设部又下发了《关于村庄整治工作的指导意见》（建村［2005］174号），明确指出村庄整治工作要认真做好两个规划。一是适应农村人口和村庄数量逐步减少的趋势，编制县域村庄整治布点规划，科学预测和确定需要撤并及保留的村庄，明确将拟保留的村庄作为整治候选对象。二是编制村庄整治规划和行动计划，合理确定整治项目和规模，提出具体实施方案和要求，规范运作程序，明确监督检查的内容与形式。很多地区开始编制县域村庄布点规划和村庄整治规划。从目前各地编制的规划来看，主要有村庄布点规划、村庄整治规划、村庄建设规划、村庄整治建设规划、镇村体系规划等，各类规划内容相差很大，彼此衔接不够。

（二）村镇规划的覆盖率不高，地区差异明显

从湖南省建设厅对全省县（市、区）域村庄布局规划、建制镇规划、乡集镇规划和村庄规划，特别是省政府明确的示范镇、示范村和重点镇规划的编制情况进行全面摸底调查的情况来看，示范镇、示范村和重点镇规划的情况相对较好，而非示范村镇规划相对较差。从全省总体情况来看，村镇规划的总体覆盖率不高。由于规划意识不强、法制观念淡薄，很多地方的村镇规划修编不及时，甚至根本没有编制规划。

全省规划编制的区域差异十分明显，经济发展水平较高的市县，村镇规划编制的覆盖率较高，经济发展水平较低的市州村镇规划编制的覆盖率较低。从长沙市的村镇规划调查结果来看，建制镇规划覆盖率达100%，村庄规划覆盖率达50%以上。而湘西自治州建制镇规划覆盖率达48%，村庄规划覆盖率达17%。按照《城乡规划法》的要求，目前村镇规划欠账不少，覆盖率不高，与统筹城乡发展，加快社会主义新农

村的要求还有一定差距，村镇规划编制工作任重道远。

（三）村镇规划编制的质量整体不高

从村镇规划编制的调查情况来看，村镇规划编制的整体质量不高，难以发挥规划的指导、龙头和调控作用。一是村镇规划编制的基础条件达不到技术要求，村镇规划大部分是在 20 世纪 80 年代测量的 1/10000 地形图上进行编制，乡村规划基本上没有 1/2000 的地形图可用。二是乡村规划的技术、内容、深度体系没有标准和规范，规划编制任意性较大，规划的科学性和可操作性不强。三是乡村规划与经济社会发展统筹考虑不够，缺乏宏观性和前瞻性，致使形成的规划成果难以适应新农村建设发展和城乡统筹的需要。主要表现在：① 区域范围内缺乏系统、科学的镇村体系规划，许多区县中心镇以下的村镇布局模糊，随意性较强，规划成果过于简单，难以指导村镇建设；② 视村镇规划作为一项活动，大搞“批发经营”，村镇规划的“克隆”现象比较普遍；有的规划脱离实际，套用城市规划模式，没有农村特色。

（四）规划投入不高，规划编制经费不足

湖南省村镇数量较多，需要投入的规划编制和管理经费庞大，由于经济发展水平总体不高，省市县投入的经费对于庞大的乡村规划需求经费仍然是杯水车薪。即使有规划配套资金，也不能很好落实。除少数市县能积极克服困难，较好地落实村镇规划编制配套资金外，很多市县对村镇规划编制配套资金落实不到位，个别区县甚至对省、市安排的有关补助资金予以截留，对安排给乡镇和村级的有关专项资金不能及时下拨。许多村镇特别是偏远地区的村镇财力非常有限，再加上村镇建设配套费在许多乡镇已取消，村镇规划的经费无保障，许多村镇无力投入资金编制规划。由于经费缺乏，村镇规划编制工作不能按要求完成任务，已经严重影响了全省村镇规划编制工作，使规划滞后发展。

（五）规划管理机构不完善，管理水平不高

村庄和集镇由于没有规划建设管理部门设置的法律依据，导致规划建设管理机构不健全，加之管理经费短缺，管理失衡，规划滞后（或者根本就没有规划）。致使很多农民建房各自圈地，导致乡村出现有新房无新村及自然村庄自然发展的局面。主要原因是：一是很多乡镇没有设置专门的村镇规划管理机构，对村镇建设没有进行规划管理；二是少部分设有规划管理机构的乡镇，编制和待遇不落实，人员素质普遍不高，绝大多数都是“半路出家”，专业人才难以留住。这对于量大面广任务艰巨的村镇规划建设管理来说，非常不适应。三是管理机制不完善，许多建设项目，大多先到或只到土地部门办理审批手续，后到或不到规划部门办理审批手续。四是不少村干部对村庄规划建设认识不够，不按规划的要求建设，随意性太大，再加上许多村干部更换频繁，规划实施缺乏连续性。

三、完善村镇规划编制和管理的建议

（一）加强对村镇规划管理工作的领导，增强规划意识

各级政府要进一步加强对村镇规划建设管理工作的领导，做好村镇规划建设工作，发挥规划的龙头作用，以规划指导建设，避免建设的盲目和浪费。进一步增强规划意识，牢固树立规划法律意识和依法行政意识，维护规划的严肃性，不断提高城乡建设和管理的水平。提高城市规划工作的透明度，坚持开门搞规划，扩大公众参与的范围，增加公众参与的环节，让广大市民享有更多的知情权、参与权、建议权和监督权，实现规划决策的科学化、民主化。自觉把决策过程置于人民群众的监督之下，公平、公正、公开，阳光操作。加大宣传报道力度，提高广大人民群众尤其是建设单位的规划意识，形成全社会共同关心和支持规划工作的良好氛围。

（二）加大村镇规划编制力度，切实提高规划编制质量

切实加大村镇规划编制力度，强化规划意识，完善相关政策措施，建立目标责任制。各市、县（区）要在前期工作的基础上，尽快将村镇规划编制任务逐级进行分解，层层予以落实，分级落实到各乡镇、村庄，逐步有序的开展村镇规划，提高规划的覆盖率。

要坚持进度服从质量的原则，切实提高规划编制的质量，镇规划的编制要按照科学发展观的要求，坚持城乡统筹、合理布局、节约土地、

集约发展，编制的各类规划一定要有科学性、前瞻性和可操作性，并与上层次的各类规划相衔接。各类规划要委托有资质的规划设计单位组织编制，由市、县（区）村镇规划建设主管部门认真组织评审。规划成果必须符合有关技术规范和质量要求，并要广泛听取公众意见，在此基础上及时组织规划评审和上报审批，并按有关要求予以对外公布，确保规划编制成果的权威性、公开性和透明性。

（三）建立健全各级村镇规划管理机构和体系

进一步完善村镇规划管理的机构层级体系，建议省市县设立单独的村镇规划管理科，配备专人对村镇规划进行综合指导。要进一步加强乡镇一级村镇规划建设及管理机构建设，逐步配备专业人员从事村镇规划建设管理工作。要建立全省村镇规划建设管理人员轮训制度，通过举办培训班、学习班、讲座、参观学习等多种形式来提高基层村镇规划建设管理人员、技术人员的理论水平、专业素养和管理能力，提高村干部的规划意识，强化村镇管理力量。应继续推选村镇规划建设助理员持证上岗制度，并进行严格考核。通过加强培训，进一步严格办事程序，保障村庄规划建设“有人管、管得起”，增强服务意识，提高办事效率，积极推进依法行政。

（四）依法加强对村镇规划的管理，完善监督机制

依法加强对村镇规划的管理，按照建立“省管到县、市管到镇、县管到村”的村镇规划管理体制要求，落实村庄规划建设管理的层级责任制，即明确落实县、镇规划建设主管部门和村委会在村庄规划建设管理方面的层级责任。各级规划行政管理部门要加强执法力度，及时查处违法建设行为，切实维护村镇规划的严肃性。同时通过加强规划建设法规知识的宣传普及，逐步提高广大居民的法规意识，增强遵纪守法的自觉性。进一步完善城镇规划和管理的监督机制，各级人民政府及其城乡规划主管部门应当加强对城乡规划编制、审批、实施、修改的监督检查工作，重点加强规划全过程动态监督管理，进一步加强建设项目的批后管理工作，并将监督检查情况和处理结果依法公开。要向同级人大报告城乡规划实施情况，主动接受监督。各级人大常委会要听取政府实施城乡

规划法的情况汇报，视察城乡规划重点工作，适时开展对城乡规划法及其相关法律法规的执法检查，以保障城乡规划法在本行政区域的贯彻实施。

（五）加大对村镇规划编制和管理的投入

逐步加大对村镇规划编制和管理的投入，确保村镇规划管理各项工作的有序进行。各级政府要拨出专项经费用于村镇规划编制和管理，一是政府要投入村镇规划编制所需要的地形图费用。二是设立村镇规划编制和管理专项资金。三是各级规划建设主管部门也要投入更多的技术力量，采取“送规划下乡”等方式，对乡镇规划技术人员“传、帮、带”，并引导大学毕业专业人才到乡镇从业，推进乡镇规划水平的提高。四是加大对村镇规划和管理的考核，将村镇规划编制及资金落实情况作为主要考核内容，充分调动乡镇编制村镇规划的主动性和积极性；加强对省、市有关村镇规划编制补助资金的监督和使用管理，确保专款专用，严禁截留和挪作他用。

（六）现有法律、法规对村镇规划编制和管理的相关建议

为了使《条例》的修订更好地与其他法律、法规相协调，我们对相关的法律与法规进行分析，凡是与村镇规划的制定和实施相关的内容，都与相关的法律与法规进行衔接。

1.《城乡规划法》的相关规定及分析。

（1）第十五条：县人民政府组织编制县人民政府所在地镇的总体规划，报上一级人民政府审批。其他镇的总体规划由镇人民政府组织编制，报上一级人民政府审批。

分析：本条对规划编制的组织主体和审批提出了要求，虽然没有对乡、村规划编制提出明确要求，但是乡级人民政府负责组织乡、村规划，应在条例中明确乡村规划的组织和审批主体。

（2）第十六条：镇人民政府组织编制的镇总体规划，在报上一级人民政府审批前，应当先经镇人民代表大会审议，代表的审议意见交由本级人民政府研究处理。规划的组织编制机关报送审批省域城镇体系规划、城市总体规划或者镇总体规划，应当将本级人民代表大会常务委员

会组成人员或者镇人民代表大会代表的审议意见和根据审议意见修改规划的情况一并报送。

分析：本条主要涉及人民代表大会对规划的审议，并要求报送审批的成果包括人大的审议意见和意见的修改情况。乡规划和镇规划都有人民代表大会，因此乡村的总体规划要经过人大审议，并且把审议的意见和意见修改的情况一并报送审批机关。

（3）第十八条：乡规划、村庄规划应当从农村实际出发，尊重村民意愿，体现地方和农村特色。乡规划、村庄规划的内容应当包括：规划区范围，住宅、道路、供水、排水、供电、垃圾收集、畜禽养殖场所等农村生产、生活服务设施、公益事业等各项建设的用地布局、建设要求，以及对耕地等自然资源和历史文化遗产保护、防灾减灾等的具体安排。乡规划还应当包括本行政区域内的村庄发展布局。

分析：本条明确了乡规划和村庄规划的内容和要求，在条例进行修改的时候要与之相衔接，并且进一步进行深化。

（4）第二十条：镇人民政府根据镇总体规划的要求，组织编制镇的控制性详细规划，报上一级人民政府审批。县人民政府所在地镇的控制性详细规划，由县人民政府城乡规划主管部门根据镇总体规划的要求组织编制，经县人民政府批准后，报本级人民代表大会常务委员会和上一级人民政府备案。

分析：本条主要是对镇总体规划下一层次的规划的编制和审批进行了规定。镇和乡的规划可以对下一层次的规划——控制性详细规划进行明确，对编制组织主体和审批的主体进行相关规定。

（5）第二十二条：乡、镇人民政府组织编制乡规划、村庄规划，报上一级人民政府审批。村庄规划在报送审批前，应当经村民会议或者村民代表会议讨论同意。

分析：本条对规划的审批机构和批前要求进行了规定。因此《条例》应该对集镇和村庄的规划审批提出相应要求，集镇和村庄规划由乡人民政府负责组织编制，应该由县级人民政府进行审批，并且审批前要经过乡人大或村民会议审查同意。

(6) 第二十四条：城乡规划组织编制机关应当委托具有相应资质等级的单位承担城乡规划的具体编制工作。

第二十五条：编制城乡规划，应当具备国家规定的勘察、测绘、气象、地震、水文、环境等基础资料。县级以上地方人民政府有关主管部门应当根据编制城乡规划的需要，及时提供有关基础资料。

分析：第二十四条和第二十五条分别对规划编制单位和规划需要的基础资料作出规定，集镇和村庄规划都需要有相应资质的规划编制单位承担，都需要具备相应的基础资料，应在《条例》中进一步落实。

(7) 第二十六条：城乡规划报送审批前，组织编制机关应当依法将城乡规划草案予以公告，并采取论证会、听证会或者其他方式征求专家和公众的意见。公告的时间不得少于三十日。组织编制机关应当充分考虑专家和公众的意见，并在报送审批的材料中附具意见采纳情况及理由。

第二十七条：省域城镇体系规划、城市总体规划、镇总体规划批准前，审批机关应当组织专家和有关部门进行审查。

分析：第二十六条和第二十七条分别对规划审批前提出公告、保障公共参与和进行专家技术审查的要求，以保障规划编制的质量，乡村规划应在条例中明确审批程序。

(8) 第四十一条：在乡、村庄规划区内进行乡镇企业、乡村公共设施和公益事业建设的，建设单位或者个人应当向乡、镇人民政府提出申请，由乡、镇人民政府报城市、县人民政府城乡规划主管部门核发乡村建设规划许可证。在乡、村庄规划区内使用原有宅基地进行农村村民住宅建设的规划管理办法，由省、自治区、直辖市制定。在乡、村庄规划区内进行乡镇企业、乡村公共设施和公益事业建设以及农村村民住宅建设，不得占用农用地；确需占用农用地的，应当依照《中华人民共和国土地管理法》有关规定办理农用地转用审批手续后，由城市、县人民政府城乡规划主管部门核发乡村建设规划许可证。建设单位或者个人在取得乡村建设规划许可证后，方可办理用地审批手续。

分析：本条主要针对乡村建设规划许可和占用农用地许可的程序。符合法律规定。

（9）第四十四条：在城市、镇规划区内进行临时建设的，应当经城市、县人民政府城乡规划主管部门批准。临时建设影响近期建设规划或者控制性详细规划的实施以及交通、市容、安全等的，不得批准。临时建设应当在批准的使用期限内自行拆除。临时建设和临时用地规划管理的具体办法，由省、自治区、直辖市人民政府制定。

分析：本条是城镇规划区内临时建设的相关规定，原《条例》没有对乡、村规划区内临时建设进行相关规定，应该增加对乡、村规划区内临时建设的规划管理的规定。

（10）第四十五条：县级以上地方人民政府城乡规划主管部门按照国务院规定对建设工程是否符合规划条件予以核实。未经核实或者经核实不符合规划条件的，建设单位不得组织竣工验收。建设单位应当在竣工验收后六个月内向城乡规划主管部门报送有关竣工验收资料。

分析：本条是针对建设工程的规划验收。原《条例》中确定的“经有关部门竣工验收合格后，方可交付使用”的主体和程序都不清楚，缺乏操作性，下一步应在《条例》中细化明确主体和程序。

2. 中华人民共和国土地管理法

土地管理法第二十二条规定，城市建设用地规模应当符合国家规定的标准，充分利用现有建设用地，不占或者尽量少占农用地。城市总体规划、村庄和集镇规划，应当与土地利用总体规划相衔接，城市总体规划、村庄和集镇规划中建设用地规模不得超过土地利用总体规划确定的城市和村庄、集镇建设用地规模。在城市规划区内、村庄和集镇规划区内，城市和村庄、集镇建设用地应当符合城市规划、村庄和集镇规划。集镇和村庄规划必须与土地利用总体规划相协调。

3. 中华人民共和国城市房地产管理法

房地产管理法第九条规定土地使用权出让，必须符合土地利用总体规划、城市规划和年度建设用地计划；第十一条指出土地使用权出让，由市、县人民政府有计划、有步骤地进行。出让的每幅地块、用途、年限和其他条件，由市、县人民政府土地管理部门会同城市规划、建设、房产管理部门共同拟订方案，按照国务院规定，报经有批准权的人民政府批准后，由市、县人民政府土地管理部门实施。房地产管理法明确指出土地使用权的出让必须向规划行政主管部门出具规划设计条件，并符合规划要求。

4.《城市规划编制办法》(建设部令第146号发布)

《办法》第四条提出规划编制的原则，提出编制城市规划，应当以科学发展观为指导，坚持节约和集约利用资源，保护生态环境，保护人文资源，尊重历史文化，坚持因地制宜等方面对集镇和村庄规划编制的原则有一定的借鉴意义。

《办法》第七条提出城市规划分为总体规划和详细规划两个阶段。乡村规划如何划分值得研究。

《办法》的第四章的第一节和第四节分别对总体规划和详细规划编制的内容作出了规定，镇、乡总体规划及详细规划均可以与之协调，并结合乡村特点，减少和增加相应的内容。

5. 镇规划标准(GB 50188—2007)

本标准适用于全国县级人民政府驻地以外的镇规划，乡规划可按本标准执行。该标准对镇村体系规划、居住用地规划、公共设施用地规划、生产设施和仓储用地规划、道路交通规划、公用工程规划、防灾减灾规划和环境规划提出了相应要求，因此集镇和村庄规划的内容和要求要与镇规划标准相协调，并依据其要求制定相关内容和规定。

6. 其他法律、法规

集镇和村庄规划管理条例要与中华人民共和国防震减灾法、中华人民共和国环境保护法、中华人民共和国文物保护法等相关的法律相一致。

四、《条例》现有条文分析

(一) 条例的总体结构存在问题分析

1. 对村镇规划编制的体系不明确

《条例》中规定编制村庄和集镇规划，一般分为村庄、集镇总体规划和村庄、集镇建设规划两个阶段进行。村庄、集镇总体规划的主要内容包括：乡级行政区域的村庄、集镇布点，村庄和集镇的位置、性质、规模和发展方向，村庄和集镇的交通、供水、供电、商业、绿化等生产和生活服务设施的配置。集镇建设规划的主要内容包括：住宅、乡（镇）村企业、乡（镇）村公共设施、公益事业等各项建设的用地布局、用地规划，有关的技术经济指标，近期建设工程以及重点地段建设具体安排。村庄建设规划的主要内容，可以根据本地区经济发展水平，参照集镇建设规划的编制内容，主要对住宅和供水、供电、道路、绿化、环境卫生以及生产配套设施作出具体安排。

从内容来看，仅在《条例》第十条中规定县域规划应当包括村庄、集镇建设体系规划，在村庄和集镇总体规划的内容中包括乡级行政区域的村庄、集镇布点，因此《条例》对村庄和集镇体系规划的规定不是很明确，对集镇和村庄规划的要求基本上是合在一起，没能充分体现村庄和集镇的差异，对集镇等没有提出详细规划的要求。《条例》对村庄总体规划和村庄建设规划编制内容的要求不具体，同时对部分村庄编制两个以上的规划是不是合理值得进一步研究。另外，《城乡规划法》确定的规划类型只有城镇体系规划、城市规划、镇规划、乡规划和村庄规划，没有集镇规划分类，《城乡规划法》中又对城、镇规划分为总体规划和详细规划两个阶段，而对乡规划和村庄规划没有规定。目前城、镇规划已制定了《城市规划编制办法》和《镇规划标准》，乡规划和村庄规划没有正式制订规划标准。还有，村庄规划在《条例》中定义为农民生产生活的集聚点，而不是全村的整体，一般一个村有若干个村庄聚集点，有些村农户都是零散分布，基本上没有村庄聚集点，但村庄布局却是建制村的布局，却没有落实到聚集点——村庄的布局。从乡村规划建设的管理角度要求出发，条例应将乡规划、村规划作为重要内容予以规定，所以，《条例》的名称和内容都要进行修改。

2. 村镇规划编制的程序不完善

依据城乡规划法对规划编制的要求及村镇规划本身的发展要求，《条例》对村庄规划编制到审批的程序不完善。主要表现在以下几个方面：

（1）对村镇规划进行规划实施评估的要求。根据目前的情况来看，很多村镇已经编制各类规划，因此在编制下一轮规划前需要对规划的实施情况进行评估，通过对上一轮规划的内容的评估，确定规划是否能够有效指导村镇进行建设，确实不能满足村镇建设需要的，需要进行村镇规划的编制，方可组织进行规划的编制，评估认为规划能够有效指导村镇进行建设，则不需要进行村镇规划的编制。

（2）《条例》没有要求对规划编制进行技术审查。《条例》规定村庄、集镇总体规划和集镇建设规划，须经乡级人民代表大会审查同意，由乡级人民政府报县级人民政府批准。村庄建设规划，须经村民会议讨论同意，由乡级人民政府报县级人民政府批准。在村庄规划审批前应该由规划行政主管部门组织技术审查，技术审查通过后方可报批。

（3）《条例》对批前公示没有作出相应规定。《条例》规定村庄、集镇规划经批准后，由乡级人民政府公布。《条例》只是对规划进行了事后的公告，对于审批前的公示没有要求。根据现有的法律法规，规划审批前应当公示。在规划编制期间，应当向社会公示规划方案，广泛征求意见，保证广大市民和群众有效行使对规划的知情权、建议权和参与权，使社会各界及时了解规划建设的动向，提出意见和建议，维护社会成员的合法权益，使规划更加科学合理和公正。

3. 村镇规划和实施的内容不全面

《条例》中规划编制和规划实施中很多内容不全面，需要进一步补充和完善。规划编制对各类规划的具体内容及要求、规划单位资质的要求及各类规划的修改都不全面，需要在修订中进一步完善。规划实施中，原《条例》只对住宅、企业和各类设施的建设作出相关规定，其他内容几乎没有涉及。《条例》应该增加建设用地规划许可、临时建设要求、规划的竣工验收、规划许可变更等相关内容。

（二）逐条分析

我们对《条例》中的各条内容进行逐条分析，并对存在问题进行分析。

1. 第八条：村庄、集镇规划由乡级人民政府负责组织编制，并监督实施。

分析：村庄、集镇规划必须由政府组织，因此必须由乡级政府组织，并监督实施，但是村庄规划实施应当考虑村民自治组织（村委会）的作用，并把村民自治组织（村委会）实施村庄规划的义务在条例中确定下来。

2. 第九条：村庄、集镇规划的编制，应当遵循下列原则：（一）根据国民经济和社会发展计划，结合当地经济发展的现状和要求，以及自然环境、资源条件和历史情况等，统筹兼顾，综合部署村庄和集镇的各项建设；（二）处理好近期建设与远景发展、改造与新建的关系，使村庄、集镇的性质和建设的规模、速度和标准，同经济发展和农民生活水平相适应；（三）合理用地，节约用地，各项建设应当相对集中，充分利用原有建设用地，新建、扩建工程及住宅应当尽量不占用耕地和林地；（四）有利生产，方便生活，合理安排住宅、乡（镇）村企业、乡（镇）村公共设施和公益事业等的建设布局，促进农村各项事业协调发展，并适当留有发展余地；（五）保护和改善生态环境，防治污染和其他公害，加强绿化和村容镇貌、环境卫生建设。

分析：本条主要分析村庄、集镇规划的原则，内容比较全面。原则中可以增加突出特色、保护资源、保护历史文化等内容，避免特色和历史文化的消亡。

3. 第十条：村庄、集镇规划的编制，应当以县域规划、农业区划、土地利用总体规划为依据，并同有关部门的专业规划相协调。

县级人民政府组织编制的县域规划，应当包括村庄，集镇建设体系规划。

分析：本条主要涉及规划的依据与规划的协调，并提出县域规划和村庄，集镇建设体系规划概念。在规划的依据方面提出村庄和集镇规划要以县域规划、农业区划、土地利用规划为依据不全面，因为上层次的规划不只是这三个规划，并且在依据中应该强调以批准的法定的上层次规划为依据。在规划的协调方面，需要与有关部门的专业规划相协调符合规划本身的要求。关于县域规划和村庄，集镇建设体系规划需要进一步明确内涵。

4．第十一条：编制村庄、集镇规划，一般分为村庄、集镇总体规划和村庄、集镇建设规划两个阶段进行。

分析：本条提出规划的类型和阶段，把村庄和集镇规划分为总体规划和建设规划。根据《城乡规划法》，城乡规划主要包括城镇体系规划、城市规划、镇规划、乡规划和村庄规划，城市规划、镇规划分为总体规划和详细规划，而乡规划和村庄规划没有划分阶段，因此《条例》中乡村规划的类型和阶段划分既要与之协调，又要明确乡村规划应该做什么，才能予以正确的划分。乡村规划仅是指导其建设用地的规划，还是要指导其全面发展与建设的规划呢，党中央提出的新农村建设的任务是否要在乡村规划中体现和落实。农村中的生产发展规划若要在乡村规划中落实的话，乡村规划就要包括全部空间资源的合理利用，不只是建设用地的安排。因此，乡村规划类型可以分为乡规划和村庄规划两种类型，与规划法相衔接，其中乡规划可分为乡总体规划和集镇建设规划两个层次一起编制、审批，村规划可分为村总体规划和村庄建设规划两个层次一起编制、审批。

5．第十二条：村庄、集镇总体规划，是乡级行政区域内村庄和集镇布点规划及相应的各项建设的整体部署。村庄、集镇总体规划的主要内容包括：乡级行政区域的村庄、集镇布点，村庄和集镇的位置、性质、规模和发展方向，村庄和集镇的交通、供水、供电、商业、绿化等生产和生活服务设施的配置。

分析：本条主要为村庄、集镇总体规划的要求和内容。从条例内容上看，村庄和集镇总体规划的内容合为一体不合适，忽略了村庄和集镇规划在内容上的差异，建议按乡总体规划和集镇建设规划两个层次明确乡规划内容，村规划按村总体规划和村庄建设规划两个层次明确规划内容。增加规划的内容包括规划的范围、土地空间利用、资源与环境的保护、综合防灾、空间管治等，同时对规划的强制性内容进行规定。

6. 第十三条：村庄、集镇建设规划，应当在村庄、集镇总体规划指导下，具体安排村庄、集镇的各项建设。集镇建设规划的主要内容包括：住宅、乡（镇）村企业、乡（镇）村公共设施、公益事业等各项建设的用地布局、用地规划，有关的技术经济指标，近期建设工程以及重点地段建设具体安排。村庄建设规划的主要内容，可以根据本地区经济发展水平，参照集镇建设规划的编制内容，主要对住宅和供水、供电、道路、绿化、环境卫生以及生产配套设施作出具体安排。

分析：本条主要为村庄、集镇建设规划的要求和内容。根据我们对乡村规划编制的建议，可把相关规划内容纳入以上相关的规划层次中，此条与上一条合并。

7. 第十四条：村庄、集镇总体规划和集镇建设规划，须经乡级人民代表大会审查同意，由乡级人民政府报县级人民政府批准。村庄建设规划，须经村民会议讨论同意，由乡级人民政府报县级人民政府批准。

分析：本条主要涉及村镇规划的审批程序，与城乡规划法的要求相符。但村庄规划也都要报县级人民政府审批，工作量太大，为了保证规划的科学性审批的可行性，建议村庄规划改为报县级规划行政主管部门审批，并增加在审批前要进行公示，在审批前要进行专家技术审查，一并纳入法定程序。

8. 第十五条：根据社会经济发展需要，依照本条例第十四条的规定，经乡级人民代表大会或者村民会议同意，乡级人民政府可以对村庄、集镇规划进行局部调整，并报县级人民政府备案。涉及村庄、集镇的性质、规模、发展方向和总体布局重大变更的，依照本条例第十四条规定的程序办理。

分析：本条主要是规划编制的调整修编问题，符合法律法规要求，但要明确何为调整，什么是修编，增强可操作性，并建议调整报县级规划主管部门审批，修编按修改后的十四条规定程序办理。

9. 第十六条：村庄、集镇规划期限，由省、自治区，直辖市人民政府根据本地区实际情况规定。

分析：本条主要涉及规划编制的期限，根据城乡规划法，镇总体规划的规划期限一般为二十年。总体规划还应当对城市更长远的发展作出预测性安排。因此建议镇村体系规划和村镇总体规划的期限为二十年，其他规划根据地区实际情况进行相关规定。

10. 第十七条：村庄、集镇规划经批准后，由乡级人民政府公布。

分析：本条主要是关于规划的公布，符合法律法规要求，不需要修改。

11. 第十八条：农村村民在村庄、集镇规划区内建住宅的，应当先向村集体经济组织或者村民委员会提出建房申请，经村民会议讨论通过后，按照下列审批程序办理：（一）需要使用耕地的，经乡级人民政府审核、县级人民政府建设行政主管部门审查同意并出具选址意见书后，方可依照《土地管理法》向县级人民政府土地管理部门申请用地，经县级人民政府批准后，由县级人民政府土地管理部门划拨土地；（二）使用原有宅基地、村内空闲地和其他土地的，由乡级人民政府根据村庄、集镇规划和土地利用规划批准。城镇非农业户口居民在村庄、集镇规划区内需要使用集体所有的土地建住宅的，应当经其所在单位或者居民委员会同意后，依照前款第（一）项规定的审批程序办理。回原籍村庄、集镇落户的职工、退伍军人和离休、退休干部以及回乡定居的华侨、港澳台同胞，在村庄、集镇规划区需要使用集体所有的土地建住宅的，依照本条第一款第（一）项规定的审批程序办理。

12. 第十九条：兴建乡（镇）村企业，必须持县级以上地方人民政府批准的设计任务书或者其他批准文件，向县级人民政府建设行政主管部门申请选址定点，县级人民政府建设行政主管部门审查同意并出具选址意见书后，建设单位方可依法向县级人民政府土地管理部门申请用地，经县级以上人民政府批准后，由土地管理部门划拨土地。

第二十条：乡（镇）村公共设施、公益事业建设，须经乡级人民政府审核、县级人民政府建设行政主管部门审查同意并出具选址意见书后，建设单位方可依法向县级人民政府土地管理部门申请用地，经县级以上人民政府批准后，由土地管理部门划拨土地。

分析：第十八条、十九条和二十条都是涉及建设的规划审批程序，《条例》仅对住宅、企业和公共设施建设的规划审批，其他内容比较少，建议规划实施在《条例》增加以下内容：

（1）建设用地规划许可。村镇规划实施的重要内容是通过对土地的开发来实施规划，因此需要对规划用地的规划许可来实施规划。村镇建设用地在规划用地许可存在许多不同情况，对用地划拨和出让分别作出规划用地许可的相关规定。

（2）建设（市政）工程规划许可。建设（市政）工程的规划许可是规划实施过程控制的重要内容，因此需要对村庄和集镇的建设工程进行规划许可，并对建设（市政）工程规划许可的条件和程序进行规定。

（3）临时建设的规定。《条例》需要对村庄和集镇的临时建设作出相关规定，并明确临时建设的审批程序和相关要求。

（4）审批主体的修改。《条例》中对审批的主体主要是建设行政主管部门，而目前各地方的规划管理部门都从建设行政主管部门分离出来，因此对于规划的许可，应该由规划行政主管部门来审批。

（5）村民建房的相关规定。《条例》中对村民建房的几种情况进行了规定，建议增加住房建设申请条件。

（6）增加规划竣工验收。为了使建设工程符合规划要求，必须对建设工程进行规划验收，凡不符合规划要求的，不得组织竣工验收，不得交付使用，不得办理产权登记手续。

（7）用地性质和建筑使用性质变更的规定。用地性质和建筑物的使用性质不是一成不变的，因此要对建设用地和建筑使用性质的变更作出相关规定。

（8）规划许可的时效和变更。对于规划的许可必须有时效约束，同时规划许可变更的程序和审批要进行明确规定。

第二节　村镇建设设计与施工管理（以湖北省为例）

一、湖北省村镇建设设计与施工管理的基本情况

课题小组抽样调查了72个乡镇村镇建设设计和工程施工质量安全管理现状。在普遍调研的基础上，随机抽取了黄石市所辖大冶市还地桥镇土库村、灵乡镇岩峰村、阳新县富池镇王曙村、黄颡口镇三洲村作为调查对象，下发了村庄和集镇建筑设计施工及管理情况调查表。另外，调研了222项村庄和集镇建设项目，均为限额以上工程，即投资额在30万元以上或者建筑面积在300平方米以上或者3层以上，总建筑面积约84.18万平方米，总投资额达4.673亿元。

（一）总体情况

从调查情况看，大部分村庄和集镇建设的设计和施工的管理缺位，从规划迁址到房屋建成，没有进行系统的管理。建筑跨度、跨径或者高度超出规定范围的乡（镇）村企业、乡（镇）村公共设施和公益事业的建筑工程，以及二层（含二层）以上的住宅，绝大部分无报建手续、无正规建设设计，施工单位无正规资质，施工人员缺乏技能培训，建筑材料无检测，质量安全无保障。

村庄和集镇建设以农民住宅建设为主，住宅建设量巨大。近三年来，由于国家对“三农”工作的重视，特别是党中央作出建设社会主义新农村战略以来，农村生活条件得到明显改善，农民收入得到了快速增长，农民建房热情高涨，外出务工农民回乡建房数量大增。从这次抽样调查的4个村统计情况看，近两年建房数量达到266户，按每户二层180平方米建筑面积计算，共计建筑面积4.8万平方米；按一户建筑投资额在9万元左右，拉动相关产业消费一户5万元左右（装修、家具、家电等消费）计算，4个村建设投入共达3724万元，由此可见，农村住宅建设管理应引起高度重视。

（二）建设设计与施工管理情况

在一些设区城市，村庄和集镇规划区内的公益事业（如村委会办公

楼、卫生室等），因投资主体为政府财政，无论面积大小都严格执行了有资质证书的设计和施工单位承担；乡镇企业的建设项目，300 平方米以上的严格执行有资质的设计施工，300 平方米以下的由业主自行选择；基础设施建设项目大部分采用标准设计，部分由施工企业施工，部分由村民自建；农民住宅建设设计部分采用标准图集，部分参照附近已建成的样式，施工大部分由农村个体工匠承担。

（三）限额以上建设项目统计情况

222 项限额以上（投资额在 30 万元以上或者建筑面积在 300 平方米以上或者 3 层以上）工程项目，工程投资方面，自建自用占 23%、自建公用占 68%、公建公用占 9%；结构形式方面，钢筋混凝土结构占 41%、砖混结构占 53%、钢结构占 6%；工程项目前期手续方面，进行招标投标占 6%、办理规划许可占 19%、办理施工许可占 14%；工程设计方面，委托相应的设计单位进行设计的占 13%、经过施工图设计文件审查的占 7%；工程项目实施方面，进行质量监督占 14%、委托工程监理占 9%、工程承包单位具备资质占 9%、办理竣工验收占 8%、办理竣工验收备案手续占 3%。

（四）工程质量安全监督管理情况

大多数乡镇建设工程质量安全监督管理由县（区）一级质量安全监督机构负责，少部分乡镇建设工程质量安全监督管理由乡镇一级工程质量安全监督机构负责。这些监督机构均属于自收自支的事业单位，除了少数政府投资项目能象征性收取监督费外，其余由私人投资的工程几乎收不到监督费，2009 年后监督费正式取消。在此次调研的 72 个乡镇中，除了随州市曾都区所属的乡镇工程管理较为规范，质量安全处于受控状态外，其余乡镇的工程基本处于失控或半失控状态。

（五）建设设计、施工管理模式

从调研情况看，目前湖北省村庄、集镇建设的设计、施工管理模式大致分为三种类型：

1. 县建设行政主管部门全面负责县域建设工程管理，以县城为主，兼顾乡镇。这种类型在全省占主导地位，绝大多数县都是采取这种模式。由于县级建设行政主管部门专门管理村镇的科室人手少，技术力量不足，工作经费缺口大，对于星罗棋布的村镇工程是心有余而力不足，因此存在大量的监管盲区，导致村镇工程基本处于失控状态。

2. 县建设行政主管部门向乡镇延伸，在乡镇设立建设分局，具体负责乡镇工程的日常管理。这种模式以黄石大冶市为代表，由于乡镇经济比较发达，工业园区和居民区一应俱全，其基本建设规模达到甚至超过了一般县城的水平，客观上要求成立相应的建设管理部门，因此建设分局就应运而生了。近年来，由于县建设主管部门出台了一系列规范性管理文件，加强了对村镇建设工程的管理，基本上保证了集镇建设设计和施工质量。这种监管模式实际上第一种类型模式在部分经济相对发地区的演变，从实际运作来看，虽然能起到一定的作用，但由于监管力量不足，与乡镇政府联系不够紧密，监管阻力较大，效果欠佳。

3. 设立与城区建设局并列的乡镇建设局，专门管理城区以外的乡镇建设工程。这种模式以随州市曾都区为典型代表。随州市将城区以外的所有乡镇单独划归一个行政区管辖，即曾都区。曾都区建设局的主要任务就是管理全区 28 个乡镇的建设工作。该区为了限制私人建房，提高了私人投资建房的门槛，即不允许私人建 1000 平方米以下的工程，从而鼓励集中成片的大规模开发建设。区建设局将乡镇建设工程的图纸审查、质量安全监督和检测管理融为一体，职能整合，收费打包。这种模式可以迫使区建设局把主要精力放在乡镇建设工程上面，而且由于限制了私人建房，使得监管对象简单化，集中建设，便于管理。

二、村镇建设设计、施工管理存在的问题及原因分析

目前，尽管湖北省的村镇建设存在三种管理模式，在县级均有机构承担管理职责，但透过管理模式，可以看到村镇建设管理存在的共性问题。

（一）村庄和集镇建设设计、施工管理体系缺失

改革开放以来，城市建设管理体系日渐成熟和规范。而庞大的村镇

建设，没有实用的建设管理体系。有关法律、法规通用性差，不适应于村镇建设综合管理，缺乏对村镇建设设计、施工和质量安全管理的专门法律、法规及制度，在一定程度上制约了村镇建设的发展。城乡二元结构管理，直接导致村镇建设各方面管理的职责不清、管理主体不明确、工作乏力、监管责任不落实等问题。

属于建筑业范围建筑工程的有机构、有人员管，但质量监督机构经费严重不足，导致少数偏远地区的工程没有管。农房建设工程，基本无机构无人管。《建筑法》、《建设工程质量管理条例》、《建设工程勘察设计管理条例》等现行的工程建设管理体系，针对规模大、投资多、位置相对集中的大、中型工程项目是行之有效的，其有效性是建立在各参建单位具备法定的资质、各参建人员具备法定的资格、各参建单位协同配合和在各机构的监督管理之下。对于村镇工程来说，由于其地理位置较偏、交通不便、工程量小，参建人员多数是不具备资格的自然人（农村工匠），法律法规就难以落实到位。从形式上来看，虽然现行的法律法规覆盖到了村镇建设工程项目（低层除外），但其规范的对象发生了“质”的变化，如果简单地套用现行的工程建设法律法规，必然会出现“大马拉小车”的现象，造成管理法规与管理资源不配套的问题，法律法规的强制性、科学性、前瞻性、适用性和效益性都无法发挥。曾都区的实践证明：在集镇城区采取限制小规模投资项目，是行之有效的。但是，农房建设工程，基本上无机构，无人管。

（二）农房建设法规体系缺失

村镇限额以上建筑工程，虽然目前管理执行范围有限，效果不尽如人意，但法律有明确规定，即建筑业法律法规均能覆盖。限额以下的法律没有明确规定，即农房建设法律法规尚为空白。没有区别建筑业活动和农房建筑活动之间的法律关系；没有一部针对农房建筑活动的国家标准；没有一部针对农房建筑从业人员管理的法规；没有明确农房建设的责任主体和管理主体。

（三）村镇建设管理力量薄弱

目前，湖北省大多数村庄和集镇的建设管理处于放任自流的状态，许多地方出现村镇规划建设管理的真空现象。根据《中华人民共和国城乡规划法》等相关法律法规规定，县级建设行政主管部门是村镇规划建设管理工作的职能部门，应当切实履行职能，将工作延伸到村镇，按法律规定将乡镇限额以上工程建设应纳入质量安全监管。而湖北省乡镇综合配套改革以来，各地乡镇城建站、所纷纷撤销，其规划建设协调管理工作划归社会事务办公室，由专职助理员负责，面对所承担的大量事务，仅靠社会事务办的一名助理员，的确难以保证工作到位，现阶段村镇规划建设管理“以钱养事”的目标也无法实现。在村镇建设质量安全监督方面，由于受行政编制和经费的限制，县级的质量安全监督机构的主要工作精力集中在县城所在地，尚没有能力覆盖到所辖的全部乡镇。虽然个别乡镇设有乡镇建设管理机构，但由于乡镇生活条件艰苦，待遇差，监督人员的素质不能满足监督工作要求。

施工质量监督收费难是管理力量薄弱的另一个原因。目前，湖北省工程质量安全监督机构绝大多数是自收自支的事业单位（质量监督费已于2009年1月1日停止征收），由于村镇工程项目具有点多、面广、投资少、交通不便及从业人员素质低的特点，监督村镇工程项目的单位成本比城区高。通过调查计算，每个村镇工程项目监督成本平均为2220元［交通费120元/次、工资65元/人、补贴10元/次，每次监督（人员按2人、交通费按1次计）成本为270元，每个项目至少需监督6次（基础验槽、基础验收、主体验收、主体结构巡查、装饰装修巡查及竣工验收），共计：1620元/项，管理成本平均按600元/项，共计2220元/项］，乡镇工程项目平均造价按80万计，如按1.75‰取费，收取的监督费为1400元/项，每监督一个乡镇工程项目平均1400－2220＝－820元/项。事实上，75%的私人投资乡镇工程项目是收不到质监费，加之县级监督机构技术人员不足，严重制约了监督职能的发挥。面对大量的乡镇私人开发项目，监督机构是心有余而力不足。

（四）设计、施工随意，工程质量安全现状触目惊心

在村庄和集镇的建设设计方面，从调查情况看，乡（镇）村企业、

乡（镇）村公共设施和公益事业的建筑工程，大部分有设计图纸，但设计质量普遍不高，也不符合设计资质的要求。农村住宅和部分公共建筑，大多没有专业部门进行设计，富裕起来的农民希望设计式样新颖、投资省的设计，但没有专业部门的指导，大多数的农民建房只能参照现有房屋样式，如国家移民建镇推荐式样、已按标准图集建成的房屋作为参考，也有极少数农民请专业设计人员私下进行设计，但没有请专业部门设计的。

在农村住宅施工方面，农村住房建设，投资主体是农民，他们自己对房屋质量安全负责，施工形式有全承包、有包工不包料、有亲帮亲邻帮邻等形式。农民建房大多请有经验的泥工作为施工承包主体，由他负责承包建设，其他工种由泥工招集或者业主召集，共同建设。房屋质量与安全与承包人的业务水平、工作经验有极大的关系。乡镇建筑工匠从业资格审批取消后，没有合适的资格管理体系替代，造成建设管理部门对大量从事乡镇工程建设的个体工匠执业情况失去控制，脱离了监管。目前从事乡镇建设工程的施工人员，是无技术、无资格、无单位、无组织游离在大街小巷的个体工匠，包工头靠单线联系，临时组织队伍，承揽工程项目，工程完工后，自动解散，质量安全毫无保障。

从村镇建设限额以上工程项目的前期行为、过程控制及验收等环节看，绝大部分村镇建设工程没有履行基本建设程序，不按规定办理规划许可、施工图设计文件审查及施工许可，未委托相应资质的单位进行勘察、设计、施工、检测和监理，未按规定组织竣工验收及办理竣工备案，工程建设基本上处于无序状态，质量安全无保障，安全隐患严重，导致事故时有发生。如：有的在建工程因选址不当，面临严重的地质灾害，严重威胁业主的生命安全；有的工程因为地质情况不清，基础发生不均匀沉降；有的工程因为结构设计体系错误，完全没有抗震能力；有的因为使用了废旧劣质材料，一建成就是危房；有的缺乏基本的施工技术，在作业面集中堆载，导致预制板突然断裂；有的工程因为施工时将悬挑结构主筋放在下部，导致悬挑构件坍塌。近年来，省内多次发生乡镇私人建房垮塌造成人员伤亡的恶性事故。

村镇工程建设取费相对过高是建设单位规避报建的主要原因之一。按照有关法规规定，限额以上工程必需严格履行基本建设程序，办理各类前期报建手续，委托相应资质的单位进行建设活动。由于乡镇建设工程具有规模小、投资少、结构简单及建造周期短的特点，据调查统计：乡镇工程建设项目投资额平均约为 80 万，如按照建设程序，建设单位办理各类手续的时间约为 12 个月、费用约在 8 万左右（占工程总造价的 10%），无论是报建的时间上，还是履行建设程序的费用上，小私人业主难以承受。加上业主抱有侥幸的心理，认为项目小，技术风险小，为了节省投资、及早建设，不履行基本建设程序，总是采取各种手段设法规避监管。

三、完善村镇建设设计、施工管理制度的建议

（一）难点问题

机构设置的问题。建议分片设置县级建设行政主管部门的派出机构即建设分局，负责一定区域的规划、建设管理工作，包括对村镇建设设计、施工的日常管理。建议制定村镇建设设计咨询中心管理制度。建议制定村镇建设农房施工队管理制度。

区别建筑业和农房建设设计、施工。建议持有建筑业设计和施工资质的单位均可参与农房建设设计施工。农房建设设计和施工队伍的资质管理标准授权由省级建设行政主管部门制定。

明确与乡镇人民政府的关系。法律无明文规定的，尽最大限度避免与乡镇政府发生关系。建筑业历来与乡镇政府没有发生关系，建议农房设计和施工，也不要与之发生关系。

如何发挥村民委员会的作用。建议授权村民委员会对村镇农民建房给予监管。农民建房经村民委员会初审后，报建设分局审核批准。

（二）与相关法律法规的衔接

建议《条例》修订与《建筑法》修改案和《中华人民共和国建筑市场管理条例》相衔接。现行法律法规已有明文规定的，可以细化，但不要重复。

（三）行政许可

建议设立乡村建设项目开工许可证，设立村镇建设企业资质审查许可制度，设立村镇建设从业人员资格审查许可制度。

四、《条例》现有条文分析

（一）《条例》第二十一条

《条例》第二十一条对村镇建设工程设计方面作了规定："在村庄、集镇规划区内，凡建筑跨度、跨径或者高度超出规定范围的乡（镇）村企业、乡（镇）村公共设施和公益事业的建筑工程，以及二层（含二层）以上的住宅，必须由取得相应的设计资质证书的单位进行设计，或者选用通用设计、标准设计。跨度、跨径和高度的限定，由省、自治区、直辖市人民政府或者其授权的部门规定。"

首先是在设计范围上，要求"建筑跨度、跨径或者高度超出规定范围的乡（镇）村企业、乡（镇）村公共设施和公益事业的建筑工程，以及二层（含二层）以上的住宅，必须进行设计，或者选用通用设计、标准设计"。我们认为已经不适应目前农村地区社会经济发展实际。以洪湖市为例，农村税费改革后，农业经济获得空前发展，村镇范围内建筑工程规模和建造标准都完全不同以往，农民新建住宅基本都在两层或两层以上，如果都要进行正规设计，必然存在量大、面广的问题，远远超出了大部分基层县级建设部门技术指导和服务的能力。大量农民住宅没有有效设计图纸，下阶段的开工许可、质量监督等工作由于设计环节缺失而无法进行，造成了实际上的管理缺位。

为了解决这一问题，2004 年 12 月建设部曾做过适度的调整，在建设部《关于加强村镇建设工程质量安全管理的若干意见》（建质【2004】216 号）文件中，要求"对于建制镇、集镇规划区内的所有公共建筑工程、居民自建两层（不含两层）以上以及其他建设工程投资额在 30 万元以上或者建筑面积在 300 平方米以上的所有村镇建设工程、村庄建设规划范围内的学校、幼儿园、卫生院等公共建筑，应严格按照国家有关法律、法规和工程建设强制性标准实施监督管理。

对于村庄建设规划范围内的农民自建两层（含两层）以下住宅（以下简称农民自建低层住宅）的建设活动，县级建设行政主管部门的管理以为农民提供技术服务和指导作为主要工作方式”。这个规定已经将要求纳入正规设计范围的最低标准由《条例》要求的两层调整为三层，初步缓解了《条例》中规定的不足。但我们根据目前3－4层农民住宅日益普遍的情况，认为最低标准有必要进一步放宽，4层（含4层）以上的建筑必须由设计资质证书的单位进行设计，3层（含3层）以下的建筑可由具备注册建筑师执业资格的工程师（以建设部门备案为准）进行设计，个人签字有效。

其次是对“取得相应的设计资质证书的单位进行设计”这一要求，我们认为在资质标准方面有必要进一步完善。随着农村经济的迅速发展，村镇建设步伐加快，村镇规划与建筑设计工作面临着更加繁重的任务。但是，当前村镇规划设计力量严重不足，一般县市仅有1家建筑设计单位，往往服务范围局限于县城和乡镇镇区，无法顾及广大村庄和集镇地区。为此，建设部在建村（1993）252号《关于颁发村镇规划设计单位专项工程设计证书的通知》文件中决定设立专项工程设计证书；2007年6月的新《建设工程勘察设计资质管理规定》（建设部令第160号）中又恢复了建筑工程设计丁级资质标准，有效降低了服务村镇地区的技术和资金门槛。洪湖市在2003年6月就成立了市村镇建设技术服务站，有效弥补了市规划建筑设计院人员有限、相对村镇地区设计成本过高等方面的不足。但是无论是村镇规划设计专项设计资质还是建筑工程设计丁级资质，均只能设计四层以下（含四层）及建筑面积2000平方米以下的民用建筑，而目前随着村镇建设水平的不断提高，村镇地区以卫生院、学校、便民服务中心等为代表的公共建筑和部分村民联建住宅动辄5~7层，已超出了村镇专项设计资质和丁级资质的服务范围。因此这些建筑必须由丙级以上设计单位负责，按照资质分级标准，丙级设计院要求的注册人员、技术人员等数量和质量等要求相对很高，导致资质维护直接费用同样很高，最终造成企业服务成本过高。目前湖北省村镇地区建筑设计收费普遍在5~6元/m^2，这样的低价显然不能维持一个正规的丙级以上设计单位正常运营，而提高设计价格则在欠发达的农村地区又难以被接受。因此必须结合村镇建设实际制定既符合最基本技术的要求，企业运行成本相对较低的设计资质。

在这个方面，有的省市已经进行过尝试，如浙江省在2003年2月就下发《关于清理整顿村镇规划建筑设计单位资质的通知》，取消原有村镇规划建筑专项工程设计资质，可升级申报浙江省建设厅制订的丙级城乡规划编制单位资质（村镇类）和丙级建设工程勘察设计资质（村镇类）。该村镇类规划建筑设计资质标准在注册人员、骨干人员数量等硬件上要求适当降低，以减少企业自身运营的成本，而其承担的业务范围又较村镇规划建筑专项工程设计资质更大，例如丙级建筑设计资质（村镇类）可承接六层以下（含六层）、建筑面积3000平方米以内砖混结构的村镇民用建筑设计任务。浙江省的这种做法实际上更有利于向农村地区提供更低廉、更优质的技术服务。在《条例》的修订中可以适当予以补充。

（二）《条例》第二十二条

《条例》第二十二条对村镇建设设计原则作了规定："建设设计应贯彻适用、经济、安全和美观的原则，符合国家和地方有关节约资源、抗御灾害的规定，保持地方特色和民族风格，并注意与周围环境相协调。农村居民住宅设计应当符合紧凑、合理、卫生和安全的要求。"

随着时代的变迁和社会主义新农村建设的推进，在集镇和村庄的建设设计应体现安全、美观、节能的原则，而安全原则应放在首要位置。集体组织和农民有了一定的经济实力才考虑建房，笼统的适用、经济原则已不适应现实需求，所以，建设设计应符合集镇和村庄规划要求，充分尊重业主的实际需求，做到设计紧凑、布局合理、满足生产和生活及卫生、安全等需要。

（三）《条例》第二十三条

《条例》第二十三条对村镇建设工程施工单位及个体工匠方面作了规定："承担村庄、集镇规划区内建筑工程施工任务的单位，必须具有相应的施工资质等级证书或者资质审查证明，并按照规定的经营范围承担施工任务。在村庄、集镇规划区内从事建筑施工的个体工匠，除承担房屋修缮外，须按有关规定办理施工资质审批手续。”

在市场经济逐步完善的今天，在村庄和集镇承担建筑工程施工任务的不再仅仅限于单位组织，还有大量的个体从业者，《条例》修订应包括这部分人群。以前农村地区一直沿用工匠制度，现在没有进行管理，鉴于我国已建立建造师执业制度，可以利用《条例》修订的契机，在农村实行村镇建设的三级建造师制度，此证书只针对在农村从事施工的工匠实行，以加强管理。即规定在村庄、集镇规划区内从事建筑施工的个体工匠，从事建筑活动，须办理三级建造师资格审批手续。

还应规定规模以上项目和乡村公共设施、公益事业项目的建筑工程施工必须由具有相应资质的建筑业施工企业承担，建议制定适用于乡村建设的施工企业资质标准，促进在村镇联合组建施工企业，服务于广大农民，解决个体工匠队伍，人员素质低、技术装备差，难于履行民事责任、难以保障工程质量安全的局面。

（四）《条例》第二十四条

《条例》第二十四条对村镇建设工程设计图纸的变更作了规定：“施工单位应当按照图纸施工。任何单位和个人不得擅自修改设计图纸；确需修改的设计单位同意，并出具变更设计通知单或者图纸。”

实际上，不论设计还是施工，都有个体从业者。在设计图纸符合规范标准的前提下，提出设计变更的主要是业主，所以，对业主要求变更的设计部分，业主应与设计单位（个人）进行联系或者由专业人员进行修改设计，并出具变更设计通知单或者图纸。

（五）《条例》第二十五条

《条例》第二十五条对村镇建设工程施工质量和施工操作作了规定：“施工单位应当确保施工质量，按照有关技术规定施工，不得使用不符合工程质量要求的建筑材料和建筑构件。”

还应规定不得使用明令禁止或淘汰的机械设备。

（六）《条例》第二十六条

《条例》第二十六条对乡（镇）村企业、乡（镇）村公共设施、公益事业等建设和农村居民住宅建设开工许可作了规定："乡（镇）村企业、乡（镇）村公共设施、公益事业等建设，在开工前，建设单位和个人应当向县级以上人民政府建设主管部门提出开工申请，经县级以上人民政府建设主管部门对设计、施工条件予以审查批准后，方可开工。农村居民住宅建设开工的审批程序，由省、自治区、直辖市人民政府规定。"

《条例》修订中，应加强乡镇一级建设管理机构的职能，适应社会主义新农村建设的需要。在明确乡镇建立管理机构的前提下，乡（镇）村企业、乡（镇）村公共设施、公益事业等建设，在开工前，建设单位和个人应当向乡镇人民政府建设管理机构提出申请，目的是发挥乡镇建设部门作用，加强对工程的管理。经初审后，报县级以上人民政府建设行政主管部门审批，方可开工。农民住宅建设，在开工前，由农民提出申请，经村级组织同意，由乡镇建设管理机构初审，乡镇人民政府审批，报县级人民政府建设行政主管部门备案发证，方可开工。此项管理程序与《城乡规划法》的规划许可相一致。

（七）《条例》第二十七条

《条例》第二十七条对村镇建设工程施工质量监管和验收作了规定："县级人民政府建设行政主管部门，应对村庄、集镇建设的施工质量进行监督检查。村庄、集镇的建设工程竣工后，应当按照国家的有关规定，经有关部门竣工验收合格后，方可交付使用。"

县级人民政府建设行政主管部门负责农村工程质量的监管，而乡镇建设管理部门应加强对村庄、集镇建设的施工质量进行监督检查。住房和城乡建设部已明确农房质量安全是村镇管理部门重要工作职责，以前农村安全一直得不到有效的管理，在乡镇建立管理机构后，可建立质量安全员制度，对建设工程基础、主体、竣工验收等关键环节的巡回监督检查，加强农村施工管理，确保工程质量安全。

第三节 村镇公共设施管理（以吉林省为例）

一、加强村镇公共设施建设管理的重要性和必要性

村镇公共设施是指为农村经济、社会、文化发展及农民生产生活提供公共服务的各种设施的总和。根据其所提供服务性质的不同大致可以分为以下三类：一是基础设施类，如农村道路、交通、水利灌溉、供水、排水、垃圾处理、供电设施等；二是公共管理类，如村镇行政办公场所等；三是公共服务类，如文化教育、医疗卫生、邮政电信、社会福利与保障设施等。

村镇公共设施是农业和农村经济发展的重要支撑，是改善农民生产生活条件的重要物质基础，是推进新农村建设的重要内容。十七届三中全会通过的《中共中央关于推进农村改革发展若干重大问题的决定》中就指出"我国农村正在发生新的变革，我国农业参与国际合作和竞争正面临新的局面，推进农村改革发展具备许多有利条件，也面对不少困难和挑战，特别是城乡二元结构造成的深层次矛盾突出。农业基础仍然薄弱，最需要加强；农村发展仍然滞后，最需要扶持；农民增收仍然困难，最需要加快。我们必须居安思危、加倍努力，不断巩固和发展农村好形势。建设社会主义新农村，形成城乡经济社会发展一体化新格局，必须扩大公共财政覆盖农村范围，发展农村公共事业，加强农村基础设施和环境建设"。

目前，农村公共设施建设明显滞后，远不能满足农业发展、农民增收和全面建设小康社会的需要，仍然是国民和社会发展中最薄弱的环节，更是制约新农村建设最为突出的因素。

（一）农村基础设施依然薄弱。一是农田水利建设滞后。据有关统计资料，全国农业主灌区骨干建筑物的完好率不足40%，农田水利设施年久失修，引水渠道不畅通，甚至受到了严重的破坏，山塘水坝干涸荒废，有的水库用作农田，有的水坝种植农作物，出现了面目全非局面，造成汛期洪水自由泛滥，旱期干枯无水，严重影响农田的正

常灌溉。二是农村道路问题还没有得到很好解决。目前农村的道路基本上没有人管，路况非常恶劣，有的道路虽然通到了村庄，但没有到达农户，更谈不上通到地头，农村宅前屋后的巷道、村庄内部道路等基本是土路；农村的道路质量非常差，下雨天路面坑坑洼洼，泥泞不堪，阳光灿烂时灰沙满天飞，真可谓“晴天一身土、雨天一身泥”。三是有相当数量的农村人口还用不上电。目前农村电力设施供给不足的矛盾还相当突出，中西部地区农村电网还比较薄弱，全国还有约2000万农村人口用不上电。

（二）农民基本生活条件依然落后。一是农村的人居环境和村容村貌亟须改善。我国目前有40%的村庄没有集中供水，60%的村庄没有排水沟渠和污水处理，90%的村庄没有消防设施，垃圾随处丢放。二是农村饮水安全问题不容乐观。以水质、水量、用水方便程度、供水保证率等饮水安全的指标衡量，全国还有3亿多农村人口饮水未达到安全标准。三是农民生活燃料结构不合理。在农村生活燃料消费结构中，秸秆占30%，薪柴占25%，两者合计比例高达55%，一直是大部分农村地区生活燃料的主体，而沼气、太阳能等清洁能源的比重还非常低。

（三）农村公共服务设施亟待健全。据国家统计局的统计数据，2006年末，69.8%的村没有幼儿园、托儿所，76.4%的村没有图书室、文化站，74.9%的村没有农民业余文化组织，33.4%的乡镇没有敬老院，26.7%的村没有卫生室。因此，在许多地方农民仍然是求医问药难，求学求知难，享受文化生活难、渴盼科技服务难。就农村的文化事业来讲，农村的文化设施非常落后，带来的后果非常严重。农村的传统封建迷信非常盛行，烧香拜佛、问地求天比较普遍，有些地方地下六合彩、赌博、吸毒行为时有发生，这些都是社会主义农村文化建设跟不上的表现。在农村的医疗卫生方面，农民有病缺钱不敢医治的现象大量存在。目前占全国总人口近60%的农村居民仅享用了20%左右的医疗卫生资源，九成左右农民是无保障的自费医疗群体。在中西部边远地区，孕妇和产妇的死亡率是沿海地区的3.6倍，婴儿的死亡率是沿海发达地区的4倍，有40%的死者是因为看不起病而死亡的，大批农民缺乏最基本的医疗条件。从农村教育状况来看，许多地方无法实现九年义务教育，有的甚至出现文盲半文盲现象。据国家统计局调查，我国农村居民人均受教育年限为7.6年，比城镇居民低3年。农村的小学和初中文化程度人口在总人口中占75%。而在4.8亿农村劳动力中，小学文化程度和文盲、半文盲占40.31%，初中文化程度占48.07%。

（四）城乡差别加大。公共设施建设依赖于公共投资，由于村镇公共设施建设长期未被纳入政府公共投资的范畴，其建设主要依赖于村集体经济的发展和投入。因此城乡投资差距非常大。据有关部门统计，2000年至2003年村镇人均公共设施投资为36元、42元、68元、67元，而同期城市人均公用设施投资为487元、658元、887元、1320元，投资差距一直在13倍以上。

近几年来，随着农村经济社会的加快发展和各级各项扶持政策的相继出台落实，农村公共设施建设得到新的加强，但与城市公共设施日新月异的变化相比，依然明显滞后。据住房和城乡建设部的统计，2007年我国城市用水普及率89.7%，城市燃气普及率81%，污水处理率59%，城市生活垃圾无害化处理率56%，而2006年底，乡政府驻地用水普及率60%，燃气普及率30%，污水处理率1.7%，生活垃圾无害化处理率5.2%，城乡差距非常巨大，而且城乡差距还有不断扩大的趋势。

基于以上原因，我们要在建设社会主义新农村的大背景下，重新审视加强村镇公共设施建设管理的重要性。各级政府要关注村镇公共设施的建设管理，要加大资金投入，使农村公共设施无论数量还是质量都能不断满足农村经济社会不断发展的需要。

二、村镇公共设施建设管理的现状及存在的问题

（一）现状评述

党的十七届三中全会指出，我国总体上已进入以工促农、以城带乡的发展阶段，进入加快改造传统农业、走中国特色农业现代化道路的关

键时刻，进入着力破除城乡二元结构、形成城乡经济社会发展一体化新格局的重要时期。党中央、国务院对农村建设高度重视，提出了一系列强农惠农政策，如《中共中央关于推进农村改革发展若干重大问题的决定》中提出的“完善农业支持保护制度。健全农业投入保障制度，调整财政支出、固定资产投资、信贷投放结构，保证各级财政对农业投入增长幅度高于经常性收入增长幅度，大幅度增加国家对农村基础设施建设和社会事业发展的投入，大幅度提高政府土地出让收益、耕地占用税新增收入用于农业的比例，大幅度增加对中西部地区农村公益性建设项目的投入”。以及《中共中央国务院关于2009年促进农业稳定发展农民持续增收的若干意见》中提出的“进一步增加农业农村投入。扩大内需、实施积极财政政策，要把‘三农’作为投入重点。大幅度增加国家对农村基础设施建设和社会事业发展的投入，提高预算内固定资产投资用于农业农村的比重，新增国债使用向‘三农’倾斜。大幅度提高政府土地出让收益、耕地占用税新增收入用于农业的比例，耕地占用税税率提高后新增收入全部用于农业，土地出让收入重点支持农业土地开发和农村基础设施建设。大幅度增加对中西部地区农村公益性建设项目的投入，2009年起国家在中西部地区安排的病险水库除险加固、生态建设、农村饮水安全、大中型灌区配套改造等公益性建设项目，取消县及县以下资金配套。城市维护建设税新增部分主要用于乡村建设规划、农村基础设施建设和维护”。这些政策的贯彻落实，必将大大促进农村公共设施的建设。同时，近年来，中央财政尽可能加大对农业和农村的支持力度，仅2003至2007年，中央预算内和国债投资中用于农村建设的总量就超过3000亿元，用于农村建设的投资占当年中央政府投资总规模的比重，由2003年的36%提高到2007年的约48%。

全国各地认真贯彻落实中央关于建设社会主义新农村的战略部署，推进农村公共设施建设。如今全国农村人居环境有了很大的改善，农民的生活条件有了较大的提高。据国家统计局的调查，2006年末，全国95.5%的村通公路，98.7%的村通电，97.6%的村通电话，97.6%的村能接收电视节目。24.5%的村饮用水经过集中净化处理，15.8%的村实施垃圾集中处理，33.5% 的村有沼气池，20.6% 的村完成改厕，98.8% 的乡镇有医院、卫生院。

1. 各级政府加大对村镇公共设施的财政投入力度。各级政府采取了一系列有效的政策措施，扩大了公共财政覆盖农村的范围，增加了财政对农业和农村发展的投入，把对农村基础设施建设、文化教育、医疗卫生和社会保障等公共设施、公共服务建设作为社会主义新农村建设的重要内容，有效地推动了新农村建设。

河南省投资 160 多亿元改善农村公共设施，重点加强农村道路、电网、卫生及安全饮水等设施建设。其中 60 亿元用于修建县乡公路 7000 公里、通村公路 8000 公里；28 亿用于改造农村电网；58 亿用于医疗卫生，建设 8000 个标准化村卫生室；10 亿元用于改善农村 250 万人的饮水安全问题。

吉林省长春市在城市建设维护资金紧张的情况下，2002 年拿出 200 万，2003 年拿出 300 万，2004 年拿出 100 万，累计投资 600 万元，采取以奖代拨、以补促投的方式用于补助村镇公共设施建设，这部分资金有效地带动了村镇几十倍资金量的公共设施建设。

吉林省九台市注重加强农村公共设施建设，农村公共服务水平进一步提高。近几年投资 2.6 亿元，实施农村电网改造工程（见图 8-1）；投资 8 亿元，完成通村水泥路 2100 公里，通村率达 100%；投资 2 亿元，实施了饮马河灌区节水配套和堤防排涝、松其灌区农业综合开发等 30 项水利工程，完成了农田水利基本建设综合工程量 241 万立方米。

图 8-1　九台市乡村公路和农村电网

2．发挥试点、示范点的示范效应，大力推动了村镇的公共设施建设。吉林省2007年安排1亿元专项补助资金，下发到全省36个试点乡（镇）和115个试点村，每个乡镇约100万元，每个村约50万元，用于村镇规划编制、农村公共设施等方面，使全省公共设施建设大大加强。

3．各级政府充分发挥在农村公共服务体系建设中的主导作用，努力实现公共设施向农村延伸、公共服务向农村拓展、社会保障向农村覆盖、公共财政向农村倾斜的目标。

（1）各地积极开展农村社区建设。如山东诸城从2007年上半年开始，创造性地开展了“政府主导、多方参与、科学定位、贴近基层、服务农民”的农村社区化服务，目前208个农村社区及社区服务中心全部建成并运行。吉林省桦甸市在乡村两级逐步打造集农村消费购物、农产品购销、科技服务、信息交流、文体娱乐、健身医疗、宣传教育等功能于一体的新型农村社区综合服务中心，现已建成八道河子镇四合和榆木、桦郊乡北台子、夹皮沟镇老金厂等7个村级社区服务中心。

（2）各地积极开展农村社会福利服务机构的建设。吉林省近年来在农村敬老院的基础上适应新的需要建起了集五保供养、社会养老、社会救助等为一体的农村社会福利服务中心，据不完全统计，全省已建成福利服务中心130所。

（3）各地积极开展农村社区卫生服务中心的建设。吉林省将2006年、2007年共2000万元专项资金集中使用，每个社区卫生服务中心补助20万元，作为引导资金，各市、区财政予以配套，用于100个标准化社区卫生服务中心的硬件建设。

4．各地不断总结经验，形成了很多先进的长效机制。

（1）城乡统筹机制。按城市与其规划区内的村庄共享公共设施等资源的原则，将市政公用设施逐步向郊区农村延伸。如浙江省衢州市，在2004年底出台了《关于推行市、区基础公共设施共建共享机制的若干意见》的文件，市政府要求市、区自来水厂向城郊农村全面开放，实现城乡一体化供水；城郊乡镇的排污尽可能就近接入城市污水管网系统，实现城乡一体化排污；城市垃圾填埋场和中转站要对农村开放，城乡各乡镇政府要负责组织本区域农村垃圾中转站的建设及农村垃圾清运，逐步实现城乡垃圾处理一体化；发挥现有城市公交资源优势，满足村民进城的交通需求，城市的公交线路延伸并覆盖市郊农村。衢州市政府的做法使市区的城效农村交通网、供水网、供电网等得到了改善，提高了公共设施的共享性和经济性。

（2）公共设施多元化投入机制。推进村镇公共设施的市场化与社会化，引进企业、社会组织和村民参与农村公共设施建设管理，是解决政府公共服务效率低下、供给不足和资金短缺问题的最好出路。长春玉潭镇引进热力公司投资5000万元，建成供热面积达80万平方米的集中供热工程。哈尔滨呼兰区村镇建设的1.03亿元资金投入中，农民通过出资出劳等折合资金3016万元，占总投入的30%。

（3）长效管理机制。实行公共设施建设管理养护机制，明确县、乡（镇）、村集体在农村公共设施建设及管护中的职责，调动广大农民参与管理维护公共设施的积极性，使农村公共设施真正走上平时有人管、坏了有人修、更新有能力的良性轨道。如北京顺义区为了有效地管理维护农村公共设施，建立了“三级”公共设施管理网络。公共服务设施投入使用后，各村都成立了一支设施管护队伍，主要负责设施的日常管理和维护，定期对设施的运行情况进行检查，一旦发现问题，及时向责任单位汇报，确保各项设施的正常运行。公共服务设施运行过程中发生的维护费、工人工资等费用，由村集体承担，个别经济实力相对薄弱的村，所在镇给予一定的支持；各镇针对各类服务设施，制定出“一个大项、若干分项”的维护措施、管理制度、技术规范和标准体系，对各项农村公共服务设施实行标准化、规范化、科学化管理。镇政府采取定期和不定期的方式，组织专人对各村公共服务设施进行检查打分，纳入年底量化管理；区政府每季度对各镇村的农村公共服务设施进行拉练检查，检查各镇村组织是否健全、制度是否落实、资金是否到位、设施是否完好。

（二）存在的问题

由于农村地区人口多、村庄分散、经济实力薄弱，加上长期以来公共设施建设财政投入少，历史欠账多，一些村镇基础设施匮乏，加之管理缺位，致使村镇公共设施建设管理的问题依然比较严重。

1. 村庄、集镇建设管理资金不足，已成为困扰村镇公共设施建设管理的重要问题，这也是基层乡镇反映最多的问题。

（1）各级财政对农村的转移支付力度不够，投入较小。

（2）农村税费改革后，取消了收费项目，使村镇建设管理资金面临困境。

（3）乡镇财政不是完全一级财政，城建维护税等均要上缴上一级政府，实行“乡财县管”，城建维护税很难用到村镇建设上来。

（4）长期以来村镇公共设施建设一直依赖于村集体经济的投入，而村集体经济资金来源有限。据对吉林省农安县的调研，近年来，由于农村征收的税费减少和集体经营的企业不景气，使集体收入逐年减少。大部分农村投入到公共设施建设上的资金寥寥无几，多数村庄靠上级“转移支付”下拨的资金、发包“机动地”征收的租金、收取宅基地“超标”费用、出售属于集体所有的成材林木等作为资金来源。全县绝大多数村庄为了修路，基本上已卖光了村集体的成材林木。

（5）一些村镇在吸引社会资本投入上尚无有效措施，不能调动社会闲散资金的投入。如吉林省榆树市太安乡因修建“村村通”水泥路，全乡欠外债1000多万元，而已经修完的“村村通”水泥路因缺少资金无法养护和维修，部分路段已经坏损（见图8-2），而要修复好这部分路段，资金缺口大约900万元，他们想筹集社会资金投入，但至今也没解决。

图8-2　太安乡待建设维修的道路和涵洞

2. 管理体制不完善，管理人员缺失，素质低，管理不到位的问题，成为制约村镇公共设施管理的主要原因。一是部分村镇对公共设施管理重视不够，存在“重建轻管”的倾向；二是村镇城建管理力量薄弱。目前，基层村镇建设管理的任务十分繁重，面对面管理和服务的对象数量大、分布散，而且业务范围广，涉及规划编制与管理、农房建设全过程管理、农村公共设施建设管理等多个不同专业领域，对专业技术的要求高。但据对吉林省部分乡镇的调研来看，全省绝大多数乡镇都只设一名城建管理人员，往往难以应对繁重的村镇建设工作。而且部分村镇城建管理人员不具备专业管理知识，素质较低，发挥作用有限。三是管理队伍不健全，没有设立专业的管护队伍，使村镇公共设施得不到很好的维护。

3. 村镇公共设施产权关系模糊，使村镇公共设施的作用不能充分发挥。目前，我国农村公共设施仍然是计划经济时代的产权制度。这一制度仍然未明确规定产权主体，对使用权、处置权、收益权等权能配置仍采取模糊态度：名义上由国家与集体管理，但国家与集体管理缺位，主要受益者农民游离于管理体系之外，净收益较低或无收益又使社会力量不愿参与农村公共设施管理，致使农村公共设施“谁都可以管、谁都管不了事”和“有人用，无人管”，农村公共设施建设不断，资产折旧率越来越高。

4. 村镇公共设施严重不足（见图 8-3），影响村民的日常生活。由于投入少、欠账多，村镇普遍存在公共服务设施缺乏的问题。一是环卫设施少。大多数村庄没有垃圾收集点，垃圾随意堆放，没有统一处理设施。绝大多数村庄没有公共厕所。据对榆树市太安乡的调研结果，90% 的村屯没有垃圾点，有 1800 多户使用露天厕所。二是给排水设施缺乏。有的街道没有排水设施，致使雨天街道污水横流，有的村镇自来水管道老化，吃水困难。青山乡有 50% 的村屯存在自来水管道老化锈蚀渗漏，有 18% 的村屯没有安装自来水，都是喝自家的小井水，卫生状况很不好，100% 的村屯没有下水道和污水处理系统。三是缺少文化体育设施。育民乡 12 个行政村，只有 2 个村有篮球场，缺少活动场所，缺少体育设施。

(a) 无排水设施

(b) 垃圾乱堆乱放

(c) 村内道路

(d) 露天厕所

图 8-3 榆树市一些村庄的公共设施缺乏的现状

5. 监管不到位，制度执行不力，处罚措施不完善，致使公共设施效率低下、损坏严重。由于没有正常使用、维护、更换等制度的规定和约束，以致公共设施建成后没人管的情况普遍存在。很多公共设施在使用后不久就受到来自于人为原因的盗窃、损坏（见图 8-4）。如街道上的铁艺护栏被盗割，宣传栏被砸坏，公共道路由于维护管理不力而破损，给排水和公共照明因配件缺损无法正常使用等。除了管理方面的因素之外，不具备完善的制裁措施和手段，出现类似情况没有明确有力的法律依据进行处理，也变相导致公共设施使用效率大幅降低。

三、村镇公共设施建设管理的完善建议

（一）明确各级政府的职责，做到责权统一

当前，由于政府间财权和事权划分不清，投入往往得不到保障。对于政府应当承担的农村公共设施职责，应根据公共设施的层次性和受益范围，合理界定各级政府的责任。并在此基础上合理界定各级收支范

(*a*) 排水沟被破坏

(*b*) 敬老院破损严重

(*c*) 宣传栏被人力破坏

(*d*) 体育设施被损坏

图 8-4　一些村庄公共设施被破坏的现状

围，理顺各级政府间的财政分配关系，使每一级政府所拥有的财权与事权相对称，支出与责任相统一，以充分发挥地方政府的积极性和自主性。

中央政府在村镇公共设施建设中的主要责任：(1) 统筹规划决策之责。(2) 方针政策制定之责。(3) 公共设施投入之责。农村公共设施的建设是新农村建设的重点，政府的投入是必不可少的。此外，中央政府应对中央财政进行统筹调控，运用中央财政转移支付来加大对公共设施的投入，特别是西部贫困落后地区的投入。

省、市、自治区政府的主要责任应体现在：(1) 配套政策的制定之责。作为地方政府必须不打折扣地坚决执行中央的决策，在具体执行过程中，要结合自身实际，制定出台相应的配套政策。(2) 落实监管之责。地方政府制定出相应的配套政策后，应依据实际情况进行科学的部署安排，督促并监管市、县政府具体落实。(3) 配套资金投入之责。

县、乡（镇）政府作为我国农村基层政府组织，是农村公共设施建设管理的具体组织实施者，具有不可替代的重要作用，其主要责任表现在：（1）宣传发动、政策解释说明之责。中央的决策要转化为广大农民群众的实际行动，需要县、乡（镇）政府去宣传发动，调动农民参与农村公共设施建设管理的主动性、积极性和创造性。（2）规划设计之责。（3）组织实施之责。在村镇建设规划做出之后，县、乡（镇）政府应具体组织实施，包括建设资金的组织落实、建设项目的施工招投标、建设工程质量的监控以及组织检查验收等工作。（4）资金的具体使用及监管之责。新农村建设中，资金投入是关键，除了中央及省、市、自治区政府财政资金外，有能力的县、乡（镇）政府也应投入部分资金，不足部分县、乡（镇）政府还应通过各种途径去争取落实。（5）公共设施管理维护之责。

（二）强化政府投资主体地位，整合政府资源，运作中央财政转移支付来加大对公共设施的投入

各级政府作为农村公共设施建设的投资主体，一定要从这一实际出发，自觉地把社会主义新农村建设作为政府投资建设的重中之重，大力调整国民收入分配格局，调整财政支出结构，加大对农村公共设施的投入，让公共财政的支出更多地惠及广大农民。县乡两级政府承担着向全国众多人口提供公共服务和社会管理的任务，几乎包括了全部的农村人口，财政资金转移支付应当重点向县乡级政府倾斜，特别是向欠发达地区县乡政府倾斜，着力解决县乡财政困难，增强基层政府提供公共服务的能力，缩小城乡公共设施的差距。

要进一步整合农村公共设施建设财政性投入资源，提高资金使用效益。目前，中央政府部门直接和间接分配与管理支农投资的有近20多个部门；县级政府分配管理支农投资的部门也有10多个。各种支农投资基本上都是以“条条”为主管理，主管部门之间缺乏沟通，致使不同渠道的政府支农投资，在使用方向、项目布局、建设内容等方面不同程度地存在交叉、重复。解决农村公共设施建设资金不足问题，必须重视并切实解决各种政府支农投资协调整合问题。各部门要相互配合，加大支农财力资源整合力度，集中力量办大事，提高资金使用效率。

（三）发挥中央财政政策、投资的引导作用，建立村镇公共服务设施多元化的投入机制

在世界各国农业和农村的发展中，有很多国家重视通过公共财政政策和财力手段的运用，引导社会性投入，从而建立起农业和农村发展的多元化投入渠道。如在现代农业发展中，银行信贷投入日益重要，欧盟运用银行信贷手段，向农民提供大量优惠贷款，农业信贷利率比较低，银行的利息差额由财政贴息。由此既扩大了银行对农业的贷款规模，又减轻了农民负担。再如，美国和日本的农田水利和灌溉设施也是由国家和农民共同负担，一般以政府投入为主，农民负担为辅，从而通过政府投入调动了农民投入的积极性，为农业生产条件的改善提供了投入保障。

我国农村公共设施建设，按目前基本规划思路，实现目标任务，也就是建设基本到位，至少需要 10～15 年时间，投入 5～8 万亿元的建设资金。如此巨额资金的筹集是一个突出的难题。为此，我们要充分发挥中央财政政策、投资的引导作用，形成国家、地方、社会、农民共同参与的多渠道筹资机制。积极利用市场机制、社会力量及村民自身的力量，共同参与村镇公共设施的建设，逐步建立起以政府主导、社会参与、适度竞争、监管有力的村镇公共服务设施多元化投入机制。通过制定特定的财政扶持政策，综合运用国债、税收、财政贴息、以奖代补等政策手段，对由社会资本牵头的一些农村公共设施和发展农村公共服务的公益性支出给予鼓励、奖励和补偿，对投资或出资支持地方公共设施建设的企业，实行地方所得税减免或让利政策，以充分调动社会各界投资村镇公共设施建设的积极性。通过财政杠杆引导和鼓励各类工商企业投资农业和农村，引导农民自主开展农村公共设施建设。

（四）明晰农村公共设施产权关系，建立长效管理机制，使农村公共设施的作用能够充分地发挥出来

建立农村公共设施管理的长效机制，主要是解决谁投资、谁管理的问题。说到底也就是要解决农村公共设施主体到位问题。只有主体到位，才有可能建立长效管理机制。要制定谁投资、谁受益、谁管理

的相关法规、政策，让投资者放胆投资、放心受益、放手管理。因此，特别要重视对农村公共设施产权制度的改革，在鼓励、引导社会各界向农村公共设施投资时，要建立明确的产权归属制度，确保谁投资谁受益。就是那些完全由政府或村集体投资形成的设施，也要通过产权制度的改革，切实解决主体缺位问题。对于一些单个农户受益的项目，如农户在承包地上自建水利，可实行“自建、自有、自用、自管”，明确国家补助投资标准，项目建设所形成的资产归农户个人所有；对一些受益人口相对分散，产权难以分割的工程在尽可能明晰工程所有权的前提下，通过承包、租赁、股份合作或组建使用者协会等方式，将所有权与经营权分离，将经营权与工程管护责任相统一，也可以将部分所有权移交给农户，明确由农户负责工程的保养管护工作，并保证工程的完整性和使用方向；对于一些具有一定收益、适合经营的公共设施可通过公开拍卖，转让工程的所有权和使用权等方式，由购买者自主经营管理，并由其负责工程的管护。通过这些方式方法，让投资主体能够较稳定地、合法地获得应有权益。最重要的是，要让广大农民群众真正参与到公共设施建设中来，并能真正行使民主决策、民主管理、民主监督权利，使农民群众切实感受到他们是公共设施的主人。

（五）要发挥农民在村镇公共服务设施建设、管理中的主体作用

20 世纪 70 年代的韩国新村运动是政府注入资金，激发民间力量充分参与的过程，农民始终是建设的主体，并以制度保障这一地位。如在村庄建设中，建设项目不是由政府指定，而是由农民充分讨论后作出选择实施，政府则在硬件方面予以配套支持。村庄建设的过程，也是农民主体意识和村庄社区共同体观念成长的过程。农民通过亲身实践，发挥个人和集体智慧，民主讨论，齐心合作，增加收入，增强了改变自家和家乡面貌的信心和决心，最终拉动国家经济发展。

借鉴韩国的经验，我们要把维护和保护好农民合法权益作为村镇公共设施建设管理的出发点和归宿，建立和完善村镇公共设施建设、管理农民参与制度，充分保障农民的知情权、参与权、表达权、监督权，尊

重农民的主体地位。因此，用好用活“一事一议”筹资筹劳政策就显得尤为重要。议什么问题，建什么项目，资金、劳力、材料如何筹集和管理，要把决策权、管理权和监督权交给群众。项目申建时，先由村通过“一事一议”经群众同意后，向乡镇上报申请，再由乡镇向县上申请安排项目，这样才能充分发挥农民的主体作用，动员、引导、组织农民用辛勤劳动建设自己的家园。同时，通过以奖代补、项目补助、以物抵资等方式，引导农民对直接受益的社会事业公共设施或公共服务投工投劳。

（六）坚持先规划后建设，优先科学编制村镇公共设施规划

要按照方便服务管理、尊重群众意愿和集约利用公共资源的原则，根据农村地域特点、资源配置、历史沿革、经济社会发展水平等因素，科学规划村镇空间布局和村镇建设规划，把生产、生活、生态等功能合理分区和完善公共设施、公共服务、发展社会事业等内容纳入规划编制。坚持先规划后建设，还可以避免重复建设，节约资金，我们可以从湖州市的例子清楚地看到这一点。湖州市通过区域规划，将原有的20多个自来水厂整编为5个，节省投资30%，5个自来水厂之间互相连通，使供水的安全度、可持续度以及污水的协同处理程度得到了很大的提高。

（七）要实施城市支持农村、反哺农业工程，实现公共设施城乡共建共享

十七届三中全会《决定》提出：“新形势下推进农村改革发展，要把加快形成城乡一体化新格局作为根本要求，建立促进城乡经济社会发展一体化制度。尽快在城乡规划、产业布局、基础设施建设、公共服务一体化等方面取得突破，促进公共资源在城乡之间均衡配置、生产要素在城乡之间自由流动，推动城乡经济社会发展融合。”目前，我国实行市管县体制，就是为了发挥城市的带动效应，促进城乡协调发展。经过这些年的建设，城市经济实力和财力大为增强，基础设施建设有很大改善，城市面貌日新月异。从现在开始，就要更多地关注和支持农村，把公共设施建设重点转向农村。各大中城市要切实履行市带县、市帮县的

责任，加大市级财政性资金对农村公共设施建设的投入，加强城乡公共设施的统筹规划，共建共享，实现公共设施的均等化，逐步实现水利、交通、能源等公共设施建设规划一体化。同时组织城市有关单位，特别是工业，帮扶农村，增强都市对农村的辐射和带动作用，形成城乡协调发展、农工共同繁荣的局面。

（八）强化监督，切实加强村镇公共设施、公共服务资金、项目的绩效管理

要建立农村公共服务自下而上的决策机制，增强农村公共服务决策的科学性和有效性。防止搞形象工程、政绩工程和形式主义的倾向。村镇规划建设管理机构以及县级延伸派出机构要协调配合，各部门要经常交流，相互通报情况，增进相互了解和支持，共同搞好管护工作。要加强对项目运行后的监管，自始至终实施对项目的跟踪监督，以确保国家资金投入的安全性和有效性。要建立健全项目工程建后管护的考核机制，明确要求、明确奖惩，并将项目建后管护的好坏作为下一年度和今后是否立项扶持该地区的重要依据。

（九）针对村镇公共服务设施管护责任难落实，管护质量难保证等问题，可采取村民自助组织管护、企业化管护、集体管护和政府重点管护四种途径加以解决

村民自助组织管护。对受益面积大、受益农户相对集中的农村公共公益设施，在广泛征求群众意见的基础上，组建农村公共服务设施管护协会（村民理事会），由协会负责管护，其经费由协会自行解决。一是鼓励会员承包。即由协会负责筹集资金，把某一项设施的日常管护向协会会员发包，由协会会员负责管护，协会根据考核验收支付一定报酬。二是鼓励义务管护。充分发挥协会内无职党员的先锋模范作用，协会会员义务对设施进行管护。充分发挥村内“五老”（老干部、老党员、老退伍军人、老模范、老教师）人员的作用进行义务管护。三是鼓励会员集体管护。充分发挥协会的舆论监督作用，定期召开协会会员会议，建立内部舆论监督机制，不断增强会员参与管护的主动性、积极性和责任感。

企业化管护。对于有一定经济收益的农村公共公益设施，采取市场化运作模式，收取一定费用，提供相关服务进行管护。一是拍卖经营权进行管护。通过竞标等方式拍卖经营权，转移管护主体，落实管护责任，保障公共公益设施的长效利用。二是合理收取费用进行管护。三是契约化管护。通过村民代表大会讨论制定项目后期物业管理方式，由受益农民向管理人员交费，管理人员负责管护和服务工作。

集体管护。以村规民约的方式制定管护办法，实现村委会、养护人员、全体群众“三级联动”，体现群众参与管护的主体地位。

政府重点管护。针对跨村、跨乡镇，且管护难度较大的农村公共公益设施，由乡镇和县直主管部门将其纳入农村公共公益服务范围，成立专门管护机构进行管护。一是成立专门的管理机构，实行规范化管护。二是落实专项资金管护。对于乡道路管护，按标准给予养护经费补助，通过制定具体的管护办法和标准，确保管护质量。对于跨乡小型水利设施，应纳入县乡公共公益服务项目给予一定资金补助，确立专人管护。

四、《条例》现有条文分析

原《条例》颁布实施16年来，对于改善农村生产生活环境，促进农村经济社会的发展起到了重要的作用，但随着时代的发展，原《条例》有很多内容亟须完善。如：

第29条　任何单位和个人都应当遵守国家和地方有关村庄、集镇的房屋、公共设施的管理规定，保证房屋的使用安全和公共设施的正常使用，不得破坏或者损毁村庄、集镇的道路、桥梁、供水、排水、供电、邮电、绿化等设施。

该条不适应的内容及分析：本条对单位和个人在公共设施管理中的责任规定得比较笼统，应清晰地明确村镇公共设施管理的主体及其职责，并对村镇公共设施的内容进行准确的界定。

第30条　从集镇收取的城市维护建设税，应当用于集镇公共设施的维护和建设，不得挪作他用。

该条不适应的内容及分析：本条是明确村镇公共服务设施维护和建设的资金来源。随着形势的发展，单靠收取城市维护建设税已不能满足村镇公共设施维护和建设的需要。各级政府的公共财政应该是公共服务设施的投资主体。同时要鼓励社会资本的投入，形成多元化的村镇公共服务设施投入机制。

第四节　村镇房屋与房屋产权产籍管理（以浙江省为例）

我国城市房屋已形成从权属登记、发证到档案整理的较完善的产权产籍管理体系，既为房屋产权流转奠定了坚实的基础，又成为城市房屋建设管理强有力的手段。与此相反，在《房屋登记办法》施行前（2008 年 7 月 1 日），全国一直未建立统一、健全的村镇房屋登记管理制度，有关政策不配套、不清晰，造成村镇房屋产权产籍管理长期没有走上规范化、法制化的轨道。随着我国农村经济的不断发展，村镇房屋已成为农民财富积聚的主要载体和农村集体经济组织的重要资产，开展村镇房屋产权登记工作，是保护农民和集体经济组织合法权益，促进农村社会经济和谐的需要；是引导村镇房屋建设按照规划有序开展，推进社会主义新农村建设，促进城乡统筹和城镇化健康快速发展的有效手段；是探索构建集体土地范围内的房屋产权处置机制，促进集体土地范围内的房屋由资产转变为资本，进一步解放农村生产力、活跃农村经济的必要前提，具有重大而深远的意义。因此，就我国村镇房屋产权、产籍管理的现状和问题进行调研，从法律角度对这些问题的成因进行剖析并提出相应的法律与政策建议，具有重要的现实意义。事实上，2008 年 7 月 1 日正式施行的《房屋登记办法》已经设立专门章节，对集体土地范围内的房屋登记作出了规定，这对规范全国村镇房屋登记工作的开展具有积极的推动作用。但是，由于《房屋登记办法》是部门规章，其法律效力相对较低，本课题组认为应该借《条例》修订的机会，基于调研结果，建议在条例中增加专门一章“村镇房屋登记与交易管理”，为现行的《房屋登记办法》中有关村镇房屋登记的规定提供上位法的支持，提高已经达成共识的一些做法的法律效力，明确目前还有争议但已基本明晰的法律问题，为规范我国村镇房屋的产权产籍管理和交易管理提供统一、权威的法律依据。

一、建立与完善村镇房屋产权产籍管理制度的必要性

村镇房屋一般是指在农村集体所有土地上，依法利用宅基地建造的村民住房和依法利用其他集体所有建设用地建造的房屋。统计数据显示，1984年至2006年的23年间，全国农村个人房屋累计竣工面积已达16.2万亿m^2，其中绝大部分没有房屋所有权证。近年来，随着农村经济的蓬勃发展，村镇房屋资产价值逐渐凸显，农民特别是沿海地区的农民对房屋产权意识逐步提高，建立与完善村镇房屋产权产籍管理已箭在弦上。建立和完善村镇房屋产权登记管理制度的现实必要性主要体现在以下几个方面：

（一）村镇房屋产权登记是对农民房屋财产权实行有效法律保护的重要手段

农村房屋与城市居民的房屋一样，是公民的个人财产，应受到法律的保护。《物权法》第39条规定：所有权人对自己的不动产或者动产，依法享有占有、使用、收益和处分的权利；第6条规定：不动产物权的设立、变更、转让和消灭，应当依照法律规定登记。发放房屋所有权证，作为村镇房屋产权产籍管理中重要一环，是法律保护农民房屋财产权的重要手段，也是农民的一项基本权益。但由于我国在房屋登记管理中长期实行城乡分割的二元管理体制，导致村镇房屋所有权证的发放工作一直滞后，农民对其房屋行使占有、使用、收益和处分等权利缺乏权威的法律凭证或一道法律上的“护身符”，引发不少家庭纠纷、邻里亲戚纠纷以及征地拆迁纠纷，使部分守法的农民在处理有关房屋纠纷中处于相对弱势的地位，而一些胆大妄为，违规占用、违章建设的农户却得到不少利益。因此，加快建立与完善村镇房屋产权产籍管理制度，清晰村镇房屋产权，是对农民

合法权益的尊重与保护，是避免一些纠纷发生的有效手段，有利于维护社会稳定。

（二）开展村镇房屋产权登记是实施城乡统筹发展战略、促进城乡一体化发展的现实要求

2003年，党的十六届三中全会提出要按照“五大统筹”的要求全面建设小康社会。在五大统筹中，将统筹城乡发展放在第一位，这说明在我国整个社会经济发展的战略格局中城乡关系的重要性。2007年，中共中央、国务院出台《关于推进社会主义新农村建设的若干意见》，其中明确提出“要加快建立有利于逐步改变城乡二元结构的体制”。近年来，随着城乡一体化步伐的不断加快，社会保障、户籍、教育及住房等相关配套制度改革的迅速铺开，居民与村民的身份界限正在逐步模糊化，解决城市房屋与农村房屋长期以来存在的二元化管理问题是大势所趋。早在2004年，建设部在《关于村镇建设近期工作要点的通知》（建村<2004>90号文件）中就明确指出，“加强村镇房屋权属管理，保护集体土地上房屋所有权人的合法权益。按照城乡一体化管理的要求，在不增加农民负担和农民自愿的前提下，积极稳妥地开展村镇集体土地上房屋权属登记发证工作。”开展村镇房屋产权登记，有利于改变我国城乡建设和房屋管理的二元化格局，积极推进城乡统筹发展战略的实施。

（三）开展村镇房屋产权登记是全面贯彻实施《城乡规划法》、规范农村建房管理的重要抓手

由于我国农村房屋的产权管理长期处于放任自流的状态，超面积、超规划修建的现象较为普遍，特别是城郊结合区域，大量违章建筑的拔地而起，为村镇房产管理带来了相当大的难度，给全面贯彻执行《城乡规划法》带来了巨大的挑战。建立村镇农村房屋登记管理制度，有助于强化农民依法建房、合法建房的意识，引导村镇房屋建设按照规划有序开展；有助于形成土管、规划、建设、房产等管理部门之间权力相互制衡，共同制止与查处违法建设行为的工作机制；有助于村镇房屋规划、建设审批过程中有关村镇房屋产权、产籍资料的规

范管理。

（四）村镇房屋产权登记是建立村镇房屋依法流转、交易和处置制度的必要前提

随着农村劳动力向城镇转移步伐的加快，举家进城居住、务工或经商的农民日益增多，农民出售私宅的情况越来越普遍。但是，农村房屋没有产权证，买卖时无法办理过户手续，造成这些农村私宅交易存在着现实的法律风险，限制了农村房屋财产权能的顺利实现，由此也导致大量农村私宅闲置甚至毁坏，既浪费了资源、抑制了农村经济的市场化进程，又不利于农村人口的流动，阻碍了城市化水平的提高。探索构建集体土地范围内的房屋产权处置与管理机制，建立村镇房屋依法流转、交易、处置制度，促进集体土地范围内的房屋由资产转变为资本，对于进一步解放农村生产力、活跃农村经济具有重大而深远的意义，是未来农村改革的重要内容，而建立和完善村镇房屋产权登记制度则是推进这些制度性改革的前提性、基础性工作。

包含农村房屋登记内容的《房屋登记办法》已正式施行，在规范与推动农村房屋产权、产籍管理方面必将发挥重要作用，但由于该规范性文件的法律效力较低，同时因为范围的局限而未能解决当前较为急需的产权产籍后续管理问题。因此，应当通过对其上位法《条例》的修订，为农村房屋登记提供更为充分、更有效力的法律依据，逐步解决农村房屋的管理问题，从而加快利用城市房产管理部门现有的城市房产管理的先进经验为农村房屋管理服务，逐步确立城乡房产统一管理的大格局。

二、我国村镇房屋产权产籍管理沿革、现状与问题

（一）《物权法》和《房屋登记办法》实施前

《物权法》和《房屋登记办法》实施前，从全国层面来看，农村房屋产权产籍管理法律法规一直处于“空白”状态。1993年颁布的《条例》第二十八条规定：县级以上人民政府建设行政主管部门，应当加强对村庄、集镇房屋的产权、产籍的管理，具体办法由国务院建设行政主

管部门制定。但一直没有出台具体办法，所以在全国层面没有关于村镇房屋产权登记制度的法律法规规定。农村房屋普遍未予确权，造成因墙界、宅基地、道路等产权不明、产籍不清引起的纠纷不断发生；因房屋产权的变更、涉及土地所有权的变更而发生的上访案件屡见不鲜，不利于村镇建设发展和社会稳定。尤其是在一些经济发达地区，地方政府早已意识到农村房屋建设管理的相对滞后、农村违法占地和违法建房的放任自流、农村房屋产权管理的不到位等问题，这些问题的存在又大幅度地增加了农村房屋拆迁的成本，成为城市建设和规模开发的重要障碍。针对这种情况，一些省、市率先开展村镇房屋产权登记制度的探索。广东省早在1984年就在佛山地区对集体土地上房屋核发集体土地使用证和房屋产权证。1997年9月，厦门市政府将原厦门市土地管理局与房地产管理局合并，组建了厦门市土地房产管理局，负责办理农村房屋所有权的登记、发证和交易工作，1997年9月出台《厦门市土地房屋权属登记管理规定》，明确在本市辖区范围内，依法拥有集体土地所有权，依法取得集体土地使用权，或依法在集体土地上建设房屋并已竣工使用的，应按《厦门市土地房屋权属登记管理规定》向市土地房产管理局申请农村土地房屋权属登记，申领集体土地使用权证书和农村房屋所有权证书，在全国率先建立了城乡一体化产权产籍管理体系。厦门市还针对实际操作中出现的问题，起草了一系列规范性文件，如《关于农村登记发证工作的实施意见》、《农村登记发证若干问题处理办法》等，成为此项工作走在全国前列的城市。辽宁省在2002年10月颁布《辽宁省村镇房屋登记管理办法》，明确提出集体所有制土地上房屋实行权属登记发证制度，河北省、贵州省等也出台试行办法，推动并指导全省村镇房屋发证工作的开展。山东省的济南、青岛、淄博、潍坊、聊城、文登、胶州等市以政府令或政府文件的形式出台了集体土地上房屋权属管理的有关规定。陕西在关于农村房屋权属登记有关问题的通知中明确提出从2008年开始至2012年，利用5年时间，基本完成全省农村房屋权属登记工作，实现应登记尽登记，应办尽办。但从全国范围来看，实行村镇房屋权属登记制度的面不广，一些先行地区对此项工作处于试点、摸索阶段，做法也很不统一（见第四部分分析）。见表8-1。

《物权法》实施前部分地区出台的关于村镇房屋登记管理的规范性文件　　表8-1

江西省	1993年3月	《江西省村镇房屋确权工作实施细则》
辽宁省	2002年10月	《辽宁省村镇房屋登记管理办法》
河北省	2004年8月	《河北省村镇房屋登记管理试点试行办法》
贵州省	2005年8月	《贵州省村镇房屋登记管理暂行办法》
广州市	2001年7月	《广州市农村房地产权登记规定》
厦门市	1998年8月	《厦门市农村土地房屋权属登记发证若干规定》
济南市	2001年9月	《济南市村镇房屋登记管理办法》
枣庄市	2007年6月	《枣庄市村镇房屋登记管理暂行办法》
焦作市	2005年6月	《焦作市村镇房屋登记管理办法》
延安市	2005年5月	《延安市村镇房屋登记管理办法》

（二）《物权法》和《房屋登记办法》实施后

《物权法》于2007年10月1日施行，《房屋登记办法》作为《物权法》的一个配套规章，也已于2008年7月1日起实施。《物权法》第十条第二款规定："国家对不动产实行统一登记制度。统一登记的范围、登记机构和登记办法，由法律、行政法规规定。"引导建立全国城乡房屋统一登记制度。《房屋登记办法》按照城乡统筹的要求，以专章的形式把集体土地范围内房屋纳入了登记的范围，对于维护广大农民的权益具有重大意义，也为实行村镇房屋登记，指导各地全面开展城乡房屋登记提供了法规依据。在此背景下，各省市正进一步加大力度，加快制定、完善农村房屋登记实施细则，但已出台集体土地范围内房屋登记实施细则的省市并不多，至目前有资料可查的地区有：北京市2009年1月出台《房屋登记工作规范（试行）》，第4部分即为集体土地范围内房屋登记，对登记范围、申请人、公告程序、登记类型、所需材料等作了明确规定；福建省2009年1月颁布《福建省房屋登记工作规程（暂行）》，明确房屋登记机构应当建立本行政区域内统一的房屋登记簿。第四章对村镇房屋初始登记、转移登记、抵押权登记的适用条件、受理要件、审核要点、登记簿记载事项等作了详细规定。见表8-2。

《物权法》实施后部分地区出台的关于村镇房屋登记规程的规范性文件　　表8-2

福建省	2009年1月	福建省房屋登记工作规程（暂行）第四章集体土地范围内房屋登记
北京市	2009年1月	《房屋登记工作规范（试行）》第4部分．集体土地范围内房屋登记

（三）村镇房屋产权产籍管理存在的突出问题

1．法律制度缺失导致各地发证机构混乱，证书形式多样

目前，从省级层面来看，各地基本统一由省建设行政主管部门负责全省村镇房屋登记管理工作，但落实到市、县则做法不一，登记机构主体比较混乱，主要有四种模式：

（1）以村镇建设行政主管部门为登记机构。由市、县级人民政府村镇建设行政主管部门来主管本行政区域集体所有制土地上房屋权属登记工作。由于市、县级人民政府村镇建设行政主管部门没有相应的人力与经验，一般的，他们又委托镇（乡）人民政府村镇建设管理机构具体承办村镇房屋权属登记。如辽宁省在《村镇房屋登记管理试点试行办法》中就作出了这样的规定（见表8-3）。

（2）以市、县房地产行政主管部门为登记机构。贵州省、山东省、福建省等按照一个市、县只能由一个房地产登记机构统一实施产权登记的原则，明确由市、县房地产行政主管部门负责本辖区内的村镇房屋登记管理工作（见表8-3）。

部分地区出台的关于村镇房屋产权发证主体的规范性文件　表8-3

地方	条例名称	有关发证主体的相关条例
河北省	河北省村镇房屋登记管理试点试行办法	第五条　省建设行政主管部门负责全省村镇房屋登记管理工作。设区市人民政府确定的负责村镇房屋登记工作的部门，按照规定的职责，主管本行政区域内的村镇房屋登记管理工作。 县（市）人民政府确定的负责村镇房屋登记工作的部门，具体管理和承办本行政区域内的村镇房屋登记工作。 经县（市）人民政府同意，村镇房屋登记管理部门可以委托镇（乡）人民政府村镇建设管理机构具体承办权属登记的核准和证书发放工作
辽宁省	辽宁省村镇房屋登记管理办法	第四条　省人民政府村镇建设行政管理部门主管全省集体所有制土地上房屋权属登记工作。 市、县（含县级市、区，下同）级人民政府村镇建设行政主管部门主管本行政区域集体所有制土地上房屋权属登记工作
贵州省	贵州省村镇房屋登记管理暂行办法	第三条　贵州省建设厅负责全省村镇房屋登记管理工作，市（州、地）房地产行政主管部门负责本辖区内村镇房屋登记管理工作，县（市、特区）房地产行政主管部门负责本辖区内的村镇房屋登记管理工作。 按照一个市、县（特区）只能由一个房地产管理部门颁发房屋权属证书的原则，村镇房屋登记管理由省建设厅审定的各市、县（特区）房屋权属登记管理部门（以下简称登记机关）负责，登记机关可委托具备条件的镇（乡）开展房屋权属登记管理试点工作
福建省	福建省房屋登记工作规程	第三条　省建设行政主管部门负责指导、监督全省房屋登记工作。 市、县人民政府房地产行政主管部门负责管理、监督本行政区域内的房屋登记工作。 房屋登记具体工作，由市、县人民政府房地产行政主管部门或者房屋登记机构负责办理

续表

地方	条例名称	有关发证主体的相关条例
枣庄市	枣庄市村镇房屋登记管理暂行办法	第三条　枣庄市房产管理局负责我市行政区域内的村镇房屋登记管理工作（以下简称登记机关）。薛城区、山亭区、峄城区、台儿庄区及枣庄高新技术产业开发区房产管理部门负责本行政区域内的村镇房屋登记初审工作。市新城区、市中区村镇房屋登记初审工作由枣庄市房产管理部门办理。 滕州市房地产管理局负责本行政区域内的村镇房屋登记管理工作
大庆市	大庆市集体房屋登记规定（试行）	第四条　市村镇建设行政主管部门是本市集体土地房屋登记的管理部门，负责全市集体土地房屋登记及产权产籍管理的监督指导，其设立或指定、委托的房屋登记机构具体负责市区内集体土地房屋登记工作。 县建设行政主管部门负责本县集体土地房屋登记工作
焦作市	焦作市村镇房屋登记管理办法	第七条　市房产管理部门负责市区村镇房屋登记工作各县（市）房产管理部门负责本行政区域内的村镇房屋登记工作
吉林市	吉林市集体土地房屋权属登记管理暂行办法	第三条　吉林市人民政府房地产行政主管部门负责市区集体土地房屋权属登记管理工作，日常工作由其所属集体土地房屋权属登记管理机构负责。 规划、土地等有关部门及乡镇人民政府，按各自职责配合作好集体土地房屋权属登记管理工作
北京市	房屋登记工作规范	1.4 北京市建设委员会（以下简称：市建委）是本市房屋登记机构。受市建委委托，北京市房屋权属登记事务中心、各区县建设委员会、房屋管理局（以下简称：市、区、县登记部门）负责具体实施房屋登记工作。 北京市房屋权属登记事务中心负责办理全市范围内的下列房屋登记：军队房屋、武装警察部队房屋、保密房屋的房屋登记；中央国家机关办公用房的房屋登记；其他应由北京市建设委员会直接办理的房屋登记。 前款范围以外的其他房屋登记，由房屋所在地的区县建设委员会、房屋管理局负责具体办理

（3）由市、县人民政府指定登记机构。这一模式是市、县人民政府指定房地产行政主管机构或建设行政主管机构负责村镇房屋登记工作的部门，主管本行政区域内的村镇房屋登记管理工作。如河北省政府不直接明确是由市、县的房地产行政主管部门，还是村镇建设行政主管部门分管，把权交给市、县人民政府，由市、县人民政府根据本市、县情况确定。

（4）非房产管理部门或建设管理部门颁证。在实际运作中，出现了许多既非房产管理部门或建设管理部门，又没有得到过市、县人民政府授权而发证的，主要是一些地方乡镇政府或村政府直接颁发产权证书，通常被称为“乡产权房”，又叫“小产权房”。

各地方登记发证机构的混乱，造成各地产权登记条件不统一，程序不规范，要件不齐全，严重影响了产权登记工作的严肃性，也导致村民手中持有的“产权证书”五花八门。目前村镇各地产权证书的形式主要有以下几种：1）国家住房和城乡建设部统一印制的产权证，如河北、贵州、延安等省市。2）住房和城乡建设部统一印制的产权证加盖地方集体土地的印章，如菏泽市等。3）由省建设行政主管部门统一印制的产权证书，如辽宁、吉林市等省市。4）由乡镇或村政府自制的产权证书。

引起部分市（县）房管部门、村镇建设部门、乡镇政府围绕权属登记职能发生争执，个别地方甚至出现了集体土地上房屋多头发证、多级发证的混乱局面，如在威海有的乡镇，有村里发的村镇住宅证，有镇里建设部门发的房产证，也有县里房产管理部门发的房产证，根源在国家法规和规章对集体土地上房屋权属登记的主管部门规定不一致。《房屋登记办法》第三条第一款规定：“国务院建设主管部门负责指导、监督全国的房屋登记工作。”同条第二款规定：“省、自治区、直辖市人民政府建设（房地产）主管部门负责指导、监督本行政区域内的房屋登记工作。”同法第四条第二款规定：“本办法所称房屋登记机构，是指直辖市、市、县人民政府建设（房地产）主管部门或者其设置的负责房屋登记工作的机构。”《条例》规定，县级以上人民政府建设行政主管部门应当加强对村庄、集镇房屋的产权、产籍的管理，依法保护房屋所有人对房屋的所有权。《建制镇规划建设管理办法》明确规定由县级以上人民政府建设行政主管部门主管农村产权、产籍。而《城市房屋权属登记管理办法》和《城市房地产权属档案管理办法》则规定，集体土地上房屋的权属登记和档案管理参照城市规划区内国有土地上的房屋执行，明确了集体土地上房屋的权属登记由房地产行政主管部门负责。

2. 各地村镇房屋登记做法不一，地区差异巨大

《房屋登记办法》第一次将集体土地范围内的房屋纳入了房屋登记的范围，并对其基本的登记程序、审查要件等作出了比较全面的规定，为指导各地村镇房屋产权登记提供了很好的依据。但目前各地有关村镇房屋产权产籍管理的条例或办法基本都是在《房屋登记办法》之前制定并实施的，由于缺乏统一的依据，在村镇房屋实际登记过程中产生了较大的差异，主要表现在以下四个方面：

（1）村镇房屋产权登记开展的范围差异较大

调查中发现，各地办理村镇房屋产权登记进展不一，大部分地方尚未把村镇房屋产权登记工作放到议事日程，未开展这项工作。在已经开展的地区，可受理办证的范围差异很大，主要有以下几种：

1）只对市区村镇房屋进行登记发证，如延安市。

2）只对经过城中村改造，集中建造的农民公寓登记发证，如杭州市。

3）对相关的试点村镇行政区域内的集体土地上的房屋产权登记发证，如河北省。

4）全面向辖区内所有集体土地上的房屋产权登记发证，如陕西省、浙江的温州市要求在2012年前基本完成农村住房和宅基地的确权、登记和颁证工作。山东省济南、青岛、淄博、潍坊、聊城、文登、枣庄、临沂、菏泽等地的房产管理部门都全面开展了村镇房屋登记工作。

（2）对产权申请人资格认定的条件不一致

在登记过程中对申请人资格认定存在较大的差异，各地出台的相关条例对申请人资格的表达很不一致，有以下几种：

1）拥有房屋所有权的自然人、法人及其他组织，如辽宁省、枣庄市、大庆市。

2）依法享有房屋所有权、房地产他项权利的法人、其他组织和自然人，如河北省、贵州省、延安市。

3）房屋所在地农村集体经济组织成员或农村集体经济组织。如北京市、临沂市、焦作市。

在各地不尽相同的表述中，我们可以明显地看出各地对申请人身份认定的界定有着明显的区别。第一种认定为拥有房屋所有权的自然人、法人及其他组织，是指包括通过获得宅基地建房或者直接从农村购买房屋的所有自然人或经济组织，并没有城乡之分或者集体经济组织成员的要求。也许从这里可以找到些许关于小产权房愈演愈烈趋势的依据。第二种认定为依法享有房屋所有权、房地产他项权利的法人、其他组织和自然人。既然提到依法享有的权利的相关人员，我们不妨对相关申请人认定的法律条文进行分析。《物权法》第五十九条规定“农民集体所有的不动产和动产，属于本集体成员集体所有”。《房屋登记办法》第八条规定“办理房屋登记，应当遵循房屋所有权和房屋占用范围内的土地使用权权利主体一致的原则”。第八十二条规定“依法利用宅基地建造的村民住房和依法利用其他集体所有建设用地建造的房屋，可以依照本办法的规定申请房屋登记。法律、法规对集体土地范围内房屋登记另有规定的，从其规定”。第八十七条规定“申请农村村民住房所有权转移登记，受让人不属于房屋所在地农村集体经济组织成员的，除法律、法规另有规定外，房屋登记机构应当不予办理”。对以上相关法律条文的分析可见，所谓依法享有房屋所有权的法人、其他组织和自然人主要是指集体经济组织成员。第三种认定直接明确申请人应该是房屋所在地农村集体经济组织成员或农村集体经济组织。

（3）已开展的产权登记类型各异

《房屋登记办法》对村镇房屋转移登记、抵押登记作了约束性规定。第八十七条：“申请农村村民住房所有权转移登记，受让人不属于房屋所在地农村集体经济组织成员的，除法律、法规另有规定外，房屋登记机构应当不予办理”。第八十八条“依法以乡镇、村企业的厂房等建筑物设立抵押”，没有明确村民住房是否可以抵押。《担保法》第三十条第二款则规定，耕地、宅基地等不得抵押。所以，按现行法律规定，村镇房屋不能办理抵押登记，转移登记也对受买对象进行了严格的身份限制。但目前部分省市（如辽宁省）已设立了村镇房屋转移登记，却没有制定相应的约束条件，有些地方已经开始进行村民住房抵押登记，但由于不符合国家现行的法律法规，尽管村民住房抵押在活跃农村经济方面发挥了一定作用，但是我们认为登记机构承担着潜在的巨大的法律风险。

（4）登记操作程序上存有差异

《房屋登记办法》中的总则第七条“办理房屋登记，一般依照下列程序进行：（一）申请；（二）受理；（三）审核；（四）记载于登记簿；（五）发证”。第八十四条规定，“办理村民住房所有权初始登记、农村集体经济组织所有房屋所有权初始登记，房屋登记机构受理登记申请后，应当将申请登记事项在房屋所在地农村集体经济组织内进行公告。经公告无异议或者异议不成立的，方可予以登记”。而从目前各地的实施情况来看，只有少数省市在本地条例中提到公告，如贵州、焦作、吉林市、延安等地，大多数地方没有明确公告。即便明确公告的，各地的公告方式以及公告时间也各不相同，而且《房屋登记办法》公告的时间和方式也没有明确的界定。

随着《房屋登记办法》的贯彻执行，相信各地村镇房屋产权登记工作会逐渐统一到《房屋登记办法》的相关规定上来。

3．登记面积确认难度大

农村宅基地上房屋的建设因自然、经济和历史等原因，普遍存在“未批先建”、“边批边建”、“少批多建”等现象。村镇房屋建设的随意性与不规范性为农村房屋的初始登记带来了较大的困难，如果按照实际建筑面积进行登记，相当于变相承认违规建房；如果不予以登记，又可能造成登记行为无法完全反映房屋现状，同时还可能造成农村房屋登记工作难以顺利开展。房屋登记机构如何处理好登记中房屋实际建筑面积与合法建筑面积的矛盾，是一个实际操作中很难解决的问题。加之农村房屋缺乏一套科学规范的测量标准，在对许多问题的界定上尚处于模糊状态。另外，农村房屋与城市房屋不同，除用于居住外，还应满足农业生产的需要，如居住房屋旁搭建的猪圈、工具房等，对此类房屋的面积认定也存在着一定的困难。

4. 登记权利主体确认难

2008年7月1日住房和城乡建设部颁布的《房屋登记办法》直接采用了“农村集体经济组织”和“集体经济组织成员”的表述，而农村集体经济组织以及村民身份的认定问题，目前并没有具体的法规依据。从现行法律规定来看，“农村集体经济组织”的概念第一次出现于1982年《宪法》，它赋予了集体经济组织独立进行经济活动的自主权。但在此后的立法中，对其组织形式、经营范围、管理方式等问题规定相对混乱，界定不清。《村民委员会组织法》第五条规定，村民委员会应当尊重集体经济组织依法独立进行经济活动的自主权，说明村民委员会与农村集体经济组织并不是同一概念。而目前，多数村镇在长期的实践中形成了乡镇委员会、村民委员会和村民三级权利主体。尽管广东、天津、河北等地都有地方立法对农村集体经济组织作了界定，但就全国而言，村镇房屋权利主体身份的认定问题仍是一个很大的难题。

另外，村镇房屋共有人权利的确定也是亟待解决的问题之一。农村宅基地是集体经济组织成员用于建造自住房屋的集体土地的一部分。根据《土地管理法》和《物权法》等法律的规定，一名集体组织成员只能占有一定面积的宅基地，且宅基地是无偿提供给集体经济组织成员的规定，农村宅基地的占有、使用具有强烈的人身属性。在我国农村地区，由于婚姻、子女求学、兵役等情况，家庭成员的户籍及集体经济组织成员资格存在一定的流动性与可变性，由此造成房屋共有人的确认存在相当的困难，如夫妻一方属于集体经济组织成员，配偶不属于集体经济组织成员，但房屋是以家庭出资形式建造的，配偶的权利该如何进行保护；另外，如何有效保护家庭成员中未成年人的房屋共有权利，也应该进一步加以规范。通过家庭继承得到的房屋若允许登记，则与一户一宅政策相矛盾，若不允许登记，则又与民法、物权法不符，与百姓长期形成的观念相冲突。

5. 登记实际成本高，收费方式不统一

现有房屋登记机构在城市已拥有自己的成熟队伍，且城市房屋比较集中，交通方便，测绘资料齐全，这就为有效地开展城市房屋登记工作提供了有利的基础条件，也将城市房屋的勘测、登记成本降到了最低。而相对于村镇房屋的勘测登记工作而言，我国农村地域广，农户分布散，工作涉及面大，部分地区地形地势复杂，这些都给登记管理机构现实工作的开展带来了很大的不便，也使得登记成本较之城市的登记成本成指数倍增长。早在1986年2月，原城乡建设环境保护部发出了《关于开展城镇房产产权登记，核发产权证工作的通知》明确指出“房屋所有权登记发证应照章收取的费用，原则上应包括登记费、勘察丈测费、权证工本费等，各地应结合本地情况进行测算确定，并经省、市人民政府批准执行。”但是，对于村镇房屋的产权产籍登记工作，相关部门并没有就费用问题进行具体说明。部分省市在出台地方的村镇房屋产权产籍管理条例时，对于勘测、登记费用的规定也各不相同。有些明确提出收费项目，如山东临沂市，要求交纳登记费、测绘制图费和工本费；有些只收取权属证书工本费，如河北省；有些模棱两可地提到收取相关费用，如枣庄市、大庆市、菏泽市等；更多的地方在制定条例时对费用只字不提。在现行体制下，产权登记部门作为财政预算外单位，自收自支，如果村镇房屋勘测、登记的收费方式问题不能得到很好的解决，将会影响房屋的勘测、登记质量，会严重影响此项工作的进程。

6. 产籍资料不完整，管理基础薄弱

由于特定的历史因素与技术因素的限制，以及地方政府相关职能部门长期对村镇房屋建设疏于管理，无房屋权属证书或者房屋权属证明资料不全的村镇房屋比较普遍，从审批、建设到竣工相关的档案资料不完整，房屋竣工验收证明、房屋建筑面积测绘报告等资料很难收集，特别是房屋登记规定必须是按照合理的规划和设计建设而成的房屋，而农村房屋更多是农民自己组织人手进行建造，根本没有房屋设计图纸，这就给产籍管理带来了巨大的现实困难。

三、全面推行村镇房屋登记制度条件尚不成熟

上述众多问题的存在，既与我国长期以来一直未建立统一健全的村镇房屋登记管理制度，有关政策不配套有关，也与农村房屋特殊性有关。毫无疑问，包含村镇房屋登记内容的《房屋登记办法》的出台，会加速村镇房屋登记工作的推进与规范，但我们认为要在农村全面推行房屋登记制度还为时过早：

（一）现实条件限制了在农村实行房屋登记制度。由于我国幅员辽阔，农村房屋数量众多，情况复杂，初始登记和转移登记需要大量的人力和财力支持，而开展这项工作所需要的大量资金不论是由政府还是由农民来承担都不现实。此外，农民因为各种原因，房屋产权证件、图纸等相关资料丢失或缺失比较严重，许多农民又没有积极性去补办，难以按照登记办法的要求进行产权登记发证。

（二）部分农民没有必须进行房屋产权登记的现实需求。登记的最初目的只是为了维护交易安全，通过登记起到向社会不确定的第三者公示的作用。如果房屋所有权不流转，所有权本身是根本不需要登记的。我国政府对农村宅基地的申请人、受买者有着严格的规定，客观上决定了拥有农村房屋的人群大都是本集体经济组织的成员，这在一定程度上限制了房屋的流转量，降低了房屋财产的价值。因此，部分农民缺乏申请房屋产权登记的内在需求和积极性。

（三）效率低。由于农村住房比较分散，加上登记必须需要专业测量，比较耗时，登记发证工作效率低下。

一些地区推进村镇房屋产权登记速度慢的事实也证明了这一点。浙江东阳市早在2000年就出台了“关于在城镇规划区外开展房屋所有权登记工作的意见”，开展农村房屋登记工作。但直到2005年仅在28个村庄开展了这项工作，登记率平均为75%，而发证率仅为45%。嘉兴市各县市已分别设立了试点，只有秀洲区、桐乡以及海宁进行了产权证的发放，而且数量不多，至2009年3月秀洲区实际发放了14户，桐乡

实际发放了8户，海宁197户。温州提出了在2012年前基本完成农村住房和宅基地的确权、登记和颁证工作。

因此，鉴于村镇房屋的现状与特殊性，认为：通过立法对农村房屋所有权的全面登记进行引导与规范是必要的、必需的。但是，要像城市一样实行全面的房屋登记制度，条件尚不成熟。我们认为各地应该根据当地的实际，坚持先易后难、循序渐进、全面推开的原则，有序推进集体土地上房屋登记工作，千万不可冒进。

四、关于完善村镇房屋产权产籍管理的相关建议

（一）借修订《条例》之机，为村镇房屋登记提供统一的法律依据

前文述及，当前各地村镇房屋产权产籍管理存在发证机构混乱、证书形式多样、登记做法不一等诸多突出问题。法律依据不统一是造成这些问题的不可忽视的主要原因之一。原《城市房屋权属登记管理办法》只适用于城市规划区国有土地范围内的房屋权属登记，范围外的房屋权属登记只能参照执行。各地方政府在无法可依的情况下，只能依据《条例》第二十八条，参照《城市房屋权属登记管理办法》的相关规定自行制定村镇房屋登记的实施办法。由于各地对国家相关规定的理解不一致，再加上各地房屋登记管理程序上存在着现实差异，遂形成目前全国登记规范不统一的局面。现城乡统一的《房屋登记办法》业已施行，从法律、法规的效力等级上来看，与该办法有矛盾的各地房屋登记的地方性规章均不再适用。然而《条例》第二十八条关于县级以上人民政府建设行政主管部门管理村镇房屋产权产籍的规定与《房屋登记办法》的相关规定并不完全一致，而偏偏作为行政法规的《条例》效力高于作为部门规章的《房屋登记办法》，《房屋登记办法》第八十二条第二款还特别规定："法律、法规对集体土地范围内房屋登记另有规定的，从其规定。"鉴于此，我们认为，有必要借住房和城乡建设部正在开展《条例》修订工作之机修改《条例》第二十八条，以实现村镇房屋登记法律依据的统一。具体的修改建议方案有三：

修改建议方案一：直接删除《条例》第二十八条。支持该建议的具体理由是：(1) 作为指导我国村镇建设的基本法规，《条例》的立法宗旨在于加强村庄、集镇的规划建设管理，其调整范围也重在村庄、集镇的规划建设活动，而非村镇房屋的产权、产籍管理。该条例的上位法《城乡规划法》和《建筑法》均未涉及房屋的产权、产籍管理，因此也无须在该条例中对村镇房屋的产权、产籍管理作出特别规定；(2) 在《物权法》已经明确要求法律、行政法规对不动产统一登记制度作出规定的情况下，再在一个后修订的行政法规中单独就村镇房屋产权、产籍管理作出规定，有欠妥当。当然，该修改建议方案的不足之处则在于：如果《条例》不对村镇房屋的产权、产籍管理作出原则性规定，《房屋登记办法》对村镇房屋登记的规定欠缺上位法依据。为弥补这一缺陷，建议在《房地产法》修订中增加有关村镇房屋登记与管理的内容，当然迫不得已而为之的。

修改建议方案二：将《条例》第二十八条修改为："县级以上人民政府建设（房地产）行政主管部门应当按照国务院建设行政主管部门制定的具体办法，加强对村庄、集镇房屋的产权、产籍管理，依法保护房屋权利人的合法权益。"与建议一不同，建议二保留了《房屋登记办法》调整村镇房屋登记的上位法依据，但与《物权法》关于统一不动产登记的立法精神相悖，不利于改变目前较为混乱的现状。当然，也不可能在法律法规上明确村镇房屋产权产籍管理中需要进一步明确的一些问题，因此，我们认为这一方案不可取。

修改建议方案三：删除《条例》第二十八条，在条例中单列一章"村镇房屋登记与交易管理"，类似于城市房地产管理法的结构，《城市房地产法》第四章和第五章分别对"城市房地产交易"，"房地产权属登记管理"作出了规定，为此后出台的《城市房屋权属登记管理办法》、《城市房地产转让管理办法》、《城市房屋租赁管理办法》、《城市房地产抵押管理办法》等一系列部门规章的出台提供了很好的依据。

考虑到目前村镇房屋建设管理乱、管理难度大、基础薄弱，受到的各方利益冲击多，我们认为，有必要在《条例》中单列一章“村镇房屋登记与交易管理”，以提高已经达成共识的一些做法的法律效力，并解决一些目前还有争议但已基本明晰的法律问题。

（二）坚持积极稳妥推动农村房产登记有序开展，逐步实现集体土地房屋和国有土地房屋同平台登记

《物权法》第十条第二款明确规定：“国家对不动产实行统一登记制度。统一登记的范围、登记机构和登记办法，由法律、行政法规规定。”理论界和实务界公认，本款规定旨在建立统一的不动产物权登记制度，以彻底解决不动产登记机关与行政管理机关职能一一对应，多头登记的现状。所谓统一登记制度，是统一法律依据、统一登记机关、统一登记效力、统一登记程序和统一权属证书的五统一的制度。从立法层来看，本款规定确立了不动产统一登记的原则，提供了统一登记的原则性法律依据，是立法的重大进步。2008 年 7 月 1 日施行的《房屋登记办法》首次将村镇房屋登记一并纳入城乡房屋登记的统一体系，在第四章专章规定“集体土地范围内房屋登记”，率先为房屋登记领域实现统一登记，并最终实现《物权法》所要求的不动产统一登记制度走出了可贵的一步。

但鉴于目前集体土地上房屋登记工作的复杂性和特殊性，本着实事求是，尊重现实的态度，我们认为城市国有土地上房屋登记和农村集体土地上房屋登记暂时还不具备纳入同一模式、同一管理、统一规则的条件。全国实现城乡房屋统一登记将是一个长期的过程，要克服不顾农村实际盲目全盘套用城市房屋登记规定和操作模式的念头。当前，首要的任务是制定科学合理的业务规范和操作流程，推动农村房产管理有序开展，在有条件的地方引导实现集体土地房屋登记和国有土地房屋登记同一平台，分类登记，为构建不动产统一登记制度预留接口。

（三）村民住房登记应当坚持依申请自愿登记的原则

根据《物权法》第三十条规定，只要合法建造的房屋，自房屋建成之日起，建造人就取得房屋的所有权。无论其是否申请所有权初始登

记，法律均保护其所有权不受侵害。而现阶段由于村民住房不能抵押，转让又受一定限制，登记发证更多的只具有确权的基础性作用，没有更进一步的实益。另一方面，房屋登记和土地登记不同，《土地登记办法》有关总登记的规定，土地登记机构有在一定时间内对辖区内全部土地或者特定区域内土地进行全面登记的职责。房屋登记机构只有依申请办理登记的职责，没有强制要求权利人进行房屋登记的职权。再考虑到申请登记资料不全、申请登记收费等其他因素，可以预料的是，对于没有转让房屋现实需要的村民而言，申请登记的积极性并不高。即便村民怠于申请登记，登记机构仍然应当坚持依申请登记和自愿登记的原则，要通过宣传、提供便民服务等方式鼓励申请登记，为村民申请登记提供便利，而不能强迫村民申请房屋登记。

（四）严格程序，规范操作

住房和城乡建设部新颁布的《房屋登记办法》已就集体土地房屋登记作了明确规定，必须严格执行。在此，特别要强调以下三点：

1. 严格把握产权登记的主体

集体土地房屋所有人身份应该是该农村集体经济组织成员。这是由房地权利一致原则决定的。宅基地使用权是一种带有身份性质的财产权，只有具有农村集体经济组织成员资格的人才能取得，因此，集体土地上房屋的受让人也必须是有资格取得宅基地使用权的本集体经济组织成员。目前，国家政策、法律和法规对集体土地上房屋转移有严格的限制条件。《国务院办公厅关于加强土地转让管理严禁炒卖土地的通知》(国办发〔1999〕39号）和《国务院关于深化改革严格土地管理的决定》(国发〔2004〕28号）均明确禁止农村房屋向城市居民流转，农民的住宅不得向城市居民出售，也不得批准城市居民占用农民集体土地建住宅，有关部门不得为违法建造和购买的住宅发放土地使用证和房产证。

2. 强化公告程序

村镇房屋产权登记主要分为申请、受理、审核、公告、记载于登记簿、发证、档案管理七个环节。与城市房屋登记相比，增加公告环节，房屋登记机构受理登记申请后，应当将申请登记事项在房屋所在地农村集体经济组织内进行公告，经公告无异议或者异议不成立的，方可予以登记。将公告程序作为村民住房所有权初始登记、农村集体经济组织所有房屋所有权初始登记的必经程序的目的主要有三个：第一，体现和突出村民自治作用。按照新农村建设"生产发展、生活宽裕、乡风文明、村容整洁、管理民主"的二十字方针，充分调动和发挥村民自治组织的积极性。第二，农村房屋历史沿革和权属来源非常复杂，建设审批资料严重欠缺，在房屋权属核准登记之前，进行必要的公告，通过征询利害关系人和知情人房屋权属异议，及时发现问题，纠正潜在错误，确保房屋权利登记和权属证书颁发的合法性和准确性。第三，集体土地使用权的流转范围有限且农村属于熟人社会，大家相互比较了解，因此公告最能有助于判断房屋的权属，以免引发争议。现在一些地方忽视公告程序，应该予以纠正。

3. 统一村镇房屋产权证登记要件

由于房屋登记以形式审查为主、再辅以必要的实质审查，因此，申请登记要件的完整性、准确性对提升审查效率、提高审查质量起着至关重要的作用。结合村镇房屋的特点，建议要件包括：

（1）登记申请书。村镇房屋登记依自愿登记原则，登记申请书是其自愿登记的意思表示。

（2）申请人的身份证明。这是一般登记都必须具备的身份证明材料。

（3）宅基地使用权证明或者集体所有建设用地使用权证明。土地是房屋依附的基础。这两项证明是集体土地上房屋合法存在的前提。

（4）申请登记房屋符合城乡规划的证明。在1993年《条例》实施以后，农村个人建房必须颁发《农村个人住房建设工程规划许可证》方可开工，故此证是房屋作为合法建筑的重要证据。对于1993年之前没有规划许可证而建造的房屋，若有村或乡镇以上的批准建设证明也可。

（5）房屋测绘报告或者村民住房平面图。根据2000年实行的《房产测绘管理办法》，对房屋进行初始登记或变更登记都必须进行测绘。故对2000年以后建造的房屋，必须提供测绘报告；而2000年之前建造的房屋，需提供正规的住房平面图。

（6）农村集体经济组织成员的证明。若是住房所有权初始登记的，还应当提交申请人属于房屋所在地农村集体经济成员的证明。因为宅基地及其上所盖建筑只有集体经济组织成员才能享有。

（7）其他必要材料。视具体审查情况而定。

（五）村民住房可以考虑登记批建面积

针对前文述及的利用宅基地建造的村民住房普遍存在登记面积难以确定的问题，我们建议的权宜解决办法是在办理村民住房所有权初始登记时，登记批建面积，不进行实测。理由是：

1. 村民住房的合法建造必然依法办理用地、规划、开工许可，有权部门批准建造的面积数据容易取得。

2. 在现有法律政策背景下，村民住房不能抵押，转让也仅限于本集体经济组织内部，其交换价值远不如其使用价值，实测面积对村民住房而言并不是很重要。

3. 如果申请登记的村民住房存在超建事实，只登记批建面积，并辅以超建违法的宣传和教育，也足以警示潜在买受人对该村民住房的风险进行评估，已经足以维护交易的安全。

4.《物权法》第十一条规定："当事人申请登记，应当根据不同登记事项提供权属证明和不动产界址、面积等必要材料。"可见提供面积证明的义务在于申请人。如果要求申请登记的村民提供其住房的测绘报告，必然增加村民负担，更减弱了村民申请房屋所有权初始登记的积极性。如果参照部分地方政府的现有做法，由登记机构主动调查房屋建筑面积，则必然增加政府财政支出，降低登记效率。既然两难，不如不测。

5.《房屋登记办法》第三十条规定："国有土地范围内房屋申请所有权初始登记应当提交房屋测绘报告，同法第八十三条规定集体土地范围内房屋申请所有权初始登记应当提交房屋测绘报告或者村民住房平面图”。可见建设部已经预留了变通空间。完全可以要求利用其他集体所有建设用地（包括乡镇企业建设用地和乡镇/村公共设施、公益事业建设用地）建造的房屋申请所有权初始登记应当提交房屋测绘报告，而村民住房申请所有权初始登记只需提交房屋平面图和批建面积。

（六）村民住房登记应严格执行一户只有一处宅基地，但不应拘泥于一户只能拥有一处集合式农民公寓

《土地管理法》第六十二条第一款规定：“农村村民一户只能拥有一处宅基地，其宅基地的面积不得超过省、自治区、直辖市规定的标准。”但是，实践中由于种种原因，相当一部分村民拥有两处以上宅基地和住房，而且宅基地的面积也是多少不均。《房屋登记办法》对此未作相应规定，只是在第八十六条第二款规定：“申请村民住房所有权转移登记的，还应当提交农村集体经济组织同意转移的证明材料。”一定程度上将这一难题的判断和决定权交给了农村集体经济组织。然而，《房屋登记办法》第八十四条有规定：“办理村民住房所有权初始登记、农村集体经济组织所有房屋所有权初始登记，房屋登记机构受理登记申请后，应当将申请登记事项在房屋所在地农村集体经济组织内进行公告。经公告无异议或者异议不成立的，方可予以登记。”因此，仍然存在农村集体经济组织成员以《土地管理法》第六十二条第一款规定为实体法依据提出异议的可能，房屋登记机构仍将面临必须就该异议是否成立作出判断和决定的尴尬。

我们认为，由于继承、赠与、集体组织内部转让等种种原因，一户村民拥有一处宅基地以上的不在少数，这需要通过宅基地退出机制加以解决。当前，为稳定农村土地市场，仍需严格执行一户村民只能拥有一处宅基地的规定，即拥有独立宅基地的房产只能登记一处。但是，对在城中村改造、或新农村建设中，以退还宅基地补偿农民公寓方式，农民合法取得的多套农民公寓应予登记发证。

（七）做好登记制度的前后衔接和过渡工作

我们认为，在贯彻实施《房屋登记办法》的过程中，应做好登记制度的前后衔接和过渡工作。在《房屋登记办法》实施前已经按照《条

例》进行集体土地上房屋登记发证的地方，原权属证书继续有效，不得强行要求农民重新申请登记。

（八）统一村镇房屋产权证书式样

由于之前对村镇房屋的发证重视不够，致使全国多头发证的情况较为普遍，既有县市房产管理部门发的房产证，也有村里发的村镇住宅证，还有镇里建设部门发的房产证，从而导致村镇房屋产权证书也是五花八门、式样各异。这种状况的长期存在，不但大大降低了村镇房屋产权证书作为农民享有物权证明的权威性和严肃性，也非常不利于登记管理部门的日常管理，更为日后开展土地流转埋下了隐忧。因此，从彻底理顺村镇房屋产权管理体制的角度出发，建议在全国范围内统一村镇房屋产权证书的式样，并提供两套方案供选择：

1. 城乡一体方案。即村镇房屋产权证书与城市房屋产权证书在颜色、规格等式样方面均统一，仅在备注栏注明“集体土地”字样。这样做的好处是可以消除城乡人为隔离，让村镇房屋在形式上与城市房屋“平起平坐”。这个做法可能带来的一个缺点是银行、工商等部门在审核时容易混淆。

2. 城乡有别方案。即村镇房屋产权证书的颜色为蓝色或黄色，与城市房屋产权证书的红色相区隔，但规格基本一致，同时在备注栏注明“集体土地”字样。这样做的好处是银行、工商等部门在审核时可以辨别清楚。

（九）严格规范农房登记收费标准和收费范围

在目前的城市房屋登记发证过程中，主要收费项目包括房屋登记费、证书工本费、印花税、房产测绘费、住房交易手续费等五项。以浙江省杭州市为例，房屋登记费住房为80元/套，非住房为550元/套；证书工本费为10元/本；印花税每证5元；房产测绘费中住宅用房测绘每平方米建筑面积0.80元，其他用房实测绘每平方米建筑面积1.20元；住房交易手续费中新建商品住房按建筑面积3元/m^2向转让方收取。如果按城市房屋的登记发证收费标准对一套300m^2建筑面积的村镇房屋初始登记（假定需要测绘）费用进行套算，则村民需要缴付的费用为 80 + 10 + 5 + 240 = 335 元；若这套村镇房屋再进行交易，则转让方需再缴纳 900 元的住房交易手续费。

如果完全照搬城市房屋的收费方法，既增加了农民负担，也有违国家发改委、财政部对涉农价格和收费政策清理整顿的精神。2008 年 4 月，为清理规范涉及农村基础设施建设的收费项目和标准，严禁有关部门和单位借新农村建设之名加重农民负担，发改委、财政部下发通知公布十项政策界限清理整顿涉农价格和收费，其中关于“农民建房收费”，明确规定“农民利用集体土地新建、翻建自用住房时，除国土资源部门可以收取土地证书工本费和建设部门可以收取《房屋所有权登记证书》工本费外，其他行政事业性收费一律取消”。

《房产测绘管理办法》第六条规定：“有下列情形之一的，房屋权利申请人、房屋权利人或者其他利害关系人应当委托房产测绘单位进行房产测绘：（一）申请产权初始登记的房屋；（二）自然状况发生变化的房屋；（三）房屋权利人或者其他利害关系人要求测绘的房屋。房产管理中需要的房产测绘，由房地产行政主管部门委托房产测绘单位进行”。同时第十条规定：“房产测绘所需费用由委托人支付。房产测绘收费标准按照国家有关规定执行。”该办法明确了包括村镇房屋在内的房屋进行初始登记、变更登记时，都必须进行测绘，并且测绘费用由委托人支付，具体测绘单位由房地产行政主管部门委托。

因此，根据国家的相关政策和扶持“三农”的精神，结合产权管理部门作为自收自支的财政预算外单位，连起码的成本都不能保证，农村产权产籍管理工作难以为继这一实情，建议对村镇房屋登记发证时，由地方政府补贴一部分成本，登记机关只收取证书工本费、合理分担或不收测绘费。对于有条件的地区，证书工本费也可以适当减免。如从 2008 年以来，杭州、重庆等地先后发文取消了房屋所有权证书工本费，以进一步减轻城乡居民的负担。而由于测绘费相对较高，从鼓励农民产权登记、减轻农民负担的角度出发，建议采取由政府、农民分担测绘费用的方式，具体分担比例可由当地政府依据自身的财政实力确定。如浙江嘉兴市南湖区在2008年登记发证时，测绘费用由区政府、镇政府、农户分别按35%、35%、30%的比例承担，这样以一套300平方米的房子测绘为例，农户实际只需缴纳72元，这个费用应该是一般农户都可以承受的。

（十）加强对农房登记人员的业务培训，完善登记机关的组织建设

目前各地产权登记部门机构设置、人员配置、人员素质都不适应面广量大的村镇房屋产权发证和管理，各地要在以下几方面加大工作力度，为开展与完善村镇房屋产权登记作好组织与技术准备：1. 完善登记机关组织建设，各地要有专门的机构或部门从事登记村镇房屋产权；2. 做好人员培植和培训工作，村镇房屋产权登记工作情况复杂、政策性很强，各地要积极开展业务培训，尽快建立起一支业务通、技术精、服务好的集体土地房屋登记发证队伍，确保登记工作积极稳妥有效地开展。3. 加快完善地方性法规与政策文件，为农房登记提供依据。各地要结合本地实际，会同有关部门，本着尊重历史的原则，区分不同时期的政策，以《土地管理法》、《城乡规划法》、《村镇和集镇规划建设管理条例》等法律法规颁布实施为区分依据，提出不同时期农民住宅建房合法手续认定依据和人均（户均）建设面积的控制标准，以及超面积标准建设房屋的处理意见，报当地政府批准后，作为农房登记的依据。4. 加大计算机等现代化的管理手段的开发与使用。

（十一）加强舆论引导作用，逐步提高农房登记率

农房登记工作政策性强，与广大农民群众切身利益息息相关。在农房登记中，我们既要尊重农民的意愿、又要引导农民积极参与，一方面，要利用各种媒体力量，进一步扩大农房登记重要意义的宣传，为农房登记工作营造良好的舆论氛围。另一方面，产权登记部门要组织专门力量，深入到乡镇、村居，采用老百姓喜闻乐见的方式，提高广大农民对农房登记的认知度、接受程度。

第五节　村容镇貌与环境卫生管理（以广东省等为例）

一、村容镇貌与环境卫生管理的状况及要求

（一）现状评述

改善村庄人居环境，改变村容镇貌，是解决三农问题，实现全面建设小康社会目标的重要举措。改革开放以来，我国村镇人居环境发生了巨大变化。在村镇建设过程中，全国各地建设系统加强了村镇基础设施建设和整治建设，村镇人居环境全面改善，不仅让农村百姓直接感受到社会主义新农村建设给他们的生活带来的巨大变化，同时还转变了农民的生产生活方式，改善了发展环境，村镇建设工作成效显著。

1. 坚持规划先行，不断加强重点镇基础设施建设。江苏省安排专项资金，重点支持全省1000个三类村庄规划编制、1万个一般村庄平面布局规划编制、20个重点中心镇修建性详规编制、200个村庄环境整治试点、10个生活污水相对集中试点、20个特色示范村庄建设六项重点工作。浙江省加快村镇基础设施建设，推进城乡基础设施一体化。通过供水管网延伸和新建、改造镇级水厂生产工艺等途径，超额完成城镇集中供水新增农村人口100万人任务。继续在发达地区、平原地区推行“户集、村收、镇运、县处理”生活垃圾收集处理模式，新建乡镇生活垃圾中转设施229座。农村生活污水处理也取得了重要进展。

2. 村镇技术指导力量不断加强。广东省先后编制了《村镇规划指引》、《广东省村庄整治规划编制指引》、《广东省建设社会主义新农村发展纲要（2006－2010年）》等。湖北省编印了《湖北省新农村建设村庄规划设计导则》和《湖北省新农村建设村庄整治技术导则》。辽宁省选择了一批应用《社会主义新农村住宅图集》建设村镇民居的示范典型进行推广，使全省新建农宅使用或参考使用《图集》的比率达到30%以上，涌现出一批节能省地型农宅建设典型。

3. 农民参与力度加大。由于村庄整治效果明显，广大农民纷纷投工投劳，参与到村庄建设中来。四川省南充市充分发挥农民的主体作

用，坚持“谁受益、谁建设”和“村民自治、一事一议”原则，广泛发动群众。农民群众参加村庄建设的积极性空前高涨。据统计，今年南充市群众累计投入新农村建设资金达8000万元，投工365万个工日。贵州省建设厅在村庄整治中共投入资金2082万元，带动各级政府和社会投资8300余万元，农民投工投劳20余万个工日。

4. 示范带动作用明显。各地村镇建设的示范镇、示范村的作用明显体现，带动了农村发展。云南省曲靖市麒麟区白石江办事处在迁村并点过程中，组织村民投资建设建材市场和出租综合市场，开辟了农民增收致富的渠道，使农民有了长期稳定的收入来源。临沧市沧源县有一半左右的村庄完成了整治。他们注重资源整合，将国家实施的“兴边富民工程”、“整村推进工程”和“茅草房改造工程”结合起来，突出重点，整村推进，统一采购材料和设备。

同时，由于农村地区人口多、村庄分散、经济实力薄弱，加上长期以来，在农村基础设施建设方面财政投入少，历史欠账多；随着人口的增长和生产的发展，垃圾、污水、废弃物大量产生，打破了自然经济状态下生态环境的自我平衡；农村人居环境建设缺乏规划引导，管理缺位，使新老问题叠加。（1）村庄及农房建设缺乏规划引导。沿公路建房，居住点散乱；建新房不拆旧房，村庄建设用地浪费较大，部分地区出现严重的“空心村”现象。农民反复拆建自有住房，不仅影响农民自身财富的积累，而且造成社会资源的巨大浪费，加剧了资源环境的紧张。（2）农村基础设施落后。据有关部门2005年组织的调查，我国41%的村庄没有集中供水，96%的村庄没有排水和污水处理系统，40%的村庄行路难，72%的村庄畜禽圈舍与住宅混杂，89%的村庄垃圾随处丢放，95%的村庄没有消防设施。在农村居住区，每年工业和建筑废弃物总量达6.5亿吨，农村自身又产生1.2亿吨生活垃圾，很多地方直排的生活污水污染了农村的沟渠、水塘、溪流和地下水。

因此，必须以科学发展观为指导，坚持统筹城乡环境保护原则，以农村饮用水安全为首要任务，着力改善村镇人居环境、促进农业可持续发展、提高农民生活质量和健康水平、积极推进环境友好型的农村生产生活方式，建设清洁家园、清洁水源、清洁田园、清洁能源，促进社会主义新农村建设，为构建社会主义和谐社会和全面实现小康社会宏伟目标提供环境安全保障。

（二）建设要求

1. 建设社会主义新农村，加强人居环境治理，突出地方特色

《中共中央国务院关于推进社会主义新农村建设的若干意见》提出“各地要从实际出发制定村庄建设和人居环境治理的指导性目录，重点解决农民在饮水、行路、用电和燃料等方面的困难，引导和帮助农民切实解决住宅与畜禽圈舍混杂问题，搞好农村污水、垃圾治理，改善农村环境卫生”。

“注重村庄安全建设，防止山洪、泥石流等灾害对村庄的危害，加强农村消防工作。村庄治理要突出乡村特色、地方特色和民族特色，保护有历史文化价值的古村落和古民宅。”

建设村镇人居环境要突出乡村特色、地方特色和民族特色，保护有历史价值的古村落和古民宅。要统筹安排各项建设任务；要充分考虑农民的切身利益和发展要求，在促进农村经济发展的基础上，区分轻重缓急，突出建设重点，加强饮水安全、农田水利、乡村道路、农村能源等基础设施建设。

2. 加强村庄整治工作，改善农村基本生产生活环境

住房和城乡建设部《关于村庄整治工作的指导意见》指出“村庄整治是社会主义新农村建设的核心内容之一，是惠及农村千家万户的德政工程，是立足于现实条件缩小城乡差别、促进农村全面发展的必由之路。加强村庄整治工作，有利于提升农村人居环境和农村社会文明，有利于改善农村生产条件、提高广大农民生活质量、焕发农村社会活力，有利于改变农村传统的农业生产生活方式”。

村庄的整治项目主要的十大类包括“整修村庄内部道路、整修建设村庄供水设施、整治村庄内排水设施、整治村庄垃圾、整治人畜混杂居住环境、整治村庄废旧坑（水）塘与河渠水道、整治建设公共活动场所、整治村容村貌、整治空心村、整治保护历史文化村庄”等。

村镇规划建设，要一切从农村实际出发，尊重农民意愿，按照构建和谐社会和建设节约型社会的要求，组织动员和支持引导农民自主投工投劳，改善农村最基本的生产生活条件和人居环境，促进农村经济社会全面进步。

3. 加快城乡统筹进程，提高村镇建设水平

党的十六届三中全会明确提出“统筹城乡发展”战略，统筹土地利用和城乡规划，统筹城乡产业发展，统筹城乡基础设施建设和公共服务，统筹城乡劳动就业，统筹城乡社会管理，提高村镇人居环境水平，促进中心城市与周围城镇以及它们所在的乡村区域协调发展。

为了加快城乡经济一体化，加快城乡经济又快又好地发展，改善农村人居环境，推进城镇化，需要对村镇人居环境现状存在的问题与改进方向、措施进行研究。同时，村容镇貌与环境卫生管理作为村镇人居环境的重要因素，是本研究报告的研究重点。

二、村容镇貌、环境卫生管理存在的问题及原因

(一) 建设方面

1. 村镇建设布局凌乱，不同功能用地杂处，生产生活相互干扰

村镇的建设一直以来依赖于村规民约进行管理，随着市场经济观念的深入人心，村规民约对于村民建设的约束力度减弱，而现代村镇规划与管理制度尚未建立健全，宅基地划拨随意性较大，导致不少村镇建设布局凌乱（见图8-5）。在经济发达地区村庄内住宅密度高、间距小、缺乏开敞空间，工业区与居住区没有明确的区分与必要的隔离设施，相互干扰大；在经济欠发达地区，村镇内建设密度低，占用基本农田现象严重，同时养殖区与居住区混杂（见图8-6），严重影响村民居住环境质量。

2. 村镇建筑质量差，风貌杂乱（分别见图8-7，8-8）

在经济发达地区，土地被征收后村民的重要经济来源是房屋租金，因此部分村民出于追求可出租面积的目的而一再对私宅进行低成本加建，地基负荷大，建筑质量无法得到保证。在经济欠发达地区，大量村

图 8-5　建筑布局凌乱

图 8-6　养殖区与居住区混杂

图 8-7　村庄建筑质量低

图 8-8　风貌杂乱

民进入城市打工，“空心村”现象严重，村内建筑常年缺乏维护，安全隐患较大。建筑质量差还体现在村内建筑外观杂乱，对村庄形象以及城市景观造成不良影响。

3. 盲目大拆大建（见图 8-9），对自然生态破坏较大

图 8-9　大拆大建

在村镇建设规划过程中，经常会犯一些错误，如推山、砍树、开山建房对植被的破坏、填池塘河流、改直道路、截弯河道、破坏优秀的传

统文化建筑和历史风貌等。出现这种现象的根源在于地方领导热衷于大拆大建，为了漂亮美观，整齐划一，动辄将整个村镇推倒重建。

4. 城乡混杂，地域特色逐步丧失

新农村建设是一个综合发展的事业，而一些地区简单地理解为“拆旧翻新”，完全没有考虑地域的自然和人文特色，盲目大开大建。在中国平均每天减少70个村落，其中伴随着历史文化村落和乡土建筑的消失，盲目的城市化将造成千篇一律、千村一面、整齐划一的村容镇貌，最终导致农村丰富多彩的历史文化逐步丧失。

5. 市政公用设施供应不足，村镇安全与环境质量无法保障

市政公用设施的建设依赖于公共投资，由于村镇公共设施建设长期未被纳入政府公共投资的范畴，其建设主要依赖于村集体经济的发展和投入，因此，村镇地区普遍存在市政公用设施缺乏的问题。据统计，2005～2007年村镇人均公用设施投资分别为92元、122元、134元，而同期城市市政公用设施固定资产人均投资分别为1561元、1494元，1731元，投资差距一直在12倍以上。此外，市政公用设施供应不足主要表现在：

（1）缺乏必须的给排水设施（见图8-10）。多数村庄尚未敷设必要的给排水设施，饮用水水质无法保证，污水排放缺乏组织，严重影响村庄环境质量与村民生活质量的提高。据对远郊村的调研结果，有81%的村庄存在自来水管道老化和严重老化导致的管道渗漏问题，5%的村庄完全没有自来水，100%村庄没有下水道和污水处理系统，90%的农户依然使用传统的家庭粪坑，97%的村庄存在不同程度的人畜混杂问题。

图8-10　缺乏给水排水设施

（2）环卫设施少（见图8-11），无害化处理率低。大多数村庄缺乏垃圾收集点，垃圾堆放随意，无统一处理设施。村庄缺乏公共厕所，村民厕所卫生条件差，对村庄公共卫生造成一定的隐患。每年产生的约1.2亿吨的农村生活垃圾几乎露天堆放，使农村聚居点周围的环境质量严重恶化。

图8-11 环卫设施少

（3）缺乏必要的消防、抗洪等防灾设施，应对突发事件能力差。由于城乡发展不平衡，农村基础设施建设相对缓慢，乡镇防灾规划和防灾设施基础十分薄弱。特别是随着农业产业结构的调整和城镇化进程加快，乡镇防灾规划和防灾基础设施建设、防灾安全管理等方面滞后经济社会发展的矛盾越来越突出。据调查，100%村庄公共消防设施和消防设备上的投资为零。

6. 养殖污染严重，公共卫生安全受到影响

农村的畜禽养殖方式是与当地的生产生活方式密切相关的。现阶段，很多经济欠发达地区的农村还是以人畜混杂、畜禽混养的家庭散养为主，卫生条件差，防疫意识淡薄，防疫措施难以落实，形成的环境污染严重。

落后的养殖方式是影响公共卫生安全的重要原因之一。《国际兽医卫生法典》规定，对公共卫生具有重大影响的15种A类传染病和90种B类传染病中，相当一部分是人畜共患病。近年来，许多国家被这些重大动物疫病及其引起的食品安全等问题所困扰。而动物疫病大多发生在散养殖户，而规模化养殖场和养殖小区发病几率较低。只有禁止这种落

后的家庭单户圈养方式，才能降低公共卫生安全风险。因为，一时的经济阻碍带来的贫穷只是个体的，而真正的公共卫生安全带来的影响是全球性的。

（二）规划方面

1. 规划思路上："贪大求洋"（见图 8-12）、"被动应付"

图 8-12　贪大求洋

在村镇建设过程中应突出重点，有针对性地解决村镇的实际问题，避免以建设城市的观点和方式来建设村镇，很多村镇村容镇貌建设盲目地"贪大求洋"，为了政绩开发建设"大广场"、"大草坪"等超大规模的景观空间，并在外地购买奢侈的"名贵石材"、"高档草皮"等高档材料，一味地求"洋"、求"雅"，这种片面地追求景观效果是违背群众意愿的，不论是在生态效益，还是经济价值上都不值得提倡。

在一些村镇建设规划过程中，编制单位没有充分挖掘村镇的资源，只是在规划中一味地向国家和政府要资金、要政策、要项目，过多地依靠政府，缺乏建设规划的主动性，没有很好的指导当地村镇的建设发展。

2. 规划技术上：照搬城市标准，缺少村镇规划样板

在村庄规划中，很多编制单位前期没有充分调研，在不了解村民经济状况、生活方式和生活习惯的情况下，仅仅按照城市的方法和标准来制定村镇规划，随意地拆建或布局各种设施和功能用地。同时目前村镇规划标准尚没有国家统一的技术规范，各地自己制定，缺乏切合村庄实际的样板与技术标准。

3．规划安排上：缺乏城乡设施的统筹安排，村镇人居环境水平低

当前村镇市政公用设施与公益性设施严重缺乏，环境卫生差，很关键的一个原因就是缺乏设施的城乡统筹安排。农村的问题，仅仅靠农村是解决不了的。比如说生活污水、垃圾处理问题，必须在县域范围统筹考虑。

4．规划程序上：村民参与不足，脱离群众需要

村庄的真正使用者是村民。为此，在村庄建设规划过程中的主体应该是村民。然而，目前大多数村镇建设工作在实际操作过程中，往往忽略了"力求简单易懂，便于操作，方便村民参与，体现村民意愿"的原则，没有进行充分的现状调查，征求村民意愿，了解村民实际需求。

（三）管理方面

1．事权划分上：村镇建设主体不明确，管理权责不合理

村镇建设混乱，建设主体不明确，管理水平低，与目前村镇建设管理权责不合理有很大关系。村民自主建设与管理的主动性没有充分发挥，政府也没有给予有效的指导与帮扶。由于农村公共设施分散，不可能完全由政府来建设管理。长期以来，村镇的建设管理主要靠村集体组织和农民投工投劳自行解决。改革开放后，随着市场经济的发展和经济体制改革的不断深入，村集体组织逐步丧失能力，造成村管理主体责任缺失。同时，政府作为引导与支持投入不足，直接面向社区的县乡政府事权财权不匹配，也造成了农村人居环境落后的面貌长期难以改变。

同时村集体与村民需要做什么，乡镇政府需要管什么，需要进一步明确。按照"二级政府、三级管理、四级网络"的管理体制，总体来看，国内各大村镇建设管理网络不健全，乡镇、街道、社区没有专门管理机构，存在着认识不高、责任不清、管理不力等现象，造成环境卫生专业队伍以外的区域环境、城乡结合部、城中村等卫生死角盲点较多，是环境卫生管理工作中的薄弱环节，村镇卫生环境较差。

2．人员管理上：村镇管理体制不合理，机构设置不完善，管理人员素质偏低

乡镇政府的职权十分有限，很多人财物统归县职能部门垂直领导管

理，人权和事权不统一，凡是制定的涉及这些部门利益的政策都无法有效执行，难以对乡镇经济社会的运行实施统一、协调的管理和服务。

各地村镇建设管理机构五花八门，没有专门的服务机构，甚至没有相应机构及人员，缺乏完善的人员构架，致使建设管理无法有效开展。

村镇管理服务人员中真正懂技术、会管理的工作人员少，在行使审批建设过程中，很难给出科学合理的指导，建设秩序混乱，不按法律程序办事，又不服从规划管理的现象较普遍，管理服务的不到位，造成占用和浪费土地严重，一户多宅现象造成土地资源的巨大浪费，旧房无人维护也严重影响了村容镇貌。

3．经费保障上：公共服务投入少，建设维护水平低，建设管理缺乏经费保障

新农村建设是一个系统的、长期的工程，不仅在解决路、水、电基础设施建设方面需要投入大量资金，且在后续整体规划推进中需要大量的资金作为保障。长期以来，国家对村镇一级的基础设施建设投入较少，村镇居民的投入主要偏重于居住与日常生活需要方面，公共基础设施的投入明显不足。

在财政改革的背景下，镇级财政经费十分紧张，大部分村级集体收入也不宽裕，配套资金严重不足。农民群众自主办公益事业的意识不强，农村基层组织的筹资办法和途径较少。

同时，农村税费改革前，村镇建设管理机构主要靠收取建设规划管理费维持运转。农村税费改革后，取消了收费项目，乡镇村建设机构长期以来形成的以费养人、以费养事的弊端被彻底革除，各种规划管理收费项目的取消，使村镇建设管理的经费面临困境。

4．思想意识上：公众卫生意识淡薄，基层重视程度不够

村民环保意识滞后，缺乏良好的卫生和环保习惯。村民卫生意识淡薄，对环境脏、乱、差习以为常，垃圾随意丢弃堆放，污水随意排放，家禽任意散养，参与生态村、整治村建设的热情不高，“等、要、靠”思想较严重。此外，村民文化素质较低，思想观念落后，市场意识不强，接受外界信息能力较弱，不善于利用农业科技。

同时基层干部重视程度不够，部分基层干部和一些企业对农村生态环境建设工作的紧迫性和重要性认识不足。尤其是欠发达地区的贫困村，由于集体经济薄弱，村民的生活水平较低，生态环境建设又需要大量人力、物力、财力投入，因而工作热情度不高，建设不规范，管理也难以到位。

目前，农村的许多乡镇特别是内地经济欠发达地区由于缺乏科学冷静的可行性分析，仓促上马形成，即没有市场调查，又缺乏先进的设备和技术，劳动生产率低下，污染问题严重，往往整体损失大于局部收益，这种杀鸡取卵式的开发往往带来了一系列环境问题。而部分行政领导为了完成任期办企业数量的行政指标任务以获得政绩，到处占地办企业，而实际上烟囱不冒烟，工厂杂草丛生，闲置了许多土地，也破坏了植被。

三、加强村容镇貌、环境卫生管理的完善建议

（一）国内外案例经验

1. 颁布专项法律，支持村庄服务设施的建设

日本的农村建设，政府从 1961 年开始，颁布了《农业基本法》、《农业现代化资金筹措法》等一系列法律，并修订了《农地法》和《农振法》等法律，有效地保障了村庄服务设施的建设。

2. 抓好村庄总体规划建设工程，杜绝乱搭乱建现象发生

化州市官侨镇名教村根据功能分区、布局合理的原则，科学编制实施规划，杜绝了杂乱无章建房、有新房无新村的现象。

3. 积极探索资金筹措的方式与实施机制

化州市中垌镇提出了移民新村建设的资金来源与实施机制，做到“四个结合”，包括移民新村建设及泥砖房改造与解决“三农”问题相结合、与扶贫相结合、与发展经济相结合、与做好计划生育相结合；运用“五个一点”，包括上级支持一点、镇政府扶持一点、对口单位和镇干部捐一点、农户自筹一点、亲朋好友帮一点，筹集建设资金，取得了良好的效果。

4. 设立“建设专项费”，吸纳各界力量参与建设，支持村镇个性化、亲环境型发展

日本颁布了《景观法》，主要针对农村、山村及渔村等特色自然景观地区予以重点扶持，并设立专项建设费用。通过地区居民、土地改良区及非营利组织等的共同参与，形成自然与农业生产协调发展的田园自然景观。

5. 建立从上到下的一整套行政机构体系，设立专门协调部门，落实人居环境建设计划

韩国新农村运动将政府作为启动者、组织者和主要出资者，从中央到地方建立了一整套组织领导体系。中央政府的运动领导部门是一综合性部门，主要负责新农村运动的计划与执行。中央政府其他各部、委、办，从主管经济建设的部门到文化、教育、卫生等部门，大都被列为支持性机构，内部也设立了计划和管理新农村运动项目的专门机构。另外，中央政府还成立了“中央新农村运动咨询与协调委员会”，专门协调中央各部门，并负责新农村运动的政策制定工作。委员会由综合性部门的部长挂帅，其他相关部门的副部长任委员。以下各级政府也都照此办理，从各道、市、县到最基层的行政镇，层层复制这种模式。

6. 成立村民自治组织，作为农村建设的管理决策主体

韩国新农村运动中，乡村社区即村庄这一级，政府为每个社区任命一个公务人员作为其新农村运动的领导人。每个村有一个村发展委员会，负责本村的新农村发展计划和集体性工作的具体组织执行。“最高权力机构”是村民大会，本村新农村运动项目的选定与组织实施办法大都通过村民大会的形式来集体决策。此外还有所谓邻里会及新村妇女、新村青年、新村领袖等协会之类的组织形式，都不具有正式赋予的社区公共权力，但在运动中能起到正式组织起不到的一些作用。

7. 重点投资基础设施建设工程，全面提升村民居住环境

化州市官侨镇名教村从重要基础设施着手来提升人居环境，一是兴建了硬底化环村道；二是兴建名教医院；三是建设排污水沟；四是兴建了卫生市场；五是兴建了两座公厕；六是建设了垃圾收集点和处理场；

七是集中建设了猪栏牛舍，实现人畜分居；八是投入资金对该村进行美化绿化及建设了一批雕塑景点；九是安装了环村路灯。

8. 充分利用生态优势，打造村镇绿化体系

义乌市苏溪镇邢宅村利用农村生态优势，一方面在村内进行绿化，每户村民房后铺设两米绿化带，村内支路两旁两米宽的绿化带覆盖其上，其余空余地方全部绿化；另一方面，邢宅村旧村改造充分利用了优越的地理环境，在拓宽旧村改造面积过程中，不仅没有破坏村旁小山的绿色植被，并且还把小山当作了后花园。

9. 加强环境治理，构建村镇绿色生产环境

梅州市大埔县西河镇漳溪村编制生态村建设规划，主要是加强公共物品提供与环境综合治理，做好生态环境保护利用，协调产业与用地关系。

漳溪村的建设以环境综合整治为突破点，对已遭破坏的环境采取的生态恢复、重建与污染治理措施主要为：一是采取植被恢复、人畜饮水、生态农业立体开发措施，促进生态自我修复；二是开发替代能源；三是“一池三改”，按标准配建环卫设施。

10. 多村合力构建清洁水源，充分利用经济杠杆，达到节约、集约利用水资源目的

为了节约成本，苏溪镇邢宅村充分利用现有资源，与隔壁新乐村共同建造了“团结”水库当作饮用水源，一方面满足灌溉的需要，另一方面通过净化处理可作为饮用水。为了节约用水，村里合理利用经济杠杆，规定每人每月免费使用1.5吨水，超出部分按每吨2元收费。与此同时，村里也对几条小溪进行了清理，小溪的水质情况得到了彻底的改善，原本受到污染的井水也能符合村民洗衣服、拖地板等非饮用水的要求。

11. 通过建造污水处理站，构建水循环利用系统

苏溪镇邢宅村通过建造厌氧池，满足2000人排放的污水处理能力，经过厌氧池处理过的生活污水，同样可以满足村民洗衣、拖地之用，同时也可充当部分农业灌溉用水，即解决了生活污水处理难题，而且达到

了循环使用水的目的。

12. 通过建造生态沟，构建与环境相协调的生态污水处理系统

肇庆市德庆县武垄镇武垄村采用的污水处理技术主要是生态沟。近期规划在现有排水主渠末端设置生态沟，用来净化、处理村里的生活污水。生态沟沟底铺上鹅卵石，中间铺粗砂，表面铺细沙，细沙上种上菖蒲，美人蕉等根系比较发达的植物。污水流经生态沟时，先由附着在鹅卵石上的微生物给以净化，再通过植物的根系吸取水中氮、磷等营养物质，排出的水既无油腻，也没有异味。经 100m 长的生态沟净化过的污水直接排入村边灌渠里面，经另外两条生态沟处理后的污水分段用来灌溉，并可利用农田进一步处理、净化。

这种污水处理技术运行费用几乎为零，处理效果好，与环境协调，能满足武垄村生活污水处理的要求和目标。

13. 实行村干部卫生责任包干，大力推行门前“三包”制度，完善垃圾处理系统

邢宅村把村公共场所的卫生实行干部责任包干，并将责任状在村里公示，与此同时为了推行门前“三包”，给每户村民发放一个垃圾桶，此外，在村里的商业设施，休闲服务设施等集中区域设立公共垃圾桶，每天由专人负责收集垃圾到村里的垃圾房，并最后统一运到镇垃圾中转站。

14. 抓好“改圈”、“改厨”、“改厕”工程建设，加大沼气利用率

湛江遂溪县遂城镇马六良村以村集体经济投入和群众出资投入的方式，建设集体养殖场猪舍 4 间，总建筑面积 2200m^2。同时该村投资 18 万元，引进沼气生产专利技术，在旁边建起总容积 500m^3、日产沼气 250m^3的沼气池，利用猪粪生产沼气，管道铺设安装到各家各户，免费提供给村民使用，改善了村庄环境，并且全村每年可节省燃料费 11 万元。

该村还利用生产沼气产生的沼液和沼渣发展种养业。通过整治村边原有臭水塘开发了 4 个面积共 136 亩的鱼塘，把沼液作为优质饲料，养殖罗非鱼，每造可节约饲料 9 万 kg，节省费用约 26 万元，养鱼每年村

集体经济收入可增加40多万元；通过整治村边低洼地，建设果菜生产基地200亩，沼渣作为种植农作物的无公害有机肥料，全村种植业年节省化肥开支13万元。近期还利用沼液为肥料，建设无公害蔬菜基地，发展优质、高效、安全的绿色食品。

茂名市化州市官侨镇名教村筹资13万元兴建了一宗日供水量为1300多吨的自来水厂；积极改造农户卫生厕所，实现农户卫生厕所普及率达83%，粪便无害化处理率达86%。

（二）改进方向

1. 以科学村镇规划指导建设

由于当前新农村建设过程中缺乏相应规划作为指导，或是现有规划缺乏科学性和前瞻性，导致大拆大建、大包大揽、贪大求洋以及急功近利等现象屡有发生，为此需要制定科学的村庄规划指导新农村建设。

例如，在村镇布局上，各乡镇人民政府和村委会，结合社会主义新农村建设，强化村镇规划，对于一户多宅不居住的废弃、空闲宅基地统一规划、整理，要在规划中尽可能建立养殖小区，实行规模养殖，集中管理，尽量避免使用老宅基地等。

2. 加强城乡基础设施的统筹建设

加强城乡基础设施与公共服务设施的统筹，共建共享，实现公共服务的均等化，逐步实现水利、交通、能源等基础设施建设规划一体化。坚持先规划、后建设，发挥规划对城镇化的引导作用，优化城乡基础设施功能和布局，创新基础设施建设和投融资体制，加大农村基础设施建设投入。

健全城乡基础设施管理体制，将城乡基础设施纳入统一管理体系，促进城乡基础设施衔接互补、联网共享。增强管理部门之间的协调性，提高基础设施综合利用效能。探索建立市政基础设施的政府监管体系和社会监督机制，维护公众利益和公共安全。

3. 转变养殖方式，维护公共卫生安全

既要尊重农民分户养殖的家庭生产经营形式，也要保护更多人的公共利益，维护公共卫生安全。分阶段、因地制宜地选择养殖方式。对现阶段经济欠发达地区，可保持一部分的家庭圈养方式，但要保持圈舍的卫生条件，对畜禽粪便等养殖废物进行无害化处理。对有条件的地区要推行生态养殖模式、集中圈养方式，增强农民的防疫意识，改善防疫条件，提高动物疫病的控制能力，降低公共卫生安全风险。

在政府引导与政策支持下，主要依靠农民与社会的力量，进行"改圈"工程。建设养殖集中的养殖小区，建设农村户用沼气池与畜禽尸体的无害化处理池，严格畜禽饲养整治与管理，增加农村清洁能源供应，有效地治理农村养殖业面源污染。

4. 建立相关机制，保障规划实施

在村镇规划编制和实施过程中要做到政府引导、村民参与以及整体规划、分期实施。村镇规划中政府加强政策指导、技术服务是工作重点，引导村民参与和监督是保证规划真正体现村民意愿、正确可行的关键。此外，要从城乡统筹发展的要求出发，提出指导村镇长远发展建设的整体思路，结合实际发展需要，切实做好村镇建设不同项目的统筹。

在村镇建设过程中要同步建立五种新机制，如建立农村基础设施、公益事业改造维护的长效机制；建立统一规划、各方参与、城乡联动、持续帮扶的长效机制；建立规划管理上下联动、左右协调的协同机制；建立城乡财政转移支撑的投入机制；建立科学、稳定的分阶段的奖励评价机制。

5. 增加村镇建设的资金渠道，加大村镇公共服务与投入

如何增加村镇建设的资金渠道，进行农村建设资金的制度化和法制化改革是现实村镇管理的重要问题。明确各级政府在农村公共设施和公益事业建设和维护中的责任，加大村镇公共服务与投入，制定专项资金扶持，利用城市维护建设税等改革，解决农村基础设施和公共设施的建设维护问题。

同时明确将工作经费纳入财政预算，也是保障村镇规划建设管理工作实施的关键。

6. 充分发挥村民自主建设的积极性，明确各级政府管理事权

从韩国、欧盟和日本等的农村发展政策看，不论政府的行政干预能力强弱，行使公共权力的政府组织既不能越位、也不能缺位，合理划定政府公共组织与村民自治组织的职能界限，双方在各自的职责范围内密切协作，共同实现农村繁荣的目标。为此，我国必须明确各级政府的服务能力是有限的，“无限服务”必须摈弃，能由市场提供的服务必须要放手让市场去提供，能由村民自治组织管理和服务的事必须交给他们去做，政府与农民分工合作，才能顺利、高效地实现新农村建设的宏伟目标。

应充分尊重村民自治管理，用多种方式引导与鼓励村民参与自主建设，发挥村民作为农村建设主体的积极性。各级政府以间接行政管理为主，提供指导并加大帮扶作用。同时对村镇建设管理机构设置作出要求，明确并强化各级政府的村镇建设与社会公共服务管理职能，明确各级政府事权。

7. 增加管理人员配置与管理力度，提高人员素质

针对基层村镇规划建设管理人员缺乏、素质不高等状况，应加强村镇建设管理队伍建设，建立农村环境卫生长效管理机制，同时通过各种不同形式的培训，提高其基本素质。

加强村镇管理队伍建设，设专人管理区域，加大管理人员配备，人员工资、保险等纳入财政按相关政策执行。制定人居环境管理标准及考核评比办法，使村镇建设管理考核有标准、有依据。除建设厅举办集中的培训班以外，还应该鼓励省、市级规划、建筑设计机构与当地规划建设管理人员共同编制村庄整治规划，积极向其传授基础知识和规划建设基本技巧，提高其独立操作能力；同时，还应该鼓励具有城市规划、建筑设计、市政规划等专业的高校与科研院所利用假期，组织教师、员工深入基层，传授规划与整治的基础知识。

8. 做好日常的环境监督管理，提高村镇环境卫生

地方各级人民政府要切实加强对乡镇企业的环境监督管理，建立市、区、街道（镇）、村四级环卫管理体系，加强县、乡（镇）两级环境执法队伍建设。环境保护行政主管部门要加大执法力度，坚决纠正环

境违法行为，对违反环境保护法律、法规的责任者要依法予以处罚。各级乡镇企业管理部门要设专人负责环境保护管理工作。

各级环境保护行政主管部门要依法建立乡镇企业排污申报登记和环境统计制度，加强对乡镇企业重点污染源的环境监测和治理，做好乡镇企业排污费的征收、管理和使用工作。

9. 积极宣传，提高公众意识，营造全社会共同支持农村建设的良好氛围

在农村活动场所设置科普宣传栏，充分发挥公共管理服务机构的职能和作用。加强宣传，提高村民的环境卫生意识，形成良好的个人卫生习惯，杜绝乱丢乱倒。从身边小环境做起，并组织自发的环卫队定期进行垃圾的收集清理工作。

在继续抓好村庄建设试点工作的基础上应适时进行阶段性总结，宣传、交流、推广试点经验。鼓励企业、社团与村庄结对子（该做法在韩国获得较大成功，拥有较高知名度的三星集团是参与“一社一村”运动的带头企业之一），开展“一帮一”的支援行动；同时应鼓励县、镇内以及县、镇间进行自发的交流，共同营造全社会支持农村建设的良好氛围。

四、《条例》现有条文分析

（一）《条例》的反思

针对现状人居环境存在的问题，需要有一个法规来对村镇建设行为进行规范，对农村建设行为全领域进行监管，对农村人居环境改善提供全方位的服务，提高村镇居民生活质量，促进城乡协调、健康发展。

《条例》自 1993 年 11 月 1 日施行，执行已有 16 年。《条例》在一段时间内对于改善村镇的生产、生活和环境条件，促进农村经济和社会发展起到了重大作用。但随着国民经济的快速发展和人民生活水平的提高，特别是一些相关法律法规的相继颁布，《条例》已甚不适应当前需要，必须根据现实存在问题进行修订。主要存在问题包括：

1. 内容条理不清晰

《条例》第五章中将房屋、公共设施、村容镇貌和环境卫生管理合为一个章节表述，内容过于庞杂，逻辑不够明晰。建议分类分级表述，明确管理内容，权责分明，提高《条例》实际操作可能性。

2. 部分内容已与现行法律法规不相适应

《条例》颁布实施时间较早，而现行的法律法规基本上都是在其后颁布实施或修订的，如建筑法、房地产管理法和城乡规划法等，《条例》在形式、内容等方面已有许多不适应之处。

3. 责任主体不当

《条例》第三十一条确定由乡级人民政府采取措施保护当地水源，而现实情况中，仅仅依靠乡级人民政府的力量远远不够。一方面乡级政府人力、财力、物力有限，另一方面乡级政府缺乏一定的技术人员和科技力量。因此，保护水源的主体应更改为县、镇（乡）人民政府，必要时相关技术部门提供顾问和技术支持。

此外，应明确禁止在水源保护范围内进行的活动和建设，如倾倒垃圾等废物、建污染企业等活动。

4. 内容范围界定不明确

《条例》第三十三条中提到任何单位和个人应当维护村容镇貌和环境卫生，而未明确维护范围。应对村容镇貌和环境卫生管理相关的内容进行扩展，分条阐述其内容措施，包括污水处理、垃圾收集处理、厕灶能源、污染物排放、农村文化保护等方面。

5. 农村文化保护措施缺失，实际操作可能性较弱

《条例》第三十四条主要规定对村庄、集镇的文物古迹、古树名木和风景名胜以及国家重要设施的保护，未规定保护原则、目的、措施。从现实村镇建设管理工作发现，操作性不强，不利于对名镇名村的保护。修订中应确定保护原则、保护范围、目的以及强制性保护措施。

（二）相关法律法规的要求

1. 统筹安排公共服务设施，实现城乡基本公共服务均等化

《城乡规划法》第四条第一款提出“制定和实施城乡规划，应当遵

循城乡统筹、合理布局、节约土地、集约发展和先规划后建设的原则”。

2. 加强县级政府的管理权责，落实乡镇具体的操作事项

《行政许可法》第十条第一款提出“县级以上人民政府应当建立健全对行政机关实施行政许可的监督制度，加强对行政机关实施行政许可的监督检查”。

3. 确定村镇水源保护要求

《水法》第三十三条提出“国家建立饮用水水源保护区制度。省、自治区、直辖市人民政府应当划定饮用水水源保护区，并采取措施，防止水源枯竭和水体污染，保证城乡居民饮用水安全”。第三十四条第一款提出“禁止在饮用水水源保护区内设置排污口”。

4. 提出农房建设节能要求，推广农村可再生能源

《城乡规划法》第四条第一款提出“改善生态环境，促进资源、能源节约和综合利用”的原则。

5. 提出乡镇企业减排要求，规定管理权责

《城乡规划法》第四条第一款提出“防止污染和其他公害，并符合区域人口发展、国防建设、防灾减灾和公共卫生、公共安全的需要”。

6. 建立环境保护责任制度，确定适合乡镇企业减排的具体制度

《环境保护法》第二十四条提出“产生环境污染和其他公害的单位，必须把环境保护工作纳入计划，建立环境保护责任制度；采取有效措施，防治在生产建设或者其他活动中产生的废气、废水、废渣、粉尘、恶臭气体、放射性物质以及噪声振动、电磁波辐射等对环境的污染和危害”。

7. 规定污染企业超标的惩治措施

《环境保护法》第二十八条第一款提出“排放污染物超过国家或者地方规定的污染物排放标准的企业事业单位，依照国家规定缴纳超标准排污费，并负责治理。水污染防治法另有规定的，依照水污染防治法的规定执行”。

8. 确定农村文化、村庄聚落保护与利用的原则

《城乡规划法》第四条第一款提出“保护耕地等自然资源和历史文

化遗产，保持地方特色、民族特色和传统风貌”。

9. 规定村镇文化保护的主体，提出登记造册等管理方法

《文物保护法》第十五条第一款提出“各级文物保护单位，分别由省、自治区、直辖市人民政府和市、县级人民政府划定必要的保护范围，作出标志说明，建立记录档案，并区别情况分别设置专门机构或者专人负责管理”。

10. 确定村镇原生态聚落区中历史文化遗产、古树名木、风景名胜区的保护措施与强制性要求

《文物保护法》第十六条提出“各级人民政府制定城乡建设规划，应当根据文物保护的需要，事先由城乡建设规划部门会同文物行政部门商定对本行政区域内各级文物保护单位的保护措施，并纳入规划”。第十九条提出“在文物保护单位的保护范围和建设控制地带内，不得建设污染文物保护单位及其环境的设施，不得进行可能影响文物保护单位安全及其环境的活动。对已有的污染文物保护单位及其环境的设施，应当限期治理”。

《森林法》第三条第二款“国家所有的和集体所有的森林、林木和林地，个人所有的林木和使用的林地，由县级以上地方人民政府登记造册，发放证书，确认所有权或者使用权”。第三十一条提出“特种用途林中的名胜古迹和革命纪念地的林木、自然保护区的森林，严禁采伐”。

《风景名胜区条例》第二十四条提出“风景名胜区内的景观和自然环境，应当根据可持续发展的原则，严格保护，不得破坏或者随意改变”。第二十六条提出“在风景名胜区内禁止进行下列活动：（一）开山、采石、开矿、开荒、修坟立碑等破坏景观、植被和地形地貌的活动；（二）修建储存爆炸性、易燃性、放射性、毒害性、腐蚀性物品的设施；（三）在景物或者设施上刻划、涂污；（四）乱扔垃圾”。第三十条提出“风景名胜区内的建设项目应当符合风景名胜区规划，并与景观相协调，不得破坏景观、污染环境、妨碍游览”。

《历史文化名城名镇名村保护条例》第二十一条提出“历史文化名

城、名镇、名村应当整体保护，保持传统格局、历史风貌和空间尺度，不得改变与其相互依存的自然景观和环境”。第二十三条提出“在历史文化名城、名镇、名村保护范围内从事建设活动，应当符合保护规划的要求，不得损害历史文化遗产的真实性和完整性，不得对其传统格局和历史风貌构成破坏性影响”。

第九章 新时期住房和城乡建设部村镇建设管理职能的发展

第一节　新时期村镇建设管理的新要求

一、新形势下对村镇规划建设提出的新要求

研究表明，在我国城镇化水平达到60%左右的较高水平后，城镇化发展将进入平稳期。而到那时，我国将仍有5～6亿人居住在农村。因此，规划建设好各级农村居民点、改善农村人居环境是推进社会主义新农村建设和城乡统筹发展，实现全民小康的必然要求。

（一）实现城乡统筹发展需要对城乡规划建设进行通盘考虑

我国长时期以来实行的城乡分割管理体制导致了城乡发展的“二元结构”，阻碍了城乡之间的交流和联系，不利于农村地区的发展，导致了较大的城乡发展差距的形成。改革开放以后，在城乡都得到大发展的同时，城乡二元状态依然没有明显改变。

党的十六届三中全会做出的《中共中央关于完善社会主义市场经济体制若干问题的决定》明确了“五个统筹”的重要思想。作为促进社会主义市场经济发展的新指导思想之一，统筹城乡发展是“五个统筹”中的关键，也可以说是一个核心。统筹城乡发展，是从全局出发看“三农”问题，力图逐步改变城乡二元经济社会结构，其实质就是把城镇和农村的经济、社会的发展与生态环境保护作为整体统一规划，通盘考虑。因此现行的包括村镇规划在内的城乡规划建设体系尚需要调整，从长期以来的“城市中心”的规划建设体系转向城乡统筹的体系。

（二）社会主义新农村建设的目标要求村镇规划建设满足农村物质文明、精神文明、政治文明、生态文明建设的需要

党的十六届五中全会提出了建设社会主义新农村的重大历史任务，

提出了“生产发展、生活富裕、乡风文明、村容整洁、管理民主”的新农村建设总要求。在这种形势下，村镇规划建设的内涵和外延都需要加深和扩展，从仅仅考虑物质空间规划建设为中心转向实体、文化、生态条件和环境的规划、建设与提升。村镇规划和建设不仅要服务于农村经济发展，也要促进农村社会发展、文化发展，加快基础设施与公共服务设施建设，提升农村居民生活水平和人居环境，改善人文氛围，保护生态环境和乡野风貌。

（三）农村改革发展深入推进对村镇规划建设的新要求

党的十七届三中全会通过的《中共中央关于推进农村改革发展若干重大问题的决定》提出了农村改革的五大原则：必须巩固和加强农业基础地位，始终把解决好十几亿人口吃饭问题作为治国安邦的头等大事；必须切实保障农民权益，始终把实现好、维护好、发展好广大农民根本利益作为农村一切工作的出发点和落脚点；必须不断解放和发展农村社会生产力，始终把改革创新作为农村发展的根本动力；必须统筹城乡经济社会发展，始终把着力构建新型工农、城乡关系作为加快推进现代化的重大战略；必须坚持党管农村工作，始终把加强和改善党对农村工作的领导作为推进农村改革发展的政治保证。

《决定》指出，“新形势下推进农村改革发展，要把加快形成城乡一体化新格局作为根本要求，建立促进城乡经济社会发展一体化制度。尽快在城乡规划、产业布局、基础设施建设、公共服务一体化等方面取得突破，促进公共资源在城乡之间均衡配置、生产要素在城乡之间自由流动，推动城乡经济社会共同繁荣。”因此，文件明确了包括村镇规划在内的城乡规划体系在推进新农村建设和城乡经济社会发展一体化新格局的过程中需要发挥的重要作用，这就要求村镇规划从注重居民点的规划转向“面”与“点”的规划相结合，以适应促进城乡一体化发展的要求。

《决定》对健全严格规范的农村土地管理制度、规范推进农村土地管理制度改革提出了新要求。新要求的一个重要方面就是对农村集体建设用地管理制度改革进行深化。《决定》将指导与城乡土地利用相关的法律法规条款的修订，以及相关新政策的制定。旨在切实保护农民土地权益、严格保护耕地、统一城乡建设用地市场的农村集体土地管理“新政”对现行城乡规划编制实施将产生重要影响。

《决定》涉及的农村集体建设用地管理制度改革的内容包括：1. 实行最严格的节约用地制度，从严控制城乡建设用地总规模，并要求通过规划划定“永久基本农田”，严格土地用途管制和土地转用。2. 完善农村宅基地制度，严格宅基地管理，依法保障农户宅基地用益物权。农村宅基地和村庄整理所节约的土地，首先要复垦为耕地，调剂为建设用地的必须符合土地利用规划、纳入年度建设用地计划，并优先满足集体建设用地。3. 改革征地制度，严格界定公益性和经营性建设用地，逐步缩小征地范围，完善征地补偿机制。依法征收农村集体土地，按照同地同价原则及时足额给农村集体组织和农民合理补偿，解决好被征地农民的就业、住房、社会保障。这就意味着，今后可能实行只有为公共利益需要使用农村集体土地才能实施土地征收的制度，且即使因公共利益需要征地的，也要逐步实现与市场价格接轨；对于经营性用地，将不再启动国家征地权，实行农村集体建设用地的自由、有序流转，征地“行政化”与供地“市场化”的双轨制将被打破。4. 在土地利用规划确定的城镇建设用地范围外，经批准占用农村集体土地建设非公益性项目，允许农民依法通过多种方式参与开发经营并保障农民合法权益。这项制度进一步确认农民的集体土地所有权的主体资格，提高了其主体地位，承认了农民对集体土地拥有的发展权和利益。5. 逐步建立城乡统一的建设用地市场，对依法取得的农村集体经营性建设用地，必须通过统一有形的土地市场、以公开规范的方式转让土地使用权，在符合规划的前提下与国有土地享有平等权益。这意味着，需要使用农民集体土地的经营项目，可以在符合规划的条件下，通过有形土地市场，取得农民集体土地使用权；符合规划的集体建设用地直接进入市场的，与城市固有土地一样，价格将由市场决定。这项制度提高了集体土地所有权地位，还原了集体土地所有权，使集体所有权真正成为和国家所有权并立的公有制所有形式之一。

二、农村深化改革的新发展对村镇规划编制实施的影响

（一）潜在的挑战

新一轮农村土地制度改革是继国有土地有偿使用制度后的又一次建设用地管理体制的变革，将对村镇规划建设产生广泛影响。如果相关各种制度安排不能配套跟进，可能会产生新的矛盾并带来新的挑战。

1. 政府对城市基础设施的持续巨资投入带来的农地升值为少数人获取，利益分配可能显失公平。城市政府建设基础设施（如道路、供水、供电等）和社会设施（如商业设施，医疗卫生机构，文化教育机构，体育设施等），使得城市土地特别是建成区周边农村集体土地大大升值。新制度在落实农村集体土地完全产权的同时，也将导致集体土地地权的固化。

2. 规划确定的土地用途的差异在征地过程中带来农民收入的巨大反差，可能导致新的社会矛盾。由于“公益性用地”和“经营性用地”的区分是此次征地制度改革的基础，同样的农村集体土地，可能由于村镇规划和土地利用规划确定的性质不同（如农用地和建设用地，建设用地中的公益性用地和经营性用地，经营性用地中的工业用地、商业用地和住宅用地等），导致迥异的土地价值，给不同地区、甚至同一地区使用不同区位集体土地的农民带来巨大的收入差距。这种不均衡分配，将可能成为新的社会不稳定因素。

3. 不同土地的巨大收益差距可能增加节约土地、保护耕地国策的执行难度。由于规划确定的农用地、建设用地的巨大收益差距，以及建设用地中公益性征地补偿标准可能与自由流转价格不一致，在利益驱动下，农村集体和农民个人违反规划卖地、不经批准进行土地流转的现象可能增加，征地和农用地保护困难程度加大。

4. 可能出现大量农民进城，导致城镇化的局部失控。既有的农地制度对集体土地进入建设用地市场设定了门槛，可以限制土地自发进入市场、农民无序涌入城市，使得中国城镇化模式区别于印度、拉美等国。新制度实行后，如果对土地流转没有时序和空间的控制，大量卖地

农民进城、城市出现以贫民窟为代表的非正式居住区和非正式就业的可能大大增加，城市管理将更为困难，局部地区还可能出现城镇化失控。

（二）难得的机遇

如果相关工作及时跟进，将为完善以《城乡规划法》为核心的建设法律法规体系提供契机，将有利于建立城乡统一的规划管理体系。

1. 农地利益享有和分配的新格局对以维护“公权”为主的城乡规划带来挑战。

三十年来，城市土地和房地产制度改革创造了巨大的制度性财富，城市土地不断增值。政府通过对土地的开发和基础设施的建设使得土地增值，显现化的土地资产以不同形式为政府、集体、个人包括部分农民所享有。新制度使农村集体土地中的建设用地实际上地权、物权固化，合法进入建设用地市场的集体土地依征收和征用分化为国有和集体所有，可能导致城市国有土地和农村集体土地所有权、使用权等权束的二元化程度加深。建设用地的城市国有和农村集体所有性质的并存，将导致同一地块社会收入的不同与分配形式的不同，财富分配亦呈现二元化格局，使得城乡土地统一规划和管理的难度加大。此外，新制度的设计重点之一是在征地过程中由用地人实现对农民集体、个人利益的及时、完全兑现，这不同于以往的在征地完成后由政府主导通过转移支付补偿安置费用的做法。因此，改革将使得城乡规划所承载的宏观调控经济社会发展和微观调节利益分配的职能进一步强化，以土地利用和空间配置为核心的城乡规划必须相应的调整和制定相关制度，使规划不仅是要成为保护公共利益的政策工具，也要成为保护合法私权的政策工具。

2. 新制度可能导致城乡规划的调控作用受影响。

新制度的实施将使城乡规划成为直接调节公共利益、集体利益和个人利益的矛盾焦点，而现有的法律赋权仅仅局限在规划区内，责任与义务不对等，使城乡规划管理部门在具体的行政行为过程中处于两难的境地。城乡规划调控作用受影响的一个突出方面，就是城乡规划与土地利用规划协调难度增加。《决定》高度强调了土地利用规划在农用地转为建设用地、农民实现集体建设用地权益等方面的重要作用。从资源保护的角度加强土地利用规划的地位和作用是正确的，但这远远不够，还必须对集体土地的建设活动进行更为细致的、规范的引导和约束。对建设活动规范化的城乡规划管理可以为土地利用规划提供实施的基础性依据，过分强调土地利用规划和单一的土地制度的作用，可能削弱城乡规划的调控作用，削弱对建设活动的规划管理，也使土地利用规划难以落到实处。目前，虽然两规在努力进行相互间的衔接，但由于编制年限、编制依据的标准规范不同，导致两规由于在空间上脱节而可能产生土地使用方式不同。依据何种规划实现资源保护、空间管制和建设用地开发就成为新制度实施后的一个矛盾。如果协调不好，在土地出让或转让上，地方将可能会出现以土地利用规划代替城乡规划，以简单的用途管制替代具体建设地块的规划管理，以《土地管理法》实施置换《城乡规划法》的管理行为。前些年，在规划区外随意设置各类开发区并大量占用土地、购置土地储备于土地收储中心，规避规划批准用地的现象大量发生，在一定程度上与以上问题有关。

从城乡规划和土地利用规划的内容和作用看，土地利用规划仅确定农用地（包括基本农田）、非农建设用地和未利用地的数量以及范围，明确三大指标（建设用地指标、耕地保有量、基本农田指标），不具有规定各类用地特别是建设用地各地块具体用途的职能。对建设用地具体用途、使用强度的规定和安排，以及相应的规划实施管理，是法律赋予给城乡规划以及各级城乡规划主管部门的职责。是不是建设用地，可不可以征用、征收或流转为建设用地，土地利用规划可以明确，但可以进行何种性质、何种强度的非农建设开发，则只有城乡规划可以控制。城乡规划决定建设用地性质、规模、构成、投放时序，实质上决定了集体土地的市场价格。但城乡规划依法实施的有限空间与有限权利很难影响土地利用规划效力，原有实施中的矛盾可能在基层管理中进一步激化。

3．新制度对城乡规划基础技术方法的影响。

新制度要求用地分类体现区域全覆盖和区分公益性、经营性用地。公益性、经营性用地的界定是实施新征地制度的基础。现行城乡规划的土地用途分类主要是按城市建设的使用功能分类，对比于新要求，一是缺乏区域层面的分类，不能在用地上做到全覆盖；二是目前的分类尚难以直接界定公益性用地与经营性用地。因此，必须深化规划编制和细化规划用地的分类。

用地的动态性和混杂性导致划定公益性用地和经营性用地的困难。一，两类用地难以截然不同地加以界定。“社会公共利益”的界定，理论上一般是指为公共目的或使公众受益，如供水、供电、供气，修建道路、绿地、公园等公共基础设施。但是近年来，公共基础设施项目投资主体多元化、基础设施行业企业化、卫生、教育等社会服务行业产业化，已成为一种趋势。二，两类用地还具有一定的动态性、转化性，要一次性的界定有一定的技术难度。在一定时期、在某些地区为公益性的建设项目，在另一个时期或另一些地区则表现为经营性用地（如交通用地中的收费公路用地，经营性医院、学校和文化机构用地等）。即使制定统一的两类用地目录，复杂的情况也难以避免在具体操作中人为因素的掺杂，以及由此带来的利益纠纷，政府寻租现象依然难以根除。三，在实际工作中，城乡建设用地往往是交织的、混杂的，对混合功能用地界定为公益性或经营性就较为困难。同一地块中可能既有公益性的又有经营性的，同一房地产项目中的道路用地是界定为公益性还是经营性的，都要在实践中进行思考和解决。四，在规划编制前和审批后的实施过程中，两类用地均可能转化。对用地性质转化的认定及其认定环节的设置就显得十分重要。由于城市发展的特殊需要，经营性用地可能必须转化为公益性用地时，根据《行政赔偿法》、《行政许可法》等，政府更改行政许可就要进行相应赔偿。

4. 新制度对城乡规划编制实施手段的新要求。

建设活动空间的广泛性要求城乡规划突破有限的调控范围。现行的规划体制规定了城镇体系规划能够实现规划空间范围的全覆盖，但其深度只能对大型居民点和重大基础设施建设进行概念性的规划控制管理，无法对农村集体土地上的建设活动实施规划控制。其他类型的城乡规划包括村镇规划，其规划区范围也不一定涵盖全行政区，这种城乡规划控制的空间有限性与对土地开发需求和建设活动的空间广泛性产生矛盾，存在着事实上的农村集体土地利用的规划管理盲区。

村镇规划技术方法需要改进和提高。新制度的出台主要涉及和影响的地区是城市现状建成区以外的城乡结合部和村镇集体土地，尤其是集体土地自由流转会造成土地投放的自发性和盲目性倾向，近郊区和都市密集地区的村镇土地受城市土地增值的影响，自发投资开发的动能更为强大。现行的村镇规划技术方法只适用于农村建设和农民建房的规划管理需求，无法管制较大规模和较高强度的开发建设，因而必须提高村镇规划编制的深度和质量，尤其在以上地区。此外，在征地过程中，为保护农民利益而进行的农村集体建设用地合理作价，在建设用地市场中以招牌挂或者协议出让等方式转让集体土地使用权，都需要有详细规划作为农村集体土地定价的基础。

村镇规划实施管理有待提升。村镇规划实施管理能力是依法控制和管理集体土地利用的关键，而目前的现状并不乐观。截至 2007 年末，全国有总体规划的建制镇 13874 个，占所统计建制镇总数的 83%；有总体规划的乡 7411 个，占所统计乡总数的 52.3%；有规划的行政村 195919 个，占所统计行政村总数的 34%。建制镇可供控制具体建设活动的详细规划，以及乡镇、村庄的建设规划编制比例相应更低一些。很多有规划的村镇，规划更新周期亦难以保证建设活动的时效。规划覆盖率不足、质量不高、深度不够、时效性不强等问题，导致村镇规划不能有效指导农村集体土地流转和建设用地使用。当前村镇规划管理机构和人员缺乏的现象亦令人担忧。由于编制和财政供给缺乏等原因，规划管理人员数量和素质都远远不能适应新制度对村镇规划管理能力的需要。

5. 新制度的实施将导致城乡建设用地来源和城乡建设动力的多元化、分散化，城乡规划管理难度将加大。

由于农村集体土地进入城乡建设用地市场的大大增加，可能在一定时期会出现一定程度的土地市场的混乱，一个阶段内违法建设和违反规划的建设用地的数量和规模都可能大大增加，城乡规划实施监管的工作量也将随之增加。由于农村集体组织和农民对相关建设标准、法律规章不熟悉，出自小集体和个人的利益驱动，城市的全局利益与城乡规划的实施会受到一定影响。在目前的制度条件下利用集体土地进行违规违法的开发建设，包括农民自建房出售、出租以及开发商进行房地产和其他建设活动的开发等问题，就已经非常突出。

6. 新制度对城市发展时序、城市布局与合理形态以及资源保护带来一定影响。

供地的分散化和建设主体的多元化使得开发商以及农村集体组织有机会直接选择经营性用地的区位和开发时间，这对于环境优越的城乡结合部、滨海滨水地带、山前地带、生态环境保护等地区规划管制带来更多压力。如果城乡规划控制不力，规划实施的时序性、连续性、合理性和科学性都将受到冲击；如果规划的前瞻性不够，可能导致政府为建设公益性建设项目不得不从开发商手中回购土地。此外，插花和零星的建设用地将增加，不仅影响城市合理形态的形成，也不利于城乡基础设施的统一建设。

第二节 "三定"方案与住房和城乡建设部村镇职能的深化

一、住房和城乡建设部村镇建设职能的历史回顾

为适应城乡统筹发展和社会主义新农村建设的需要，2008 年住房和城乡建设部在原村镇建设办公室的基础上组建设立村镇建设司。与 1998 年建设部机构改革前的村镇建设司和 2004 年成立的村镇建设办公室相比，无论是职能设定的背景、依据，还是职能的范围与分工，2008 年都有了重大的调整。

改革开放以来，随着形势的变化，住房和城乡建设部村镇建设工作的重心和村镇建设机构也经过几次调整。第一阶段是 1979 年至 1986 年的农房建设阶段，第二阶段是 1987 年至 1993 年的村镇建设阶段，第三阶段是 1994 年至 2004 年的以小城镇建设为重点阶段，第四个阶段是 2004 年之后的城乡统筹和新农村建设阶段。

适应改革开放初期农村建房高潮的形势，原国家基本建设委员会于 1979 年 12 月决定设立农村房屋建设办公室，负责指导和协调全国农房

建设工作，并要求各地建设部门开展村镇的初步规划；随后与国家农委颁发《村镇规划原则》，对村镇规划的任务、程序作了原则性规定。到1986年底，全国有90%的集镇和70%的村庄编制了初步规划，结束了农房建设自发自流的状态，迅速扼制了乱占耕地的风气。

随着农村改革的不断深入和乡镇企业的异军突起，农村经济社会迅速发展。为此，原城乡建设环境保护部于1987年5月提出了以集镇建设为重点、分期分批调整完善村镇规划的工作部署。村镇部门及时调整工作思路，把“抓好试点，分类指导，提高村镇建设总体水平”作为工作重点。

1993年，根据当时的农村经济社会发展形势，建设部提出了“以小城镇建设为重点，带动村镇建设全面发展”的工作思路，并细化为“坚持以小城镇建设为重点带动整个村镇建设的方针，以提高村镇建设总体水平为中心，重点突破，典型引路，稳步推进，为农村两个文明建设创造良好的条件”和“以促进国民经济社会发展为目标，以提高村镇建设的总体水平和效益为中心，因地制宜，突出重点，以点带面，积极稳妥地推进小城镇建设，带动村镇建设全面发展”的指导思想，并与有关部门协调，制定促进村镇发展的政策措施，争取村镇规划事业费和小城镇建设专项贷款，解决了乡镇一级村镇建设管理机构的设置和人员配备问题，陆续出台了《条例》、《建制镇规划建设管理办法》、《村镇建筑工匠从业资格管理办法》、《村镇规划标准》、《村镇规划编制办法（试行）》和《县域城镇体系规划编制要点（试行）》，村镇建设逐步走上科学化、法制化轨道。到2000年底，全国累计有87%的乡镇完成了总体规划，78%的小城镇编制调整完善了建设规划，65%的村庄编制了建设规划。在村镇建设方面，把抓试点作为重要的工作方法，通过典型引路，分类指导，推动整个村镇建设事业的发展。

1998年机构改革中，建设部村镇建设司与城市规划司合并设立城乡规划司。这个主观目的为推动城乡一体化发展的决定，在没有具体的城乡统筹政策和措施以及村镇管理人员编制和机构缩减的情况下，事实上削弱了建设部对全国村镇规划建设工作的指导作用。2004 年建设部设立村镇建设办公室之后这种情况有所改变，但由于定位为部内各单位有关村镇规划建设工作的协调机构，因此依然处于定位不明，职责不清，人员和机构配置不齐的状况。

从党的十六届三中全会以来，党中央相继提出城乡统筹发展、工业反哺农业和城市支持农村、社会主义新农村建设等要求，村镇规划建设进入城乡统筹发展和新农村建设的新阶段。随着“三农”问题成为党的工作的重中之重，村镇规划建设工作作为助推“三农”问题解决的重要手段理所当然成为建设部工作的一个重心。

总的来看，2008 年新设立的村镇建设司的职能和分工适应了当前形势发展的需要，可以更好完成中央交予建设部的城乡统筹发展和社会主义新农村建设的若干任务。与上世纪原村镇建设司的职能相比，除了原有的研究制定村镇建设方针政策和法规，组织编制村镇建设的发展规划，指导和推动村镇规划的编制、实施等职能外，扩展和延伸的职能以及更加注重的重点工作包括：

在城乡统筹视角下，从以往单纯注重农村居民点的规划转变为县（市）域、乡镇域、村域加镇、乡、村居民点规划的结合，即从“点”规划为中心转向“面”加“点”的规划体系；在社会主义新农村视角下，以村镇规划建设单纯注重实体建设转向物质、文化、政治、生态建设相结合；在建设小康社会的视角下，关注村镇人居环境的提升，逐步实现基础设施建设、公共服务设施城乡一体化和均等化；在以人为本的视角下，注重农村居民对土地和住宅的权益以及居住水平、质量的提高；在生态文明和可持续发展的视角下，注重生态环境保护、乡野景观保护和历史文化遗产保护，延续地方特色、民族特色和乡土文化传统，提高防灾减灾能力。

二、住房和城乡建设部村镇建设司“三定”职责变化

（一）中央编制管理机构批复的住房和城乡建设部（建设部）村镇建设管理机构“三定”职责

1. 1998 年城乡规划司（村镇建设办公室），主要职责：研究拟定全国城市发展战略及城市、村镇规划的方针、政策和规章制度；组织编制和监督实施全国城市和镇村体系规划；负责国务院交办的城市总体规划、省域城镇体系规划的审查报批；参与土地利用总体规划的审查；承担对历史文化名城相关的审查报批和保护监督工作；指导全国城市规划执法监察；指导城市和村镇规划、城市勘察和市政工程测量工作；提出村镇建设的方针、政策、规章，承担建设部村镇建设指导委员会的日常工作；拟定规划单位的资质标准并监督执行；提出城市规划专业技术人员执业资格标准。

2. 2004 年村镇建设办公室，主要职责：承担建设部村镇建设指导委员会的日常工作，综合协调村镇规划、建设、管理工作；指导农房建设；研究提出村镇建设的法规、方针和政策的建议，以及全国小城镇发展战略；组织村镇建设试点工作，指导全国重点镇的建设。

3. 2008 年村镇建设司，主要职责：拟订村庄和小城镇建设政策并指导实施；指导镇、乡、村庄规划的编制和实施；指导农村住房建设、农村住房安全和危房改造；提出进城定居农民的住房政策建议；指导小城镇和村庄人居生态环境的改善工作；组织村镇建设试点工作，指导全国重点镇的建设。

住房和城乡建设部村镇建设司职能变化对比见表 9-1。

住房和城乡建设部村镇建设司职能变化对比表　　**表 9-1**

职能	1998 年城乡规划司（村镇建设办公室）	2004 年独立村镇建设办公室	2008 年村镇建设司
提出村镇建设的法规、方针和政策的建议	√	√	√
指导村镇规划	√	√	√
综合协调村镇规划、建设、管理工作		√	√
拟订小城镇建设政策并指导实施		√	√

续表

职能	1998 年城乡规划司（村镇建设办公室）	2004 年独立村镇建设办公室	2008 年村镇建设司
拟订村庄建设政策并指导实施			√
指导镇、乡、村庄规划的实施			√
指导农村住房建设、农村住房安全和危房改造			√
提出进城定居农民的住房政策建议			√
指导小城镇和村庄人居生态环境的改善工作			√
组织村镇建设试点工作，指导全国重点镇的建设		√	√

（二）村镇建设职责的主要变化

通过建设部村镇建设司（办公室）的职能前后对比可发现，近十年来建设部村镇建设职能变化主要有以下五个方面：

1. 对小城镇建设方面工作，由制定小城镇发展战略，改变为拟订村庄和小城镇建设政策并指导实施；

2. 逐步加强组织村镇建设试点工作，指导全国重点镇的建设；

3. 逐步加强综合协调村镇规划、建设、管理工作；

4. 由“研究拟定村镇规划建设的方针、政策和规章制度”，转变为“指导镇、乡、村庄规划的编制和实施”；

5. 新增加内容“提出进城定居农民的住房政策建议；指导农村住房建设、农村住房安全和危房改造、指导小城镇和村庄人居生态环境的改善工作”。

三、住房和城乡建设部村镇建设司“三定”职责的新要求

住房和城乡建设部新“三定”方案提出部的主要职责之一是“承

担规范村镇建设、指导全国村镇建设的责任。拟订村庄和小城镇建设政策并指导实施，指导村镇规划编制、农村住房建设和安全及危房改造，指导小城镇和村庄人居生态环境的改善工作，指导全国重点镇的建设”。重新组建的村镇建设司作为住房和城乡建设部的内设机构，主要职责是：拟订村庄和小城镇建设政策并指导实施；指导镇、乡、村庄规划的编制和实施；指导农村住房建设、农村住房安全和危房改造；提出进城定居农民的住房政策建议；指导小城镇和村庄人居生态环境的改善工作；组织村镇建设试点工作，指导全国重点镇的建设。新形势、新要求下的“三定”方案体现了村镇建设司新的职能、定位和工作重点：

（一）实现村镇规划建设管理方式和工作职能的转变

在市场经济条件下，政府的主要职能是经济调节、市场监管、社会管理和公共服务。村镇规划建设需要进一步转变职能，通过强化乡村公共服务职能，健全乡村公共服务体系，增加公共产品，提高公共服务质量，加强教育、文化、公共卫生等基础设施建设，努力为乡村居民生活和乡村社会经济发展创造良好条件；通过更加注重履行社会管理职能，完善人口和就业服务，帮助农村社区提高自治水平，改进乡村社会管理方式；通过建立健全各种预警和应急机制，提高政府应对突发事件和风险的能力；通过加强和改进宏观调控，加强市场监管。合理界定政府和市场作用范围，减少和规范行政审批，加强规划制定、政策协调和信息服务。

（二）推进城乡统筹发展

在城乡统筹思想的指导下，村镇规划建设工作需要推进城乡空间布局的整体化，包括产业发展与布局以及与之相联系的土地利用的整体化安排；推进城乡基础设施和公共服务的一体化发展，中心城市和中心镇在安排基础设施建设和配置公共服务时应统筹考虑周边乡村居民点的需求，村镇密集地区要合理安排基础设施和公共服务设施的布局，尽可能做到区域性共建共享；城乡生态环境的治理和改善应统筹考虑，防止城市通过污染产业的转移，以及向乡村排放生产、生活废（污）水和废气，不经处理倾倒固体废弃物而导致乡村地区生态环境破坏。乡村地区应通过非农产业的适当集中发展，避免或减轻环境污染，为城市提供良好的区域生态环境。

（三）推进小城镇发展，使其成为解决“三农”问题的重要助推手段

中国特色城镇化应当走大中小城市和小城镇协调发展的道路，这是中央明确提出要长期坚持的方针。坚持稳妥推进城镇化和扎实推动新农村建设是“两轮”驱动，只有城镇化不断推进，工业和城市才有更多的实力反哺农业、支持农村。1. 小城镇是城市和农村不可分离的节点，是“两轮”驱动的重要结合点，在产业结构升级换代、城镇布局不断完善过程中，小城镇作为联系城市和农村的关键环节，对解决1.3亿农村富余劳动力转移就业具有战略地位。2. 小城镇在服务农村经济社会健康发展中起着重要作用，是巩固农业基础地位的重要环节。加强农业基础地位，建立以工促农、以城带乡长效机制，形成城乡经济社会发展一体化新格局，发展小城镇是重要环节。3. 作为农业和农村区域服务中心，小城镇是实现农业现代化和推动农业规模经营、产业化发展的关键支撑点。小城镇介于城乡之间，与农业、农村和农民的联系更为直接，能够带动县域经济发展。4. 小城镇是接纳农业富余劳动力的主要载体。小城镇劳动密集型为主的产业结构创造了大量就业机会，不仅吸纳了大量当地农村富余劳动力，而且还吸纳了大量跨区域流动的农村富余劳动力。据统计，我国镇（含县城关镇）吸纳了39%的跨省域流动的农村富余劳动力，1.3亿流动人口的60%生活、工作在镇。5. 小城镇社会服务、文化的繁荣对农民素质的提高起着潜移默化的作用。小城镇历来是农民进行商业活动、文化娱乐、社会往来的主要场所。小城镇的文化商业服务功能日益完善，人居环境日益改善，为农民获取信息、接受城市文明提供了重要渠道。

（四）健全村镇规划体系

目前村镇规划的关注重心在“点”上，即镇、乡、村居民点的建设规划即实体规划，相对忽视“面和网络”即镇村体系规划，导致了“以镇论镇，以村论村”现象的发生，割裂了县域内乡镇的联系，镇域

范围内各村的联系，也割裂了村庄与镇区之间的联系。镇村体系规划尤其是县域镇村体系规划是实现城乡统筹发展、调控县域村镇空间资源、协调各镇乡村发展布局特别是农村居民点调整、捏合各部门的条条规划、规定县域空间发展的管制政策、对接和协调县级国民经济和社会发展计划和土地利用规划、指导村镇规划建设的重要依据和平台，应高度重视和加强。村镇规划体系应包括县（市）域镇村体系规划、镇规划、乡规划和村庄规划。镇规划分为镇总体规划和详细规划。其中，镇总体规划包括镇域规划和镇区规划两个层次，详细规划包括控制性详细规划和修建性详细规划。乡规划分为乡域规划和乡人民政府驻地规划。村庄规划分为村庄总体规划和村庄建设规划。应根据农村实际改进规划编制方法，尊重基层实践。规划编制过程应便于农民直接参与，成果应直观易懂。

（五）统筹村镇规划的编制与实施，统筹规划管理与建设指导

村镇规划的编制、实施、监管与对村镇建设的指导、重点项目的推进是村镇建设工作的完整内容。村镇建设部门在新的职能分工中被赋予了统筹村镇规划建设各项工作的职责，包括规划与建设的统筹、各类建设管理的统筹，从村镇规划编制管理到规划实施监管，从村镇基础设施和公共服务设施布局到建设的指导，从村镇居民住宅建设管理与服务到综合的人居环境建设，从实体建设到文化遗产保护、乡野景观保留和生态环境建设都是村镇规划建设部门的职责。这种规划建设的统筹管理方式，为解决原有的政出多门、多头管理、有利则争、无利则推的弊端奠定了基础。

（六）转变村镇规划建设思路，综合推进村镇人居环境建设

新形势下的村镇建设应以人为本，以村镇道路整治、垃圾收集处理、污水治理、农村危房改造等老百姓最关心的问题为切入点，吸纳和引导各类建设资金有序投入，探索村镇治理新机制，改变以往各类建设项目条条为主、单打独斗的局面，综合推进，持续改善农村人居环境。全面实现生产发展、生活富裕、乡风文明、村容整洁、管理民主的新农村建设的目标。

（七）切实解决民生问题

要抓住影响当地农村居民生产生活的主要问题，通过政府及其村镇规划建设部门政策和规划编制的指导，采用农民为主、政府帮扶的机制，提高农村基础设施和公共服务水平，加强对农民建房的指导，稳步推动扩大农村危房改造试点。组织实施扩大农村危房改造试点工程。编制农村危房改造扩大试点规划，会同有关部门出台扩大农村危房改造试点工作实施要求。抓紧制定农村危房鉴定标准。推动少数民族地区游牧民定居工程，组织动员有关力量，加大管理与技术支持力度，加强监督检查与工程质量监管。研究农村住房建设政策，推动农村住房制度的完善和改革，鼓励农民投资改善自身的居住条件，拉动农村消费，扩大农民就业。探索按照城乡有别、依法自愿、同一平台、预留接口的思路，积极稳妥推进农村集体建设用地上房屋登记发证工作。

（八）村镇规划建设要尊重地方历史文化和传统，保留民族特色，保护乡野景观和自然环境

要通过村镇规划建设抢救性地保护农村中的历史文化遗产。历史文化名镇名村及其他有形无形的历史文化遗产和资源，都是几千年或者几百年遗留下来的东西，存在着合理性。独特的建筑结构、村容镇貌和历史文化传统的保护，不仅是保留一个地区一个国家文化传统的需要，也是取之不尽的旅游资源。要保护和改善乡村景观。乡村景观是在乡村地域范围内与人类聚居活动有关的景观空间，包含了乡村的生活、生产和生态三个层面，即乡村聚落景观、生产性景观和自然生态景观，并且与乡村的社会、经济、文化、习俗、精神、审美密不可分。随着经济的发展和生活水平的提高，乡村居民对其居住环境有着求新求变的心理，但往往缺乏乡村景观及生态环境保护的正确观念的指导，并且在一些不恰当规划的误导下，容易受当前城市居住标准、价值观以及建筑形式等影响，误导乡村景观的发展。目前，很多发展中的乡村大多向城市看齐，把城市的一切看成现代文明的标志，乡村呈现出城市景观。在规划中保护和改善乡村景观的意义在于：有助于改变目前乡村片面追求形式上的城市化现象，保护乡村景观的完整性和田园文化特色，正确引导乡村的

建设与发展，加强对乡村居民的景观教育；有助于充分利用乡村景观资源，调整产业结构，发展乡村旅游等多种经济；有助于协调乡村景观资源开发与环境保护之间的关系，重新塑造一个自然生态平衡的乡村环境，实现乡村的生产、生活、生态三位一体的可持续发展目标。

因此，从村镇规划建设工作的新的职能定位来看，与传统的职能相比，以下工作将是今后的重点：1. 城乡统筹视角下的村镇规划编制的指导，将从以往单纯注重农村居民点的规划转变为县（市）域、乡镇域、村域等加镇、乡、村居民点规划的结合，即“面”加“点”的体系；2. 在社会主义新农村视角下，村镇规划建设以物质建设为中心转向物质、文化、生态建设相结合；3. 在建设小康社会的视角下，关注村镇人居环境的提升，逐步实现基础设施建设、公共服务设施城乡一体化和均等化；4. 在以人为本的视角下，落实农村集体和农民在集体土地的受益权，注重农民住房质量和水平的提高，落实农民的住宅产权保障；5. 在生态文明的视角下，在村镇规划建设中注重生态环境保护、乡野景观保护和历史遗产保护，延续地方特色、民族特色和乡土文化传统。6. 注重调查研究，注重经验和范例的总结，抽象出新时期村镇规划建设的相关政策，补充和调整关于村镇规划建设的法律法规、标准规范。

四、实现工作重点的转移需要加强的方面

（一）经费保障。各级人民政府应当将村镇规划的编制和管理经费纳入财政预算。

（二）大力加强村镇队伍的能力建设。目前机构不健全、规划和管理人员少、人员素质低和思想、服务滞后的问题同时存在。特别是县（市）一级是统筹城乡发展的关键层面，但目前也是村镇建设管理技术力量薄弱的层面，难以满足集“建筑规划、市政环卫房产、生态环境、人文景观”等于一体的规划建设管理需要。与此同时，乡镇党委、政府的一些领导仍“重城区，轻村庄”，对乡村规划实施工作重视不够，未将其作为统筹城乡经济、社会发展的重要抓手和突破口来对待，政策掌

握不全，缺乏有效的指导和监管服务能力。

（三）切实转变观念，提高村镇规划水平和质量。在村镇数量多，规划经费相对少，编制时间和管理力量相对不足的情况下，村镇规划普遍缺少地方特色，规划方案“拷贝式”设计，建筑单体特别是住宅设计同化趋势明显。

（四）加强相关法律法规和政策的研究。包括城乡户籍政策、土地政策（承包地、宅基地和集体建设用地）、乡村非农产业发展政策、基础设施投融资政策等都与村镇发展密切相关，需要村镇部门加强基础性问题研究。鉴于目前住房和城乡建设部村镇建设司定编人员少、缺乏政策研究能力的状况，亟需建立一支为部服务的村镇规划建设工作的技术支撑队伍。

第三节　村镇建设司新职能与《条例》修订

一、《条例》颁布后村镇建设的新发展

《条例》于1993年制定，共计7章48条，自发布施行以来，以前瞻性的规定推动了村镇规划建设工作的科学化、规范化、制度化。比如，《条例》对集镇的定义就反映出“集镇”是与城市相对应的概念。还有，《条例》第十条规定：县级人民政府组织编制县域规划，应当包括村庄、集镇建设体系规划。虽然当时村镇规划还没有得到应有重视，但本条款明确了村镇规划责任，反映了我国农村县域管理的体制特点。再有，《条例》第十八条规定：农村村民在村庄、集镇规划区内建住宅的，应当先向村集体经济组织或者村民委员会提出建房申请，经村民会议讨论通过后，按照下列审批程序办理……本条制定时考虑到我国村庄自治的法律规范，尊重了村民委员会的权力。今年是《条例》颁布的第17个年头，我国经济、社会、政府管理体制、法治环境，以及农业、农民、农村问题等方方面面发生了巨大变化，《条例》已经不能够全面、真切、有效地指导并监督全国村镇规划、建设与管理。村镇发展背景的变化主要体现在以下方面：

（一）全球化背景下，我国城镇化进程加快。由于世界贸易体系的开放，中国依靠出口主导的经济获得了巨大成功，制造业与服务业吸引了亿万农民到发达地区和各级城镇务工经商，农民收入增加的同时，农村普遍性地大量流失主要劳动力，内地农业地区濒临凋敝。

（二）快速城市化造成了城镇对农村耕地的大规模占用，人口向城镇集中带来了大量环境与社会问题，农村的自然资源被城市过度开发并占用，部分农村面临可持续发展的危机。

（三）在经济增长的同时，农民提升了生活质量要求，改建和新建住房成为重要选择。但是，农村住房缺乏规范性技术标准与指导。农村人居环境总体上处于低水平。而围绕住宅，农村不断增长的生活能源需求加大了国家能源安全压力。

（四）在国家发展政策层面，由于人口、生态、环境、资源以及国家可持续发展的需要，城市与农村必须统筹发展，进行更好的融合。

（五）在全球经济一体化，全国市场一体化的发展框架中，城乡经济与社会的联系更加紧密，公共政策与公共管理面临的挑战急剧增加，从而对中央政府管制能力提出了更高的要求。政策视角从城市治理转向城乡一体化治理。

（六）《条例》制定时，城乡统筹发展和社会主义新农村建设的要求尚未提出，在很大程度上参照了当时的城市规划编制实施办法，对村镇类型的多样性和差异性研究不足，难以适应我国村镇千差万别的实际情况，难以适应当前形势的需要。

二、《条例》面临的主要挑战

《条例》制定之时为我国改革开放初期，农村经济得到复苏，乡镇企业处于高速发展时期，村镇公益设施建设刚刚兴起，而国家总体法治水平不高。从当前情况看，《条例》已经不能够切实指导我国农村经济与社会发展，不能适应新的村镇建设部门完成新职能、新职责的要求，具体反映在以下几个方面：

（一）在村镇规划方面

1. 村镇规划建设理论研究滞后。当前，建筑规划学科的主流实践集中于城市，其相应的学科理论体系建设和技术研究往往以城市模型为主，所以在理论成果、技术规范与标准等方面的关注以城市为出发点和归宿地。尽管当前政策和资本对于乡村规划建设投入与日俱增，但众多乡村的建设基本上仍处于无序状况，缺乏理论指导。同时，由于没有完备的乡村规划建设的理论体系和技术方法的指导，我们仍自觉和不自觉地套用城市的规划建设模式来进行乡村的规划建设，不适应性显而易见。目前农村规划的编制方法研究不足，基本上是延续了城市规划的思路，注重目标导向和控制蓝图。但是，从农村的社会组织结构来看，这样的规划思路是有问题的。我国村庄的规模很小，社会结构简单，因而其发展很容易受到外界因素的影响，具有极大的不确定性。而且，村庄作为农民自治组织，受到农民意愿表达的影响比较大，很难实现目标性导向的规划。所以目标性导向和控制蓝图在农村就缺乏一定的动态性和灵活性，以问题为导向的规划明显更加实用。

2. 村镇规划的关注点在建设规划上，尤其是居民点的建设规划即实体规划，相对忽视面的镇村体系规划，忽视社会和环境问题。而镇村体系规划尤其是县（市）域镇村体系规划是实现创新统筹发展的一个基本平台。

3. 村镇规划本身也存在重镇轻乡、村的倾向。从目前全国各地的村镇规划编制情况来看，镇一级的规划编制实施情况明显好于村级规划的编制。地方政府受到政绩利益的驱使，往往将镇的规划作为重点，尤其是镇区规划，规划审批与实施也主要围绕镇区规划展开，镇政府的资金也基本投向镇区建设，对形象工程建造的热情高。从而忽视了村庄层面的规划和建设，虽然有的地区也在政策上强调要加强村庄规划，但是却没有具体的行动和有效的措施。目前《村镇规划编制办法（试行）》中村庄建设规划的内容和成果往往只是在镇的层次上适当简化，而并没有针对村庄提出有所区别的内容和标准。

4. 地区特点、发展的阶段性特点考虑不够。不同地区由于经济发展水平和资源条件的差异，村镇千差万别。因而，各地区的发展策略要因地制宜，选择符合地区的发展模式和发展途径。从我国整体发展情况来看，阶段性发展比较明显，经济发达地区往往成为其他地区学习的目标，使得一些地区不考虑阶段性差异，照搬模式，反而导致地区的畸形发展。因而，乡镇村庄规划编制方法要加强分类指导，并考虑到发展阶段的需要。

5. 规划师对农村实际缺乏了解。对大多数建筑和规划师来讲，以村庄作为研究对象是相对陌生的，对乡村自然开放空间、乡村自然尺度、乡村自然地理形态及其联系、乡村生态循环链、乡村生活与生产的混合等因素的考虑是欠缺的，甚至几乎是空白。一些规划和设计“助长”当前新农村建设热衷于变新、变洋的“盲目性”，忽视村庄传统文化资源与风貌，陷入生态、文化、环境破坏，特色丧失的误区。另一方面，很多时候“专家”认为农民是愚昧落后的，与农民的对话、互动是不值得关注的环节。在“走马观花”调查、“文献数据”推演分析后，对农村的发展进行理所当然的预设，将城市研究中得来的经验和理论不加区分地用到农村中。这些乡村规划编制方面的问题，广泛地存在于全国各地和规划建设过程的方方面面，具有相当的普遍性。此外，乡村基层缺乏统计数据以及一些基础资料，调研时往往难以取得。或是基层部门无法提供，或是不知道去何处提取。这在客观上给规划建设工作造成了一定的困难。

6. 注重形式主义。很多地方，村镇规划或者整治规划的要求一来，仅凭若干家规划设计单位将县（市）域的村庄建设整治规划全部编制完成，这种“运动式”、“快餐式”的村庄规划，缺乏民众基础，是线性规划过程的“产品”；在缺少对农村生活生产认识和缺乏村庄规划经验累积的前提下，规划的引导往往极易嬗变成武断的介入，或者依旧是“墙上挂挂”。此外，很多规划与乡村治理结构相脱离，无法成为村民民主自治管理的一项重要内容，村民对“规划中”的家园关注与认同程度不足，因此乡村规划的实效性必然降低。

7. 村镇规划建设中缺乏生态保护方面规定，对环境和资源的考虑不够。农村地区很重要的一个作用就是其生态作用，而现在的村镇规划在这方面的考虑明显不够。

（二）在村镇建设方面

1. 内容缺失。(1)《条例》虽然对村镇基础设施建设、环境治理等提出了要求，但没有从整体改善村镇人居环境、提高农村老百姓生产生活环境和质量的角度，没有从以人为本，切实满足老百姓最关切、涉及老百姓最直接利益的需求的角度提出村镇人居环境建设的总体要求。(2)《条例》缺失在可持续发展原则下村镇建设中可再生能源利用和村镇建设和农民住房建设节能减排的内容。这些内容不仅是满足《节约能源法》、《可再生能源法》等相关法规的需要，也是建设生态文明视角下资源节约型、环境友好型乡村的需要。(3)《条例》缺失弘扬传统文化、存留地域特色和民族特色、保护乡野景观和自然生态环境方面的内容。这些内容不仅是满足《城乡规划法》、《历史文化名城名镇名村保护条例》等上位法规和相关法规的需要，更是建设新农村中物质文化遗产、非物质文化遗产保护的需要。

2. 规划建设现实与农民需求存在错位。在实践中，相当一部分干部一心想着开创新局面，与自上而下的考核机制结合在一起，在看得见的地方，做表面文章，如并村、圈地、拆房替代了新农村建设的全部内容，甚至盲目照抄照搬城镇建设模式，大搞形式主义、形象工程。城市反哺农村，提倡“部门包村”、“下派干部（工作队）”。但在实际中，停留在“下乡式”、“注入式”、“恩赐式”的思维方式，往往使得有限的“外力”在脱离了农村、农民的真实需求后无法成为村落空间的“凝聚性”触媒，在相当多的农村反而加剧公共空间的离散。涉及村镇建设的各部门各系统各自为政，涉农资金和项目大多以条条为主，基本不考虑镇村体系规划对居民点的布局要求，不考虑重点地“撒胡椒面”。

3. 规划建设目的与服务对象存在错位。各级政府集中财力、物力和人力树起综合典型，但搞绝对化、搞模式，搞一刀切的标准；更为严重的后果是，此举在地方发展的实际中不同程度地引起各地各村的攀比，不顾实际，不求特色。专注一张面皮的形象，而忽略了服务对象的实际需求。

综上所述，当前我国农村现实环境和农村改革开放的新形势，都要求我们必须创新规划编制实施与村镇建设的技术、方法与管理水平，全面提高规划建设水平和质量，以实现统筹城乡、推进城乡一体化发展、全面建设社会主义新农村的目标。现行《条例》无法满足新形势下对村镇规划建设进行有效指导的需要，涉及村镇规划建设管理的国家级大法又不存在，因此，村镇建设部门要充分履行新“三定”职能，必须在经过修订后的新《条例》的指导下方能进行。

三、《条例》修订的注意点

（一）具体条法应有高度概括性与普遍适用性。《条例》是全国村镇建设领域的基本法，不可能包罗万象，也不可能一刀切，要在普遍适用的基础上，留给地方一定的自有裁量空间和授权立法空间。

（二）协调部门职责和地方职责。条法制定应考虑我国行政层级太多，可能存在行政效能逐级衰减。这些年，社会上有“政令不出中南海”的说法。事实上也存在政令走不出部委的情况。这就要求公共管理者进行政策创新，使部门行政管理考虑实际并富有弹性、提高效率。受困于行政层级太多和社会矛盾增加的现实，最近几年，中央党政机关展开了直接与基层尤其是县域领导对话的行动。如2008年中央组织部直接组织对全国县委书记的培训，2009年公安部直接针对全国县级公安局长展开培训。此外，中央已经开展省直管县的试点。考虑到我国县（区）政府直接管理村镇的现实，《条例》修订应该重点关注县（区）建设行政主管部门的职能，将县一级作为统筹城乡发展的基本平台。

此外值得注意的是，一些同级部委为了加强行政能力，阻止地方政府与企业违法，加强了垂直监管。如为了监管土地资源的使用，国土资源部设置了区域土地督察办公室；环境保护部开始设置区域环境督察中心。这就说明：为了提高行政效率，实现政策目标，中央政府倾向于直接与基层政府对话，以免层级太多，偏离政策目标。《条例》修订应明确中央政府部门与地方政府相应职能部门之间的关系，并尽可能通过监管的方式约束或激励省级、市级、县级建设部门的行政行为。

（三）加强制度的可操作性。我国政府体制总体上是条块管理。住房和城乡建设部是条，对应各省（自治区、直辖市）、市、县建设主管部门，一般要对应至少三个层级，如果往下，还有乡镇政府与村民委员会作为最基层的行政单位。此外，我国幅员辽阔，各地自然条件差异大，经济与社会发展水平不一致，农村建筑形式、能源获得方式不同。那么，《条例》作为全国性法令，要做到可操作性强，是一项难度大的工作。我们认为根据我国国情，对于可操作性，可作以下分解：首先，在法定范围内由建设部主导的事项（比如村镇房屋建设、建筑节能、村镇人居环境），比如将村镇规划编制、建筑节能等一般不牵涉其他部门的事项提炼出来，立法时给予明确规定或量化。比如建设部应对省一级村镇规划工作进行评估与检查。建设部应责成各省提出村镇节能规划与计划。其次，可再生能源的主管部门是国家发改委，包括相关的专项技术资金也属于发改委主管。依据法律，在建筑节能领域，村镇建设司有责任会同发改委能源主管部门商议设置村镇建筑节能专项资金，设置农村可再生能源重大科研公关、试点工程资金。这样的条款，应该在《条例》修订中得到某种体现。值得注意的是，由于牵涉到其他部门并且没有落实相关事项，《条例》有关条款应该具有针对性，但是，很可能就不能够规定得太具体。

（四）《条例》修订要体现政府职能转变。《国务院工作规则》已经于2008年3月21日召开的国务院第一次全体会议通过。国务院工作的指导思想是，高举中国特色社会主义伟大旗帜，以邓小平理论和“三个代表”重要思想为指导，深入贯彻落实科学发展观，执行党的路线方针政策，全面履行政府职能，努力建设服务政府、责任政府、法治政府和廉洁政府。国务院工作的准则是，实行科学民主决策，坚持依法行政，推进政务公开，健全监督制度，加强廉政建设。国务院要全面履行经济调节、市场监管、社会管理和公共服务职能。《国务院工作规则》规定：

强化公共服务，完善公共政策，健全公共服务体系，增强基本公共服务能力，促进基本公共服务均等化。当前，行政管理体制改革主要是政府改革，转换政府职能，从全能型政府转变为公共服务型政府。为此政府应将更多的精力用到为居民提供基本公共服务，用到改善民生上面。党的十七大报告提出，行政管理体制改革是深化改革的重要环节。要抓紧制定行政管理体制改革总体方案，着力转变职能、理顺关系、优化结构、提高效能，形成权责一致、分工合理、决策科学、执行顺畅、监督有力的行政管理体制。

四、《条例》调整范围的再界定

原《条例》题目为《村庄和集镇规划建设管理条例》，但现在地方行政层级已发生很大变化。原《条例》1990 年开始起草，至今已有 18 年，形势发展迅速，取得了显著成绩。本次修订后的《条例》应与《城乡规划法》对接，反映改革开放以来的发展历程（见表9-2、表9-3）。体现发展的城镇和建设社会主义新农村的全部内容，包括生产、生活、环境、社会、管理等诸多方面。其涉及范围由点到面，不仅限于“村庄和集镇”，建议《条例》的名称改为《镇、乡、村规划建设管理条例》或简称为《村镇规划建设管理条例》。这里所称的“村镇”已不再是村庄和集镇“点”的简称，而是具有“体系”的观点，“面”的概念，其内容应从县城镇乡村体系规划开始，抓住城乡统筹、以城带乡的关键理念，因此规划建设管理的范围应包括全县城全镇、乡域和全村，而不局限于镇区、乡驻地、村庄。其内容也不仅局限于生活居住，应全面统筹生产、生活、环境、社会管理的发展建设，应贯彻于规划、建设、管理的全领域与全过程。

此外通过对全国 2004 年到 2008 年各省市发布的《条例》统计分析（见附录二 近五年地方各级政府《条例》修订颁布名称变化情况），绝大多数地方政府已根据工作需要将《条例》名称更改为《村镇规划建设管理条例》。

建议本次《条例》修订应将名称改为《村镇规划建设管理条例》。

表 9-2

市、镇、乡村数量及人口比例变化

年代	1978	1980	1985	1990	1995	2000	2005	2006	2007	1990 人口比重（%）	2005 人口比重（%）
市	193	223	324	467	640	663	661	656	655	13.30	18.07
镇	2850	2874	7596	11392	17282	19692	19522	19369	19249	5.66	17.81
乡	52781	54183	83182	44446	29834	24043	15951	15306	15120	6.41	3.96
村庄	—	—	394 万	377 万	369 万	353 万	313 万	271 万	264 万	74.63	60.16

注：市、镇、乡数量摘自国家统计局统计年鉴

村庄数量摘自建设部《村镇建设统计年报》

人口比例由国家统计年鉴、建设部统计年报推算出

表 9-3

镇的数量及构成变化

年代	1983	1990	2000	2005	
总镇数	2786	11392	19692	19522	镇由以县城为主体（占 75%）已发展为仅占 8.1%
县城镇数	2080	1903	1895	1581	
一般镇数（所占比例）	706（25.31%）	9489（83.30%）	17797（90.37%）	17941（91.90%）	

五、《条例》修订的重点内容

（一）指导思想

1. 调整村镇规划建设管理的指导思想

应当坚持城乡统筹、合理布局、节约用地、集约发展、因地制宜、量力而行和先规划后建设的原则，改善生态环境，促进资源、能源节约和综合利用，保护耕地等自然资源和历史文化遗产，保持乡土特色、民族特色和传统风貌，并符合防灾减灾和公共卫生、公共安全的需要。现《条例》多从工程技术角度出发，注重对物质空间和土地利用的控制，修订版要通过加强村镇规划管理，协调城乡空间布局，改善人居环境，促进城乡经济社会全面协调可持续发展，使村镇规划建设由工程为主转变为综合性的发展规划和建设。

2. 做到因地制宜，分类指导

我国的村镇数量多，范围大，至2007年底，全国共有1.7万多个建制镇（不含县城关镇）和1.5万多个乡，另有村居委会694515个。村镇规划编制实施和建设管理应根据不同的对象而提出不同的要求、应用不同的编制和管理办法。

根据对象所在区域的城镇化发展状况，以及对象本身在人口规模、经济发展水平和基础设施建设水平等方面的不同，可将对象所在区域分为“城镇化地区”和“非城镇化地区”，将对象分为“准城市”、重点镇、一般镇和乡镇、中心村、基层村等若干级，所在区域与自身等级的不同组合决定了规划编制的差别化和发展政策制定的差别化。

“城镇化地区”即城镇化发展较快的区域，如城镇密集地区和城市郊区，“非城镇化地区”即非农活动占主导地位的其他区域。在城镇化速度发展较快的地区，村镇规划的重点可加强控制城镇化蔓延的内容，而对于城镇化速度发展较为滞后的地区，则可将村镇规划的重点放在村庄的整治建设上。“准城市”是指已达到设市标准但由于各种原因未批准设市的建制镇，也包括一些虽然人口规模未达到设市标准但经济发展水平和基础设施建设水平已达到设市标准的镇和村，“准城市”规划建设和管理应适用城市规划的模式。对于一般建制镇和乡集镇，编制规划可在现行《村镇规划编制办法（试行)》基础上编制规划成果。对于城镇化地区的村庄规划，应该做到全覆盖的规划；非城镇化地区的村镇规划，则应在现行《村镇规划编制办法（试行)》的基础上，根据实际需要适当降低标准和要求。

3. 实现村镇规划建设的几个转变

在规划建设特征上，从以居民点规划为主转向“点规划”（即镇、乡、村）与“面规划”（即相应的行政辖区）并重；在规划建设宗旨上，从构建小城镇增长极转向构建协调发展的城乡组织体系；在规划建设动因上，从寻求镇区超速发展，追求个人政绩转向寻求城乡关联发展，促进城乡公平发展；在理论基点上，从空间聚集论转向城乡统筹发展观；在强调重点上，从小城镇主体-镇区转向小城镇整个区域；从结构形态上，从呈“线”形转向呈“网络”型；从规划建设结果上，从镇区规模过度扩张，外围农村不景气转向城乡互相促进、协调发展；从投资趋向上，从小城镇主体-镇区转向镇区合理建设及其与农村地区的联系“通道”；在政策取向上，从促使非均衡发展转向在非均衡发展中谋求城乡协调发展。从规划建设的方法论上，应从目标导向转为问题导向，不是简单美化甚至复制城市的物质形态，而应该从农民急需解决的问题出发，发展生产，方便生活，从而最终引导农村社会的全面发展。

4. 解决城乡规划需要进行城乡统筹的几个重点

在城乡统筹的思想指导下，需要解决的是：城乡空间布局的整体化；城乡基础设施的一体化；城乡产业发展的规模化；城乡经济发展的市场化；城乡社会事业的规范化；城乡生态环境的优质化；城乡居民就业的公平化；城乡文化生活的健康化。为了达到以上目标，村镇规划编制必须加以调整。

产业空间统筹发展：根据小城镇和乡村产业体系的特点提出相应的结构模式，促进城乡之间的产业结构协调化和城乡内部产业结构的合理化；对城乡产业结构体系在空间层面上进行相应调整，促进城乡产业空间的有机融合与城乡空间产业的合理布局。

地域空间统筹管治：农村居民点只是乡村地区的居住空间，除此之外乡村地区的生产、旅游、设施等空间类型也要统筹考虑。

公共服务设施、基础设施需要统筹发展。

5. 明确主体，强化责任

为了有效推动村镇规划编制工作，必须进一步明确组织村镇规划编制的主体。乡（镇）域镇村体系规划和村庄布局规划应由乡（镇）人民政府组织编制；建制镇镇区总体规划、乡集镇总体规划和建制镇镇区（或乡集镇）建设规划应由乡（镇）人民政府组织编制；村庄总体规划和村庄建设规划宜由村委会组织编制。乡（镇）镇村体系规划、建制镇镇区总体规划、乡集镇总体规划应经乡（镇）人民代表大会审议通过后由乡（镇）人民政府报县级人民政府批准实施；建制镇镇区（或乡集镇）建设规划由乡（镇）人民政府批准实施。村庄总体规划应经村民（代表）大会审议通过后由乡（镇）人民政府报县级人民政府批准实施；村庄建设规划应经村民（代表）大会审议通过后报乡（镇）人民政府批准实施。村庄总体规划和村庄建设规划应列入本村的村规民约，作为村民共同遵守的行为准则。

6. 反映村镇规划建设的特殊土地产权关系，既要加强规划管制，也要落实农村集体和农民的土地发展权

党的十七届三中全会对健全严格规范的农村土地管理制度、规范推进农村土地管理制度改革提出了新要求。新要求的一个重要方面就是对农村集体建设用地管理制度改革进行深化，在保护农民土地权益、严格保护耕地、统一城乡建设用地市场方面将有若干重要政策出台。村镇规划建设在两类土地的承载平台上进行成为越来越突出的一个特点。这些政策的重大变化需要村镇规划覆盖面、编制质量和深度都要提高，以保证在落实农村集体组织和农民土地权益的同时，建设用地市场不乱、农民非农化转移有序、城乡空间格局改善。

（二）加强村镇规划编制和实施

1. 村镇规划层次

目前，按照传统的城乡规划的分工，县城镇的总体规划属于城市规

划范畴，而县域镇村体系规划如果随同县城镇总体规划一起编制，则形成城市规划职能与村镇规划职能的交叉。从实际看，县城镇规划，不论是总体规划还是县域规划，在城市规划部门尤其是省级以上的城市规划部门，都是较不受重视的，而县域镇村体系规划又是统筹城乡规划建设的一个主要平台，是指导村镇规划编制的重要依据。因此，此项规划的编制应由村镇部门负责牵头为宜。

因此，村镇规划体系包括县（市）域镇村体系规划、镇规划、乡规划和村庄规划。镇规划分为镇总体规划和详细规划。其中，镇总体规划包括镇域规划和镇区规划两个层次，详细规划包括控制性详细规划和修建性详细规划。乡规划分为乡域规划和乡人民政府驻地规划。村庄规划分为村庄总体规划和村庄建设规划。

2. 县域镇村体系规划

（1）县域镇村体系规划的任务

县域镇村体系规划是政府调控县域村镇空间资源、指导村镇规划建设，促进城乡统筹协调发展的重要依据和平台，在《条例》修订中高度重视和加强县域镇村体系规划可以协调县域城乡产业和基础设施发展布局，协调各镇乡村发展布局特别是农村居民点调整，捏合各部门的条条规划，规定县域空间发展的管制政策，对接和协调县级国民经济和社会发展计划和土地利用规划，为镇、乡、村规划提供依据，因此，是基层政府统筹城乡发展的重要政策工具。

县域镇村体系规划的主要任务是：落实省、市域城镇体系规划提出的要求；引导和调控县域村镇的合理发展与空间布局；指导村镇规划的编制。

（2）县域镇村体系规划的重点

县域镇村体系规划应突出以下重点：确定县域城乡统筹发展战略；研究县域产业发展与布局，明确产业结构、发展方向和重点；确定城乡居民点集中建设、协调发展的总体方案，统筹安排城乡建设用地布局，确定村庄布局的基本原则，明确需要发展、限制发展和不再保留的村庄，提出农村居民聚居点治理和建设的管理策略；确定生态环境、土地和水资源、能源、自然和历史文化遗产等方面的保护与利用的综合目标和要求，提出县域空间管制原则和措施。应当对县域按照禁止建设、限制建设、适宜建设进行分区空间控制。对涉及经济社会长远发展的资源利用和环境保护、基础设施与社会公共服务设施、风景名胜资源管理、自然与文化遗产保护和公众利益等方面的内容，应当确定为严格执行的强制性内容；按照城乡统筹、共建共享的原则，统筹布置县域基础设施和公共服务设施，确定农村基础设施和公共服务设施配置标准，实现基础设施向农村延伸和社会服务事业向农村覆盖，防止重复建设；应当延续历史，传承文化，突出民族与地方特色，确定文化与自然遗产保护的目标、内容和重点，制订保护措施；按照政府引导、群众自愿、有利生产、方便生活的原则，制定村庄整治与建设的分类管理策略，防止大拆大建。

（3）县域镇村体系规划的内容

1）综合评价县域的发展条件。要进行区位、经济基础及发展前景、社会与科技发展分析与评价；认真分析自然条件与自然资源、生态环境、村镇建设现状，提出县域发展的优势条件与制约因素。

2）制定县域城乡统筹发展战略，确定县域产业发展空间布局。要根据经济社会发展战略规划，提出县域城乡统筹发展战略，明确产业结构、发展方向和重点，提出空间布局方案，并划分经济区。

3）预测县域人口规模，确定城镇化战略。要预测规划期末和分时段县域总人口数量构成情况及分布状况，确定城镇化发展战略，提出人口空间转移的方向和目标。

4）划定县域空间管制分区，确定空间管制策略。要根据资源环境承载能力、自然和历史文化保护、防灾减灾等要求，统筹考虑未来人口分布、经济布局，合理和节约利用土地，明确发展方向和重点，规范空间开发秩序，形成合理的空间结构。划定禁止建设区、限制建设区和适宜建设区，提出各分区空间资源有效利用的限制和引导措施。

5）确定县域村镇体系布局，明确重点发展的中心镇。明确村镇层次等级（包括县城—中心镇—一般镇—中心村），选定重点发展的中心镇，确定各乡镇人口规模、职能分工、建设标准。提出城乡居民点集中建设、协调发展的总体方案。

6）制定重点城镇与重点区域的发展策略。提出县级人民政府所在地镇区及中心镇区的发展定位和规模，以及城镇密集地区协调发展的规划原则。

7）确定村庄布局基本原则和分类管理策略。明确重点建设的中心村，制定中心村建设标准，提出村庄整治与建设的分类管理策略。村庄布局和分类管理策略包括：制定县域村庄布局空间管制规划，明确村庄建设用地范围和布局。明确重点建设的中心村，制定中心村建设标准。中心村是人口规模较大的农村聚居点，中心村的选定应满足区位优势、联系合理、规模经济、节约用地的选址布点原则，明确其服务范围。提出村庄人居环境治理与建设的分类管理策略。根据不同情况，划分四类区域（居民点）的范围和规划管理措施：积极发展的区域或居民点；引导发展的区域或居民点；限制发展的区域或居民点；禁止发展的区域或居民点。

8）统筹配置区域基础设施和社会公共服务设施，制订专项规划。提出分级配置各类设施的原则，确定各级居民点配置设施的类型和标准；因地制宜地提出各类设施的共建、共享方案，避免重复建设。明确区域性供水、排污、垃圾处理等政策和规定。

9）实施规划的措施和有关建议。

（4）县域镇村体系规划的强制性内容

强制性内容应该包括：县域内需要控制开发的区域，包括湿地、自然保护区、风景名胜区、水源保护区、退耕还林（草）等生态敏感区、基本农田保护区、分滞洪地区，地下矿产资源分布地区。按空间管制分区，准确划定禁止建设、限制建设的区域及相应的管理措施；各级城镇建设用地规模，中心村和村庄建设用地标准；县域基础设施和公共服务设施的布局，以及农村基础设施与公共服务设施的配置标准；村镇历史文化保护的重点内容和范围，保护的控制指标和规定；自然和生态环境保护的目标，污染控制与治理措施；县域防灾减灾工程，包括：村镇的消防、防洪和抗震标准，泥石流、滑坡等地质灾害的主要分布情况、危害范围、防治设施、措施。

3. 镇规划

镇总体规划包括镇域规划和镇区规划两个层次。镇域规划的内容应当包括：提出镇的发展战略和发展目标，确定镇域产业发展空间布局；预测镇域人口规模；明确规划强制性内容，划定镇域空间管制分区，确定空间管制要求；确定镇区性质、职能及规模，明确镇区建设用地标准与规划区范围；确定镇村体系布局，统筹配置基础设施和公共设施；提出实施规划的措施和有关建议。镇区规划的内容应当包括：确定规划区内各类用地布局；确定规划区内道路网络，对规划区内的基础设施和公共服务设施进行规划安排；建立环境卫生系统和综合防灾减灾防疫系统；确定规划区内生态环境保护与优化目标，提出污染控制与治理措施；划定河、湖、库、渠和湿地等地表水体保护和控制范围；确定历史文化保护及地方传统特色保护的内容及要求。

规划区范围、规划区建设用地规模、基础设施和公共服务设施用地、水源地和水系、基本农田和绿化用地、环境保护、自然与历史文化遗产保护、防灾减灾等内容应作为规划的强制性内容。

控制性详细规划的内容应当包括：详细确定规划地区各类用地的界线和建筑控制类型；提出地块控制指标、基础设施配套、交通设计和管线综合的要求；明确城市设计指导原则；明确土地使用和建筑管理规定。控制性详细规划中地块的主要用途、建筑总量、建筑密度、建筑高度、容积率、绿地率、公共绿地面积、基础设施、公共服务设施和历史文化保护区建设控制指标等，应当作为强制性内容。

修建性详细规划的内容应当包括：综合分析和总平面设计；道路交通设施和公用工程管线设置；工程量、拆迁量和造价估算。

4. 乡规划

乡规划包括乡域规划和乡驻地规划。

乡域规划的内容应当包括：提出乡产业发展目标，落实相关生产设施、生活服务设施以及公益事业等各项建设的空间布局；落实规划期内各阶段人口规模与人口分布情况；确定乡的职能及规模，明确乡政府驻地的规划建设用地标准与规划区范围；确定中心村、基层村的层次与等级，提出村庄集约建设的分阶段目标及实施方案；统筹配置各项公共设施、道路和各项公用工程设施，制定各专项规划，并提出自然和历史文化保护、防灾减灾、防疫等要求；提出实施规划的措施和有关建议，明确规划强制性内容。

乡驻地规划的内容应当包括：确定规划区内各类用地布局，提出道路网络建设与控制要求；建立环境卫生系统和综合防灾减灾防疫系统；确定规划区内生态环境保护与优化目标，划定主要水体保护和控制范围；确定历史文化保护及地方传统特色保护的内容及要求，划定历史文化街区、历史建筑保护范围，确定各级文物保护单位、特色风貌保护重点区域范围及保护措施；规划建设容量，确定公用工程管线位置、管径和工程设施的用地界线，进行管线综合。

5. 村庄规划

村庄规划的内容应当包括：安排村庄内的农业生产用地布局及为其配套服务的各项设施；确定村庄居住、公共设施、道路、工程设施等用地布局；确定村庄内的给水、排水、供电等工程设施及其管线走向、敷设方式；确定垃圾分类及转运方式，明确垃圾收集点、公厕等环境卫生设施的分布、规模；确定防灾减灾、防疫设施的分布和规模；对村庄分期建设时序进行安排，并对近期建设的工程量、总造价、投资效益等进行估算和分析。

要强调的是，村庄规划建设要体现乡土气息。生态环境与景观风貌规划是农村规划编制的一个新内容。要求村域规划建设要结合村庄及周边山地、耕地、自然水系等自然要素，形成地方特色，体现乡土气息。加强村庄对外出入口及公共中心的景观环境规划，根据村庄的自然条件，利用坡地、低洼地段、河道及道路两侧、宅前屋后空闲地段布置绿化，以美化居住环境。

在一些经济较为发达和规模较大的村庄，也可以根据村庄发展建设的实际需要，组织编制专项规划。

6. 公共参与：村镇规划建设应该一切为了农民，一切依靠农民

村庄规划建设是一个综合的概念，它不但涵盖了以往国家在处理城乡关系、解决“三农”问题方面的政策内容，更是为改善农村生产生活条件，提高农民生活福利水平和农村自我发展能力的新型农村综合建设计划。因此，关涉到村民的生产生活，关涉村民的内生需求等要素，都构成了村镇建设的内生力来源。唯其有农民的内生力的推动，农民才有可能成为村镇建设的主体，从而从根本上保障村镇建设的顺利进行和持续性。这种基于真正“需要”的内生力是乡村可持续善治与发展的基础和前提。应该充分尊重乡村的选择，在充分理解具体乡村的文化传统、社区权力结构、环境与资源等方面的基础上，通过对话、谈判、协商的方式，以解决阻碍机制形成的问题作为突破口，以协助者而非主导者的身份参与村庄的规划建设，强化农民在规划建设中的主体地位。

7. 应明确村镇规划建设的机构设置和人员配置

各城市、县人民政府应在所辖乡、镇按国家规定设立村镇规划建设管理机构或城市、县村镇建设行政主管部门的派出机构，按总人口规模的一定比例配备村镇规划建设管理人员，负责村镇规划建设管理的具体工作。

乡、镇人民政府建设行政主管部门或城市、县规划建设行政主管部门的派出机构，负责本行政区域内的村镇规划建设管理工作，其主要职责是：贯彻实施有关村镇规划建设管理的法律、法规、规章和政策；组织编制、调整和实施镇、乡、村庄规划；负责县级城乡建设行政主管部门授权的建设工程项目的设计管理与施工管理；负责县级建设行政主管部门授权的房地产管理；负责镇容村容和环境卫生、园林、绿化管理、市政公用设施的维护与管理；负责建筑市场、建筑队伍和个体工匠的管理；负责技术服务和技术咨询；负责建设统计、建设档案管理及法律、法规规定的其他职责。

乡、镇所辖居民委员会和村民委员会，应当配备村庄规划建设管理协管员，在乡、镇人民政府的领导下，协助做好镇、乡和村庄规划建设管理工作。

村镇规划建设管理人员应当具备与其岗位相适应的专业知识，应当经培训并考核合格后上岗工作，并依法执行公务。

（三）可再生能源应用与建筑节能减排

可再生能源主要包括太阳能、风能、水能、生物质能、地热能和海洋能等。促进可再生能源的应用与推广，是我国一项基本发展战略。对于广大的农村和集镇，可再生能源的应用与推广具有改变能源结构、维护国家能源安全的作用；另外，可再生能源的推广还具有改善农民生活质量、减轻农民负担的重要意义。

在可再生能源技术与设备的应用方面，农村总体上处于短缺状态。农村建筑节能减排，面临大量繁杂的工作。这样一种现状对于村镇部门而言既是一种挑战，但也提供了广阔的立法与行政空间。农村能源消耗主要体现在生活用能方面，而生活用能与农民的住房关联密切，炊事、取暖、制冷、热水供应、照明、电器使用都是住房功能的组成部分。由于经济、技术水平等方面的制约，我国农村切近农民生活、能够因地制宜获得可再生能源的方式主要是沼气、太阳能、薪柴等，具有成本相对低廉、容易就近获得的特点。

住房和城乡建设部“三定方案”明确：村镇建设司负责拟订村庄和小城镇建设政策并指导实施；同时，我国《节约能源法》明确规定建设部负责全国建筑节能。《节约能源法》第四十条规定国家鼓励在新建建筑和既有建筑节能改造中使用新型墙体材料等节能建筑材料和节能设备，安装和使用太阳能等可再生能源利用系统。《可再生能源法》规定了建设行业推广可再生能源的责任与义务。

上述背景使得《条例》修订过程增加可再生能源应用条款具有法律和技术基础。我们认为，村镇建设司有必要通过《条例》修订，在建设部职能范围内，鼓励地方政府与农民参与可再生能源应用与推广。

长期以来，我国农村建筑缺乏节能政策引导和技术指导，农村住房在建筑设计、材料使用、施工技术等众多技术规范方面处于空白。由于资金投入不足，广大村镇基础设施薄弱。我国《节约能源法》、《民用建筑节能管理条例》规定了建设部在全国建筑节能中的地位与职能。村镇建设司作为农村住房政策的制定者，有责任制定农村建筑节能减排的法规、政策与标准。

（四）农村文化、村庄聚落、自然风貌保护与利用

自2005年建设部提出开展村庄整治，2006年中央提出建设社会主义新农村以来，全国各地加快了村庄建设和治理工作，村庄居住环境和基础设施水平得到了极大改善。但是一些地方在村庄建设和环境治理过程中，对有保护价值的村庄传统格局、古民居、历史环境缺乏足够重视，造成了一定程度的破坏。2006年中央一号文件特别提出“村庄治理要突出乡村特色、地方特色和民族特色，保护有历史文化价值的古村落和古民宅”。为更好地贯彻中央精神，科学引导村庄建设和治理工作，在新《条例》修订过程中增加对乡村历史文化资源的保护利用十分必要和急需。

住房和城乡建设部新三定方案明确提出，建设部拟订全国风景名胜区的发展规划、政策并指导实施，负责国家级风景名胜区的审查报批和监督管理，组织审核世界自然遗产的申报，会同文物等有关主管部门审核世界自然与文化双重遗产的申报，会同文物主管部门负责历史文化名城（镇、村）的保护和监督管理工作，指导村镇规划编制、农村住房建设和安全及危房改造，指导小城镇和村庄人居生态环境的改善工作。因此，在村镇规划、建设管理以及住房建设过程中如何保护好有价值的古村落、传统民居，保护和传承优秀的乡村文化遗产，如何保护农村乡村自然风貌与开发利用和监督管理，这些都是新三定方案对建设部提出的职责要求。

（五）持续改善村镇人居环境

1．村镇人居环境治理职能亟待加强

村镇人居环境和基础设施改善是积重难返的老大难领域，被各部门视为烫手、棘手之事而不愿管，因村镇基础设施投资主体不明，国家不愿投入，村民一事一议很难做成事情，条块分割使得财权有人争，事权无人管。村镇人居环境保护与整治是一项量大面广、旷日持久的国家重大工程，也是我国历朝历代极为重视的重大民生工程。一部中华民族发

展史，就是一部河山与生态整治的历史，治水是农业之本和立国之本，农村住区建设是立族和立家之本，而“家、国”则是五千多年农业文明的核心价值体系和道德体系，创造了人类历史上辉煌的文明和历史。

当前我国社会主义新农村建设已深入推进，农村经济社会事业快速发展、全面进步，但中央、国务院未明确新农村建设为某部职能；诸多法规如《城乡规划法》、《建筑法》、《城市房地产管理法》、《土地管理法》、《物权法》、《环境保护法》、《能源法》与《可再生能源法》等一批与住房和城乡建设部部村镇建设直接相关的法律法规，也未明确新农村建设和农村人居环境相关条文。

2008年中央批复的“三定方案”明确住房和城乡建设部“指导小城镇和村庄人居生态环境的改善工作”的职能。作为统领全国农村村镇建设的主管部门，可以就农村人居环境建设、保护、综合整治制定相应法律法规和标准、《条例》，以填补该领域的空白。但前提是国家必须转变执政理念和执政思路，对新农村建设和村镇建设提高到国家战略大局进行考量。因此，《条例》修订亟须对新农村建设和农村人居环境的职责进行明确，纳入住房与城乡建设部职能，使其真正落到实处。

2.《条例》关于村镇人居环境治理规定不够完善

在村镇人居环境建设方面，《条例》有如下几点不足：(1) 整体《条例》立意、站位不高。仅就建设说建设，囿于建设领域，对作为乡村社会“载体”的村镇住区和环境的人居环境与可持续发展基本没有涉及，造成本《条例》在地方影响力差，执行不力。(2) 由于逻辑起点较低，造成第二逻辑层次诸条款涵盖性不强，应该包容进来的内容几乎被舍弃，如农民宅院问题；当时《土地法》和《土地管理办法》均未出台，正是住房和城乡建设部部解决此问题的大好实时机，但站位低，失之交臂；还有村庄和集镇给排水问题、村镇环境保护等等。(3) 农村人居环境诸多内容缺失；(4) 相关条款较为粗疏。如村镇基础设施部分，村镇内部道路、路灯、绿化、地下管网等《条例》粗略涉及，但极不详细；村镇排水设施；雨水、污水排放设施建设与管理缺乏相应内容等等。(5) 某些条款操作性不强。

3. 加强村镇人居环境治理的原则

村镇人居环境保护与整治涉及中国农村社会生活与生产方方面面，涉及的其他上位法极多，涉及政策层面的问题更多。本次《条例》修订要考虑与国家相关机构部门的衔接，与国家重大战略的对话、衔接与对接，具体应注意以下几点原则：

（1）拉动内需战略

《条例》修订须有大气魄和大气势。当前，在全球性经济危机背景下，中央、国务院、全体国民最为关注和切肤之痛的是国内经济振兴与就业，稳定大局第一重要的是农村就业问题。本次《条例》修订对农村就业的贡献应突出农村人居环境建设和整治，需要国家给予大投入，四万亿投向重点项目建设对内需的拉动远不如一万亿投向农村整治对内需拉动和启动国内消费市场更加立竿见影，既有眼前效益，更有国家与民族长期效益，必须将“新农村建设”、“村庄整治”、“人居环境整治”提高到国家层面河山综合整治的高度，为民族可持续发展打下振兴的基础。

（2）新农村建设的关键点

新农村建设和农村人居环境综合整治，不单单是建设问题，而是为民族振兴和文明崛起打下牢固根基和硬件支撑，作为执政党必须进行的一项重大工程，刻不容缓。新农村建设，在2005年进入国家中长期规划和十五届六中全会公报。新农村建设在执行中主要注重“现代农业”与农民增收，与建设部门提出的“以农村社区建设整合整体农村和农业一举解决三农问题”的战略构想不同。新农村建设主要由农业部门主导，下拨资金均为沼气、农田整治等小资金，且条块分割，撒芝麻面，很难奏效。因此建议住房和城乡建设部应将新农村建设作为龙头工程来抓，作为一项解决“三农”问题和拉动内需的大战略工程单独向中央提出，切实解决农村问题。

（3）农村振兴的“载体”

必须突出农村住区建设是农村振兴的“载体”，对“载体”古人的界定包括“载国”、“载道”、“载民”、“载物”、“载文”与“载堉（基于'后土观'的国民培育)"等，内容极其丰富；此"载体"是"三农"及农业与河山综合整治的根本和基础；住房和城乡建设部有责任也有能力在获得国家大资金投入的前提下，提出解决"三农问题"的对策与政策架构，才可根本改善八十年代以来城镇化发展侧重城市带来农村"三要素"流向城市加重"三农"问题的问题，才有可能为城镇化发展注入动力。《条例》修订中"人居环境"内容与条款必须提到这个高度。当前的境况是：中国河山与农村住区生态环境本底已无法承担起一个世界最大民族的振兴，必须进行整治。新农村建设和农村人居环境综合整治，结合本次《条例》修订，要提出以"载体"建设整合农村基础设施、农村水利设施和农业设施的目标，即将马克思"自然的人化"——人的住区建设为核心整合农村水利、农业等"人化的自然"领域，前者为体，后者为用，整合而"体用不二"，将中央思路引导到新农村建设和农村人居环境综合整治方向上来。

(4) 由"载体"到"载物"

农村"载体"建设必须充分体现"载物"功能，由"载物"发展到"载民"，及通过经济发展达到富民目的，再到"载堉"，衣食足而知礼仪，达到教育国民的目的。此"载物"功能包括农业产品深加工整合、农村服务业整合、现代农业与生物质能和清洁能源有机综合利用，农村住区建设与农田一体化等，特别注重新科技与新材料、新技术在该项工程中的利用与集成。其中，最重要的是农村生物质能和太阳能与农村住区增收相结合的相关内容，其次是清洁社区建设与食品安全相结合的内容。

(5) 完善乡村治理结构

通过《条例》的修订，使得新农村建设和农村综合整治，达到整合农村深层治理结构性改革的目标与目的。通过农村社区建设与整合，整合并感受行政村以下以血缘为纽带的中国农村乡村深层宗法架构，以此建立社会主义新农村的新型伦理构架与道德互助体系，真正建立基层民主达到建立在传统优秀道德本体之上的政治昌明。

(6) 乡村非物质文化遗产保护

新农村建设、农村住区与环境综合整治必须传承乡土知识和抢救传统民俗、民间文化资源等非物质文化遗产，将乡村非物质文化遗产提到高于土地、资源等硬资源的高度，实现非物质文化遗产的资产化与资本化，增加农民收入。

4. 加强村镇人居环境治理的建议

（1）政府责任

应强调城市、县、乡（镇）人民政府应当在县域、镇域、乡域村镇体系规划中统筹安排基础设施和公共服务设施并按照规划进行建设，努力实现城乡基本公共服务均等化，提升村镇人居环境。各级人民政府应当建立村镇人居环境建设、基础设施和公共服务设施建设、维护和管理的长效机制。村集体组织应当发挥村民积极性和主动性，建立健全“村规民约”，发挥村民自治作用，使村民共同参与维护和管理人居环境设施。各级政府对村镇的转移支付，应当明确一定比例用于村镇基础设施和公共服务设施建设。从乡镇收取的城市维护建设税和市政设施配套费，应当用于乡、镇基础设施和公共服务设施的建设和维护，不得挪作他用。鼓励社会投资、捐赠以及农村居民出工出劳等形式，按照谁出资（劳），谁受益的原则，参与村镇基础设施、公共服务设施建设和维护。

（2）供水安全

城市、县、乡（镇）人民政府应当采取措施保护村镇公共饮用水源。有条件的村镇应当集中供给符合国家卫生标准的饮用水。城市、镇安排供水管网规划和建设时，应统筹考虑周边村镇，做到供水管网的区域化服务。

禁止在村镇公共饮用水源地保护范围内建厕所、畜禽圈以及污染型企业。禁止向饮用水源内排放污水或者倾倒垃圾等废弃物，以及在饮用水源浸泡、清洗产生或者粘附有毒有害物质的物品和器具。

（3）污水处理

镇、乡和村庄内居住相对集中的居住区的生活污水，应当通过管道进行收集，并经必要处理后再排放。

有条件的乡、镇应当建设污水处理厂，或者由邻近的乡、镇或城市统筹建设污水处理厂，实现污水相对集中处理。其他乡、镇和有条件的村庄应当建设污水处理站。推广符合农村实际的生活污水处理技术，农民住宅布局分散的乡和村庄可采用自然生物处理技术实行就地处理。

村镇的工业废水和养殖业污水应当达到国家规定的污水综合排放标准后，方可输送至村镇的污水处理设施进行处理。

（4）垃圾收集处理

城市、县人民政府应当在整个市、县域范围统筹规划建设垃圾填埋场和处理场，乡、镇和村庄应当设立垃圾收集点和转运点。村民委员会负责村庄环境卫生的保洁，明确环境卫生责任区和责任人；乡镇人民政府负责村庄垃圾的清运，定期或不定期将村庄转运点中的垃圾运往市、县人民政府指定的垃圾填埋场和处理场集中处理。鼓励农户利用产生的有机垃圾作为有机肥料，实现有机垃圾资源化。

任何单位和个人都应当维护村容镇貌和环境卫生，不得随意倾倒垃圾、粪便、废料废渣和其他废弃物，不得在公共场所堆放柴草和其他杂物。

（5）节约能源

村镇应当推广使用省柴节煤炉灶，并可根据当地条件选择沼气、改良的生物燃料、液化天然气或液化石油气等。城市附近的村镇应纳入统一规划，就近选择接驳，使用城市管道燃气。鼓励使用太阳能、风能、生物质能、地热能及微水能等农村可再生能源。

（6）绿化管理

镇、乡、村庄应当充分利用宅旁、路旁、水旁、村旁有规划、有计划地进行植树，保护树木和花草，美化环境。对所种植的树木和花草，实行谁种、谁管、谁有的原则。镇、乡、村庄规划确定的公共绿地、苗圃和防护林带以及按规划确定的建设项目专用绿地，不得随意占用和改作他用。

（7）村庄整治

依据镇、乡、村庄规划有序开展村庄整治。村庄整治的主要内容包括：道路硬底化、垃圾污水处理、农村危房改造及其他人居环境的改善措施。村庄整治应当尊重村民意愿，注重实效，通过政府帮扶与村民自主参与相结合的形式，分期分批整治改造村民最急需、最基本的设施项目，防止大拆大建。村庄整治办法由各省、自治区、直辖市结合本地实际情况制定。